废气
控制与净化技术

李立清　宋剑飞　编著

化学工业出版社

·北京·

全书共分为11章，内容主要包括空气污染及其影响、废气净化的基本方法、含硫化合物净化技术、含氮化合物气体的净化、含卤化物气体的净化、含碳气体的净化、含氰气体的净化、有机气体净化、汞蒸气净化、恶臭净化、沥青烟净化。

　　本书可供所有领域内从事大气污染控制的工程技术人员、管理人员阅读，还可供高等学校环境工程、环境科学等专业的师生参考。

图书在版编目(CIP)数据

　　废气控制与净化技术/李立清，宋剑飞编著 . —北京：
化学工业出版社，2014.5（2022.8 重印）
　　ISBN 978-7-122-20014-3

　　Ⅰ.①废…　Ⅱ.①李…②宋…　Ⅲ.①废气治理-研究
Ⅳ.①TX701

　　中国版本图书馆 CIP 数据核字（2014）第 045330 号

责任编辑：满悦芝　　　　　　　　　　　　文字编辑：荣世芳
责任校对：吴　静　　　　　　　　　　　　装帧设计：关　飞

出版发行：化学工业出版社（北京市东城区青年湖南街 13 号　邮政编码 100011）
印　　装：北京虎彩文化传播有限公司
787mm×1092mm　1/16　印张 18　字数 376 千字　2022 年 8 月北京第 1 版第 6 次印刷

购书咨询：010-64518888　　　　　　　　　售后服务：010-64518899
网　　址：http://www.cip.com.cn
凡购买本书，如有缺损质量问题，本社销售中心负责调换。

定　　价：59.00 元　　　　　　　　　　　　　　　　版权所有　违者必究

前　言 ◀◀◀

人类自从 50 万年前学会取火以来，总是不断地利用自己的聪明与才智，改善自身的生活质量，提高生产力水平。人类使用的劳动工具从棍棒，到青铜器，再到机械，标志着人类认识自然、改造自然的能力不断提高。起初人类并没有察觉到在他们的活动过程或自然过程中会有某些废气直接或间接进入大气中。直到人们意识到人口数量增多，城镇和乡村工厂、作坊剧增时，才发现它们产生的废气危害了自身的舒适、健康和福利，反而导致生活质量降低。17~18 世纪，人们首次认识到废气对人类身体健康的影响，同时也认识到了地球与空气、水之间的依存关系起了冲突。1810 年法国在人类历史上第一次颁布了一项净化室内空气的法令。在此以后，首先在欧洲各国，随后在其他国家开始了工业化运动。工业化给人类带来许多物质利益与社会利益，也带来了很多物质问题与社会问题，其中之一就是环境污染，为此相关的工业化国家陆续出台了一些法令，对废气和废气净化要求作出相应规定。从此，人类就开始了环境污染和污染控制的系统研究。

现代城市的不断崛起和发展，将一个严峻的问题摆在公众面前：由于人类越来越多地使用能源和利用各种资源，同时城市人口不断增加，从而使维持人们生活的技术变得日益复杂，日常生活对技术的依赖程度越来越高。这些技术活动将会产生愈来愈严重的空气污染。而能源危机、石油等燃料的迅速枯竭又迫使人们不得不使用更多的煤来做燃料，这又进一步加剧了日益严重的空气污染。以致未来某些大城市将会面临这样一种局面，即限制其进一步发展的资源不是空间、原料和水，而是空气。

空气是重要的自然资源之一。人类的生存须臾离不开空气。人们可以断食数周、断水数天而不致丧命，但要停止呼吸几分钟即会死亡。空气对动植物的生存和生长与对人类同样重要。自然界的进化和人类社会的发展都离不开空气。然而，随着现代化生产发展速度的加快，煤和石油等自然资源的大量使用对环境空气造成不同程度的污染，使空气质量受到损害。事实表明，在空气污染严重的地方，人体健康、动植物的生长发育和生态都受到影响。空气污染的防治已经普遍受到各国的重视。

空气污染物的形成与工业发展和其生产使用的燃料有密切关系。煤固然能给生产发展带来巨大的动力，但燃煤排放出的废气中有相当多的有毒物质。同样被称为工业血液的石油的燃烧也排放出不少有害物质进入大气。所有这些有害物质分散在大气中，当它们在空气中的浓度达到一定程度时，会对人、动植物和社会财产产生明显的"损害效应"，在严重的情况下，将危及人的生命。如果考虑污染的社会代价，即对公众健康的危害、对工厂工人健康的危害、对社会财富的危害、对美学准则的危害，那么需要几乎时时高度控制污染。由于公众已经以种种方式付出了污染代价或控制污染的代价，我们应该深刻反思自己的社会经济行为，塑造正确的发展观、价值观、环境观和资源观。

污染大多是由工业生产而产生的，所以必须采用控制的方法。最好的控制方法首先是用不产生污染的工艺代替现有的工艺，但这往往是行不通的，因此，必须建立某种控制制度。一般控制污染的方法使生产费用增加，而增加的费用大多又得由消费者负担。也有少数有利的情况，就是在控制污染过程中回收有价值的物料，从而可盈利。虽然生产过程中几乎都能回收物料，物料回收效率也最经济，但仍不足以有效地控制污染。

把排入大气气流中的污染物完全清除掉是可能的，但这种完全控制污染的费用过分昂贵，在大多数情况下无法考虑，事实上也不需要。但总有些地方必须完全彻底控制污染。核电站就是如此，这里的放射性物质不能进入周围生态环境。生物武器研究试验室是另外一个例子，即使逸出极微量有害物质，也会造成极大的灾难。然而，在大多数情况下，可以允许一定量不洁物质排入大气，这并不会造成严重危害。自然净化过程会使大气保持适当的洁净。要达到接近完全洁净，则净化气流的费用大为增加，因此必须谋求合理的平衡。

目前，不论是发达国家还是发展中国家，都在探索新的发展模式和合理的发展战略，试图寻找一条经济与环境兼顾的可持续发展道路，不再盲目牺牲环境换取经济利益。如何结合中国的国情以及特有的废气污染现状开展控制与净化研究成为摆在专家学者们面前的重要课题。基于此，笔者在 2005 年就酝酿编写此书。

按照笔者原来的计划，这本书准备最早在 2008 年完成。但诚如大家所知空气污染控制与净化技术是一个复杂的系统工程，如要控制与净化的各种污染物种类繁多、基于控制与净化技术的理论深厚、可采取控制与净化的方法与手段多样。所以初稿出来后，笔者的研究始终未停辍。汗牛充栋的空气污染控制的相关著作和所要思考的大量问题，似乎难有尽头，总不敢脱稿。随着时间的推移以及出版社的要求，笔者带着诚惶诚恐的心情脱稿，期盼各位方家正之。

本书由李立清、宋剑飞主持完成。青年教师李海龙（第 9 章）、刘铮（第 10 章）、唐琳（第 11 章），研究生郭三霞、刘忠耀、刘重洋、王晓刚、何益波、高招、孙政、胡蕾、姚小龙、石瑞、顾庆伟、黄贵杰等参与了资料的查找与收集、初稿的写作。感谢本书的责任编辑耐心等待本书的成稿并提出了很多有益的修改意见，使本书增色不少。本书在撰写过程中，参考和汲取了近年来许多中外学者专家有关废气污染控制与净化研究的新成果，除在书中注明外，在此一并致以谢忱。

此外，笔者还要借此机会，特别向李立清的夫人杨健康副研究员表示感谢，没有她的帮助，本书要付梓出版恐怕还要待以时日。

感谢国家自然基金（20676154，20976200，21376274）、Apec 国际合作基金项目、湖南省节能减排重大专项（08SK1003，2009FJ1009）、长沙市科技重大专项（K1003010-61）对本书出版的资助。

编著者
于中南大学能源楼
2014 年 6 月

目 录 ▲▲▲

第 3 章　含硫化合物净化技术　/71

第1章

空气污染及其影响

1.1 空气污染和空气污染物

　　研究空气污染，首先必须了解没有被污染的空气，即通常的清洁空气，也即新鲜空气是怎样的。据不完全统计，干燥清洁的空气、水蒸气和悬浮微粒通常被认为是大气的三个组成部分。地面上干燥清洁空气的组成基本上是不变的，见表1-1和表1-2。

表 1-1　对流层（地面到 15km 高度区域）纯净干空气平均成分

成分		浓度	
N_2	氮气	78.08%（体积）	0.98kg/m³
O_2	氧气	20.95%（体积）	0.30kg/m³
Ar	氩	0.93%（体积）	3.47g/m³
CO_2	二氧化碳	0.034%（体积）	0.67g/m³
Ne	氖	18μL/L	16.2ng/m³
He	氦	5μL/L	0.9ng/m³
CH_4	甲烷	1.6μL/L	1.15ng/m³
Kr	氪	1.1μL/L	4.1ng/m³
H_2	氢气	0.5μL/L	0.045ng/m³
N_2O	一氧化二氮	0.3μL/L	0.59ng/m³
CO	一氧化碳	0.2μL/L	0.25ng/m³
Xe	氙	0.09μL/L	0.53ng/m³

表 1-2　空气中痕量气体的含量

成分		浓度	
O_3	臭氧	$30\sim50\mu L/m^3$	$0.98\mu g/m^3$
CH	碳氢化合物	$10\sim100\mu L/L$	
NO_x	氮氧化物	$0.01\sim5\mu L/L$	$0.02\sim12.3\mu g/m^3$
SO_2	二氧化硫	$0.1\sim2\mu L/L$	$0.29\sim5.8\mu g/m^3$
H_2S	硫化氢	$2\sim20\mu L/L$	$3.2\sim30.8\mu g/m^3$
NH_3	氨	$<1\mu L/L$	$<0.77\mu g/m^3$
CH_2O	甲醛	$0\sim10\mu L/L$	$0\sim13.4\mu g/m^3$
CS_2	二硫化碳	$30nL/m^3$	$0.102\mu g/m^3$
COS	硫化碳酰	$500nL/m^3$	$1.36\mu g/m^3$
CCl_4	四氯化碳	$100\sim200nL/m^3$	$0.69\sim1.37\mu g/m^3$
CF_2Cl_2	二氟二氯甲烷	$230\sim300nL/m^3$	$1.24\sim1.62\mu g/m^3$
$CFCl_3$	一氟三氯甲烷	$160nL/m^3$	$0.98\mu g/m^3$
C_2H_6S	二甲基硫醚	$20\sim150nL/m^3$	$0.06\sim0.42\mu g/m^3$
SF_6	六氟化硫	$0.5nL/m^3$	$3.26\mu g/m^3$
OH^-	氢氧根负离子	$0.04nL/m^3$	—
OH_2^-	负离子	$4nL/m^3$	—
气溶胶(硫酸盐、硝酸盐、氯化物等)		$20\sim50\mu g/m^3$	—

从表 1-1 看到,空气主要由 N_2、O_2、CO_2 和 Ar 等气体组成,其余只占大约 0.004%。水蒸气由于受到地理位置、风向、空气以及温度等因素的影响,其在大气中的含量会发生改变。在干旱地区有时能低到 0.02%,在潮湿地带却可高达 6%。大气中因自然因素(如火山爆发)所造成的悬浮微粒的含量及相关化学成分都是在改变的。

从表 1-2 中可以看到,目前认为引起空气污染的物质在大气含量很少,如 CO、NH_3、SO_2、NO_x、H_2S、Cl_2、CH、CH_2O、O_3 等均在百万分之一以下。其中 O_3 起源于高空大气层(臭氧层);CO、NH_3、H_2S 和 CH_2O 等是地面有机物分解和腐解的产物;NO_x 是雷雨时产生;SO_2、硫酸盐、硝酸盐、氯化物等主要是火山和温泉的排出物。由于它们含量很少,对人体和环境没有什么明显影响。

当然,还有其他一些物质,如 SO_3、酸雾、粉尘、放射性物质、汞蒸气等,它们只有在空气中达到或超过一定浓度时才会对生物产生危害,称之为空气污染。

进入大气中污染物是从哪里来的?它包括些什么物质?在大气中是怎么变化和运动的?对人群健康有什么危害?对大气污染如何防治等?这些问题都是大家很关心的。

1.2　空气污染物来源

1.2.1　污染物的种类

空气污染按其形成原因可分为自然污染和人为污染两大类。两者相比,人们对人为污染更为关注。空气污染物可分为一次污染物和二次污染物。直接从排放源进入大气中的各种气体、蒸气及尘粒叫做一次污染物。二次污染物是一次污染物在大气中相互作用或与空气中的原有成分发生反应生成的一系列新的大气污染物，如二氧化硫、硫化氢被氧化而生成的三氧化硫、硫酸、硫酸盐，一氧化氮被氧化而生成的二氧化氮、硝酸、硝酸盐，氮氧化物、碳氢化合物和烟尘在阳光作用下生成的光化学烟雾等都是二次污染物。常见的空气污染物主要有硫化物、氮化物、卤化物、碳氧化物、碳氢化合物、氧化剂等。

空气污染物的详细分类见表1-3。

表1-3 空气污染物的分类

分　类	主　要　污　染　物
烟尘	飘尘($<10\mu m$)、降尘($>10\mu m$)
硫化物	二氧化硫、三氧化硫、二硫化碳、硫氧化碳、硫酸雾、硫化氢、硫酸盐、含硫卤化物
氮化物	一氧化氮、二氧化氮、氨、硝酸盐
卤化物	卤素气体、氯化氢、氟化氢
碳氧化物	一氧化碳、二氧化碳
碳氢化合物	醛、酮、醚、苯、多环芳烃、含氰气体、氢氰酸、卤化氢、氯碳酸、二噁英、胺类
光化学烟雾	NO_x 与 CH 因光反应生成的蓝色烟雾
氧化剂	臭氧、过氧乙酰硝酸酯
汞蒸气	汞
沥青烟	炭黑、碳氢化合物
气溶胶状态污染物	固体粒子、液体粒子在空气中的悬浮体
放射性物质	锶89、锶90、铯137、碘131、碳14、钚239、钡140、铈140和钚239等

从上表可见，污染物种类非常多，但实际工作中经常遇到的主要有以下五大类：含硫化合物、含氮化合物、碳的氧化物、碳氢氧化物以及卤素化合物。

1.2.2　含硫化合物

大气污染物中的含硫化合物包括硫化氢（H_2S）、二氧化硫（SO_2）、三氧化硫（SO_3）、硫酸（H_2SO_4）、亚硫酸盐（SO_3^{2-}）、硫酸盐（SO_4^{2-}）和有机硫气溶胶，其中最主要的污染物为 SO_2、H_2S、H_2SO_4 和硫酸盐，SO_2 和 SO_3 总称为硫的氧化物，以 SO_x 表示。

SO_2 的主要天然源是微生物活动产生的 H_2S，进入大气的 H_2S 都会迅速转变为 SO_2。

含硫化合物的其他天然源有火山爆发，排出物主要是 SO_2 和 H_2S，也有少量的 SO_3 和 SO_4^{2-}；海水的浪花把海水中的 SO_4^{2-} 带入大气，估计约有 90% 又返回海洋，10% 落在陆地；沼泽地、土壤和沉积物中的微生物作用产生的 H_2S。

SO_2 的人为源主要是含硫的煤、石油等燃料燃烧及金属矿冶炼。煤、石油燃烧时硫的反应为氧化反应：

$$2SO_2 + O_2 \rightleftharpoons 2SO_3$$

燃烧产物主要是 SO_2，约占 98%，SO_3 只占 2% 左右。

1.2.3　含氮化合物

大气中以气态存在的含氮化合物主要有氨（NH_3）及氮的氧化物，包括氧化亚氮（N_2O）、一氧化氮（NO）、二氧化氮（NO_2）、四氧化二氮（N_2O_4）、三氧化二氮（N_2O_3）

及五氧化二氮（N_2O_5）等。其中对环境有影响的污染物主要是 NO 和 NO_2，通常统称为氮氧化物（NO_x），其他还有亚硝酸盐、硝酸盐及铵盐。

NO 和 NO_2 是对流层中危害最大的两种氮的氧化物。NO 的天然来源有闪电、森林或草原火灾、大气中氨的氧化及土壤中微生物的硝化作用等。NO 的人为源主要为化石燃料的燃烧（如汽车、飞机及内燃机的燃烧过程），也来自硝酸及使用硝酸等的生产过程，氮肥厂、炸药厂、有色及黑色金属冶炼厂的某些生产过程等。

氨不是重要的污染气体，主要来自天然源，它是有机废物中的氨基酸被细菌分解的产物。氨的人为源主要是在煤的燃烧和化工生产过程中产生的，在大气中的停留时间估计为 1～2 周。在许多气体污染物的反应和转化中，氨起着重要的作用，它可以和硫酸、硝酸及盐酸作用生成铵盐，在大气气溶胶中占有一定比例。

1.2.4　碳的氧化物

一氧化碳（CO）是低层大气中最重要的污染物之一。CO 的来源有天然源和人为源。理论上，来自天然源的 CO 排放量约为人为源的 25 倍。CO 可能的天然源有火山爆发、天然气、森林火灾、森林中放出的萜烯的氧化物、海洋生物的作用、叶绿素的分解、上层大气中甲烷（CH_4）的光化学氧化和 CO_2 的光解等。CO 的主要人为源是化石燃料的燃烧，以及炼铁厂、石灰窑、砖瓦厂、化肥厂的生产过程。在城市地区人为排放的 CO 大大超过天然源，而汽车尾气则是其主要来源。大气中 CO 的浓度直接和汽车的密度有关，在大城市工作日的早晨和傍晚交通最繁忙，CO 的峰值也在此时出现。汽车排放 CO 的数量还取决于车速，车速越高，CO 排放量越低。因此，在车辆繁忙的十字路口，CO 浓度常常更高。CO 在大气中的滞留时间平均为 2～3 年，它可以扩散到平流层。

二氧化碳（CO_2）是动植物生命循环的基本要素，通常它不被看作是大气的污染物。在自然界它主要来自海洋的释放、动物的呼吸、植物体的燃烧和生物体腐烂分解过程等。大气中的 CO_2 受两个因素制约：一是植物的光合作用，每年春夏两季光合作用强烈，大气中的 CO_2 浓度下降，秋冬两季作物收获，光合作用减弱，同时植物枯死腐败数量增加，大气中 CO_2 浓度增加，如此循环；二是 CO_2 溶于海水，以碳酸氢盐或碳酸盐的形式贮存于海洋中，实际上海洋对大气中的 CO_2 起调节作用，保持大气中 CO_2 的平衡。CO_2 性质稳定，在大气中的滞留时间 5～10 年。就整个大气而言，长期以来 CO_2 浓度是保持平衡的，但是近几十年，由于人类使用矿物燃料的数量激增、自然森林遭到大量破坏，全球 CO_2 浓度平均每年增高 0.2%，已超出自然界能"消化"的限度。CO_2 无毒，虽然 CO_2 增加对人没有明显的危害，因此一般不被看作大气污染物，但其对人类环境的影响，尤其对气候的影响是不容低估的，最主要的即"温室效应"。

大气中 CO_2 和水蒸气能允许太阳辐射（近紫外和可见光区）通过而被地球吸收，但是它们却能强烈吸收从地面向大气再辐射的红外线能量，使能量不能向太空逸散，而保持地球表面空气有较高的温度，造成"温室效应"。温室效应的结果，使南北两极的冰加快融化，海平面升高，风、云层、降雨、海洋潮流的混合形式都可能发生变化，这一切将带来严重环境问题。现已知除 CO_2 外，N_2O、CH_4、氯氟烃等 15～30 种气体都具有温室效应的性质。

1.2.5　含卤素化合物

存在于大气中的含卤素化合物很多，在废气治理中接触较多的主要有氟化氢（HF）、氯化氢（HCl）等。

1.2.6　碳氢化合物（HC）

碳氢化合物统称烃类，是指由碳和氢两种原子组成的各种化合物。为便于讨论，把含有O、N等原子的烃类衍生物也包括在内。碳氢化合物主要来自天然源，其中量最大的为甲烷（CH_4），其次为植物排出的萜烯类化合物，这些物质排放量虽大，但分散在广阔的大自然中，对环境并未构成直接的危害。不过随着大气中CH_4浓度增加，会强化温室效应。碳氢化合物的人为源主要来自燃料的不完全燃烧和溶剂的蒸发等过程，其中汽车尾气是产生碳氢化合物的主要污染源，浓度为 $2.5\sim1200mL/m^3$。

在汽车发动机中，未完全燃烧的汽油在高温高压下经化学反应会产生百余种碳氢化合物，典型的汽车尾气成分主要有烷烃（甲烷为主）、烯烃（乙烯为主）、芳香烃（甲苯为主）和醛类（甲醛为主）。

在大气污染中较重要的碳氢化合物有四类：烷烃、烯烃、芳香烃、含氧烃。

(1) 烷烃　又称饱和烃，通式 C_nH_{2n+2}。烃类中 CH_4 所占数量最大，但它化学活性小，故讨论烃类污染物时，提到的城市地区总碳氢化合物浓度，是指扣除 CH_4 的浓度或称非甲烷烃类的浓度。其他重要的烷烃有乙烷、丙烷和丁烷。

(2) 烯烃　是不饱和烃，通式为 C_nH_{2n}。因为分子中含有双键，故烯烃活泼得多，容易发生加成反应，其中最重要的是乙烯、丙烯和丁烯。乙烯对植物有害，并能通过光化学反应生成乙醛，刺激眼睛。烯烃是形成光化学烟雾的主要成分之一。

(3) 芳香烃　分子中含有苯环一类的烃。最简单的芳烃是苯及其同系物甲苯、乙苯等。两个或两个以上苯环共有两个相邻的碳原子者，称为多核芳烃（简称 PAH），如苯并芘。芳香烃的取代反应和其他反应介于烷烃和烯烃之间。在城市的大气中已鉴定出对动物有致癌性的多环芳烃，如苯并芘、苯并荧蒽和苯并荧蒽等。

(4) 含氧烃　含氧烃主要包括醛（RCHO）、酮（RCOR′）两类，汽车尾气中的含氧烃约占尾气中碳氢化合物（HC）的 1.5%。大气中含氧烃的最重要来源可能是大气中烃的氧化分解。环境中的醛主要是甲醛，如化学家具的挥发物含有大量的甲醛。

表面上在城市中烃类对人类健康未造成明显的直接危害，但是在污染的大气中它们是形成危害人类健康的光化学烟雾的主要成分。在有 NO、CO 和 H_2O 污染的大气中，受太阳辐射作用，可引起 NO 的氧化，并生成臭氧（O_3）。当体系中存在一些 HC 时，能加速氧化过程。HC（主要是烷烃、烯烃、芳香烃和醛等）和氧化剂（主要是 HO、O 和 O_3）反应，除生成一系列有机产物如烷烃、烯烃、醛、酮、醇、酸和水等外，还生成了重要的中间产物——各自的自由基，如烷基、酰基、烷氧基、过氧烷基（包括 HO_2）、过氧酰基和羧基等，这些自由基和大气中的 O_2、NO 和 NO_2 反应并相互作用，促使 NO 转化为 NO_2，进而形成二次污染物 O_3、醛类和过氧乙酰硝酸酯等，这些是形成光化学烟雾的主要成分。

1.2.7　污染物的来源

大气中几种主要污染物的来源有三个方面：①燃料燃烧；②工业生产过程；③交通运输。前两类污染源统称固定源，交通工具（机动车、火车、飞机等）则称为流动源。

我国对烟尘、SO_2、NO_x 和 CO 四种量大面广的污染物的统计表明，燃料燃烧产生的大气污染物所占比例最大为 70%，工业生产、机动车所占的比例分别是 20%、10%。在直接燃烧的燃料中，煤炭、液体燃料（包括汽油、柴油、燃料重油等）、气体燃料（天然气、煤气、液化石油气等）所占比例分别为 70.6%、17.2%、12.2%。因此，煤炭直接燃烧是造成我国大气污染的主要来源。我国的机动车辆发展迅速，汽车尾气已成为我国空气污染的重要来源。

所以，从我国的国情出发，未来10～20年烟气污染治理的重点是燃料燃烧（主要是燃煤）废气、生产工艺废气以及汽车尾气，随着人们生活质量的提高，室内空气污染也将日益受到重视，室内空气污染防治也将成为污染治理热点。本节主要论述的是这几类废气及其所含污染物。

1.2.7.1 燃料燃烧废气

（1）燃煤电厂废气来源与分类　我国50%左右燃料被电力行业所消耗。在全国发电量中，水电占20%左右，火电占80%左右，火电中90%为燃煤发电机组。燃煤电厂废气的来源与分类见表1-4。

表1-4　燃煤电厂废气来源与分类

废气名称	废气来源	废气温度	废气中的主要污染物
烟气	锅炉燃烧	120～190℃	飞灰、SO_x、NO_x、CO、CO_2、氟化物、氯化物等
含尘废气	气力输送系统中间灰库排放气	一般低于80℃	飞灰
含尘废气	煤场、原煤破碎机、输送皮带	常温	飞灰

（2）燃料燃烧废气及其所含主要污染物的发生机制　燃煤与燃油相比，所造成的环境污染负荷要大得多。单位重量燃料煤的发热量比重油低，灰分含量高出100～300倍，含硫量虽然可能是煤比重油低，但为获得同等发热量耗煤量大，产生的硫氧化物可能更多。煤的含氮率约比重油高5倍，因而NO_x的生成量也高于重油。所以，煤燃烧是烟尘、硫氧化物、氮氧化物（NO_x）、一氧化碳（CO）等污染物的主要来源，这些污染物的发生机制描述如下。

① 烟尘是指伴随燃料燃烧所产生的尘。烟尘中含有大量粒状浮游物，如烟黑、飞灰等。目前人们仍不太清楚烟黑等浮游物的污染发生机制，但基本可以认为是燃料中的可燃性碳氢化合物在高温下经氧化、分解、脱氢、环化和缩合等一系列复杂反应而形成的。

② 硫氧化物发生机制。通常1t燃料中约含有5～50kg硫（0.5%～5%），其组成成分如图1-1所示。

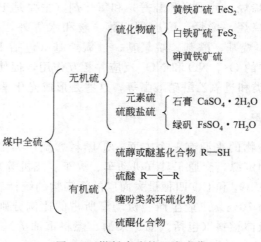

图1-1　燃料中硫的组成成分

可燃性硫包括元素硫、硫化物硫和有机硫，占到 $80\%\sim90\%$，硫酸盐硫不参与燃烧反应，残存于灰烬中，是非可燃性硫。SO_2 是可燃性硫燃烧的主产物，其中只有 $1\%\sim5\%$ 被氧化成 SO_3。

可以肯定以下三点：a. 只有可燃性硫才参与燃烧过程，被氧化为 SO_2（少量 SO_3）；b. 1t煤中含硫 $0.55\%\sim5\%$，指单体加含硫化合物折纯计算量之和（即全部折算为 S）；c. 可燃性硫只占 $80\%\sim90\%$，因为可燃性硫中有 $1\%\sim5\%$ 被氧化为 SO_3，所以燃煤中硫转化为 SO_2 的转化率实测统计为 $80\%\sim85\%$。单位重量燃料所排放二氧化硫量可用 16S 表示，其中 S 为燃料中的含硫率，单位为%。也就是说含硫量为 1% 的煤，其 SO_2 的产生量是 $16\sim17kg/t$。

③ 氮氧化物（NO_x）的发生机制。大气中主要的氮氧化物污染物是 NO 和 NO_2，大部分来源于化石燃料的燃烧过程。燃烧生成的 NO_x 有两类：一类是在高温燃烧时助燃空气中的 N_2 和 O_2 生成 NO_x，称为热力型 NO_x；另一类是燃料中的含氮化合物经高温分解成 N_2 与 O_2，再反应生成 NO_x，由此生成的 NO_x 称为燃料型 NO_x，其反应机制还不甚清楚。燃料燃烧生成的 NO_x 主要是 NO。

燃料型 NO_x 与燃烧温度、燃烧气体中氧的浓度，气体混合程度以及气体在高温区停留的时间密切相关。为了减少燃料型 NO_x 的生成，应设法降低燃烧温度，减少过剩空气（降低 O_2 的浓度）和缩短气体在高温区停留的时间。

热力型 NO_x 和燃料型 NO_x 生成量之和即化石燃料燃烧产生的 NO_x 总量。作为地区（或城市市区）的平均值燃煤产生的 NO_x 其排污系数一般为 $8\sim9kg/t$。

④ 一氧化碳的发生机制。主要的 CO 人为源是化石燃料的不完全燃烧。由于燃煤锅炉等固定燃烧装置的结构和燃烧技术不断改进，由固定燃烧装置排放的 CO 是较少的。汽车、拖拉机、飞机、船舶等移动污染源是 CO 的主要排放源，移动源的 CO 排放量约为 2.5 亿吨（全世界），占人为源 CO 排放总量 3.59 亿吨的 70%；其中汽车尾气排放的 CO 是主要的，估计为 1.99 亿吨，占人为源排放总量的 55%。

⑤ 燃料油燃烧排放的挥发性有机物（VOC）为数很少。排放 VOC 的速率取决于燃烧效率，在锅炉的烟气气流中存在的有机物，包括脂肪烃和芳香烃、酯、醚、醇、羰基化合物、羟酸，还包括所有具有两个或更多个苯环的有机物。

燃料油燃烧排放的痕量元素排放量和油中痕量元素的浓度、燃烧温度、燃料加入方法有关。温度决定了燃料中所含特种化合物的挥发程度。如果锅炉运行或维护不当，VOC 的浓度可增加几个数量级。

1.2.7.2 工业生产源

(1) 煤炭工业源 煤炭加工主要有洗煤、炼焦及煤的转化等，在这些加工中均不同程度地向大气排放各种有害物质，主要有颗粒物、二氧化硫、一氧化碳、氮氧化物及挥发性有机物及无机物。

(2) 石油和天然气工业源

① 石油炼制。石油原油是以烷烃、环烷烃、芳烃等有机化合物为主的成分复杂的混合物。除烃类外，还含有多种硫化物、氮化物等。石油炼制即从原油中分离出多种馏分的燃料油和润滑油的过程。处理 $1m^3$ 原油废气中污染物的量见表 1-5。

② 天然气的处理过程。从高压油井来的天然气通常经过井边的油气分离器去除烃凝结物和水。如果天然气所含 H_2S 量大于 $0.057kg/m^3$，必须去除 H_2S（"脱臭"）方能使用，H_2S 常用胺溶液吸收以脱除。天然气处理工业中主要的排放源是空压机的发动机和来自脱酸气装置的废酸气。

表 1-5　处理 1m³ 原油废气中污染物的量

生产过程	排放量/kg				
	粉尘	二氧化硫	烃类	一氧化碳	二氯化氮
催化裂化	0.23①	1.90	83	52.06	0.24
燃烧(油燃料)	3.04	0.24S②	0.43	0.01	11.02

① 有静电除尘装置。
② S 为燃料油中硫的含量。

(3) 钢铁工业　钢铁工业主要由采矿、选矿、烧结、炼铁、炼钢、轧钢、焦化以及其他辅助工序（例如废料的处理和运输等）所组成，各生产工序都不同程度地排放污染物。生产 1t 钢要消耗原材料 6～7t，包括铁矿石、煤炭、石灰石、锰矿等，其中约 80% 变成各种废物或有害物排入环境。排入大气的污染物主要有粉尘（一般多为极细的微粒）、烟尘、SO_2、CO、NO_x、氟化物和氯化物等。

目前，我国钢铁工业年排放废气 14000 多亿立方米左右，仅次于电力行业，居全国第二位。每吨钢的废气排放量约为 20000m^3。

钢铁行业废气的特点是：a. 废气排放量大，污染面广；b. 烟尘颗粒细，吸附力强；c. 废气温度高，治理难度大；d. 烟气阵发性强，无组织排放多；e. 废气具有回收价值。

(4) 有色金属工业　有色金属通常指除铁（有时也除铬和锰）和铁基合金以外的所有金属。有色金属可分为四类：重金属（铜、铅、锌、镍等）、轻金属（铝、镁、钛等）、贵金属（金、银、铂等）和稀有金属（钨、钼、钽、铌、铀、钍、铍、铟、锗和稀土等）。重有色金属在火法冶炼中产生的有害物以重金属烟尘和 SO_2 为主，也伴有汞、镉、铅、砷等极毒物质。生产轻金属铝时，污染物以氟化物和沥青烟为主；生产镁和钛、锆、铪时，排放的污染物以氯气和金属氯化物为主。

此外，重金属在火法冶炼时精矿粉中的砷易氧化成 As_2O_3（砒霜）随烟气排出，一般铜、锌、铅精矿的含砷率分别为 0.01%～2%、0.12%～0.54% 和 0.02%～2.93%，可在除尘中去除。

虽然 20 世纪 90 年代以来，通过调整工业结构、技术改造，有色金属工业的污染状况已有改善，与国际相比仍有明显差距，有色金属工业仍是我国废气治理的重点。2000 年有色工业废气量约为 3218 亿立方米，占全国工业废气总排放量的 10 左右。

有色金属工业废气具有这样一些特点：a. 废气成分复杂，治理难度大；b. 废气中以无机物为主，对环境具有潜在危害；c. 废气具有回收价值。

(5) 建材工业　建筑材料种类繁多，其中用量最大最普遍的当属砂石、石灰、水泥、沥青混凝土、砖和玻璃等，它们的主要排放物为粉尘、二氧化硫、氟化物、氮氧化物等。

(6) 化学工业　据统计，我国化工废气总量为约 $5500 \times 10^8 m^3/a$，其中工艺废气总量为 $3000 \times 10^8 m^3/a$。

化工废气，按所含污染物性质可分为三大类：第一类为含无机污染物的废气，主要来自氮肥、磷肥（含硫酸）、无机盐等行业；第二类为含有机污染物的废气，主要来自有机原料及合成材料、农药、染料、涂料等行业；第三类为既含有机污染物，又含无机污染物的废气，主要来自氯碱、炼焦等行业。化学工业废气特点：a. 种类多、成分复杂；b. 污染物浓度高；c. 污染面广、危害大。

化工工业主要行业废气排放情况见表 1-6。

表 1-6　化工工业主要行业废气排放情况

行业	废气中的主要污染物	备注
氮肥	NO_x，尿素粉尘	
磷肥	氟化物，粉尘，SO_2，酸雾	包括硫酸工业
无机盐	SO_2，P_2O_5	
氯碱	Cl_2，HCl，氯乙烯	
有机原料及合成材料	SO_2，Cl_2，HCl，H_2S，NH_3，NO_x，有机气体	
农药	Cl_2，HCl，氯乙烯，氯甲烷，有机气体	
染料	SO_2，H_2S，NO_x，有机气体	
涂料	芳烃	
炼焦	CO，SO_2，H_2S，NO_x，芳烃	

1.2.7.3　汽车尾气（交通运输源）

过去的 20 年间，一些工业发达国家交通运输工具急剧增加，其排放的污染物引起了世人的关注。目前中国正处于经济高速发展时期，交通运输工具社会保有量增长迅速。《中国环境保护 21 世纪议程》为此制定了"流动源（移动源）大气污染控制"行动方案，主要控制对象是汽油车、摩托车、车用汽油机，以及柴油车、车用柴油机排放的尾气。城市环境综合整治定量考核指标中列入了汽车尾气达标率指标，国家环保"九五"计划也把控制汽车尾气做为重点任务之一。

我国要求控制的汽车尾气及城市汽车交通运输所产生的主要污染物包括颗粒物、一氧化碳（CO）、碳氢化合物（HC）、氮氧化物（NO_x）、Pb（气载铅）以及 O_3。

（1）颗粒物　柴油车尾气烟雾是颗粒物的来源之一。汽车尾气达标率的监测项目包含了柴油车的烟度。交通运输造成的道路扬尘是城市颗粒物污染的重要来源。

（2）一氧化碳（CO）　CO 是含碳燃料不完全燃烧产生的，它虽有各种各样的人为污染源，但在很多城市地区，机动车尾气几乎占 CO 排放量的绝大部分甚至全部。因此，成功削减 CO 的战略主要依赖于对汽车尾气的控制。近年来，大多数发展中国家（包括中国）随着机动车数量上升和交通拥挤加剧，CO 的污染水平呈上升趋势。汽车尾气排放的 CO 量与运行工况有关系，急速时排放的 CO 浓度最大为 4.9%。

（3）碳氢化合物（HC）　机动车、加油站、石油炼制厂等都是挥发性有机化合物的污染来源。机动车尾气排放的挥发性有机化合物主要是 HC，它们在太阳光下与 NO_x 可能反应产生光化学烟雾。

（4）氮氧化物（NO_x）　大气中的氧和氮，以及汽油、柴油所含的氮化物，在高温燃烧的条件下产生 NO_x，汽车尾气排放的 NO_x 在工业化国家与固定源排放的 NO_x 大致相等。在城市环境中汽车尾气排放的 NO_x 是主要的。

（5）铅（Pb）　污染气载铅主要来自燃料的添加剂，汽车尾气排出的铅（Pb）主要是使用含铅汽油添加剂所致。世界城市将近有 1/3 的空气含铅量超过 WHO 的标准，这些城市很多在发展中国家，那里交通堵塞，汽油中的铅含量高。减少汽油中可以允许的铅含量，使用无铅汽油，是控制铅污染的首选方法。

（6）光化学氧化剂　以 NO_x 与 HC 为前体，在日光照射下反应而产生的氧化性化合物，以臭氧（O_3）为主体包括多种氧化性化合物。我国《环境空气质量标准》（GB 3095—2012）修改单规定了臭氧的浓度限值（1 小时平均），一级、二级、三级分别为 $0.16mg/m^3$、

$0.2mg/m^3$、$0.2mg/m^3$。地面 O_3 污染在欧洲和北美已成为严重的区域性大气污染（二次污染），在我国大城市中也已引起重视。

1.3 空气污染物的危害

根据我国《环境空气质量标准》（GB 3095—2012）的规定，主要污染物为颗粒物、二氧化硫（SO_2）、氮氧化物（NO_x）、一氧化碳（CO）、铅（Pb）、氟化物、苯并 [a] 芘及臭氧（O_3），下面主要介绍这些污染物对环境的危害。

1.3.1 颗粒物的危害

大气颗粒污染物（大气气溶胶）成分复杂，含有大量有害的无机物及有机物，它还能吸附病原微生物，传播多种疾病。总悬浮颗粒物（TSP）中粒径＜$5\mu m$ 的可进入呼吸道深处和肺部，危害人体呼吸道，引发支气管炎、肺炎、肺气肿、肺癌等，侵入肺组织或淋巴结，可引起肺尘埃沉着病。肺尘埃沉着病因所积的粉尘种类不同，有煤肺、矽肺、石棉肺等。TSP还能减少太阳紫外线，严重污染地区的幼儿易患软骨病。

当大气的相对湿度比较低时，颗粒物对光的散射使能见度降低，当飘尘在大气中的浓度为 $0.17mg/m^3$ 时能见度即会显著降低。

大气中的颗粒物还能散射太阳的入射能，使它们在到达地球表面之前就被反射回宇宙空间，从而使地表温度降低，影响区域性或全球性气候。据测定，当飘尘浓度达到 $100\mu g/m^3$ 时，到达地面的紫外线要减少 25%；$600\mu g/m^3$ 时，减少 42.7%；$1000\mu g/m^3$ 时，可减少 60% 以上。这将导致与温室效应相反的结果。每次巨大的火山爆发后数年，地球的气候一般要变冷一些，这就是火山喷发的颗粒物（尘）作用的结果。

粉尘沉降到植物花的柱头上，能阻止花粉萌发，直接危及其繁育。可食用的叶片若沾上大量灰尘，将影响甚至失去其食用的价值。

1.3.2 二氧化硫（SO_2）的危害

SO_2 存在于大气中对眼睛和呼吸系统都有危害，不仅会增加呼吸道阻力，还能刺激黏液分泌。低浓度 SO_2 长期作用于呼吸道和肺部，可引起气管炎、支气管哮喘、肺气肿等。呼吸衰竭的人对高浓度的 SO_2 特别敏感。SO_2 进入血液，可引起全身毒性作用，破坏酶的活性，影响酶及蛋白质代谢。

植物对高含量 SO_2 的急性暴露会使叶组织坏死，叶边和介于叶脉间的部分损害尤为严重。植物对于 SO_2 的慢性暴露会引起树叶褪绿病，树叶脱色或变黄。SO_2 对植物的危害程度取决于 SO_2 的浓度和接触时间，同时，大气的温度和湿度也有影响。温度高、湿度大，对植物的危害会更严重些。当 SO_2 的浓度在 $(0.02\sim0.5)\times10^{-6}$ 范围内时，植物开始损伤。

由于 SO_2 在大气中被氧化和吸水后可变成硫酸雾，硫酸雾和吸附在金属物体表面的 SO_2 具有很强的腐蚀性，其对金属的腐蚀程度的顺序为碳素钢＞锌＞铜＞铝＞不锈钢。污染严重的工业区和城市，金属腐蚀速度比清洁的农村快 $1.5\sim5$ 倍。城市空气中的 SO_2 可使架空输电线的金属器件和导线的寿命缩短 $1/3$ 左右。低碳钢板暴露于 0.12×10^{-6} 的 SO_2 中一年，由于腐蚀耗损，质量约减少 16%。

SO_2 和硫酸雾可使建筑材料的碳酸钙变成硫酸钙，从而损害其使用用途。大气中的 SO_2

能使石灰石、大理石、方解石、石棉瓦、水泥制品等建筑材料及雕像、石刻佛像及花纹图案等艺术品受到溶蚀而损坏，许多古建筑及文化遗迹正逐渐被剥蚀。

SO_2 还能使染色纤维变色，强度降低，使纸张变脆，使油漆光泽降低 10%～80% 并变色。

1.3.3　氮氧化物（NO_x）的危害

新的研究表明 NO 比 NO_2 毒性更大，NO 对人体的危害主要是能和血红蛋白（Hb）结合生成 HbNO，使血液输氧能力下降。NO 对血红蛋白的亲和性约为 CO 的 1400 倍，相当于 O_2 的 30 万倍。

NO_2 是有刺激性的气体，毒性很强，为 NO 的 4～5 倍，对呼吸器官有强烈的刺激作用，进入人体支气管和肺部，可生成腐蚀性很强的硝酸及亚硝酸或硝酸盐，从面引起气管炎、肺炎甚至肺气肿。亚硝酸盐还可与人体血液中的血红蛋白结合，形成正铁血红蛋白，引起组织缺氧。

大气中的 NO_x 和烃类在太阳辐射下反应，可形成多种光化学反应产物，即二次污染物，主要是光化学氧化剂，如 O_3、H_2O_2、PNA、醛类等。光化学烟雾能刺激人的眼睛，出现红肿流泪现象，还会使人恶心、头痛、呼吸困难和疲倦等。

1.3.4　一氧化碳（CO）的危害

CO 是在环境中普遍存在的、在空气中比较稳定的、积累性很强的大气污染物。CO 毒性较大，主要对血液和神经有害。CO 吸入人体后，通过肺泡进入血液循环，它与血红蛋白的结合力比氧与血红蛋白的结合力大 200～300 倍。CO 与人体血液中的血红蛋白（Hb）结合后，生成碳氧血红蛋白（COHb），影响氧的输送，引起缺氧症状。CO 中毒最初可见的影响是失去意识，连续更多的接触会引起中枢神经系统功能损伤、心肺功能变异、恍惚昏迷、呼吸衰竭和死亡。

1.3.5　铅（Pb）的危害

铅不是人体的必需元素，它的毒性很隐蔽而且作用缓慢。铅能通过消化道、呼吸道或皮肤进入人体，对人的毒害是积累性的。铅被吸收后在血液中循环，除在肝、脾、肾、脑和红细胞中存留外，大部分（90%）还以稳定的不溶性磷酸盐存在于骨骼中。骨痛病患者的体内组织中，除镉含量极高外，铅的含量也常常超过正常人的数倍或数十倍。铅还对全身器官产生危害，尤其是造血系统、神经系统、消化系统和循环系统。人体内血铅和尿铅的含量能反映出体内吸收铅的情况。当血铅和尿铅大于 $80\mu g/100mL$ 时，即认为体内铅吸收过量。通常血液中铅含量达 $0.66～0.8\mu g/g$ 时就会出现中毒症状，如头痛、头晕、疲乏、记忆力减退、失眠、便秘、腹痛等，严重时表现为中毒性多发神经炎，还可造成神经损伤。有证据表明，即使低浓度的铅，对儿童智力的发展也会有影响。铅是对人类有潜在致癌性的化学物质，靶器官是肺、肾、肝、皮肤、肠。

铅的化合物中毒性最大的是有机铅，如汽车废气中的四乙基铅，比无机铅的毒性大 100 倍，而且致癌。四乙基铅的慢性中毒症状为贫血、铅绞痛和铅中毒性肝炎。在神经系统方面的症状是易受刺激、失眠等神经衰弱和多发性神经炎。急性中毒往往可以由于神经麻痹而死亡。四乙基铅的毒性作用是因为它在肝脏中转化为三乙基铅，然后抑制了葡萄糖的氧化过程，由于代谢功能受到影响，导致脑组织缺氧，引起脑血管能力改变等病变。

铅的阈值：时间加权季平均值为 $1.50\mu g/m^3$；短时间接触限值为 $4.50\mu g/m^3$。

1.3.6 含氟化合物的危害

（1）氟化氢 有强烈的刺激和腐蚀作用，可通过呼吸道黏膜、皮肤和肠道吸收，对人体全身产生毒性作用。氟能和人体骨骼和血液中的钙结合，从而导致氟骨病。长期暴露在低浓度的氢氟酸蒸气中，可引起牙齿酸蚀症，使牙齿粗糙无光泽，易患牙龈炎。当它在空气中的浓度为 $0.03 \sim 0.06 mg/m^3$ 时，儿童牙斑釉患病率明显增高。HF 的慢性中毒可造成鼻黏膜溃疡、鼻中隔穿孔等，还可引起肺纤维化。高浓度的 HF 能引起支气管炎和肺炎。

HF 的阈限值——时间加权平均值为 3×10^{-6}，短时间接触限值为 6×10^{-6}。

（2）四氟化硅 四氟化硅是密度为空气密度 3.6 倍的气体，同样刺激呼吸道黏膜。

氟化氢是对植物危害较大的气体之一，其特点主要是累积性中毒。中毒症状是叶子褪绿病，叶子边缘及末梢被毁，严重者坏死。

在氟化物污染严重的地区，不宜种植食用植物，而适宜种植多种非食用树木、花草等植物。

1.4 空气环境质量控制标准

1.4.1 空气环境质量标准的产生

环境标准是随着环境公害问题的出现而产生的。工业化最早开始在英国，英国也是世界各国中环境公害最早出现的国家。1863 年，英国的《碱业法》对工厂排放的 H_2SO_4、SO_2、HCl 等大气污染物的排放量就作了规定，这是世界上出现的第一部附有污染物排放限制的法律。20 世纪中期，现代化工业的形成使得社会生产力的发展得到极大促进，污染物的排放量也随之大大增加，导致许多环境公害事件的发生。面对这样的情况，人类为了自身的健康，为了保护自然与赖以生存的环境，更加迫切希望政府或有关部门制订控制环境污染的法规和标准。于是，前苏联于 1951 年颁布了居住区大气中有害物质最高容许浓度标准，英国制订了《空气清洁法》和《河流防污法》，美国于 1955 年开始着手制订大气污染控制计划，加利福尼亚州于 1959 年制订了世界上第一个汽车尾气排放标准，德国于 20 世纪 50 年代后期也制订了各种推荐性的环境质量标准。20 世纪 60 年代以后，人们对于污染治理的态度由最初的治表变为治本、由消极的治理公害转为预防为主的防治结合，从局部地区制订排放标准开始发展到全国性的环境标准，标准的形式也由单一的浓度控制逐步发展到总量控制等多种形式。这一时期，环境标准得到了迅猛发展，各国的环境污染状况也得到了一定的控制。

1.4.2 我国空气环境质量标准的产生与发展

我国是发展中国家，经济发展相对迟缓，从 20 世纪 50 年代开始自然环境便受到污染和破坏。国家卫生部和国家建委为了保护人民的健康和维持生态系统的良性循环于 1956 年颁布了《工业企业设计暂行卫生标准》，这是我国第一个带有环境标准性质的设计标准。卫生部于 1960 年颁发了《放射性工作卫生防护暂行规定》，1962 年颁布了《工业企业设计卫生标准》（GB J1—62）（第一次修订）。这些早期的空气环境标准，可以认为是我国空气环境标准的雏形。这个时期是我国空气环境质量标准产生的第一阶段或产生阶段。

此外，从第一次全国环境保护工作会议在 1973 年召开至《中华人民共和国环境保护法

（试行）》于 1979 年 9 月出台，我国先后颁布了《工业"三废"排放试行标准》（GB J4—73）、《放射防护规定》（GB J8—74）、《工业企业设计卫生标准》（GB J36—79）（第三次修订）等。这是我国空气环境质量标准工作的一项突破性进展，这一时期，可以认为是我国空气环境质量标准产生的第二阶段或起步阶段。

此后，我国又先后颁布了大气单项环境保护法规，逐步开展起全国性的环境污染综合防治工作。1981 年国家环保总局成立，1983 年发布了《环境标准管理办法》。1990 年底，我国先后制订的各种环境标准已达 204 项，其中 12 项为环境质量标准，46 项为排放标准（含行业排放标准），146 项为环境基础标准和技术方法标准。此外，北京、上海、天津、福建、辽宁、黑龙江、重庆、茂名、包头等多省、市和地区也相继制订了地方环境标准。至此，我国环境标准体系的雏形已基本上形成，这一时期可以认为是我国空气环境质量标准产生的第三阶段或发展阶段。

2000 年 4 月，修订的《中华人民共和国大气污染防治法》阐明了"超标即违法"的思想，使环境标准在环境管理中的地位进一步明确。1996 年 1 月 18 日我国颁布了《环境空气质量标准》（GB 3095—1996），该标准于 1996 年、2000 年根据国内外形势做了两次修改。2003 年 3 月颁布了我国第一部《室内空气质量标准》。

2012 年 2 月，我国环境保护部正式颁布《环境空气质量标准》（GB 3095—2012）。该标准对 GB 3095—1996 进行了进一步的修订，主要内容体现在 3 个方面：一是调整了环境空气功能区分类，将三类区并入二类区，扩大了对人群的保护范围；二是增设了 $PM_{2.5}$ 浓度限制和臭氧 8 小时平均浓度限制，收紧了 PM_{10}、二氧化碳、铅和苯并芘等的浓度限值，与世界卫生组织第一阶段目标值正式接轨；三是调整了数据统计的有效性规定，如明确提出所有有效数据均应参加统计和评价，不能选择性地舍弃不利数据以及人为干预监测和评价结果。

到目前为止，我国空气环境保护标准体系基础框架已经形成，地方空气环境保护标准工作开始起步。现阶段的空气环保标准要体现环境优化经济发展的思想。要通过环保标准提高准入门槛，加大淘汰力度；要不断探讨环保标准如何与经济社会发展相结合，并引领社会、科学与经济发展，促进环境保护。

第2章
废气净化的基本方法

空气净化可以通过许多不同的方法来实现，比如，废气中的污染物可以通过过滤、重力分离、电沉积、冷凝、燃烧、膜分离、生物降解、吸收、吸附和催化转化等方法从废气中加以去除，至于是将污染物作为资源回收下来，还是将它销毁，这取决于用户的具体情况和污染物的物理、化学和生物性质。下面将就污染物净化的基本方法作一个简单的介绍。

2.1 吸收净化法

吸收是净化气态污染物最常用的方法。吸收法被定义为：用适当的液体吸收剂处理废气，使废气中气态污染物溶解到吸收液中或与吸收液中某种活性组分发生化学反应而进入液相，这样使气态污染物从废气中分离出来的方法；或者说，利用吸收剂将混合气体中一种或数种组分（吸收质）有选择地吸收分离的过程称作吸收。

吸收常被分为物理吸收和化学吸收，其区别见表2-1。

表 2-1　吸收分类

吸收类型	特征
物理吸收	被吸收气体组分单纯溶解于液体，如有机溶剂吸收有机气体，特点为选择性弱，吸收量少
化学吸收	被吸收气体组分与吸收剂或已溶解于吸收剂中的某些活性组分发生明显化学反应的吸收过程，同时存在物理溶解和化学反应，如 NaOH 溶液吸收 SO_2，特点为有选择，吸收量大

在物理吸收中，被溶解的分子没有发生化学反应，溶剂和溶质之间仅存在微弱的分子间吸引力，被吸收的溶质可通过吸收的逆过程加以回收，如图2-1所示。

无论是物理吸收还是化学吸收，都会遵循相平衡规律。

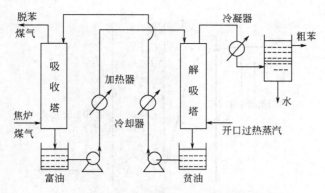

图 2-1　带精馏回收功能的物理吸收

2.1.1　气液系统的相平衡

当气、液相相接触，气、液相之间存在物质传递现象。气相组分溶于液相中去，液相组分逃逸至气体中来，这是一个动态过程。在一定温度和压力下，两相物质传递将达到一个动态平衡。在动态平衡时，两相中组分浓度之间将遵从一定的比例关系。

相平衡常数：

$$y_i^* = mx_i \tag{2-1}$$

式中，y_i^* 为与液相中组分浓度 x_i 平衡的该组分在气相中的浓度；m 为相平衡常数。

亨利定律：

$$P_i^* = E_i x_i \tag{2-2}$$

式中，P_i^* 为与液相中组分浓度 x_i 平衡的该组分在气相中的分压；E_i 为亨利系数。

亨利定律另一形式：

$$x_i = H_i P_i^* \tag{2-3}$$

式中，H_i 为溶解度系数。

2.1.2　双膜理论

前面讲了气液系统相平衡关系，气液系统中物质是怎样传递的呢？

解释气液系统物质传递的理论很多，有：①由刘易斯（W. K. Lewis）和怀特曼（W. G. Whitman）在 19 世纪 20 年代提出的双膜理论；②1935 年希格比（Higbie）提出的溶质渗透理论；③1951 年丹克沃茨（Danckwerts）提出的表面更新理论；④图子（Tuki）等于 1958 年提出的膜渗透理论。

双膜理论简单、明了，在传质领域占有重要地位，它不仅可用来分析物理吸收过程，也可用它分析化学吸收过程，其要点如下。

两相间有物质传递时，相界面两侧各有一层极薄的静止膜，传递阻力都集中在这里，这实际上是继承了"滞流膜"模型的观点。例如气-液相间的传质，如图 2-2 所示，气相侧和液相侧的传质通量分别为：

$$N_{AG} = k_G (p_A - p_{Ai}) = \frac{p_A - p_{Ai}}{1/k_G} \tag{2-4}$$

$$N_{AL} = k_L (C_{Ai} - C_A) = \frac{C_{Ai} - C_A}{1/k_L} \tag{2-5}$$

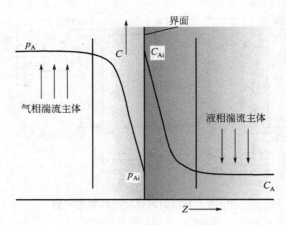

图 2-2　双膜模型示意图

式中，k_G 为以分压差为推动力表示的气相传质分系数，$kmol/(s \cdot m^2 \cdot kPa)$；$k_L$ 为以浓度差为推动力表示的液相传质分系数，m/s；p_A、p_{Ai} 分别为气相湍流主体和气-液界面上的溶质气体分压，kPa；C_A、C_{Ai} 分别为液相湍流主体和气-液界面上溶质的液相浓度，$kmol/m^3$。

物质通过双膜的传递过程为稳态过程，没有物质的积累，即 $N_{AG} = N_{AL}$，写作，

$$N_A = k_G(p_A - p_{Ai}) = k_L(C_{Ai} - C_A) \tag{2-6}$$

假定气-液界面处无传质阻力，且界面处的气-液达到平衡，即 p_{Ai} 和 C_{Ai} 在气-液相平衡线上，写作

$$p_{Ai} = f(C_{Ai}) \tag{2-7}$$

若气-液相平衡关系服从亨利（Henry）定律，则式（2-7）可写作

$$p_{Ai} = \frac{C_{Ai}}{H} \quad 或 \quad y = mx$$

原则上讲，若已知气、液相传质分系数 k_G 和 k_L，我们便可通过双膜模型导出式（2-6）和式（2-7），联立求解得到未知的气、液界面组成 p_{Ai} 和 C_{Ai}，再利用式（2-4）或式（2-5）求得传质通量 N_A。

2.1.3　吸收速率

由上面双膜理论的基本点知道，整个吸收过程的传质阻力就简化为仅由两层薄膜组成的扩散阻力，因此，气流两相间的传质速率取决于通过气膜和液膜的分子扩散速率，下面就讲讲吸收速率。

2.1.3.1　分吸收速率方程

气体吸收质在单位时间内通过单位面积相界面而被吸收的量称为吸收速率，传质速率方程形式：

$$N_A = D_A \frac{dc}{dz} = \frac{D_A \Delta c}{\delta} \tag{2-8}$$

式中，D_A 为组分的传质系数，m^2/s^1；$\frac{dc}{dz}$ 为浓度梯度，$kmol/m^4$；$\frac{\Delta c}{\delta}$ 为浓度梯度，$kmol/m^4$。

在稳态吸收操作中，从气相主体流传递到相界面吸收质的通量等于从界面传递到液相主

体吸收质的通量。气相侧和液相侧的传质通量分别见式（2-4）和式（2-5）。

2.1.3.2 总吸收速率方程

由于相界面浓度难以确定，利用上两式计算吸收速率较为困难，而平衡分压、平衡浓度易得。为避免测定界面浓度，采用两相主体浓度来表示的推动力。

若将平衡分压 p_A^*、平衡浓度 C_A^* 代入式（2-6），则

$$N_A = K_G(p_A - p_A^*) = K_L(C_A^* - C_A) \qquad (2\text{-}9)$$

式中，K_G、K_L 分别为以 $p_A - p_A^*$ 和 $C_A^* - C_A$ 为推动力的气相、液相的总传质吸收系数。

2.1.3.3 总吸收速率与分吸收速率系数方程关系

由于气液相在气液界面上处于平衡，由亨利定律方程（2-3）、分吸收速率方程（2-8）和总吸收速率方程（2-9）可推导出：

$$\frac{1}{K_G} = \frac{1}{Hk_L} + \frac{1}{k_G} \qquad (2\text{-}10)$$

或：

$$\frac{1}{K_L} = \frac{H}{k_G} + \frac{1}{k_L} \qquad (2\text{-}11)$$

对于易溶气体

$$p^* = C/H \quad p^* \to 0$$

所以　　　　　　　　　　H 很大　　　$K_G = k_G$

气液相总传质速度由气膜控制。

对于难溶气体

$$p^* = C/H \quad p^* \to \infty$$

所以　　　　　　　　　　H 很小　　　$K_L = k_L$

总传质速率由液膜控制。

表 2-2 列出了不同吸收系统所具有的控制膜情况。

表 2-2　不同吸收系统所具有的控制膜情况

气膜	液膜	气膜与液膜
1. 氨在水中吸收	1. CO_2 在水中吸收	1. SO_2 在水中吸收
2. 水在强酸中吸收	2. O_2 在水中吸收	2. 丙酮在水中吸收
3. SO_2 在浓 H_2SO_4 中吸收	3. H_2 在水中吸收	3. NO_x 在浓 H_2SO_4 中吸收
4. HCl 在水中吸收	4. CO_2 在稀碱液中吸收	
5. 5％氨在酸中吸收	5. 氨在水中吸收	
6. SO_2 在碱液中吸收		
7. SO_2 在氨液中吸收		
8. H_2S 在稀苛性碱中吸收		

要想求出吸收速率，必须事先知道吸收速率系数，我们可以通过如下方法求取吸收速率系数：

① 由生产设备、中间试验装置直接测得总吸收系数；

② 由相似理论的实验所得出的经验公式计算。

在空气污染控制工程中，由于需处理的废气具有气量大、浓度低的特点，单纯应用物理

吸收法净化废气是难以达到排放标准的。在实际工程中，往往多采用化学吸收法净化气态污染物。

2.1.4 化学吸收的基本原理与计算

2.1.4.1 化学吸收的基本概念

化学吸收是被吸收的气体吸收质与吸收剂中的一种组分或多个组分发生化学反应的过程，由于化学吸收量大，得到广泛应用，化学吸收具有如下特点。

① 被吸收的吸收质在吸收剂中发生反应，因而发生反应的各种组分在溶液中应遵守化学反应平衡关系。

② 吸收剂中各组分的游离浓度与气相中组分浓度间应遵守相平衡关系，与物理吸收一致。

2.1.4.2 化学吸收过程的相平衡与化学平衡的关系——吸收能力计算

设被吸气体组分 A 与吸收液中所含组分 B、C…发生相互反应，并按下式生成 M、N…

$$aA + bB + cC + \cdots \rightleftharpoons mM + nN + \cdots$$

式中，a，b，c，m，n 为化学反应计量系数。

因此，该吸收反应在吸收液中首先应遵守化学平衡关系，故反应的平衡常数 K 可写为：

$$K = \frac{[M]^m [N]^n \cdots}{[A]^a [B]^b [C]^c \cdots} \tag{2-12}$$

其次，吸收组分 A 在液相中的游离浓度 $[A]$，应服从相平衡关系——亨利定律。

$$P^* = \frac{[A]}{H_A} = \left(\frac{[M]^m [N]^n \cdots}{K[B]^b [C]^c \cdots} \right)^{\frac{1}{a}} \frac{1}{H_A} \tag{2-13}$$

该反应的吸收能力＝　　　反应量　　　＋　　　游离量

⇓　　　　　　　　　　　⇓

化学平衡关系求得　　　　相平衡关系求得

⇓　　　　　　　　　　　⇓

$$K = \frac{[M]^m [N]^n}{[A]^a [B]^b [C]^c} \qquad P_A^* = \frac{[A]}{H_A}$$

求出A的反应量　　　　　　求　得

由于一部分气体组分 A 按化学反应式生成了产物，因此实际上由气相溶入液相的 A 的总浓度大于液相中游离的 A 的浓度 $[A]$。

$$吸收能力＝反应量＋游离 \tag{2-14}$$

即由于化学反应气相中 A 的溶解度较物理吸收增大了。

2.1.4.3 化学吸收过程传质速率的增强

化学吸收比物理吸收具有更快的吸收速率，这是由于化学反应降低了被吸收气体组分在液相中的游离浓度，相应地增大了传质推动力和传质系数，从而加快了吸收过程的速率。

化学吸收速率与物理吸收速率表示方法相似，化学吸收速率（kmol/s）＝化学吸收速率系数（m/s）×接触表面积（m²）×吸收推动力（kmol/m³），即：

$$W_A = k_L' F \Delta_L = k_L F (\Delta_L + \delta) \tag{2-15}$$

式中，k_L 为物理吸收时液相传质分系数，m/s；k_L' 为用物理推动力表示的化学吸收液相传质分系数，m/s；Δ_L 为物理吸收推动力，$\Delta_L = C_{Ai} - C_A$，kmol/m³；δ 为化学吸附比物理吸收推动力所增加的推动力，kmol/m³；C_{Ai}，C_A 分别为气相组分在气-液界面上、液相主体中的浓度，kmol/m³。

化学反应的增强系数 ζ 就是与物理吸收比较，由于化学反应而使传质系数或推动力增加的倍数。即：

$$\zeta = \frac{k_L'}{k_L} = 1 + \frac{\delta}{\Delta_L} \tag{2-16}$$

增强系数的物理意义：化学吸收速率比在相同条件下纯物理吸收速率大 ζ 倍，故有：

$$W_A = \zeta k_L (C_{Ai} - C_A) F \tag{2-17}$$

或：

$$W_A = \zeta k_G (P_A - P_{Ai}) F \tag{2-18}$$

2.1.5 吸收设备

从吸收速率方程（2-17）和方程（2-18）可知，要想提高吸收速率，必须从改善传质系数、接触表面积、传质推动力等方面着手。加上制作和维护原因，在实际应用中，一个好的吸收设备必须满足：①气液间接触面积大，并有一定接触时间；②气液间扰动大，阻力、效率高；③操作稳定；④结构简单，维修方便；⑤具有防堵、防腐能力。

吸收设备多为气液相接触吸收器——表面吸收器、鼓泡吸收器、喷洒吸收器、塔板式吸收器等。图2-3列出了一些常用的吸收装置。表2-3为吸收装置分类。表2-4列出了这些吸附装置的性能比较。

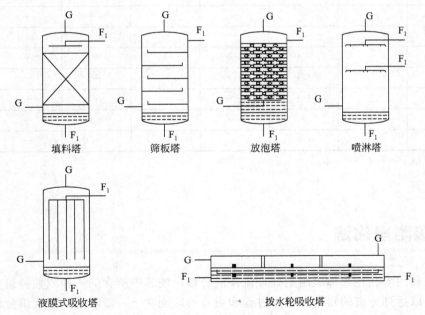

填料塔　　　　筛板塔　　　　放泡塔　　　　喷淋塔

液膜式吸收塔　　　　　　　拨水轮吸收塔

图2-3　一些常用的吸收装置

表 2-3 吸收装置分类

吸收形式	吸收设备	结构特点
表面式吸收器	陶瓷吸收法、降膜式吸收器、石墨板吸收器、列管式湿壁吸收器等	液体静置或沿管壁流下,气体与液体表面或液膜表面接触进行传质,用于易溶气体如 HCl、HF 等的吸收
填料式吸收器	填料塔、湍环塔	液体沿填料表面流下,形成很大的接触表面积,气体通过填料层与填料表面上的液膜接触传质,用于吸收 SO_2、NO_x、Cl_2 酸雾等
鼓泡式吸收器	鼓泡塔	使气体分散通过液层,在气泡表面上进行气液接触并传质,用于吸收 SO_2、NO_x、NH_3、汞蒸气、铅烟等
筛板塔	筛板塔、浮阀塔、泡罩塔、筛孔板塔等	使气体分散通过液层,在气泡表面上进行气液接触并传质,用于吸收 SO_2、NO_x、NH_3、有机气体、酸雾、碱雾、汞蒸气、铅烟等
喷淋式吸收器	喷淋塔、方氏管引射式吸收器、喷射塔	将液体喷成液滴状与气体接触,在液滴表面上进行气液接触并传质,用于同时除尘、降温、吸收的场合
拨水轮吸收室	箱式多轴吸收室、双轴筒式吸收室	用机械装置将吸收液溅散到吸收器空间,与气体接触进行传质,用于吸收 HF 和 SiF_4
复合吸收塔	环栅喷淋泡沫塔、湿式惯性吸收塔、气动乳化吸收塔、超重力吸收器	复合多种形式的气液间强化传质原理强化传质过程,用于同时除尘、降温、吸收的场合

表 2-4 吸收装置的性能比较

类型		表面式吸收器	填料式吸收器	鼓泡式吸收器	喷液式吸收器	筛板式吸收塔	拨水轮吸收室	复合吸收塔
阻力	气相	−	++	+	+	+	+	++
	液相	−	+	+	−	++		+
气液比	大	++	++	+	++	+	++	+
	小	++	+	+	+	+	+	++
处理气量	大	−	+	−	+	++	++	++
	小	−	++	++	+	+	+	+
压力损失		−	++	++	−	+	+	++
净化率		−	++	+	+	+	+	++
吸收热		+	+	+	+	++	+	++
起泡性		−	++	+	+	+	−	+

注: ++—大; +—中; −—小。

2.2 吸附净化法

吸附是利用多孔性固体吸附剂处理流体混合物,使其中所含的一种或数种组分吸附于固体表面上,以达到分离的目的。吸附过程和吸收的区别在于:吸收后,吸收组分均地分布在吸收相中,吸附后,吸附组分聚积或浓缩敷在吸附剂上,只一个非均相过程。

目前,吸附操作在有机化工、石油化工等生产部门已有较为广泛的应用。该方法在环境工程中的使用也很普遍，主要原因是吸附剂的选择性高，它能分开其他过程难以分开的混合物，有效地清除（回收）浓度很低的有害物质，设备简单，操作方便，净化效率高，且能实现自动控制。

图 2-4 是吸附-脱附示意图。吸附过程是一个动态过程，在这个过程中，吸附质从流体中扩散到吸附剂表面和微孔内表面上，释放热量，而被吸附在吸附剂的内表面上。脱附过程是一个与吸附过程相反的过程。

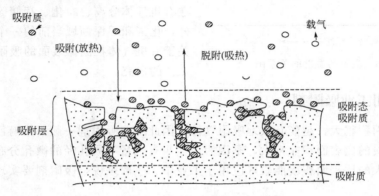

图 2-4　吸附-脱附示意图

吸附质在吸附剂表面吸附后，吸附质分子的内能因分子运动形式，如扩散、振动、旋转发生改变而降低，从而释放出能量，称之为吸附热。汽化热（或冷凝热）和结合热是吸附热的两个组成部分。吸附热大于物质气化热约 1.5 倍，不排除特殊情况的存在。总体说来，吸附热受到吸附量、吸附温度、吸附时流体空塔速度等因素的影响，如果不及时将吸附热引出去的话，其中被脱附分子所吸收的一部分热量会对吸附过程造成负面影响。

某相中物质能吸附在另一相表面，是因为另一相表面存在着剩余的吸引力而引起。吸附着的分子与吸附剂表面分子存在着相互间的引力，即范德华力。范德华力普遍存在，吸附时的分子间作用力是无"饱和"的，但吸附剂周围由于分子间作用力随着吸附分子离吸附剂表面距离加大而减少会形成吸附作用"有效区域"。Steinweg 认为作用力的衰减速率和分子距吸附表面的距离 h 存在定量关系：衰减速率约等于 $1/7h$。通常根据吸附剂和吸附质之间发生吸附作用的力的性质，将吸附分为物理吸附和化学吸附。物理吸附又称为范德华吸附，是由吸附剂与吸附质分子之间的范德华力产生的。化学吸附又称活性吸附，是由于吸附剂与吸附质分子间的化学键力而导致的，它们的特征见表 2-5。

表 2-5　物理吸附和化学吸附的特征

吸收类型	特征
物理吸附	①放热 20kJ/mol，与气化热接近，因此常被看成气体的凝聚 ②无选择性 ③低温下显著 ④速度快 ⑤单层或单原子层
化学吸附	① 放热，比物理吸附大，接近反应热一般 84～417kJ/mol ② 选择性强 ③高温下显著 ④速度慢 ⑤单分子层或多分子层

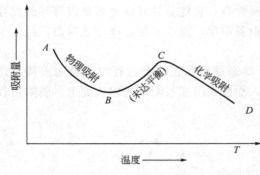

图 2-5　吸附与温度的关系图

一般吸附过程既有化学吸附，也包含物理吸附。同一吸附剂，低温下可能进行物理吸附，高温下进行化学吸附，如图 2-5 所示。

吸附过程在化工领域已成为一项十分重要的工艺，其技术得到了快速的发展，越来越多的新型吸附剂得到了开发。吸附被广泛的应用在有机气体分离、净化、存储等方面。除此之外，化工和环保领域当前的一个研究热点就是关于有机气体在固体表面的吸附规律及其吸附工艺的研究。

2.2.1　常用工业吸附剂

吸附剂表面积越大，越能有效地吸附气体，因此工业吸附剂一般都具有巨大表面和大量孔隙。如活性炭的比表面积非常大，是因为活性炭有大量不同孔径的微孔分布在其中。但并不是只要有较大的比表面积就能较好应用于工业中。一般来说，吸附剂要实现实用价值需要具备下列条件：

① 吸附剂要有较好的化学稳定性、机械强度及热稳定性。

② 吸附剂的吸附容量要大。吸附容量是在一定温度和一定吸附质浓度下，单位重量或单位体积的吸附剂所能吸附的最大量。吸附剂的吸附容量受吸附剂的比表面积、孔穴的大小、分子的极性大小及官能团的性质等因素的影响。随着吸附剂吸附容量的增大，吸附剂用量越少，使得吸附装置越小，进而使投资也相应降低。

③ 吸附剂应有良好的吸附动力学性质。吸附达到平衡越快，吸附区域越窄，所设计的吸附柱就越小，同时可以允许的空塔速度越大，相应的气体流量也可以越大。

④ 吸附剂要具有良好的选择性使吸附效果较为明显，同时得到的产品纯度也就越高。

⑤ 需要有很大的比表面积。工业常用的吸附剂有活性炭、分子筛、硅胶等，它们都是具有许多细孔和巨大内表面积的固体，比表面积 $600 \sim 700 \mathrm{m}^2/\mathrm{g}$。

⑥ 吸附剂要具有良好的再生性能。在工业上，吸附剂能否再生很大程度决定了用吸附法分离和净化气体的经济性和技术可行性。可再生的吸附剂不仅可以重复使用，而且还减少了对废吸附剂的处理问题。

⑦ 吸附剂应具有较低的水蒸气吸附容量。这个特性特别是在蒸汽脱附时是人们所期望的，因为脱附蒸汽必须采用干燥再生方法，这是在有机废气处理与回收中不希望出现的。

⑧ 较小的压力损失。这与吸附剂的物理性质和装填方式有关。

⑨ 受高沸点物质影响小。高沸点物质在吸附以后，很难被去除，它们会在吸附剂中集聚，从而影响吸附剂对其他组分的吸附容量。

⑩ 吸附剂应与气相中组分不发生化学反应，以保证吸附剂吸附能力，再生程度不会因此而降低。

工业上常用吸附剂的种类有很多，由于吸附剂材料不同，孔径分布和对吸附质的亲和性也互不相同。

(1) 活性氧化铝　活性氧化铝是将含水氧化铝在严格控制升温条件下加热到 737K，使之脱水而制得。它为多孔结构物质并具有良好的机械强度，比表面积为 $200 \sim 250 \mathrm{m}^2/\mathrm{g}$。活性氧化铝对水分有很强的吸附能力，主要用于气体和液体的干燥、石油气的浓缩和脱硫，近年来又将它用于含氟废气的治理。

（2）白土　白土分为漂白土和酸性白土。漂白土的主要成分是硅铝酸盐，是一种天然黏土，经加热和干燥后成多孔结构。将处理后的漂白土碾碎和筛分，取一定细度的颗粒就可以作为吸附剂使用。漂白土吸附剂可除去油中的臭味，并能有效地对各种油类进行脱色。漂白土可重复使用，只需要通过洗涤和灼烧除去吸附在表面和孔隙内的有机物即可。

SiO_2 与 Al_2O_3 比值较低的白土只有经过酸化处理才具有吸附活性。用硫酸处理的工艺条件是：温度 353～383K；硫酸的浓度 20%～40%；时间 4～12h。酸性白土是白土经洗涤、干燥、碾碎处理后获得的，酸性白土的脱色效率比天然漂白土高。

（3）硅胶　硅胶分子式为 $SiO_2 \cdot nH_2O$，是一种坚硬多孔的固体颗粒，粒径一般为0.2～7mm。其制备方法是将水玻璃（硅酸钠）溶液用酸处理，再将硅凝胶经老化、水洗，在 368～403K 温度下，经干燥脱水制得。硅胶是工业上常用的一种吸附剂，实验室所用的是经干燥脱水并加入钴盐作指示剂的硅胶，在无水时呈蓝色，吸水后变为淡红色。硅胶从气体中吸附的水分量最高能达到自身重量的 50%，具有很大的吸水容量。吸水后的饱和硅胶可再生，方法是通过加热（573K）将其吸附的水分脱附。硅胶在工业上多用于从废气中回收极为有用的烃类气体和气体的干燥。硅胶是属于亲水性的吸附剂。

（4）活性炭　活性炭作为一种优良吸附剂，是应用最早、用途较广的。它由各种含碳物质干馏炭化并经活化处理而得到。活化剂是用水蒸气或热空气，活化温度为 1123～1173K，碳化温度一般低于 873K。近年来，氯化锌、氯化镁、氯化钙及硫酸等化学药品有时也用来作为活化剂。

活性炭原材料的来源非常广泛，各种木材、木屑、果壳、果核、泥煤、褐煤、烟煤、无烟煤以及各种含碳的工业废物都可制成活性炭，但是活性炭吸附剂的价格较贵，这是因为活性炭的生产工艺比较复杂。

活性炭比表面积在 600～1400m²/g，是孔穴十分丰富的吸附剂，由表 2-6 可知活性炭的比表面积最大，故其具有优异的吸附能力。图 2-6 为颗粒活性炭电子显微照片。图 2-7 为活性炭纤维照片。

图 2-6　颗粒活性炭电子显微照片

活性炭在工业领域的用途十分广泛，几乎遍及各个方面。通常用于烃类气体提浓分离、空气或者其他气体的脱臭、溶剂蒸汽的回收，动植物油的精制、水和其他溶剂的脱色等方面。近年来，在环境保护方面对活性炭吸附剂的应用也越来越广泛，常用作处理某些气态污染物及工业废水。

在对活性炭吸附剂应用时，需要特别注意其易燃易爆的特性。

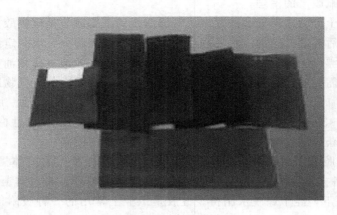

图 2-7　活性炭纤维照片

(5) 沸石分子筛　沸石分子筛呈现多孔的硅酸铝骨架结构，是由人工合成的泡沸石，每一种分子筛的孔穴尺寸都是一致的。分子筛孔径的大小和分子（或离子）的大小相当，不同型号分子筛的有效孔径不同。

一定结构分子筛的孔穴直径也是一定的，如果气体分子的直径小于孔穴直径则能够进入孔穴内被吸附，若比孔径大则不能被吸附，分子筛就是这样起到筛分分子的作用。

很多物质都具有分子筛的作用，如微孔玻璃、炭分子筛、有机高分子、沸石或某些无机物膜等，其中，应用最广的当属沸石分子筛。

沸石分为天然沸石以及人工合成沸石，化学通式为 $[M(I)\cdot M(II)]O\cdot Al_2O_3\cdot nSiO_2\cdot mH_2O$，式中，M（I）为 1 价金属；M（II）为 2 价金属；n 为硅铝比（一般 $n=2\sim10$）；m 为结晶水分子数。

天然沸石的种类有很多，在工业方面使用价值较大的主要有斜发沸石、毛沸石、镁沸石、钙十字沸石、片沸石和丝光沸石等。

天然沸石虽然有种类多、储量大、分布广、成本低等优点，但其中含有的杂质多，使其纯度相对较低，在某些方面的性能劣于合成沸石。基于这个原因，人工合成沸石在生产中还是占有相当地位的，我国在 1959 年首次合成了 A 型、X 型、Y 型沸石分子筛并很快投入生产，这一举动为我国工业生产和科学技术的发展提供了一种新材料。

沸石的人工合成方法主要包含水热合成法和碱处理法两类。其方法是将含硅、含铝、含碱的原料按一定比例配成溶液，在室温至 333K 范围内加热搅拌制成硅铝凝胶，将硅铝凝胶置于反应器中，利用蒸汽加热至 373K 左右，沸石即可自凝胶中结晶出来。然后经过水洗，加入黏合剂制成一定形状，烘干后在 673～873K 左右温度下活化即得适用的合成沸石分子筛。

沸石分子筛由于自身具有许多优良性能而在生产上得到广泛应用。在环境保护方面，沸石分子筛常用来进行脱硫、脱氮、含汞蒸汽的净化及有害气体的治理。

前已述及，物理性质会影响吸附剂的吸附能力，吸附剂的吸附能力随着比表面积的增大而增强。此外，吸附能力的大小还受吸附剂的孔隙率、孔径大小及其分散度等因素的直接影响。为了更好地选用适宜的吸附剂，表 2-6 中详细列举了几种工业常用吸附剂的物理性质。

表 2-6 几种主要吸附剂的物理性质

项目	白土	活性氧化铝	硅胶	活性炭	沸石分子筛
真密度 ρ_e/(g/cm³)	2.4~2.6	3.0~3.3	2.1~2.3	1.9~2.2	2.0~2.5
表观密度 ρ_s/(g/cm³)	0.8~1.2	0.8~1.9	0.7~1.3	0.7~1	0.9~1.3
填充密度 γ/(g/cm³)	0.45~0.56	0.49~1.00	0.45~0.85	0.35~0.55	0.60~0.75
空隙率	0.4~0.55	0.40~0.50	0.40~0.50	0.33~0.55	0.30~0.40
比表面积/(m²/g)	100~350	95~350	300~830	600~1400	600~1000
微孔体积/(cm²/g)	0.6~0.8	0.3~0.8	0.3~1.2	0.5~1.4	0.4~0.6
平均微孔径/Å	80~200	40~120	100~140	20~50	—
比热容/[cal/(g·K)]	0.20	0.21~0.24	0.22	0.20~0.25	0.19
热导率/[kcal/(m·h·K)]	0.085	0.12	0.12	0.12~0.17	0.042

注：1cal 约为 4.2J。

2.2.2 吸附平衡理论

(1) 等温吸附线 吸附作用主要在固体表面上发生，但这种作用在表面上的吸附机理至今都未能充分了解。目前已提出的理论都无法对各种吸附现象进行完善地解释，这些理论的提出都是在假设条件下进行的，使其在应用上都有一定的局限性。不论在物理吸附还是化学吸附过程中，只要气相和固相能够充分接触，最终都会达到吸附平衡。平衡吸附量是吸附设计和生产十分重要的参数，它表示固体吸附剂对气体吸附量的极限，数值通常用吸附等温线来表示，如图 2-8 所示。

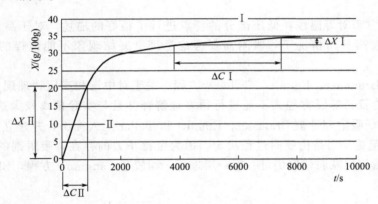

图 2-8 吸附等温线示意图

吸附剂对气相中吸附质吸附的最大值受温度和吸附质浓度的影响。在区域 I 中，吸附量增加幅度基本不随着吸附质浓度增加而变化。在区域 II 中，吸附量和吸附质浓度近似呈线性关系。从图 2-9 中可以看出，最大吸附量与温度有关。一般来说，吸附操作温度越高吸附容量越低。

最常用的方式是由实验得出的吸附等温平衡关系，各种经验方程式也通常被用来表示，这些方程叫做吸附等温方程。常见的吸附等温方程有 Langmuir 方程、BET 方程、Freundlich 方程、Dubinin-Astahov 方程等。

① Langmuir 方程。Langmuir 的主要成就是提出单分子层吸附这个著名理论。由于力场不饱和使固体表面存在表面能，每一个表面上的分子或原子都具有某种剩余价力，当在此

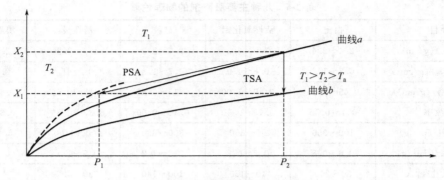

图 2-9　温度对吸附等温线影响示意图

力场作用范围里产生气体分子碰撞时，就可能会被这种剩余价力吸附。此作用力的范围大约在 10^{-10} m，即分子直径范围。由于作用力范围的限制决定了固体表面的吸附作用只能是单分子层的吸附。Langmur 方程是在以下假设基础之上建立的：a. 单分子层吸附；b. 吸附过程是一个动态平衡过程；c. 吸附活性中心均匀分布在吸附剂表面上；d. 脱附速度正比于已吸附了气体的固体表面积与总面积之比；e. 吸附速度正比于吸附质在气相中的分压；f. 吸附分子间无作用力。

$$X = X_{\max} \frac{bP_i}{1 + bP_i} \tag{2-19}$$

式中，$X_{\max}$ 为被吸附组分 i 在固相中的饱和吸附量，kg 吸附质/kg 吸附剂；X 为被吸附组分 i 在固相中的吸附量，kg 吸附质/kg 吸附剂；P_i 为平衡时吸附质在气相中的分压，Pa；b 为常数。

Langmuir 方程对等温线在低压部分的特点进行了很好的描述，对于高压部分不适用，主要原因是在较高分压情况下，吸附需要考虑毛细管凝结现象不能纯粹的当做单分子层吸附。

② BET（Brunauer，Emmltt，Teller）方程。关于对中压和高压物理现象 Langmuir 单分子层吸附理论及其等温方程式不能进行很好地解释并且与实验偏离较大这一缺憾，1939 年 BET 多层分子吸附理论被 Branauer、Emmltt 和 Teller 三人提出，并建立了等温方程式。BET 理论认为范德华力是由吸附过程决定，因为范德华力的存在，吸附剂的表面对吸附质的吸附能力虽然逐层减弱，但仍可一层一层进行。相较于 Langmuir 方程，BET 方程适用于高压部分。

$$\frac{P_i}{V(P_s - P_i)} = \frac{1}{V_{MB}C} + \frac{C-1}{V_{MB}C} \frac{P_i}{P_s} \tag{2-20}$$

式中，P_s 为吸附平衡时吸附质平衡分压，Pa；P_i 为吸附质Ⅰ在气相中的分压，Pa；V_{MB} 为一个单分子层盖满全部固体表面时需要的气体体积，mL；V 为被吸附气体的体积，mL；C 为常数，与吸附后气化热有关。

Dubinin 和 Radushkevich 早在 1947 就提出利用吸附等温线的中低压部分估算孔容积的方程，该 Polany 早先提出的吸附位能理论就是得益于次方程而实现了真正实用化。

③ Freundlich 方程。Freundlich 在实验和解析法的基础上提出一个被广泛应用的经验方程式：

$$X = KP_i^n \tag{2-21}$$

式中，X 为被吸附组分 i 在固相中的吸附量，kg 吸附质/kg 吸附剂；P_i 为平衡时被吸附组分在气相中的分压，Pa；K，n 为吸附常数。

相较于上述两个方程，Freundlich 方程广泛地适用于中压部分，对于低压和高压部分则不太适用。Freundlich 方程无法从概念上对经济参数 n 和 k 的含义进行解释。

④ Dubinin-Radushkevich 方程

$$\lg V = \lg V_s - 2 \times 3 \left(\frac{RT}{\varepsilon_0 \beta} \right) \left(\lg \frac{P_s}{P_i} \right)^n \tag{2-22}$$

式中，V_s 为平衡吸附量，mL；V 为吸附质吸附体积，mL；R 为气体常数，kJ/(kg·K)；P_s 为饱和吸附时组分 i 在气相中分压，Pa；P_i 为吸附时吸附组分 i 在气相中的分压，Pa；T 为吸附温度，K；ε_0 为吸附特征自由能；β 为亲和性分数；n 为常数（$1 < n < 3$）。

⑤ Dubinin-Astakhov 方程。微孔填充理论中谈到，吸附势 A 可用来衡量吸附膜上任一点的吸附力。A 为从气相到达吸附膜上那一点时分子所作的功，是吸附量 Q 的函数，其数值可由气流平衡状态来求算。普遍化的 Dubinin-Astakhov 方程是微孔填充理论中应用较多的。

在临界温度 T_c 以上进行吸附时：

$$\frac{V}{V_s} = \exp\left[-\left(\frac{RT}{E} \ln \frac{P_s}{P_i} \right)^m \right] \tag{2-23}$$

在临界温度 T_c 以下进行吸附时：

$$\frac{V}{V_s} = \exp\left[-\left(\frac{RT}{E} \ln \frac{TP_c}{T_c^2 P_i} \right)^m \right] \tag{2-24}$$

式中，P_s 为饱和吸附蒸气压，Pa；P_i 为吸附时组分 I 在气相中的分压，Pa；P_c 为临界压力，Pa；V_s 为饱和吸附容量，mL；V 为吸附容量，mL；R 为气体常数，kJ/(kg·K)；T_c 为临界温度，K；T 为吸附温度，K；E 为吸附特征能，J/mol；m 为常数（吸附失去的自由度）。

根据对不同气体与蒸汽进行的大量吸附测试结果将吸附等温线归纳为六种基本类型，见图 2-10。

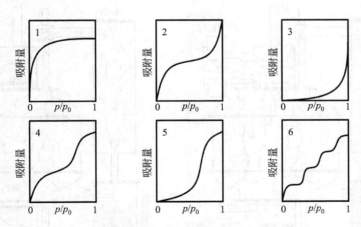

图 2-10　六种吸附等温线的基本类型

如图 2-10 所示，各类等温吸附线的特点描述如下：第 1 类是在低压下，随组分压力的增加组分吸附量随之迅速增加。组分压力增加到一定值后，吸附量基本不随压力变化而变化，这类曲线一般认为是单分子层吸附特征曲线，有时也被当做是微孔充填的特征；第 2 类的测试是组分在无孔或有中间孔的粉末上完成的，它是代表多层吸附，并且在多相基质上不受限制；第 3 类表示的吸附情况是吸附剂与吸附质之间的作用相对较弱；第 4 类曲线表示由于吸附中的毛细管现象使凝聚气体分子不易蒸发，从而产生明显的滞后回线；第 5 类与第 4 类相似，只是吸附质与吸附剂之间的相互作用较弱；第 6 类曲线的成因是均匀基质上的情况气体分子为阶段多层吸附造成的。

（2）吸附再生方法　研究人员在近几十年提出了不同的吸附工艺，这些工艺的技术虽然千差万别，但是它们有一致的吸附机理。吸附过程主要分为固定床吸附过程、移动床吸附过程和流化床吸附，这是根据吸附剂在吸附器中的工作状态进行的划分。从图 2-8、图 2-9 中可知，为了提高吸附剂的吸附容量，特定的吸附过程应在高组分浓度、低温下进行，为了获得更高的气体分离率有时可在高于常压的条件下进行。

为了能够重复使用已饱和吸附的吸附剂，必须对吸附剂进行脱附再生。从技术和机理角度出发的吸附剂再生方法有很多，以下对几种常用的脱附方法进行简单的介绍。

① 吹扫脱附。吸附态吸附质在吹扫气与吸附状态的吸附质的浓度梯度的作用下由吸附剂表面向气相主体扩散。脱附是一个吸热过程，在此过程中床层温度下降，导致脱附曲线后移，脱附量减少。因此，常采取升温降压措施进行吹扫气脱附。

② 置换脱附方法。在恒温、恒压情况下，用一种与吸附剂亲和性更强的物质置换前面被吸附的吸附质，以获得这种吸附质的脱附。这种方法的缺点在于为了保证吸附剂循环使用置换吸附质也必须设法脱附，这就会消耗更多的时间和能量。

③ 升温脱附。同一浓度下，吸附容量将随温度的升高而下降，使部分已吸附的吸附质将从吸附剂表面解吸出来，借助于吹扫气将吸附质从吸附床层中运送出来。这种方法因其实用、简单的特点成为目前应用最广泛的方法之一。升温脱附示意图如图 2-11 所示。

升温脱附方法的主要缺点是，要想再次应用必须将吸附床层重新冷却，这就增加了再生时间和能耗。变温脱附可分别采用热载气脱附、水蒸气脱附，也可以将这两种措施同时使用。水蒸气脱附是利用高热容的水能很快加热吸附床层的特点，但是由于水的加入，引入了额外的两个问题：a. 吸附质与水的分离；b. 水分子因取代吸附质而被吸附，又需脱附。因

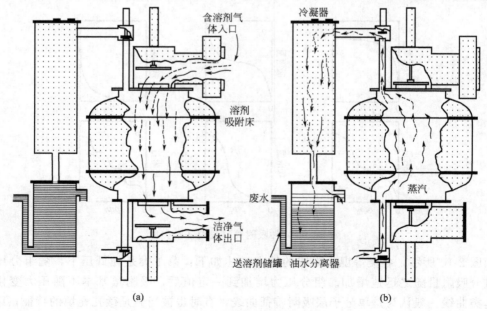

(a)　　　　　　　　　　　　(b)

图 2-11　升温脱附示意图

此，干燥和降温是为使吸附剂再生需随之而采取的措施，这个过程也同样消耗了大量的时间和能量。

④ 降压脱附。通过降低吸附总压，从而降低吸附质组分压。从图 2-8 吸附平衡曲线看出，吸附容量将随吸附压下降而下降。应用这个原理的吸附脱附过程，称为变压吸附（pressure swing adsorption，PSA）。在降压脱附过程中，脱附是通过采用小流量的吹扫气，将因降压而超出平衡吸附量的脱附物质运送出来而实现的。

脱附方法应根据"吸附质-吸附剂"系统性质以及吸附平衡曲线的具体情况进行选择。物质的吸附容量随压力改变会产生很大的变化，这种情况下常选用变压吸附方法；同样物质的吸附容量随温度改变也会产生很大的变化，此时应选择变温吸附（temperature swing adsorption，TSA）。从图 2-9 可以看出，物质吸附容量跟温度和组分压力有关。可利用图中所示原理来指导我们根据现实情况选择 PSA 或 TSA 工艺。

2.2.3 传质速率和传质系数

2.2.3.1 传质速率表达式

气体或溶液中的溶质在浓度差推动力（$C_f - C_i$）的作用下向固体吸附剂颗粒表面扩散。溶质穿过界面（界膜）到达固体表面，在界面上按照平衡关系 $q_{si} = f(C_i)$ 分配溶质在两相中的浓度。到达颗粒相后溶质的扩散都称为内扩散，如在微孔内、孔壁上以及颗粒内部（晶粒内）的扩散。在整个扩散的计算过程中，常以扩散系数最小、扩散阻力最大的步骤为整个过程的控制区来简化计算，可以是内扩散、外扩散分别或者同时考虑的过程。实际生产中，流动相通过固定相颗粒床层时都具有一定的流速或流速分布，吸附剂颗粒外的边界层厚度以及扩散的方式将会受流体的流动状态（如成层流、湍流或涡流流动）的影响。因此，在物质传递过程会出现各种不同的推动力的浓度差的表达式。根据流体相主体与两相界面的物质浓度差，或者两相界面与吸附主体的物质浓度差，得出一次的线性推动力（LDF）式是最简单的，即取流体相和两相边界层（界膜）的物质浓度差或两相主体的气膜和固定相主体的物质浓度差表示。Vermeulen 认为应该用二次推动力式表达气膜和固定相之间的推动力，因为它们之间是非线性的。Thomas 却认为吸附过程为化学吸附，吸附质在吸附剂颗粒活性点进行反应，吸附推动力的大小只受反应速度常数和质量平衡常数的制约，以二次反应动力学近似式（近似地假设为一阶反应）作为传质的推动力。传质速度方程中推动力的表达式有下列几种。

① Gluckauf 以吸附相浓度表示的线性推动方式

$$\frac{\partial q}{\partial t} = k_{\text{eff}} \frac{A_{\text{sp}}}{\rho_{\text{s}}} (q^0 - q) \tag{2-25}$$

② 以流体相浓度表示的膜扩散控制推动方式

$$\frac{\partial q}{\partial t} = k_{\text{eff}} A(c^0 - c) \tag{2-26}$$

式中，k_{eff} 为有效传质系数，$\text{kg}/(\text{m}^2 \cdot \text{s})$；$A_{\text{sp}}$ 为吸附剂比表面积，m^2/m^3；ρ_{s} 为吸附剂堆积密度，kg/m^3；q^0 为与进料浓度 c 成平衡的吸附剂中吸附质浓度，kg/kg；q 为某一时刻的吸附剂中吸附质浓度，kg/kg；c^0 为与进料浓度 c 成平衡的吸附剂中吸附质浓度，kg/m^3；c 为某一时刻的吸附剂中吸附质浓度，kg/m^3。

利用物料衡算偏微分方程对传质速率或吸附剂颗粒内的物料进行求解时，选用适当的推动力模型就可以使方程的解大为简化。考量了几种常用模型的近似，可节省计算时间的有颗粒内抛物线浓度分布曲线的假设、线性推动力和非线性推动力，其中最广泛使用的是线性推动力模型。当圆球颗粒填充的吸附床层部分已为吸附质饱和，流动相通过床层颗粒（或冲洗剂冲洗床层）所形成的浓度波非常陡峭时，对于此阶跃浓度变化，每粒圆球吸附剂的物料衡算方程为

$$D_{\text{eff}}\left(\frac{\partial^2 c_P}{\partial r^2}+\frac{2}{r}\frac{\partial c_P}{\partial r}\right)=\frac{\partial q}{\partial t} \tag{2-27}$$

$$t=0, q=0$$
$$t>0, q(R_p)=q_0^0$$

边界条件：

式中，q_0^0 为与进料浓度 c_0 成平衡的吸附剂中吸附质浓度；c_P 为微孔中溶质的浓度；D_{eff} 为有效扩散系数，$1/\text{s}$；R_p 为吸附剂平均直径，m。

如图 2-12 所示。

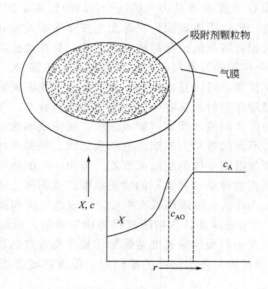

图 2-12　传质模型示意图

取推动力为线性，则得

$$q=q_0^0\left[1-\frac{6}{\pi^2}\sum_{n=1}^{\infty}\frac{1}{n^2}\exp(-n^2\pi^2 D_{\text{eff}}t/R_p^2)\right] \tag{2-28}$$

如果浓度逐渐增加，扩散前沿的浓度变化可近似地以线性表示。当 $D_{\text{eff}}t/R_p^*>0.1$ 时，得解

$$\frac{\partial q}{\partial t}=\frac{\pi^2 D_{\text{eff}}}{R_p^2}(q^0-q)+\left(1-\frac{\pi^2}{15}\right)\frac{\partial q^0}{\partial t}$$

$$-\left(\frac{1}{15}-\frac{2\pi^2}{315}\right)\frac{R_p^2}{D_{\text{eff}}}\times\frac{\partial^2 q^0}{\partial t^2}+\cdots \tag{2-29}$$

式中，q^0 为与主体流浓度 c 相平衡的吸附量，随 c 值不断变化。当 t 或 D_e 值很大时，吸附剂颗粒内部接近平衡，可用 $\partial q/\partial t$ 代替 $\partial q^0/\partial t$，忽略二阶项则上式为

$$\frac{\partial q}{\partial t}=\frac{15D_{\text{eff}}}{R_{\text{p}}^2}(q^0-q) \tag{2-30}$$

式(2-30) 是线性推动力近似式的基础表达式，常用于固定床吸附、透过曲线的计算、解吸过程和循环分离过程等的计算。由于此解是假设 $D_e t/R_{\text{p}}{}^* > 0.1$ 而取得的，所以对活性炭此扩散时间常数 $D_e t/R_{\text{p}}{}^*$ 为 0.1s^{-1}，沸石晶体为 0.001s^{-3} 的数量级。在吸附的初期，特别是沸石用此线性推动力近代式所得结果误差较大。在使用前还要注意吸附等温线的曲率和过程的边界条件是否适当。

比较式(2-30) 和式(2-25) 得：

$$k_{\text{eff}}=\frac{15D_{\text{eff}}}{R_{\text{p}}^2}\times\frac{\rho_{\text{s}}}{A_{\text{sp}}} \tag{2-31}$$

2.2.3.2　传质系数

将吸附剂放入或流过浓度均匀的气相，吸附剂外表面在瞬间达到一定浓度后，吸附质再向吸附剂微孔内扩散，根据 Ficksen 定律，其扩散过程可用式(2-32) 表示：

$$\frac{\partial q}{\partial t}=\frac{1}{r^2}\times\frac{\partial}{\partial r}\left(r^2D_e\frac{\partial q}{\partial r}\right) \tag{2-32}$$

图 2-13 为微孔中吸附质扩散示意图。

任取一微元，$(r\to r+\text{d}r)$，对其扩散过程作物质衡标。

$$\dot{m}_{\text{D}}\big|_{r+\text{d}r}-\dot{m}_{\text{D}}\big|_r+\dot{m}_{\text{S}}\big|_{r+\text{d}r}-\dot{m}_{\text{S}}\big|_r=\text{d}(m_{\text{D}}+m_{\text{S}})/\text{d}t \tag{2-33}$$

式中，m_{D} 为微孔气相中吸附质量，kg；m_{S} 为吸附相吸附质变化量，kg。

微孔气相中吸附质变化量

$$\text{d}m_{\text{D}}=\psi_{\text{P}}\times\rho_{\text{D}}\times4\pi r^2\text{d}r \tag{2-34}$$

式中，ψ_{P} 为吸附剂堆积空隙率；ρ_{D} 为吸附剂浓度，kg/m^3；r 为吸附剂内某一位置的半径，m。

吸附相吸附质变化量

$$\text{d}m_{\text{S}}=\rho_{\text{S}}\cdot q\cdot4\pi r^2\text{d}r \tag{2-35}$$

式中，ρ_{S} 为吸附剂堆积密度，kg/m^3；q 为吸附容量，kg/kg；将式(2-34)、式(2-35) 代入式(2-33) 右边，将式(2-32) 代入式 (2-33) 左边。

$$\frac{1}{r^2}\times\frac{\partial}{\partial r}\left(r^2\times\psi_P\times D\times\frac{\partial\rho_{\text{D}}}{\partial r}\right)+\frac{1}{r^2}\times\frac{\partial}{\partial r^2}\left(r^2\times\rho_{\text{S}}\times D_{\text{S}}\times\frac{\partial q}{\partial r}\right)$$

$$==\frac{\partial}{\partial t}(\psi_{\text{D}}\cdot\rho_{\text{D}}+\rho_{\text{S}}\cdot q) \tag{2-36}$$

式中，D 为吸附质气相中扩散系数，m^2/s；D_{S} 为吸附质固相中扩散系数，m^2/s。

式(2-36) 右边：

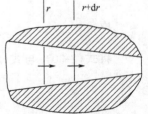

图 2-13　微孔中吸附质
扩散示意图

$$\psi_P \frac{\partial \rho_D}{\partial t} + \rho_S \frac{\partial q}{\partial t} = \rho_S \frac{\partial q}{\partial t} + \psi_P \frac{\partial}{\partial t}\left(\frac{M_D \rho_D}{RT}\right)$$

$$= \rho_S \frac{\partial q}{\partial t} + \psi_P \frac{M_D}{RT} \times \frac{\partial P_D}{\partial t}$$

$$= \rho_S \frac{\partial q}{\partial t} + \psi_P \times \frac{M_D}{RT} \times \frac{\partial q}{\partial t} \times \frac{\partial P_D}{\partial q}$$

$$= \left(\rho_S + \psi_P \times \frac{M_D}{RT} \times \frac{\partial P_D}{\partial q}\right)\frac{\partial q}{\partial t} \tag{2-37}$$

式中，M_D 为吸附质相对分子质量，kg/mol；R 为气体常数，J/(kg · K)；T 为吸附温度，℃

式(2-36) 左边

$$\frac{1}{r^2} \times \frac{\partial}{\partial r}\left(r^2 \psi_P \times D \times \frac{\partial \rho_D}{\partial r}\right) + \frac{1}{r^2} \times \frac{\partial}{\partial r}\left[r^2 \times \rho_S \times D_S(q) \times \frac{\partial q}{\partial r}\right]$$

$$= \frac{\psi_P D}{r^2} \times \frac{\partial}{\partial r}r^2 \times \frac{M}{RT} \times \frac{\partial q}{\partial r} \times \frac{\partial P_D}{\partial q} + \frac{\rho_S}{r^2} \times \frac{\partial}{\partial}\left[r^2 \times D_S(q) \times \frac{\partial q}{\partial r}\right]$$

$$= \frac{\psi_P D}{r^2} \times \left[2r \times \frac{M}{RT} \times \frac{\partial q}{\partial r} \times \frac{2P_D}{\partial q} + r^2 \times \frac{M}{RT} \times \frac{\partial}{\partial r} \times \frac{\partial q}{\partial r} \times \frac{\partial P_D}{\partial q}\right]$$

$$+ \frac{\rho_S}{r^2}\left\{2r \times D_S(q)\frac{\partial q}{\partial r} + r^2 \times \frac{\partial}{\partial r}\left[D_S(q) \times \frac{\partial q}{\partial r}\right]\right\} \tag{2-38}$$

令

$$\alpha(q) = \rho_S \times \frac{\partial q}{\partial \rho_D} \times \frac{1}{\psi_P} \tag{2-39}$$

及

$$\beta(q) = \frac{d^2 q / d p_D^2}{(dq/dp_D)^2} \tag{2-40}$$

于是有：

$$\frac{\partial q}{\partial t} = \frac{\alpha(q)}{1+\alpha(q)}\left\{\begin{array}{l} \frac{\psi_P D}{r^2}\left[2r\frac{M}{RT}\frac{\partial q}{\partial r}\frac{\partial P_D}{\partial q} + r^2\frac{M}{RT}\frac{\partial}{\partial r}\left(\frac{\partial q}{\partial r} \times \frac{\partial P_D}{\partial q}\right)\right] \\ + \frac{\rho_S}{r^2}\left\{2rD_S(q)\frac{\partial q}{\partial r} + r^2\frac{\partial}{\partial r}\left[D_S(q)\frac{\partial q}{\partial r}\right]\right\} \end{array}\right\} \tag{2-41}$$

可以认为吸附质在单层吸附饱和以前，吸附质表面扩散很小，可以忽略不计，当吸附等温线呈线型关系时，吸附质的传质系数与浓度无关（Kast，1988），因此，$\alpha(q)$ 为常数，而 $\beta(q) = 0$，故有

$$\frac{D}{1+\alpha(q)}\left(\frac{\partial^2 q}{\partial r^2} + \frac{2}{r} \times \frac{\partial q}{\partial r}\right) = \frac{\partial q}{\partial t} \tag{2-42}$$

或

$$\frac{1}{r^2} \times \frac{\partial}{\partial r}\left(\frac{D}{1+\alpha(q)}r^2\frac{\partial q}{\partial r}\right) = \frac{\partial q}{\partial t} \tag{2-43}$$

将式(2-30) 与式(2-25) 比较，可得：

$$D_{eff} = \frac{D}{1+\alpha(q)} = D\frac{1}{1+\alpha(q)}$$

$$= D\frac{1}{1+\rho_S\frac{\partial q}{\partial P_D} \times \frac{1}{\psi_P}} \tag{2-44}$$

将式 (2-44) 代入式 (2-42) 可得:

$$k_{eff} = \frac{\rho_S}{A_{sp}} \times \frac{15}{R_p^2} \times \frac{D}{1 + \frac{\rho_S}{\psi_p} \times \frac{\partial q}{\partial \rho_D}} \tag{2-45}$$

式中,R_p 为吸附剂平均直径,m。

吸附过程可分为以下几步,见图 2-14。

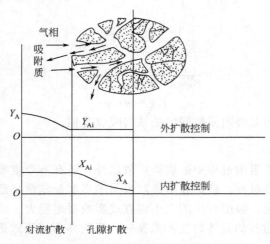

图 2-14 吸附过程与两种极端浓度曲线

① 外扩散 (气膜扩散):吸附质从气流主体穿过颗粒周围气膜扩散至外表面。

② 内扩散 (微孔扩散):吸附质由外表面经微孔扩散至吸附剂微孔表面。

③ 吸附:到达吸附剂微孔表面的吸附质被吸附。

脱附过程是上述过程的逆过程,对于化学吸附第三步还伴有化学反应。

一般吸附的控制过程:a. 物理吸附,内外扩散控制;b. 化学吸附,既有表面动力学控制,亦有内外扩散控制;一般来说,外扩散控制的情况较少。

关于扩散速率计算式主要如下。

(a) 外扩散速率

吸附质 A 的外扩散传质速率计算式为:

$$\frac{dM_A}{dt} = k_Y a_p (Y_A - Y_{Ai}) \tag{2-46}$$

式中,dM_A 为 dt 时间内吸附质从气相扩散至固体表面的质量,kg/m^3;k_Y 为外扩散吸附分系数,$kg/(m^2 \cdot s)$;a_p 为单位体积吸附剂的吸附表面积,m^2/m^3;Y_A,Y_{Ai} 分别为 A 在气相中及吸附剂外表面的质量分数。

(b) 内扩散速率

$$\frac{dM_A}{dt} = k_X a_p (X_{Ai} - X_A) \tag{2-47}$$

式中,k_X 为内扩散吸附分系数,$kg/(m^2 \cdot s)$;X_A,X_{Ai} 分别为 A 在固相内表面及外表面的质量分数。

(c) 总吸附速率方程式

由于表面浓度不易测定,吸附速率常用吸附总系数表示:

$$\frac{dM_A}{dt} = k_Y a_p (Y_A - Y_A^*) = k_X a_p (X_A^* - X_A) \tag{2-48}$$

式中，K_Y，K_X 分别为气相及吸附相吸附总系数，$kg/(m^2 \cdot s)$；Y_A^*，X_A^* 分别为吸附平衡时气相及吸附相中 A 的质量分数。

设吸附过程中吸附质在吸附剂上达到平衡时，流动相中的浓度与吸附剂上的吸附量成简单的关系：

$$Y_A^* = mX_A \tag{2-49}$$

式中，m 为平衡曲线的斜率。

由此得：

$$\frac{1}{K_Y a_p} = \frac{1}{k_Y a_p} + \frac{m}{k_X a_p} \tag{2-50}$$

$$\frac{1}{K_X a_p} = \frac{1}{k_X a_p} + \frac{1}{k_Y a_p m} \tag{2-51}$$

可见：

$$K_X = mK_Y \tag{2-52}$$

显然，分吸附系数与总吸附系数间的关系与吸收类似。

2.2.3.3 吸附热

在吸附过程中，除了吸附过程中的物质扩散以外，还有一个重要的吸附特性参数，那就是吸附热。特别是非绝热过程，认识吸附热对吸附的影响是非常有意义的。因为释放的吸附热将导致吸附柱温度变化，温度变化的大小将直接影响吸附能力。

当没有气-固相吸附过程的具体的监测数据时，吸附热可用下式进行粗略估算（Ruthven，1984）。

$$\Delta h_{ads} = (1.5 \sim 2)\Delta h_v \tag{2-53}$$

Geminingen 等在 1996 年对上式进行了修正，他们认为：

$$\Delta h_{ads} = (1.2 \sim 3)\Delta h_v \tag{2-54}$$

由于物质的气化热仅受分子相互间作用力影响，而在吸附状态下，吸附质分子间的作用力因吸附剂不同而有着较大的差别，这样测定的吸附热时，会因吸附剂不同也就有较大的差别（Kummel 1990）。因此，上两式是有一定应用范围的。

Kuemmel. U. Worch 在 1990 年认为，流体相化学吸附热在 $60 \sim 450kJ/mol$ 之间，物理吸附热则 $< 50kJ/mol$。

通过对吸附平衡曲线的分析，可以得到精确的吸附热数值。在等温吸附情况下，气固相应遵循能量守恒定律，即等温吸附线上任一点能量 Δg 的和为 0：

$$d(\Delta g) = \Delta v dP - \Delta s dT = D \tag{2-55}$$

熵 Δs 用吸附热与温度之比表示：

$$\Delta s = \frac{\Delta h_{ads}}{T} \tag{2-56}$$

将式(2-56) 代入式(2-55) 得

$$\frac{dP}{dT} = \frac{\Delta s}{\Delta v} = \frac{\Delta h_{ads}}{T\Delta v} \tag{2-57}$$

吸附态吸附质体积相对气相吸附质体积可以忽略不计，所以

$$\Delta v = V_G - V_{ads} \approx V_G \tag{2-58}$$

根据气体定律，则

$$\frac{dP}{P} = \frac{\Delta h_{ads} dT}{RT^2} \tag{2-59}$$

所以

$$\frac{d(\ln P)}{dT}=-\frac{\Delta h_{ads}}{R}$$

(2-60)

将式（2-60）关系绘成图，如图 2-15 所示。

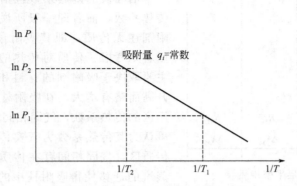

图 2-15　吸附分压与吸附温度关系图

式（2-60）的斜率即是吸附热。Bathen（1998）和 Sievers（1993）就利用这个关系，来确定气固相吸附热。无论是气固相吸附，还是液固相吸附，吸附热的大小与吸附剂-吸附质系统密切相关，为了将此因素抛开，来探讨共性的东西，人们可以用吸附热的无因子量来加以研究。

气固相吸附时，吸附剂吸附的第一个吸附质分子所释放出的吸附热最大，随着吸附量的增加，吸附分子所释放出的吸附热逐步减小。从某一个吸附量以后，吸附分子所释放出的吸附热转变为一个相对恒定的液化热大小的数值或气化热大小的数值，而这个结论是 BET 吸附平衡理论的基础。图 2-16 中曲线的拐点是 Langmuir 等温吸附平衡中非常重要的"单层"吸附量所在位置。

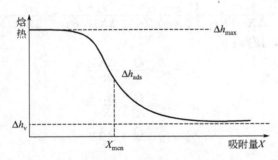

图 2-16　气固相吸附中吸附热与吸附容量间的关系

吸附热不仅与吸附容量有关，而且与吸附温度也有关。

可用下式来总结吸附热 Δh_{ads} 中各有效的组成部分［Gemmingen 等，1996］：

$$\Delta h_{ads}=\Delta h_v+\Delta h_B+\Delta h_c$$

(2-61)

式中，Δh_v 为气液相变化热；Δh_B 为与吸附容量有关的结合热；Δh_c 为与吸附温度有关的配置热。

2.2.3.4　热量的传递

物质在吸附过程中，所释放出的热量将通过几种方式传递出来：①热量在吸附剂中的传递，包括吸附剂间的热传递和吸附剂内的热传递；②吸附剂与流体相间的传递；③流体与吸附柱间的传递；④吸附柱壁对外界的热传递，由于气相介质是热的不良导体，而吸附剂中存

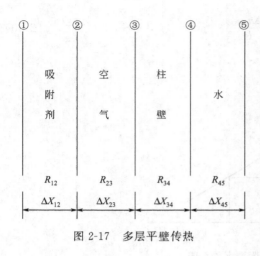

图 2-17　多层平壁传热

在纵横交错的微孔，因此活性炭的传热系数也非常低。

活性炭的传热系数包括真实传热系数和有效传热系数，前者即一般所说的传热系数，是指吸附剂在无传质，即其吸附量不变时的传热系数，后者则考虑了传质对传热的影响。真实传热系数主要取决于吸附剂的材料和吸附量，并随温度的升高而略有增大。在吸附柱中的饱和吸附区和未用区的传热系数，气固相间无传质对传热的影响，可认为其传热系数为真实传热系数。吸附柱中的传质区，气固相间存在传质的影响，由于吸附质蒸汽的迁移使得吸附柱中的传质区的有效传热系数比真实传热系数高，它是真实传热系数和吸附量变化率 $\partial x/\partial t$ 的函数。

著者实验中的吸附热在吸附柱中的传递过程如前面所述，它有吸附剂内部的热传递，吸附剂与吸附剂间的热传递，吸附剂间隙中的空气的热传递，和柱壁中的热传递，还有水中的热传递。因此我们可以认为吸附柱中的热传递是给定温度的多层平壁热传递，如图 2-17 所示。

ΔX_{mn} 为 m 平面和 n 平面之间的介质厚度；R_{mn} 为 m 平面和 n 平面之间介质的热导率 $W/(m \cdot K)$。

若外表的温度给定，即 t_1 和 t_5 一定，且各给定温度界面之间的介质厚度和热导率为已知条件，则该壁的温度分布是如何的？通过该柱壁的热流量又是多少呢？

假设温度传递是稳定的过程，故单位截面的热流量 Q/A 对各层均应相同：

$$\frac{Q}{A} = \frac{t_1 - t_2}{\Delta X_{12}/R_{12}} = \frac{t_2 - t_3}{\Delta X_{23}/R_{23}} = \frac{t_3 - t_4}{\Delta X_{34}/R_{34}} = \frac{t_4 - t_5}{\Delta X_{45}/R_{45}} \tag{2-62}$$

上式对各温差求解，使得：

$$t_1 - t_2 = \frac{Q}{A} \times \frac{\Delta X_{12}}{R_{12}}$$

$$t_2 - t_3 = \frac{Q}{A} \times \frac{\Delta X_{23}}{R_{23}}$$

$$t_3 - t_4 = \frac{Q}{A} \times \frac{\Delta X_{34}}{R_{34}}$$

$$t_4 - t_5 = \frac{Q}{A} \times \frac{\Delta X_{45}}{R_{45}} \tag{2-63}$$

将上列等式相加，消去未知的温度项，可得出总温度差表示的通过该柱壁的热流通量，其公式如下：

$$\frac{Q}{A} = \frac{t_1 - t_5}{\dfrac{\Delta X_{12}}{R_{12}} + \dfrac{\Delta X_{23}}{R_{23}} + \dfrac{\Delta X_{34}}{R_{34}} + \dfrac{\Delta X_{45}}{R_{45}}} \tag{2-64}$$

则吸附柱总的传热系数 α

$$\frac{1}{\alpha} = \frac{\Delta X_{12}}{R_{12}} + \frac{\Delta X_{23}}{R_{23}} + \frac{\Delta X_{34}}{R_{34}} + \frac{\Delta X_{45}}{R_{45}} \tag{2-65}$$

2.2.3.5　传质区与浓度分布曲线

吸附分子需要克服不同的扩散阻力才能从气相主体中扩散迁移到吸附剂表面上的某一位

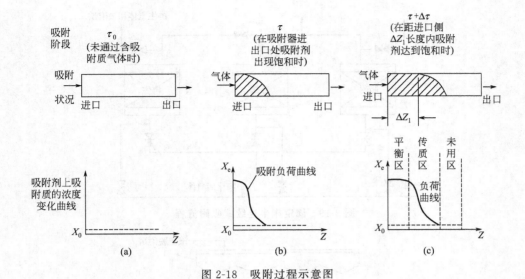

图 2-18 吸附过程示意图

置，吸附过程的先后顺序是：建立传质区，传质区在吸附柱内移动，传质区移出吸附床层，如图 2-18 所示。

理想状态下，吸附过程没有阻力，吸附剂与吸附质相遇时就达到平衡，传质区平面和吸附柱是垂直的；吸附达到平衡的速度随吸附过程阻力的增大而减慢，传质区随之变宽，吸附柱出口气体浓度将逐步增加。

总的来说，吸附质在吸附过程中传递的机制主要包括：气体的黏性流动；自由分子扩散；Knudsen 扩散。

确定吸附质在吸附过程中传递的主要机制对求取吸附质有效扩散系数、吸附过程模拟有着重要的意义。顺便要提一下的是：物质轴向扩散系数对于吸附过程模拟来说是可以忽略的。

2.2.4　吸附操作方式

2.2.4.1　工艺流程分类

① 按吸附剂在吸附器中的工作状态分为固定床、移动床（超吸附）、沸腾流化床。其中穿床速度即气体通过床层的速度是划分反应床类型的主要依据。如果穿床速度低于吸附剂的悬浮速度，颗粒处于静止状态，属于固定床范围；如果穿床速度大致等于吸附剂的悬浮速度，吸附剂颗粒处于激烈的上下翻腾状态，并在一定时间内运动，属于流化床范围；如果穿床速度远远超过吸附剂的悬浮速度，固体颗粒浮起后不再返回原来的位置而被输送走，属于输送床范围。

② 按操作过程的连续与否分为间歇式、连续式。

③ 按吸附床再生的方法分升温解吸循环再生（变温吸附）、减压循环再生（变压吸附）、溶剂置换再生等。

2.2.4.2　常见的几种吸附流程

① 固定床半连续式吸附流程见图 2-19。

② 移动床吸附流程。控制吸附剂在床层中的移动速度，使净化后的气体达到排放标准，见图 2-20。

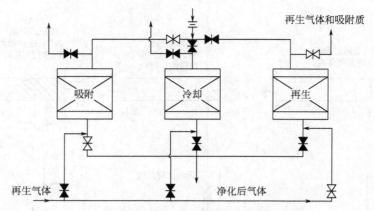

图 2-19　固定床半连续式吸附流程

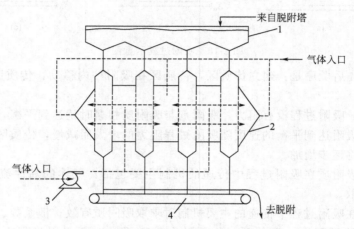

图 2-20　移动床吸附工艺流程图

1—再生后吸附剂料斗；2—移动床吸附器；3—风机；4—皮带传输机

③ 连续式流化床吸附流程见图 2-21。

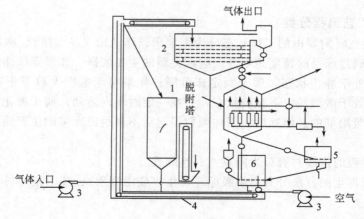

图 2-21　连续式流化床吸附工艺流程图

1—料斗；2—多层流化床吸附器；3—风机；4—皮带传输机；5—再生塔；6—分离器

④ 变压吸附工艺流程见图 2-22。

各种吸附工艺的优缺点见表 2-7。

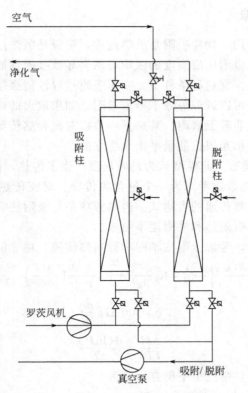

图 2-22 变压吸附工艺流程原理图

表 2-7 各种吸附工艺的优缺点

特点	固定床	移动床	流化床	变压吸附
优点	设备结构简单,吸附剂磨损小	①吸附剂在下降过程中,经历了冷却、降温、吸附、增浓、汽提-再生等阶段,在同一设备内完成了吸附、脱附(再生)过程;②吸附过程是连续的,多用于处理稳定、连续、大气量的废气	适用于连续性、大气量的污染源	适用于中小气量污染净化;能浓缩污染物并加以回收 设备简单;能耗低,是变温吸附能耗的 $1/3\sim2/3$;自动化程度高
缺点	①间歇操作,操作必须周期性地变换,因而操作复杂,劳动强度高 ②设备庞大,生产强度低 ③吸附剂导热性差,因而升温及变温再生困难	吸附剂在移动过程中有磨损	吸附剂在流化过程中磨损得厉害	不大适用于大气量污染净化

2.2.5 吸附过程模拟

(1) 传热模型及其应用　物质吸附是放热过程，解吸是吸热过程，随着两个过程的进行床层温度也会随之波动，吸附床层温度的波动必然会导致吸附性能的变化。吸附性能随温度波动幅度越大变化越明显。在这种条件下，变压吸附过程性能必须考虑到温度的影响。如果热量及时散出，吸附过程可以近似等效于等温吸附，如果放出的热量较多，温度波动幅度较大，吸附过程就是绝热或非等温吸附。其热量一般以对流和热传导的方式传递，一般忽略辐射传热。大部分传热模型都是根据能量平衡来建立的。

① 含内热源的传热模型。此模型认为是内热源产生了传热，模型模拟吸附/脱附过程中的放热/吸热，而且把传热系数考虑为一个包含热传导、对流传热、热辐射在内的综合传热系数，此认定方式简化了热传递的表达式。内热源项是与吸附热有关的，吸附热又与吸附量有关，故内热源表达式由吸附热和吸附速率组成。

以吸附剂为控制对象，考虑吸附柱轴向和径向热传递，建立能量平衡方程为：

$$\frac{\partial(\rho_a c_{pa} T)}{\partial t} = K_a \frac{\partial^2 T}{\partial z^2} + K_a \frac{1}{r}\frac{\partial}{\partial r}\left(r\frac{\partial T}{\partial r}\right) + q_{st} \tag{2-66}$$

$$q_{st} = \rho_a \Delta H \frac{dq}{dt} \tag{2-67}$$

$$\frac{\Delta H}{RT^2} = \frac{d(\ln P)}{dT} \tag{2-68}$$

若不考虑径向热传递，则能量平衡方程变为：

$$\frac{\partial(\rho_a c_{pa} T)}{\partial t} = K_a \frac{\partial^2 T}{\partial z^2} + q_{st} \tag{2-69}$$

以上四个方程组简洁明了。对综合传热系数进行恰当取值，吸附过程中表现出的传热特性就能很好地被模拟。但是影响综合传热系数的因素很多，使此系数很难被确定，例如孔隙率、吸附剂的种类、颗粒的形状大小以及吸附质的气流温度、浓度、速度等都会对其造成影响。综合传热系数的难以确定造成多孔吸附剂的微传热过程难以模拟的结果。通常情况下，在吸附剂孔径分布均匀，孔结构简单的条件下进行均匀传热过程的模拟时才会采用此模型。

含内热源的传热模型就是假设多孔介质是均匀的，各传热过程的复杂特性简化为一综合传热系数来表示，当考虑径向和轴向热传递时，就用式（2-66）表示；若只考虑轴向热传递，就用式（2-69）表示。陈焕新等用此模型模拟了吸附床的动态温度场，很好地说明了吸附床中的吸附传热特性。对于均匀的多孔介质的传热过程，含内热源的传热模型模拟结果还比较接近实际情况，但对于复杂的多孔介质，那只能用非等温模型了。

② 热传递非等温模型。本模型考虑到吸附/脱附过程的放热/吸热，造成吸附柱内温度出现波动，从而以整个吸附柱为控制对象，其控制对象由吸附质（气相和已吸附相）、吸附剂、吸附柱壁三部分构成。一般来说，吸附柱是由导热性良好的材料做成的，从而假设吸附柱的内外壁没有温差；采用轴向扩散流动模型对气相流动进行描述；考虑到吸附作用引起的气体量变化而引起气体速度变化，因此，速度也是一影响因素；在变压吸附过程中，假设相互接触的气固相瞬时达到热平衡。根据能量平衡分别以吸附柱和吸附柱壁为控制对象建立方程如下。

吸附柱内的能量平衡方程：

$$-K_{\mathrm{L}}\frac{\partial^2 T}{\partial z^2}+\varepsilon\rho_{\mathrm{g}}c_{\mathrm{pg}}\Big(u\frac{\partial T}{\partial z}+T\frac{\partial u}{\partial z}\Big)+(\varepsilon_{\mathrm{t}}\rho_{\mathrm{g}}c_{\mathrm{pg}}+\rho_{\mathrm{B}}c_{\mathrm{ps}})\frac{\partial T}{\partial t}-\rho_{\mathrm{B}}(-\Delta\overline{H_i})$$

$$\times\sum_{i=1}^{n}\frac{\partial\overline{q_i}}{\partial t}+\frac{2h_i}{r_{\mathrm{B}i}}(T-T_{\mathrm{w}})=0 \qquad (2\text{-}70)$$

吸附柱壁与外界的能量平衡方程为：

$$\rho_{\mathrm{w}}c_{\mathrm{pw}}A_{\mathrm{w}}\frac{\partial T_{\mathrm{w}}}{\partial t}=2\pi r_{\mathrm{B}i}h_i(T-T_{\mathrm{w}})-2\pi r_{\mathrm{Bo}}h_{\mathrm{o}}(T_{\mathrm{w}}-T_{\mathrm{atm}}) \qquad (2\text{-}71)$$

$$A_{\mathrm{w}}=\pi(r_{\mathrm{Bo}}^2-r_{\mathrm{B}i}^2) \qquad (2\text{-}72)$$

该传热模型将变压吸附过程中的吸附热和轴向热扩散以及吸附过程中的速度变化等因素考虑在内，使此非等温模型与吸附过程热传递实际情况非常接近。相较于含内热源的模型，这个模型对变压吸附过程的非等温热传递过程能进行更好地模拟，虽然与实验结果吻合较好，但是计算难度因相关的参数变量太多，方程结构复杂而相应加大。由于变压吸附过程中温度是波动的，使得变压吸附过程本来就是个动态非等温过程，这复杂性使得在研究其微尺度的传热过程时，就必须考虑众多复杂因素，因而，此模型比较广泛地应用于模拟变压吸附传热过程。

Yun 等对活性炭吸附苯过程中的传热特性用非等温模型进行了模拟，与实验结果的吻合度比较好。Chihara 和 Suzuki，Yang 和 Doong 等学者曾针对不同的变压吸附分离气体过程利用非等温模型进行了研究。Farooq 和 Ruthven 利用实验和数值模拟方法研究吸附热对吸附过程的影响后认为，在吸附过程中，吸附器壁面接触处是热传导阻力的主要产生处。以此假设吸附器壁面是热传导的阻力的集中位置，在此假设下，想准确地预测实验结果利用简单的一维模型就可以实现。利用该模型可以非常方便地考察等温过程和绝热过程条件下吸附床的温度影响情况，考察等温过程只需将模型中的传热系数值赋予一个较大的值即可，若模型中的传热系数赋值为零，就能方便的得到绝热过程中吸附床的温度变化情况。

③ 热传递绝热模型。同样考虑吸附热的作用、相互接触的气固相瞬时达到热平衡、轴向热扩散等因素，忽略径向热传递；还考虑吸附引起的气相速度和压力变化；假若变压吸附过程中放出的时间短，热量大，该热量难以及时与外界交换，从而假设吸附柱与外界无热量传递，即是个绝热的变压吸附过程，根据以上假设，以吸附柱为控制对象的能量平衡方程为：

$$\Big[\varepsilon\rho_{\mathrm{g}}c_{\mathrm{pg}}+\rho_{\mathrm{B}}\Big(c_{\mathrm{ps}}+\sum_{i=1}^{n}\overline{q_i}c_{\mathrm{pg}}\Big)\Big]\frac{\partial T}{\partial t}+\varepsilon\rho_{\mathrm{g}}c_{\mathrm{pg}}\frac{\partial(uT)}{\partial z}-K_{\mathrm{L}}\frac{\partial^2 T}{\partial z^2}=\rho_{\mathrm{B}}(-\Delta\overline{H_i})$$

$$\times\sum_{i=1}^{n}\frac{\partial\overline{q_i}}{\partial t}+\varepsilon\frac{\mathrm{d}P}{\mathrm{d}t} \qquad (2\text{-}73)$$

用式(2-73) 代替式(2-70) ~式(2-72)，采用非等温模型的初始条件和边界条件，同样联合传质速率方程和 Langmuir 或其他吸附平衡方程，就可以得到变压吸附各阶段的绝热动态传热模拟。该传热模型比含内热源传热模型复杂，前者只是以吸附剂为控制对象，后者是以吸附柱为控制对象，包括吸附剂和吸附质，同时兼顾了吸附质的气相速度的影响和压力变化，使得该变压吸附过程比前者更接近实际情况。

对比热传递非等温模型，该模型简化为与外界无热量交换，没有考虑吸附柱壁和环境温度的影响。而非等温模型把吸附剂、吸附质、吸附柱壁和环境都考虑进去了，因而非等温模型比绝热模型更贴近变压吸附的真实传热过程，应用也比绝热模型广泛。但是，工业中装置的产气量大、循环周期短、床层直径大等特点使变压吸附分离的操作过程要接近于绝热条件。这些特性使床层温度波动幅度加大，总体说来，对工业化、大规模变压吸附过程的传热过程的模拟可采用此模型。

在实际测试一些工业变压吸附装置内的温度变化时，发现床层的温度波动很大，有的超过 100K，有的甚至更大，运用绝热模型对温度变化波动大时的传热特性进行了描述。Rege和 Yang 等学者利用绝热模型模拟了变压吸附净化含多组分杂质的空气各阶段的温度波动情况，并分析了温度波动对变压吸附过程的影响。

(2) 传质模型 物质在吸附过程中一般是以对流和扩散的形式传递的，扩散则主要是以分子扩散、努森扩散和表面扩散为主。目前，常采用平衡和非平衡两大气固传质模型对吸附过程进行研究。非平衡模型主要包含线性推动力模型（linear driving force，LDF）和孔扩散模型（pore diffusion）。

① 平衡模型（Equilibrium Model）。Knaebel 和 Hill 于 1985 年提出了 BLI 模型。该模型是适用于单床、双床和多床变压吸附系统的线性双组分模型。平衡模型是在此基础上扩展得来的，该模型认为吸附平衡在气固接触瞬间实现，速度很快。平衡模型忽略了传质阻力而认为传质速率无限大，并且平衡模型忽略了径向质传递过程，只考虑轴向传质。把吸附柱当成控制对象，即传质过程为气相吸附质与固相吸附剂之间的质传递过程。由质量守恒得平衡模型的物料平衡方程：

$$\varepsilon \frac{\partial C_i}{\partial t} + \varepsilon \frac{\partial (uC_i)}{\partial z} + (1-\varepsilon)\rho_B \frac{\partial \overline{q_i}}{\partial t} = 0, i=1,2,3,\cdots,n \tag{2-74}$$

该模型是理想化的基础理论模型，忽略传质阻力，因为没有扩散传质阻力，使方程计算简化，且能求得两元的线性等温线的解析解。缺点是该模型只对平衡条件下的变压吸附有效，对于非动态平衡吸附与吸附的实际情况有些偏差，该模型的应用就较少。

平衡模型仅能在接近理想条件下的平衡变压吸附过程中得到应用。此外，该模型也适合于痕量组分的提纯计算，因为它是基于可以得到某些工艺参数（如净化气的浓度和吸附净化效率等）的理论上限。Serbezov 在任意组分的本体分离过程中应用瞬时平衡模型时得到了一个通用的半经验解，但是动力学控制的活性炭吸附净化有机气体体系无法应用此模型，主要是因为平衡模型只能用于基于平衡控制的体系。

② 线性推动力模型（Linear Driving Force Model）。平衡理论是不适合对动力学控制的变压吸附过程进行模拟的。Glueckauf 和 Coates 认为吸附质分子在假设的均相吸附床上是以恒定的扩散系数在床内扩散的，该模型的控制对象与平衡模型一致，不同点在于考虑了传质阻力的存在，在忽略径向质传递的前提下将模型简化为一维的质传递过程，并将轴向扩散的存在考虑在内，控制方程如下。

物料平衡方程为：

$$-D_{Li} \frac{\partial^2 C_i}{\partial z^2} + \frac{\partial (uC_i)}{\partial z} + \frac{\partial C_i}{\partial t} + \frac{(1-\varepsilon)}{\varepsilon} \rho_B \frac{\partial \overline{q_i}}{\partial t} = 0, i=1,2,3,\cdots,n \tag{2-75}$$

传质速率具有线性推动力，方程为：

$$\frac{\partial \overline{q_i}}{\partial t} = K_i(q_i^* - \overline{q_i}), i=1,2,\cdots,n \tag{2-76}$$

传质系数一般由下式计算：

$$K_i = \frac{\Omega D_i}{r_p^2}, i=1,2,\cdots,n \tag{2-77}$$

式中，Ω 系数值随循环时间而变化，循环时间越长，Ω 值越小，建议取值范围为 15～45。

该模型的方程简单并且易于分析，弥补了平衡模型对模拟动力学控制的变压吸附过程模拟不适用的不足。此模型被很多文献用来分析气体吸附动力学，模拟结果与实验结果吻合较好。但是，模型中的扩散系数需要通过拟合试验数据或经验公式得到，是一个定值，并且很难确定传质系数涉及的 Ω 常数，这使复杂的传质过程中的模拟结果与实际情况的偏差相对较大。

基于上述模型的不利方面，LDF 模型随即被提出来。LDF 模型最初是在模拟碳分子筛生产氮气产品方面得到了应用。Hassan 等的模型的最大缺点是作了冻结固体的假设，忽略了充压、降压过程中的传质运动。针对 Hassan 等的漏洞，Farooq 等对模型作了扩展，将充压、降压过程的吸附传质考虑在内。对于 Linde 5A 分子筛空分制氧四步骤 PSA 系统 Farooq 等提出的模型给出了一些假设：考虑了轴向扩散因素；传质系数的常数 Ω 仍然用 15；等温吸附平衡方程仍采用双组分的 Langmuir 方程；并认为传质系数与系统压力成反比关系。他们将模拟计算结果与实验数据作了比较，发现：对于 PSA 此类吸附压力较高的过程，实验数据和理论结果能够较好地吻合；而对于吸附压力较低的各组实验，两者则有较大的偏差。Narasimhan，Yang 等通过对 LDF 模型的进一步改进，导出了动力学控制的两床等温系统循环稳定状态的一个简单解，此解可以计算 PSA 过程可能达到的最高纯度。综上可知，LDF 模型因其简单、易于分析的优点受到大家的普遍欢迎，并在气体吸附动力学得到广泛应用。

③ 孔扩散模型（Pore Diffusion Model）。平衡模型和 LDF 模型对于复杂的变压吸附传质过程，尤其是多成分复合吸附剂的变压吸附分离的质传递，多组分吸附质都不太适用。空气分离孔扩散模型于 1987 年被 Shin 和 Knaebel 提出，该模型将吸附剂颗粒径向方向和吸附床轴向方向两个空间方向的传质和扩散作用两个因素同时考虑在内，同时还包括吸床层子模型、吸附剂颗粒子模型以及吸附平衡子模型，控制方程如下。

床内物料平衡方程：

$$-D_L \frac{\partial^2 C_i}{\partial z^2} + \frac{\partial (u C_i)}{\partial z} + \frac{\partial C_i}{\partial t} + \frac{(1-\varepsilon)}{\varepsilon} K_G \alpha_v (C_i - C_F) = 0, i = 1, 2, 3, \cdots, n \tag{2-78}$$

粒内物料平衡方程：

$$\frac{\partial \overline{q}}{\partial t} = \varepsilon_p \frac{\partial C_{p,i}}{\partial t} = D_p \left(\frac{\partial^2 C_{p,i}}{\partial r^2} + \frac{1}{r} \frac{\partial C_{p,i}}{\partial r} \right) \tag{2-79}$$

颗粒表面上的连续性方程：

$$\frac{\partial C_{p,i}}{\partial r} \Big|_{r=0} = 0 \tag{2-80}$$

$$D_p \frac{\partial C_{p,i}}{\partial r} \Big|_{r=r_p} = K_G (C_i - C_F) \tag{2-81}$$

相较于前述的两种模型，孔扩散模型有突出的优点：在对任意组分的平衡变压吸附过程进行模拟的同时，还可以对动态分离的变压吸附过程进行模拟，并且有很高的计算准确度。考虑到方程的结构可知，相较于前两种模型孔扩散模型的数学处理明显要复杂，计算量大，而且参数选择对计算准确有很大的影响。

对于动态控制的多组分气体的变压吸附体系，LDF 模型很难模拟出准确的变压吸附的质传递过程，原因是 LDF 模型中的 Ω 系数很难取到适合的数值。从而，孔扩散模型相继被提出来了。Raghavan 和 Ruthven 对多孔介质颗粒内部与外部的质扩散和质平衡用孔扩散模型数值进行了分析，其结果和实验测试的数据能较好地吻合。孔扩散模拟的众多结果表明：平衡控制或动态控制的多组分气体变压吸附过程适合使用孔扩散模型并且有很高的准确度。

Serbezov 等的研究结果表明：受平衡控制的 PSA 分离过程，各种运行条件下的吸附分离过程可以很好地利用 LDF 模型进行模拟。而对于动态选择吸附的 PSA 过程，就需要采用更为详尽、准确的质量传递模型。

(3) 传热与传质的关系 在变压吸附过程中，传质同时伴随着热量的传递，而且也是相互影响的，这样使得传热和传质过程十分复杂。在该过程中，由于吸附使得气相浓度和压力发生变化，同时吸附放热也使得吸附柱内的温度发生变化，因此也影响了气相的流速。为了研究变压吸附的传热与传质耦合机理，有必要对传热与传质之间的关系进行研究。

① 温度差与浓度差的近似表达式。Babenkova，Critoph，R. E 等通过对吸附的传热与传质的研究，特别是气-固吸附系统，发现温度差与浓度差之间的关系可以近似用下式表示：

$$T_S - T_G = (c_{AG} - c_{AS}) \frac{-\Delta H}{\rho c_p} \tag{2-82}$$

由式(2-82)可见，当吸附热 ΔH、吸附质密度 ρ 以及定压比热容 c_p 不随温度变化而变化时，或是变化很小时，吸附剂外表面与吸附质主体的温度差 $\Delta T = T_S - T_G$ 和浓度差 $\Delta c = (c_{AG} - c_{AS})$ 成线性关系。对于热效应 ΔH 很大的吸附/脱附过程，Δc 较大时，ΔT 也就较大；反过来，热效应 ΔH 很大的吸附/脱附过程，ΔT 较大时，Δc 不一定较大。这就说明在热效应 ΔH 很大的过程中，浓度变化对温度变化影响较大；但是，温度变化对浓度变化的影响不一定明显。对于热效应 ΔH 较小的吸附/脱附过程，ΔT 较大时，Δc 也就较大；反过来，热效应 ΔH 较小的吸附/脱附过程，Δc 较大时，ΔT 不一定较大。这说明在热效应 ΔH 较小的过程中，温度变化对浓度变化影响较大，而浓度变化对温度变化的影响不一定明显。实际情况与以上经验关系式相符。

为了研究传热与传质之间的一般关系，可以对式(2-82)另加参数变量进行修正，并根据实验数据拟合出具有一定普适性的关系式。

② Luikov 耦合模型。Luikov 在 1934 年提出了"湿分的热扩散"概念，指出物料内湿分迁移也受温度梯度这一因素的影响，其扩散均采用与 Fick 定律相同的形式加以描述。由质量平衡和能量平衡建立的耦合方程如下：

$$\frac{\partial c}{\partial t} = K_{11} \nabla^2 c + K_{12} \nabla^2 T \tag{2-83}$$

$$\frac{\partial T}{\partial t} = K_{21} \nabla^2 c + K_{22} \nabla^2 T \tag{2-84}$$

考虑到附加压力梯度可能会因局部温度变化而引起对过程的影响，Luikov 耦合模型变为：

$$\frac{\partial c}{\partial t} = K_{11} \nabla^2 c + K_{12} \nabla^2 T + K_{13} \nabla^2 P \tag{2-85}$$

$$\frac{\partial T}{\partial t} = K_{21} \nabla^2 c + K_{22} \nabla^2 T + K_{23} \nabla^2 P \tag{2-86}$$

$$\frac{\partial P}{\partial t} = K_{31} \nabla^2 c + K_{32} \nabla^2 T + K_{33} \nabla^2 P \tag{2-87}$$

在该理论中，耦合系数包含了物料的所有特性。大量的实验结果证明，这些系数随物质不同和温度不同而改变。考虑压力梯度的模型式 (2-83)～式 (2-86) 被称为三参数模型，式中的压力、浓度、温度梯度都被认为是影响因素。三参数模型有严密的论证，较强的理论通用性，但其应用因模型中 9 个难确定的耦合系数而得到了限制。丁小明和魏琪采用上述耦合方程用来分析在多孔介质中的非稳态过程湿分迁移过程，初步探讨了非稳态过程湿分迁移过程中的温度和浓度的耦合关系，基本反映了吸附的传热与传质耦合影响。如果能较准确地确定耦合方程中的耦合系数，那将能更准确地分析变压吸附的复杂传热与传质耦合影响过程。

总之，变压吸附过程中的传热与传质非常复杂，传热与传质问题一直是变压吸附理论研究的核心问题。传热问题由等温吸附到非等温吸附的研究，使得模型更接近于实际。传质由平衡模型到非平衡模型，各模型都有自己的特点和使用范围。为了深入研究吸附机理，有必要对传热与传质进行深入研究，特别是对传热与传质之间的相互耦合关系进行研究，有待于进一步考虑传热与传质的耦合作用，更深入研究变压吸附的传热与传质过程，提出具有一定普适性的吸附模型。

(4) 传热与传质耦合数学模型构建　吸附过程的热量与质量传输问题包含在多孔介质传热传质过程的范畴中。在吸附过程中，交叉耦合扩散效应产生于温度梯度、浓度梯度和传热传质过程的直接作用中。Soret 效应是由温度梯度作用产生的传质效应，也叫热附加扩散效应，它代表的传质现象是由不均匀的温度场造成的；Dufour 效应是由浓度梯度产生，也叫扩散附加热效应，它代表的传热现象是由不均匀的浓度场造成的。对于此问题的研究有很多，但对吸附过程中热量质量耦合交叉影响的研究仍十分少见。

因此，寻找一种描述多孔介质传热传质交叉耦合效应下内部结构和迁移参数在吸附和变压吸附过程中变化的新方法是十分急迫的，为变压吸附传热传质研究开辟一条新路，以系统地弄清变压吸附吸附质中微尺度热效应及其吸附破坏规律，即传热与传质的交叉耦合关系。研究有助于化学工程领域中的热量质量传递机理的深入，创造更多的学科（术）增长点。

从宏观和微观不同角度，通过理论分析、实验研究，深入研究吸附和变压吸附过程中多孔介质内复杂的物质传递和热量传递机制，建立完善吸附和变压吸附中多孔介质的微观和宏观模型。在微观热效应及其吸附破坏相互影响规律的基础上，利用色谱扰动应答方法分析材料内部基元及孔隙结构变化与界面传递的相互作用，探讨分析微观粒子迁移与热量扩散在吸附和变压吸附过程中的交叉耦合规律，建立精确的微观传递模型。研究成果将对吸附和变压吸附处理研究和应用具有适用性和指导意义。

① 热通量和质量通量耦合模型。在不可逆过程热力学基本原理的基础上，将耦合效应考虑在内，其热通量和质量通量可表示为：

$$J_m = -L_{mq}\frac{\text{grad}T}{T^2} - L_{mm}\frac{\mu_{11}^c}{c_2 T}\text{grad}c_1 \tag{2-88}$$

$$J_q = -L_{qq}\frac{\text{grad}T}{T^2} - L_{qm}\frac{\mu_{11}^c}{c_2 T}\text{grad}c_1 \tag{2-89}$$

式中，c_1 为气体的质量分数；$\mu_{11}^c = (RTM_1)/\{c_1[M_1 - c_1(M_1 - M_2)]\}$；$c_2$ 为空气的质量分数；M_2 为空气的相对分子质量。

引入以下系数：

$$\lambda = \frac{L_{qq}}{T^2}, D'' = \frac{L_{qm}}{\rho c_1 c_2 T^2}, D' = \frac{L_{mq}}{\rho c_1 c_2 T^2}, D = \frac{L_{mm}\mu_{11}^c}{\rho c_2 T}$$

代入方程（2-88）、方程（2-89）：

$$J_m = -D'\rho c_1 c_2 \text{grad}T - \rho D\text{grad}c_1 \tag{2-90}$$

$$J_q = -\lambda\text{grad}T - \rho\mu_{11}^c TD''\text{grad}c_1 \tag{2-91}$$

式中，系数 λ 为热导率；D'' 为 Dufour 效应系数；D' 为 Soret 效应系数；D 为扩散系数。由文献得到 D'' 和 D' 在气体中的值为 $10^{-4} \sim 10^{-6}$。

② 吸附过程中传热传质耦合影响模型的基本假设。为了建立吸附过程中传热传质耦合的影响模型，必须简化实际的吸附过程，其基本假设如下：a. 忽略活性炭对空气组分的吸附；b. 忽略压力、气体流速和组分浓度沿吸附床的径向梯度；c. 吸附床轴向的气体流速没变化；d. 进入吸附床的混合气为组分、流量和温度稳定的理想气体；e. 采用轴向扩散活塞流模型作为气相流动模型；f. 考虑传热与传质的耦合效应；g. 考虑吸附热并假设气固相瞬时达到热平衡。

③ 数学模型。在以上假设的基础上，问题可简化为一维非等温模型，此时将吸附净化过程的控制方程表示如下。

a. 质量平衡方程。气相组分质量平衡方程为：

$$-D_{ax}\frac{\partial^2 c_i}{\partial z^2}+v\frac{\partial c_i}{\partial z}+\frac{\partial c_i}{\partial t}+\rho_p\left(\frac{1-\varepsilon}{\varepsilon}\right)\frac{\partial q_i}{\partial t}=0 \tag{2-92}$$

假设模型中吸附气体为理想气体，即满足公式 $C_i=Py_iM_i/(R_gT)$，联立方程（2-82），可将方程转化为：

$$-D_{ax}\frac{\partial^2 y_i}{\partial z^2}+v\frac{\partial y_i}{\partial z}+\frac{\partial y_i}{\partial t}+\rho_p\left(\frac{1-\varepsilon}{\varepsilon}\right)\frac{R_gT}{PM_i}\times\frac{\partial q}{\partial t}=0 \tag{2-93}$$

b. 能量平衡方程。在固相和气相温度瞬时达到平衡的假设前提下，整个吸附床的气固能量衡算方程表示如下：

$$-K_L\frac{\partial^2 T}{\partial z^2}+\varepsilon\rho_g c_{pg}v\frac{\partial T}{\partial z}+(\varepsilon\rho_g c_{pg}+\rho_p c_{ps})\frac{\partial T}{\partial t}-\rho_p\sum_{i=1}^n(-\Delta H_i)\frac{\partial q_i}{\partial t}+\frac{2h_i}{r_{Bi}}(T-T_w)=0 \tag{2-94}$$

不考虑轴向分散的床壁传热，床壁的能量衡算方程表示如下（Sun 和 Levan，2005）：

$$\rho_w c_{pw}A_w\frac{\partial T_w}{\partial t}=2\pi r_{Bi}h_i(T-T_w)-2\pi r_{Bo}h_o(T_w-T_{atm}) \tag{2-95}$$

床层截面积计算为：

$$A_w=\pi(r_{Bo}^2-r_{Bi}^2) \tag{2-96}$$

c. 吸附相传质速率方程。

$$\frac{\partial q_i}{\partial t}=k_i(q_i^*-q_i) \tag{2-97}$$

d. 吸附等温线方程。对于多组分的有机气体的吸附，必须采用多组分的吸附等温方程，采用扩展的 Langmir 方程：

$$q_i=q_{maxi}\times\frac{b_ic_i}{1+\sum_j b_jc_j} \tag{2-98}$$

其中

$$q_{maxi}=\frac{aa_i}{\sqrt{T}}\times e^{bb_i/T},b_i=\frac{cc_i}{\sqrt{T}}\times e^{dd_i/T}$$

式中，aa_i、bb_i、cc_i、dd_i 为扩展 Langmuir 方程模型参数。

e. 耦合扩散方程。考虑传热与传质的耦合效应，有：

$$J_m=-L_s\,grad\,T-\rho D\,grad\,c_i \tag{2-99}$$

$$J_q=-\lambda\,grad\,T-L_d\,grad\,c_i \tag{2-100}$$

式中，L_s 为 Soret 效应系数，单位为 g/(m·s·K)；L_d 为 Dufour 效应系数，单位为 W·m²/g。

将式（2-90）和式（2-91）分别代入到质量平衡和能量平衡方程中得到耦合方程：

$$-D_{ax}\frac{\partial^2 y_i}{\partial z^2} + v\frac{\partial y_i}{\partial z} - L_s\frac{\partial^2 T}{\partial z^2} + \frac{\partial y_i}{\partial t} + \rho_p\left(\frac{1-\varepsilon}{\varepsilon}\right)\frac{R_g T}{PM_i}\times\frac{\partial q_i}{\partial t} = 0 \quad (2\text{-}101)$$

$$-K_L\frac{\partial^2 T}{\partial z^2} - \varepsilon\rho L_d\frac{R_g T}{PM_i}\times\frac{\partial^2 y_i}{\partial z^2} - \varepsilon\lambda\frac{\partial^2 T}{\partial z^2} + (\varepsilon\rho_g c_{pg} + \rho_p c_{ps})\frac{\partial T}{\partial t} - \rho_p\sum_{i=1}^{n}(-\Delta H_i)\frac{\partial q_i}{\partial t} = 0$$
$$\quad (2\text{-}102)$$

f. 模型无因次化。计算偏微分方程的前提就是无因次化，用以下的参数对上述模型中的变量进行替代：

$$U(1) = \frac{y_i}{y_{i0}}, \quad U(2) = q_i, \quad U(3) = T, \quad U(4) = T_w, \quad \tau = \frac{vt}{L}, \quad x = \frac{z}{L}$$

其中，$y_{i0} = \frac{\rho_0 R_g T}{PM_i}$（$y_{i0}$ 为组分的初始摩尔分率）

则气相质量平衡模型可以转化为：

$$\frac{\partial U(1)}{\partial \tau} = \frac{D_{ax}}{vL}\times\frac{\partial U^2(1)}{\partial x^2} + \frac{L_s}{vL}\times\frac{\partial^2 U(3)}{\partial x^2} - \frac{\partial U(1)}{\partial x} - \frac{\rho_p(1-\varepsilon)}{\varepsilon}\times\frac{RT}{PM_1 y_{10}}\times\frac{\partial U(2)}{\partial \tau} \quad (2\text{-}103)$$

传质速率方程可以转化为：

$$\frac{\partial U(2)}{\partial \tau} = \frac{k_i L}{v}[q_i{}^* - U(2)] \quad (2\text{-}104)$$

能量守恒模型可以转化为：

$$(c_{pg}\rho_g\varepsilon + c_{ps}\rho_p)\frac{\partial U(3)}{\partial \tau} = \frac{K_L}{vL}\times\frac{\partial U^2(3)}{\partial x^2} + \varepsilon L_d\frac{\partial U^2(1)}{\partial x^2} - \varepsilon\rho_g c_{pg}\frac{\partial U(3)}{\partial x}$$
$$+ \rho_p(1-\varepsilon)\left[(\Delta H_i)\frac{\partial U(2)}{\partial \tau}\right] - \frac{2h_i L}{r_{Bi}v}[U(3) - U(4)] \quad (2\text{-}105)$$

$$\frac{\rho_w\pi(r_{Bo}^2 - r_{Bi}^2)c_{pw}v}{L}\times\frac{\partial U(4)}{\partial \tau} = 2\pi r_{Bi}h_i[U(3) - U(4)] - 2\pi r_{Bo}h_o[U(4) - T_{atm}] \quad (2\text{-}106)$$

g. 传质系数。根据 Fickschen 定律，微孔扩散对这个过程起到了控制作用，分子自由扩散和微孔中分子 Knudsen 扩散构成了吸附质的有效扩散系数（Weiner，1988）。

$$k_i = \frac{15}{R_p^2}\times\frac{D_{eff}}{1 + \rho_p\frac{\partial q}{\partial C_i}\times\frac{1}{\varepsilon}} \quad (2\text{-}107)$$

微孔扩散控制的吸附需满足以下条件：a. 吸附为单层吸附；b. 表面扩散忽略不计；c. 符合线性恒温吸附规律。分子自由扩散和微孔中分子 Knudsen 扩散构成了吸附质的有效微孔扩散系数，其式为：

$$D_{eff} = \frac{1}{\dfrac{1}{D_{12}'} + \dfrac{1}{D_{kn}'}} \quad (2\text{-}108)$$

在微孔中，若微孔直径＞吸附分子自由程，分子呈现自由扩散形式。双组分扩散系数由 Chapman-Enskog 式（Weiner，1988）所给出：

$$D_{12} = \frac{0.00143 T^{1.75}\left(\dfrac{M_1 + M_2}{M_1 M_2}\right)^{0.5}}{P(V_1^{1/3} + V_2^{1/3})^2} \quad (2\text{-}109)$$

若微孔直径＜吸附分子自由程，扩散中的主要地位被碰撞占据。此时用 Knudsen 扩散来对吸附机理进行描述（Weiner，1988）。

$$D_{kn}=\frac{4}{3}d_p\sqrt{\frac{RT}{2\pi M}} \tag{2-110}$$

h. 传热系数。吸附床内壁的传热系数和外壁的自然对流传热系数分别通过下面两式关联（袁渭康，1996）：

$$h_i=3.404\frac{\lambda_g}{D_{Bi}}\left(\frac{\rho ud_p}{\mu}\right)^{0.9}e^{\frac{-6d_p}{D_{Bi}}} \tag{2-111}$$

$$h_o=1.294(\Delta T)^{\frac{1}{3}} \tag{2-112}$$

式中，λ_g 为气体热导率，$W/(m \cdot K)$；D_{Bi} 为床内径，m；μ 为气体黏度，$Pa \cdot s$；d_p 为颗粒直径，m；u 为气体流速，m/s。

i. 轴向扩散系数。轴向质扩散系数计算如下（Edwards，2005）：

$$D_{ax}=0.73D_{12}+\frac{0.5ud_p}{1+(9.7D_{12})/(ud_p)} \tag{2-113}$$

式中，D_{12} 为分子扩散系数，m^2/s。

轴向热扩散系数由以下经验关联式（Yagi 等，2005；Kunii 和 Smith，2004）得到：

$$K_L/\lambda_g=K_{L0}/\lambda_g+\delta P_r Re \tag{2-114}$$

$$K_{L0}/\lambda_g=\varepsilon+\frac{1-\varepsilon}{\phi-2/3(\lambda_g/\lambda_s)} \tag{2-115}$$

式中，λ_s 为吸附剂热导率，$W/(m \cdot K)$；ε 为床层总空隙率；Re 为雷诺数，$Re=\frac{Lu\rho}{\mu}$；L 为床层长度，u 为气体流速，ρ 气体密度，μ 为气体黏度。

$$\phi=\phi_2+(\phi_1-\phi_2)\left(\frac{\varepsilon-0.26}{0.216}\right),0.260\leqslant\varepsilon\leqslant0.476$$

$$\phi=\phi_1,\varepsilon>0.476$$

$$\phi=\phi_2,\varepsilon<0.260$$

对于活性炭，参数 ε、ϕ_1、ϕ_2 分别为 0.75、0.2、0.1（Yang 和 Lee，2005）。

j. 耦合扩散效应系数。由文献（朱谷君，1989），L_S 和 L_D 在气体中的值约为 $0.0001\sim0.000001$。

k. 基础物性数据。气体的定压比热容为温度的函数（时钧等，1996），混合气体的热熔表示如下：$c_{pgi}=A_i+B_iT+C_iT^2+D_iT^3(i=1,2,3)$。

通常用 Sutherland 公式对混合气体的黏度进行计算，用 Wassiljewa 公式对热导率进行计算（时钧等，1996），假设热导率在计算过程中与原料气相通，并且不随温度和压力变化。

$$\mu_{mix}=\sum_{i=1}^{n}\frac{y_i\mu_i}{\sum_{j=1}^{n}y_i\varphi_{ij}} \tag{2-116}$$

$$\lambda_{mix}=\sum_{i=1}^{n}\frac{y_i\lambda_i}{\sum_{j=1}^{n}y_iA_{ij}} \tag{2-117}$$

l. 模型的边界及初始条件

（a）固定床吸附过程的边界条件

初始条件

$c_i(z,0)=0$，$q_i(z,0)=0$，$T(z,0)=T_w(z,0)=$环境温度

边界条件

$$-D_\mathrm{L}\frac{\partial c_i}{\partial z}\Big|_{z=0}=v(c_{i0}-c_{i,z=0}),\frac{\partial c_i}{\partial z}\Big|_{z=\mathrm{L}}=0;$$

$$-K_\mathrm{L}\frac{\partial T}{\partial z}\Big|_{z=0}=\rho_\mathrm{g}c_\mathrm{pg}v(T-T_{z=0}),\frac{\partial T}{\partial z}\Big|_{z=\mathrm{L}}=0$$

(b) 变压吸附过程边界条件

初始条件

$c_i\ (z,\ 0)\ =0,\ q_i\ (z,\ 0)\ =0,\ T\ (z,\ 0)\ =T_\mathrm{atm}$

边界条件

吸附阶段

$$-D_\mathrm{L}\frac{\partial c_i}{\partial z}\Big|_{z=0}=v(c_i\big|_{z=0^-}-c_i\big|_{z=0^+}),\frac{\partial c_i}{\partial z}\Big|_{z=\mathrm{L}}=0$$

$$-K_\mathrm{L}\frac{\partial T}{\partial z}\Big|_{z=0}=\rho_\mathrm{g}c_\mathrm{pg}v(T\big|_{z=0^-}-T\big|_{z=0^+}),\frac{\partial T}{\partial z}\Big|_{z=\mathrm{L}}=0$$

吹扫与真空脱附阶段

$$\frac{\partial c_i}{\partial z}\Big|_{z=0}=0,-D_\mathrm{L}\frac{\partial c_i}{\partial z}\Big|_{z=\mathrm{L}}=v(c_i\big|_{z=\mathrm{L}^-}-c_i\big|_{z=\mathrm{L}^+})$$

$$\frac{\partial T}{\partial z}\Big|_{z=0}=0,-K_\mathrm{L}\frac{\partial T}{\partial z}\Big|_{z=\mathrm{L}}=\rho_\mathrm{g}c_\mathrm{pg}v(T\big|_{z=\mathrm{L}^-}-T\big|_{z=\mathrm{L}^+})$$

均压阶段

$$\frac{\partial c_i}{\partial z}\Big|_{z=0}=0,\frac{\partial c_i}{\partial z}\Big|_{z=\mathrm{L}}=0$$

$$\frac{\partial T}{\partial z}\Big|_{z=0}=0,\frac{\partial T}{\partial z}\Big|_{z=\mathrm{L}}=0$$

④ 固定床吸附过程传热传质耦合影响数值模拟

a. 传热系数对吸附过程的影响。轴向热导率 K_L、内换热系数 h_i 和外换热系数 h_o 是影响吸附床传热过程的三个主要系数。

(a) 轴向扩散系数和吸附相传质系数对出口浓度及浓度分布的影响。图 2-23、图 2-24 所示为轴向扩散系数 (D_ax1 和 D_ax2) 对出口浓度及浓度分布的影响（图中下标 1 表示丙酮，2 表示甲苯）；其中图 2-24 为吸附 2060s 时，轴向扩散系数改变对吸附床内丙酮和甲苯浓度分布的影响。由图 2-23、图 2-24 可知，吸附过程中不同组分轴向扩散系数的变化主要影响该组分的出口浓度及浓度分布，这可能是甲苯和丙酮的分子量相差不大，且两者的浓度均较小，在吸附剂上形成的有效竞争并不明显所致。

由图 2-23 (a) 可知，以 4000s 左右为吸附时间的界限，若吸附时间<4000s，当组分轴向扩散系数增大时丙酮的出口浓度也随之增大；若吸附时间>4000s，当组分轴向扩散系数增大时丙酮的出口浓度则随之减小。甲苯和丙酮一样，存在同样的影响规律，但是甲苯的不同点分界时间为 8000s 左右。这主要是由于轴向传质和吸附的竞争导致的，吸附前期，组分轴向传递速率随着轴向扩散系数的增大而增大，吸附质与吸附剂的接触时间变短，吸附质被吸附量少，因而其出口浓度大；经界限时间前期吸附之后，吸附剂的饱和程度呈现差异，吸附剂的饱和程度也小，在后期吸附中表现出强劲吸附，反而使得出口浓度变小。轴向扩散系数对组分浓度分布的影响存在类似的规律，但组分浓度分布的总体趋势随着轴向扩散系数的增大而趋于平缓，这与扩散系数的内涵相符，即扩散总是促使体系趋于平衡的，扩散系数越大体系越易趋于平稳。

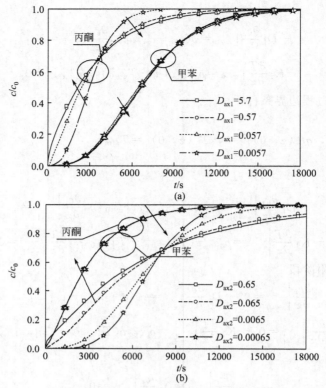

图 2-23 D_{ax1} 和 D_{ax2} 对出口浓度的影响

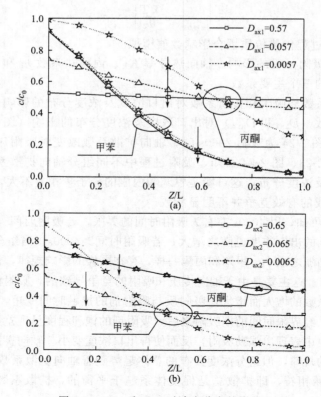

图 2-24 D_{ax1} 和 D_{ax2} 对浓度分布的影响

图 2-25、图 2-26 为丙酮和甲苯的吸附相传质系数（k_1 和 k_2）对体系出口浓度及吸附 2060s 时床层浓度分布的影响。显然，各组分的吸附相传质系数只影响该组分的出口浓度及浓度分布，这可归结为丙酮和甲苯的分子量相差不大，吸附量也较小，两者的吸附竞争效应较弱，以致相互影响不明显。吸附相传质系数对出口浓度的影响类似于轴向扩散系数对出口浓度的影响，即存在一个时间临界点，在此时间点前后呈现出相反的影响规律。但吸附相传质系数对出口浓度的影响与轴向扩散系恰好相反，在临界时间点之前出口浓度随吸附相传质系数的增大而减小，在临界点时间之后出口浓度随吸附相传质系数的增大而增大。这说明吸附相传质系数和轴向扩散系数两者的功能存在差异，吸附质被吸附量随着吸附相传质系数的增大而增大，但是随吸附相传质系数增大出口浓度则减小；在同等时间内，吸附剂的饱和程度也随吸附相传质系数变大而增大，吸附量在后期的吸附过程中反而减小，随吸附相传质系数增大，出口浓度增大。随该组分吸附相传质系数的增大，各组分床层浓度分布反之减小，甲苯的浓度分布受吸附相传质系数 k_2 的影响比较大。这个观点比较容易被理解，吸附相传质系数大，吸附质的被吸附量也大，其床层浓度分布自然减小；而活性炭对甲苯的吸附量大，甲苯的吸附相系数改变对该组分的浓度分布影响较丙酮大。

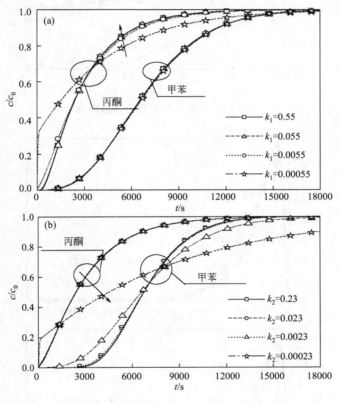

图 2-25　k_1 和 k_2 对出口浓度的影响

（b）轴向扩散系数和吸附相传质系数对出口温度的影响。图 2-27、图 2-28 为轴向扩散系数和吸附相传质系数对出口温度的影响（图中下标 1 表示丙酮，下表 2 表示甲苯）。出口温度受轴向扩散系数和吸附相传质系数两者的影响是相反的，也就是说随轴向扩散系数的增大出口温度峰值反而减小，但是却随吸附相传质系数的增大而增大。传质系数主要通过改变吸附热的释放而对温度产生影响，轴向扩散系数增大，会缩短吸附质和吸附剂的接触时间，

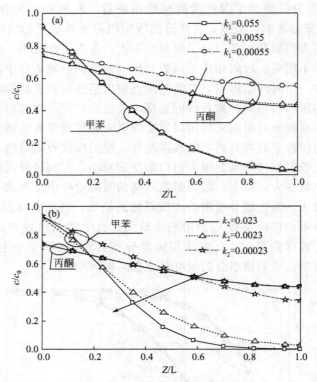

图 2-26 k_1 和 k_2 对浓度分布的影响

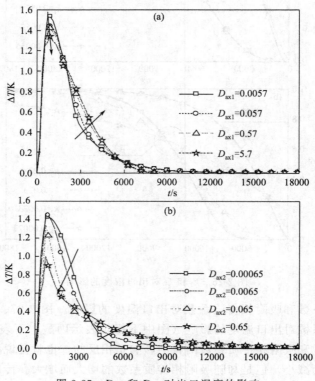

图 2-27 D_{ax1} 和 D_{ax2} 对出口温度的影响

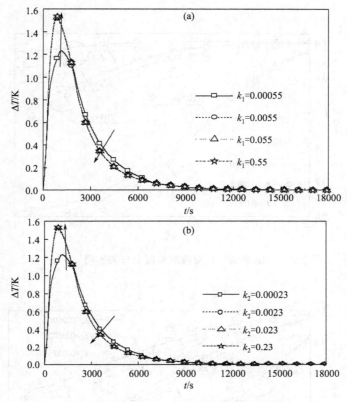

图 2-28 k_1 和 k_2 对出口温度的影响

吸附量减少，吸附热的释放量也随之减少，因而其出口温度峰值下降；反之吸附相传质系数增大，体系吸附量增大，相应的吸附热释放量也增大，因而其出口温度峰值增大。

b. 传热传质耦合扩散效应对吸附过程的影响

图 2-29～图 2-31 所示为 Soret 效应系数 L_s 对丙酮和甲苯的出口气相浓度和不同时刻吸附床的浓度分布的影响。Soret 系数增大，对丙酮和甲苯出口浓度有一定影响，但同一时刻吸附床的各组分浓度分布随 Soret 系数增大都有所降低。图 2-32、图 2-33 为 Dufour 效应系数 L_d 变化对固定床吸附过程的传热影响。由图可知，出口温度及床层温度分布受 L_d 的影响不是很明显。

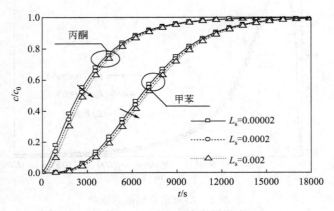

图 2-29 L_s 对出口浓度的影响

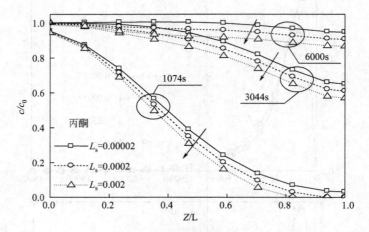

图 2-30 L_s 对丙酮浓度分布的影响

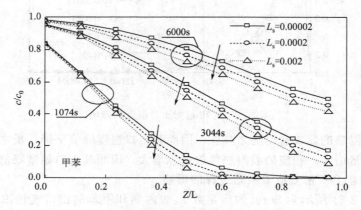

图 2-31 L_s 对甲苯浓度分布的影响

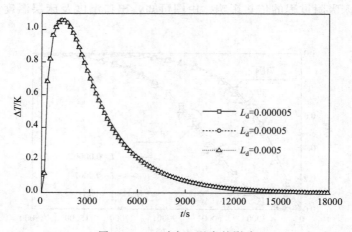

图 2-32 L_d 对出口温度的影响

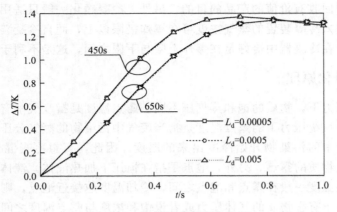

图 2-33 L_d 对温度分布的影响

Soret 和 Dufour 效应阐明当温度梯度与浓度梯度在一个体系同时存在时，由温度和浓度分别引起的浓度梯度会发生耦合。当耦合现象发生时，体系中因温度差产生的质量通量改变了体系原来的浓度，而体系因浓度差产生的热通量改变了体系温度。浓度梯度和温度梯度在固定床吸附过程中会同时存在，从耦合方程得知，温度梯度在质量平衡方程喝能量平衡方程中都有存在，由此推测：传热与传质的交叉耦合效应会在吸附过程中产生。由模拟结果分析得，浓度差引起的传热效应没有温度差引起的传热效应明显，那么由浓度差引起的传热在小型的吸附过程中是可以被忽略的。干燥过程中也会出现这样的现象，当相变引起质量变化最终使热量转移时，可以忽略质量扩散在能量方程中引起的热量传递。Li 等的研究结果表明，Soret 效应和 Dufour 效应在进气温度高于 1000K 以上、多孔介质中进气流速低时才不能被忽略；另有研究得出传质对传热的影响在干燥过程中比较弱，但传热对传质的影响却比较显著。在本研究中，因为床内的气体流速小，进气浓度低，而且 Soret 效应和 Dufour 效应不明显。将模拟结果进行分析得到，传质会在一定程度上受温度梯度的影响。随着 Soret 系数的逐渐增大，浓度负梯度随之产生，床内的浓度分布会发生改变，出口浓度也因此改变。

吸附过程受耦合扩散效应和传热传质系数的影响通过模拟求解的方法进行了详细探讨，得出以下结论：①温度梯度引起传质效应相比浓度梯度的明显；②传热过程在一定程度上受传质系数的影响；③传质几乎不受传热系数的影响，内换热系数、轴向热导率和外换热系数三者对温度场影响的大小顺序是内换热系数 ＞ 轴向热导率 ＞ 外换热系数。

2.3 冷凝净化法

冷凝净化即利用物质在不同温度下具有不同饱和蒸气压这一性质，采用降温、加压方法使处于蒸汽状态的气体冷凝而与废气分离，以达到净化或回收的目的。冷凝净化对有害气体的去除程度，与冷却温度和有害成分的饱和蒸气压有关，冷却温度越低，有害成分越接近饱和，其去除程度越高。它特别适用于处理废气浓度在 10000×10^{-6} 以上的有机溶剂蒸气，不适宜处理低浓度的废气。在恒定温度的条件下通过提高压力的办法可实现冷凝过程，也可通过恒定压力的下降低温度来进行冷凝。废气通过冷凝可被净化，但室温下的冷却水无法达到高的净化要求，要想净化完全，需要降温、加压，这就使处理难度加大、费用增加。因此，通常将吸附、燃烧等手段与冷凝法联合使用作为净化高浓度有机气体的前期处理，以达到实现降低有机负荷、回收有价值的产品的目的。另外，冷凝净化一般只适用于空气中含蒸气浓度较高时，因此进入冷凝装置的蒸气浓度可在爆炸极限以上，而自冷凝装置出来时的浓度可在爆炸下限以下。在冷凝器中恰好是在爆炸上限与下限之间，这是不利于安全的一个缺点。

2.3.1　冷凝净化原理

不同温度和压力下，物质的饱和蒸气压不同。露点温度是指废气中有害物质的饱和蒸气压下的温度。某一系统压力下的露点温度是指当废气中污染物的蒸气分压等于该温度下的饱和蒸气压时，废气中的污染物开始冷凝出来的温度。因此，要想冷凝混合气体中的有害物质，则必须低于改物质的露点。另外，泡点是指在恒压下加热液体，液体开始出现第一个气泡时的温度。冷凝温度一般在露点和泡点之间，冷却温度越接近泡点，则净化程度越高。应用冷凝技术关键在于有害物质的气体压力或者说饱和浓度与露点温度之间的关系。其原因在于，为了将有害物质的浓度降低到要求的极限值以下，正是露点温度决定了应该对气体做何种程度的冷却。

各种物质在不同温度下饱和蒸气压 p^0 可以按下式计算

$$\lg p^0 = -A/T + B \tag{2-118}$$

式中，T 为液体物质的温度，K；A、B 为常数；p^0 为物质在 T（K）时的饱和蒸气压。

图 2-34 表示出在普通压力之下某些有害物质的浓度与温度之间的关系。从中可以看出，大多数的重金属在 150℃ 以下会完全凝结，而多数有机物质则需要 -50℃ 的极低温度才能凝结。与此相反，许多无机的有害物质，例如二氧化硫，实际上根本不可能通过凝结从废气中分离出来，因为它们的凝固点极低，一般使用冷凝液来进行冷却，在超低温冷却中使用液氮。使用超低温冷却是有限制的。此时，废气中的物质完全凝固并附着在冷却装置的表面，这会降低冷却的效率。

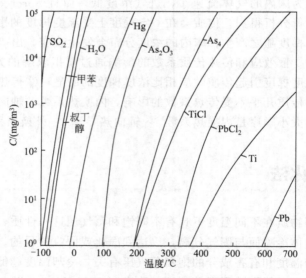

图 2-34　有害物质的浓度与温度之间的关系

2.3.2　冷凝设备和类型

冷凝法有一次冷凝法和多次冷凝法之分。前次多用于净化含单一有害成分的废气；后者多用于净化含多种有害成分的废气或用于提高废气的净化效率。

用于冷凝回收的冷却方法，还可分为直接法与间接法两种，直接冷却法使用的是直接接触式冷凝器；间接冷却法则使用表面式冷凝器，通常是间壁式换热器。在直接接触式冷凝器里，被冷却的气体与冷却液或冷冻液直接接触，有利于传热，但冷凝也需进一步处理。气体吸收操作本身伴有冷凝过程，故几乎所有的吸收设备都能作为直接接触式冷凝器。常用的直接冷凝器有喷射器、喷淋塔、填料塔和筛板塔等。表面式冷凝器则通过间壁来传递热量，达到冷凝分离的目的，各种形式的列管式换热器是表面冷凝器的典型设备，其他还有淋洒式换热器、翅管空冷式换热器、螺旋板式换热器等。

冷却废气可以使用直接或间接冷凝装置。在直接冷却时，废气在喷射塔或填料塔中与冷凝物直接接触；而在间接冷却时，冷凝装置通过其表面将冷凝物与气流分开。图 2-35 表示出这两种截然不同的废气冷凝法。图中气流与冷凝物的流向可以相同、相反，也可以交叉。

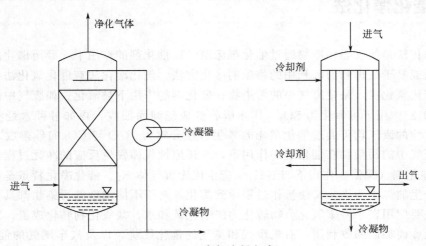

图 2-35　废气冷凝方式

2.3.3　冷凝计算

(1) 冷凝过程中的捕集效率　设一含有污染物的废气由状态 1（T_1，p_1）经过冷凝过程，变为状态 2（T_2，p_2），则该冷凝过程的捕集效率 η 定义为

$$\eta = 1 - \upsilon_2 / \upsilon_1$$

式中，υ_1、υ_2 分别为污染物在冷凝器入口和出口（状态 1 和状态 2）的质量流速，kg/h。

(2) 接触冷凝　接触冷凝器所需移出的热量 Q_c 见式(2-119)，冷却介质（以水为例）用量见式(2-120)：

$$Q_c = F \sum_{i+1}^{n} H_i Z_i - D \sum_{i+1}^{n} H_i Y_i - B \sum_{i+1}^{n} h_i x_i \qquad (2\text{-}119)$$

式中，B 为冷凝液排出摩尔流率，kmol/h；F 为进料中污染物摩尔流率，kmol/h；D 为未凝气中污染物排出流率，kmol/h；H_i 为组分 i 的气相焓；h_i 为组分 i 的液相焓。

$$G_w = G \Delta H / [C_w(t_2 - t_1)] + G C_p / C_w + G_g C_p' / C_w \qquad (2\text{-}120)$$

式中，G_w，G，G_g 分别是冷却水用量、气体有害物质冷凝量和废气量，kg/h；C_p，C_p'，C_w 分别是冷凝液、废气和水的比热容，kJ/(kg·℃)；t_1，t_2 分别为冷却水进出口温度，℃；

ΔH 为气体有害物质的冷凝潜热，kJ/kg。

（3）表面冷凝　表面冷凝亦称间接冷却，通过冷却壁把废气与冷却液分开，依靠间壁传递热量，因而被冷凝的液体很纯，可直接回收利用。表面冷凝器热计算，可按传热方程进行

$$q = KA\Delta T_m \tag{2-121}$$

式中，q 为总换热量，kJ/h；K 为传热系数，kJ/(m² · h · K)；ΔT_m 为对数平均温度差，K；A 为传热面积，m²。

总热量 q 可根据废气放出的热量来计算，其中包括气态有害物质冷凝潜热及废气冷却和冷凝液进一步冷却的显热，求得 q 后，便可由上式求出传热面积 A，进而选择或设计冷凝器结构和尺寸。

2.4　催化净化法

催化净化法是使气态污染物通过催化剂床层，在催化剂的作用下，经历催化反应，转化为无害物质或易于处理和回收利用的物质的净化方法。催化净化法有催化氧化法和催化还原法两种。催化氧化法，是使废气中的污染物在催化剂的作用下被氧化。如废气中的 SO_2 在催化剂（V_2O_5）作用下可氧化为 SO_3，用水吸收变成硫酸而回收，再如各种含烃类、恶臭物的有机化合物的废气均可通过催化燃烧的氧化过程分解为 H_2O 与 CO_2 向外排放。催化还原法，是使废气中的污染物在催化剂的作用下，与还原性气体发生反应的净化过程。如废气中的 NO_x 在催化剂（铜铬）作用下与 NH_3 反应生成无害气体 N_2。催化净化特点是避免了其他方法可能产生的二次污染，又使操作过程得到简化，对于不同浓度的污染物都具有很高的转化率。其主要应用在于将碳氢化合物转化为二氧化碳和水，氮氧化物转化成氮，二氧化硫转化成三氧化硫而加以回收利用，有机废气和臭气的催化燃烧，以及汽车尾气的催化净化等。其缺点是催化剂价格较高，废气预热要消耗一定的能量。

废气中污染物含量通常较低，用催化净化法处理时，往往有下述特点：①由于废气污染物含量低，过程热效应小，反应器结构简单，多采用固定床催化反应器。②要处理的废气量往往很大，要求催化剂能承受流体冲刷和压力降的影响。③由于净化要求高，而废气的成分复杂，有的反应条件变化大，故要求催化剂有高的选择性和热稳定性。

2.4.1　催化作用和催化剂

2.4.1.1　催化作用

能加速化学反应趋向平衡而在反应前后其化学组成和数量不发生变化的物质叫催化剂（或称触媒），催化剂使反应加速的作用称为催化作用。由于催化剂参加了反应，改变了反应的历程，降低了反应总的活化能，使反应速度加大，但催化剂的数量和结构在反应前后并没有发生变化。

催化作用具有两个基本特性：①对任意可逆反应，催化作用既能加快正反应速度，也能加快逆反应速度，而不改变该反应的化学平衡。②特定的催化剂只能催化特定的反应，即催化剂的催化性能具有选择性。

2.4.1.2　催化剂

（1）催化剂的组成　催化剂被用于净化汽车、发电厂以及燃烧过程中产生的废气，在这

一应用领域有两种催化剂。一种催化剂是无选择性的，它能最大限度地吸收汽车或者燃烧装置中所产生废气的各种有害物质。另一种催化剂是有选择性的，它能吸收一种或少数几种有害物质。有选择性的废气净化方式中，催化剂可以是蜂窝状、球状或饼状的，它由同质的金属氧化物如 TiO_2、Al_2O_3、Fe_2O_3、SiO_2 组成，也掺杂有活性催化物如 V_2O_5、WoO_3 或其他金属添加物如 Mo、Cr、Cu、Co、Mn。此外，当使用贵重金属如铂、铑、钯做活性物质时，还可以用异质的催化剂来净化废气。这些贵重金属将涂抹在由铁片、陶器或者金属氧化物制成的惰性介质之上，催化剂的形状见图 2-36。

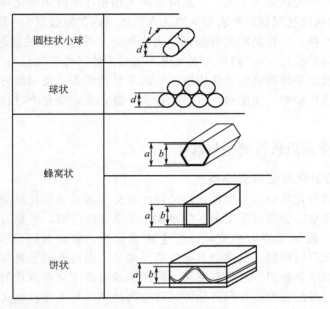

图 2-36　催化剂的形状

　　除了少数贵金属催化剂外，一般工业常用的催化剂都为多组元催化剂，通常由活性组分、助催化剂和载体三部分组成。活性组分是催化剂的主体，是起催化作用的最主要组分，要求活性高且化学惰性大，如铂（Pt）、钯（Pd）、钒（V）、铬（Cr）、锰（Mn）、铁（Fe）、钴（Co）、镍（Ni）、铜（Cu）、锌（Zn）等以及他们的氧化物等。助催化剂虽然本身无催化作用，但它与活性组分共存时却可以提高活性组分的活性、选择性、稳定性和寿命。载体是活性组分的惰性支承物。它具有较大的比表面积，有利于活性组分的催化反应，增强催化剂的机械强度和热稳定性等。常用的载体有氧化铝、硅藻土、铁矾土、氧化硅、分子筛、活性炭和金属丝等，其形状有粒状、片状、柱状、蜂窝状等。微孔结构的蜂窝状载体比表面积大、活性高、流动阻力小。通常活性物质被喷涂或浸渍于载体表面。

　　（2）催化剂的催化性能　衡量催化剂催化性能的指标主要有活性和选择性。①催化剂的活性和失活。在工业上，催化剂的活性常用单位体积（或质量）催化剂在一定条件（温度、压力、空速和反应物浓度）下，单位时间内所得的产品量来表示。催化剂使用一段时间后，由于各种物质及热的作用，催化剂的组成及结构渐起变化，导致活性下降及催化性能劣化，这种现象称为催化剂的失活。发生失活的原因主要有沾污、熔结、热失活与中毒。②催化剂的选择性。催化剂的选择性是指当化学反应在热力学上有几个反应方向时，一种催化剂在一定条件下只对其中的一个反应起加速作用的特性，它用 B 表示，即

$$B=\frac{\text{反应所得目的产物摩尔数}}{\text{通过催化剂床层后反应了的反应物摩尔数}}\times100\%$$

活性与选择性是催化剂本身最基本的性能指标，是选择和控制反应参数的基本依据，二者均可度量催化剂加速化学反应速度的效果，但反映问题的角度不同，活性指催化剂对提高产品产量的作用，而选择性则表示催化剂对提高原料利用率的作用。

2.4.2 气固催化反应过程

气固催化反应一般包括如下步骤：①反应物从气相主体扩散到催化剂颗粒外表面（外扩散过程）；②反应物从催化剂颗粒外表面向微孔内扩散（内扩散过程）；③在催化剂内表面上被吸附，反应生成产物，产物脱附离开催化剂内表面（化学动力学控制过程）；④产物从微孔向外表面扩散（内扩散）；⑤产物从外表面进入气相主体（外扩散）。

反应组分的浓度差是使得这些步骤得以进行的主要推动力。反应组分在不同过程的浓度分布是不同的，上述几步中，速度最慢（阻力最大）者，决定着整个过程的总反应速度，称这一步为控制步骤。

2.4.3 气固催化反应装置类型与选择

2.4.3.1 气固催化反应装置类型

工业应用的气固催化反应器按颗粒床层的特性可分为固定床催化反应器和流化床催化反应器两大类，其中环境工程领域采用最多的是固定床催化反应器，它具有以下优点：①床层内流体的轴向流动一般呈理想置换流动，反应速度较快，催化剂用量少，反应器体积小；②流体停留时间可以严格控制，温度分布可以适当调节，因而有利于提高化学反应的转化率和选择性；③催化剂不易磨损，可长期使用，但床层轴向温度分布不均匀。

固定床催化反应器按温度条件和传热方式可分为绝热式与连续换热式；按反应器内气体流动方向又可分为轴向式和径向式。常见的绝热式固定床反应器有单段式绝热反应器、多段式绝热反应器、列管式反应器、径向反应器等。

(1) 单段式绝热反应器 它为一圆筒体，内设栅板，其上均匀堆置催化剂。其结构简单、造价低，适合反应热效应小、对温度变化不敏感的反应。

(2) 多段式绝热反应器 它是将多个单段式反应器串联起来，段间设有换热构件，以调节反应温度，并有利于气体的再分布。适于中等热效的反应。

(3) 列管式反应器 其管内装催化剂，管间通热载体（水或其他介质），适于床温分布要求严格，反应热特别大的情况。

(4) 径向反应器 径向反应器是近年来发展的一种固定床反应器。由于反应气流是径向穿过催化剂，它与轴向反应器相比，气流流程短，阻力降小，减低了动力消耗，因而可采用较细粒的催化剂，提高催化剂有效系数。径向反应器可认为是单层绝热反应的一种特殊形式。

2.4.3.2 气固反应装置的选择

在工程实践上，必须结合实际情况，如工艺要求、物质条件等来设计反应装置或选择合适类型的反应装置，不必局限于结构形式。固定床反应装置的设计和选型应遵循的一般规则为：①根据催化反应热的大小及催化剂的活性温度范围，选择合适的结构类型，保证床层温度控制在许可的范围内；②床层阻力应尽可能小，这对其他气态污染物的净化尤为重要；③在满足温度条件前提下，应尽量使催化剂装填系数大，以提高设备利用率；④反应装置应结构简单、便于操作，且造价低廉、安全可靠。

由于催化净化气体污染物所处理的废气风量大，污染物含量低，反应热效小，要想使污染物达到排放标准，应有较高的催化转化率，因此选用单段绝热反应器（含径向反应器）对实现污染物催化转化具有绝对优势。目前在 NO_x 催化转化、有机废气催化燃烧及汽车尾气净化中，大都采用了单段绝热式反应装置。

2.4.4 催化净化法的一般工艺

催化法治理废气的一般工艺过程包括废气预处理去除催化剂毒物及固体颗粒物；废气预热到要求的反应温度；催化反应；废热和副产品的回收利用等。

2.4.4.1 废气预处理

废气中含有的固体颗粒或液滴会覆盖在催化剂活性中心上而降低其活性，废气中的微量致毒物会使催化剂中毒，必须除去。如烟气中 NO_x 的非选择性还原法治理流程，常需在反应器前设置除尘器、水洗塔、碱洗塔等，以除去其中的粉尘及 SO_2 等。

2.4.4.2 废气预热

废气预热是为了使废气温度在催化剂活性温度范围以内，使催化反应有一定的速度，否则废气温度低反应速度缓慢，达不到预期的去除效果。对于有机废气的催化燃烧，若废气中有机物浓度较高，反应热效应大，则只需较低的预热温度就行了，过高的预热温度会产生大量的中间产物，给后面的催化燃烧带来困难。废气预热可利用净化后气体的热焓，但在污染物浓度较低、反应热效应不足以将废气预热到反应温度时，需利用辅助燃料产生高温燃气与废气混合用来升温。

2.4.4.3 催化反应

用来调节催化反应的各项工艺参数中，温度是一项很重要的参数，它对脱除污染物的效果有很大影响。

控制一个最佳的温度，可在最少的催化剂用量下达到满意脱除效果，这是催化法的关键。首先，某一催化反应有一对应的温度范围，否则会导致很多副反应。其次从动力学与平衡关系两个方面来看，由于绝大多数化学反应的速度常数都随温度升高而增大，故对不可逆反应来说，提高反应温度可加快反应速度，提高污染物的转化率，从而有利于污染物脱除。但温度过高会造成催化剂失活，增加副反应，故应将温度控制在催化活性温度范围以内。对于可逆吸热反应而言，提高反应温度既有利于平衡向生成物方向移动，有利于提高反应速度，因而与不可逆反应一样，应在尽可能的情况下提高反应温度。但过高的温度会消耗大量能源，故合适的温度应从排放标准和经济效益两个方面来考虑。

2.4.4.4 废热和副产品的回收利用

废热与副产品的回收利用关系到治理方法的经济效益。对于副产品的回收利用还关系到治理方法的二次污染，进而关系到治理方法有无生命力，因此必须予以重视。废热常用于废气的预热。

2.5 生物净化法

在 Genf-Villette（地名，1964 年建起首个生物净化装置）第一次用生物净化装置净化废气。生物法处理废气技术在 20 世纪 80～90 年代得到了快速发展，荷兰和德国成为首批大规模应用生物技术处理废气的国家。随后，生物技术在废气处理中的应用也越来越广泛，目前使用的生物净化气体装置在欧洲已超过 7500 座，其中一半装置都用来处理污水以及堆肥臭气，关于可生化气体的净化原理和工程应用经验的一套重要体系也已经形成。生物净化技术弥补了传统物化处理技术的不足，传统方法需要专门的安全运行程序管理（如化学吸收），并且能耗高、经济投入高。相较之下，生物净化法属于清洁型的治理方法，成为废气治理特别是可生化废气治理的前沿和热点。

生物法废气净化技术是多学科交叉的环保高新技术。具体说来是一项低浓度工业废气净化前沿热点技术，它建立在已成熟的采用微生物处理废水方法上。国内外已有的研究表明，低浓度工业废气已无法通过常规技术进行经济、有效的净化处理，但使用生物法废气净化技术处理低浓度工业废气却行之有效的，具有明显的技术和经济优势。

目前这种技术在欧洲、日本、荷兰和北美等国家和地区进行了大量的研究和实际应用，除含氯较多的难生物降解有机污染物质外，一般的气态污染物都可得到不同程度的降解。尤其是生物过滤技术，在国外处理低浓度、高流量的有机废气和恶臭已经取得了广泛的应用，在操作条件较好的情况下，污染物能被较为完整的降解为 CO_2 和 H_2O，同时生成新的微生物，维持生物膜的新陈代谢。在处理 H_2S 还原态的硫化物或卤代烃时，还分别生成无害的硫酸盐或氯化物。在中国，清华大学、同济大学、湖南大学、西安建筑科技大学、昆明理工大学等单位的研究人员对此技术也进行了探索和尝试。

2.5.1 净化原理和特点

生物净化技术是近年来发展起来的一种高新废气净化技术。生物净化法是利用驯化后的微生物的新陈代谢过程对多种有机物和某些无机物进行生物降解，将其分解成 H_2O 和 CO_2，从而有效地去除工业废气中的污染物质。生物法处理气态污染物的基本原理是将过滤器中的多孔填料表面覆盖生物膜，废气流经填料床时，通过扩散过程，将污染成分传递到生物膜，并与膜内的微生物相接触而发生生物化学反应，使废气中的污染物得到降解。其过程一般可分为：污染物由气相到液相的传质过程；通过扩散和对流，污染物从液膜表面扩散到生物膜中；微生物将污染物转化为生物量、新陈代谢副产物或者二氧化碳和水。

对气态污染物进行降解的微生物分为自养型和异养型两类。自养型可在无有机碳和氮的条件下靠硫化氢、硫和铁离子及氨的氧化物获得能量，其生存所必需的碳由二氧化碳通过卡尔文循环提供。自养菌适于进行无机物转化，但由于新陈代谢活动缓慢，其生物负荷不可能太大，应用上有一定困难，但在浓度不太高的脱臭场合仍有一定的利用价值。异养菌是通过有机物的氧化来获得营养物和能量，适于进行有机物的转化，在适当温度、酸碱度和有氧条件下，此类微生物能较快地完成污染物降解。

生物法特别适合于处理气量大于 $17000m^3/h$、浓度小于 0.1% 的气体。其特点是操作条件易于满足，常温、常压，操作简单，低投资，高效率，有较强的抗冲击能力。控制适当的负荷和气液接触条件就可使净化率一般达到 90% 以上，尤其在处理低浓度（几千 mg/m^3 以下）、生物降解性好的气态污染物时更显其经济性，不产生二次污染，可氧化分解含硫、氮的恶臭物和苯酚、氰等有害物。但是生物法仍存在某些缺点：氧化分解速度较低，生物过滤占用的空间大，难控制过滤的 pH 值，对难氧化的恶臭气体净化效果不明显。

2.5.2 处理工艺与设备

常见的生物处理工艺包括生物过滤法、生物滴滤法、生物洗涤法、生物膜反应器和转盘生物过滤反应器。目前，生物膜反应器和转盘生物过滤反应器还只限于实验室研究阶段，生物过滤工艺在工业应用中最为广泛，已有的研究成果表明生物过滤法对于各种 VOCs 和恶臭气体具有良好的处理效果，并为工艺的应用和优化提供了较好的理论指导。生物法处理气态污染物是一项新技术，生物法净化废气主要有三种方式：生物过滤、生物滴滤、生物洗涤，不同组成及浓度的废气有各自合适的生物净化方式，这三种方式的工作原理见图 2-37。第一种是固体过滤方式，后两种是液体过滤方式。固体过滤方式只能用来去除废气中少量具有强刺激性气味的化合物，而液体净化方式则可以用来去除废气中浓度更高但可被生物分解的物质。此时，如果有害物质能够被迅速分解，便使用生物滴滤池；如果有害物质的分解需要较长时间，则使用传统的净化装置并外加一个以生物方式工作的可再生水槽（生物洗涤塔）。

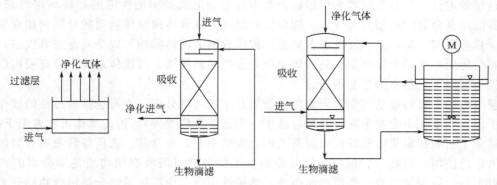

图 2-37　工作原理

生物法废气治理过程中，微生物存在的形式主要有两种：悬浮生长系统和附着生长系统。悬浮生长系统即微生物和营养物配料存在于液体中，气体污染物通过与悬浮液接触后转移到液体中被微生物所降解，典型形式有喷淋塔、鼓泡塔及穿孔板塔等生物洗涤器；附着生长系统中的微生物附着生长在固体介质上，废气通过由介质构成的固定床时被吸附、吸收，最终被微生物所降解，典型的形式有土壤、堆肥等材料构成的生物滤床。生物滴滤同时具有悬浮生长系统和附着生长系统的特性。

（1）生物洗涤塔　生物洗涤塔是典型的悬浮生长系统，采用悬浮生长系统工艺的生物化学反应过程一般为慢反应化学吸收过程，即气相的传质速率大于生化反应速率，并采用液相停留时间较长的反应器如鼓泡型反应器，也可采用喷淋筛板塔加上生化反应器的组合方式。一般流程为废气从吸收塔底部通入，与水逆流接触，污染物被水吸收后由吸收塔顶部排出。吸收污染物的水从底部流出，进入生物反应塔经微生物反应再生后循环使用。生物洗涤塔系统净化含有有机污染物废气的效率与污泥的 MLSS 浓度、pH 值、溶解氧等有关。所用污泥经驯化的比未经驯化的要好。营养盐的投入量、投放时间、投放方法也是重要的控制因素。

（2）生物滤池　含污染物的气体增湿后进入生物滤池，在通过滤层时污染物从气相转移到生物层并被氧化分解。在目前的生物净化有机废气领域，该法应用最多。在国外已经商品化，其净化效率一般在 95％ 以上。最初的生物滤床采用的过滤介质为土壤，后又采用含微生物量较高的堆肥等过滤介质，近年来开始用工程材料如活性炭作为滤料。其中，滤料不同，脱除效果和适宜的工艺参数也不同。

（3）生物滴滤池　由生物滴滤池和贮水槽构成，生物滴滤池内充以粗碎石、塑料、陶瓷等一类不具吸附性的填料，填料表面是微生物体系形成的几毫米厚的生物膜。生物滴滤池比较适合对 pH 影响较敏感的生物反应，因为生物滴滤池中循环液体 pH 值易于监控，它主要用于含易降解的卤化物废气的生物处理。

2.6 膜分离净化

2.6.1 膜分离净化概述

膜净化法是混合气体在压力梯度作用下，透过特定薄膜时，不同气体具有不同的透过速度，从而使气体混合物中的不同组分达到分离的效果。压力差、浓度差以及电位差推动着膜分离过程的进行，膜分离技术是根据混合物中各组分的选择渗透性能的差异利用膜来分离、提纯和浓缩混合物的新型分离技术。能以特定形式限制和传递流体物质的分隔两相或两部分的界面是分离膜。膜可以是固态或者液态。被膜分割的流体物质可以是液态或者气态，膜至少有两个界面，这两个界面是两侧流体接触以及传递的桥梁。对流体来说，分离膜可以半透也可完全透过，但绝不能完全不透过。

膜分离的主要特点是实现混合物以及物质分子尺寸的分离，它将选择透过性的膜作为分离的手段。相变化不会发生在膜分离过程中（渗透蒸发膜除外），因此操作可在常温下进行，这就避免了浓缩和富集物质的性质因高温而改变的不利，在食品、医药等行业膜分离因此优点而被广泛使用。能耗少、成本低、效率高、无污染并可回收有用物质是膜分离的共有优点，对于同分异构体组分、性质相似组分、热敏性组分、生物物质组分等混合物的分离，膜分离方法十分适用，有时可代替蒸馏、萃取、蒸发、吸附等化工单元操作。实践表明，若常规分离不能通过经济的方法实现，膜分离会成为一项非常有用的技术。将常规分离与膜分离相结合的技术更加经济有效。综合上述优点，膜科学和膜技术在近二三十年来得到快速的发展，目前已成为工农业生产、国防、科技和人民日常生活中不可缺少的分离方法，越来越广泛地应用于化工、环保、食品、医药、电子、电力、冶金、轻纺、海水淡化等领域。

2.6.2 气体膜分离过程基本原理

气体膜分离是利用气体混合物中各组分在膜中渗透速率的差异，在膜两侧压力差的作用下进行分离的操作，其中渗透侧富集渗透快的组分，原料侧富集渗透慢的组分，气体分离流程示意图如图 2-38 所示。

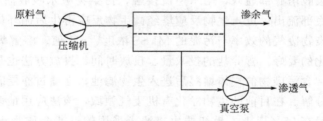

图 2-38　气体分离流程示意图

气体分离是以膜两侧气体的分压差为推动力，通过吸附→溶解→扩散→脱附等步骤，产生组分间传递速率的差异来实现分离的。废气气流的高压以及渗透层的低压使得气流渗透进入薄膜层，隔离层用来过滤，而扩散特征却是由基层物质决定的。通过薄膜分离气体的效率取决于气体和渗透层之间的压力差、薄膜的厚度和面积、被分离物渗透特性、温度以及废气浓度。气体通过膜渗透机理可分为：①气体在膜表面吸附；②气体溶解于膜；③气体在膜中

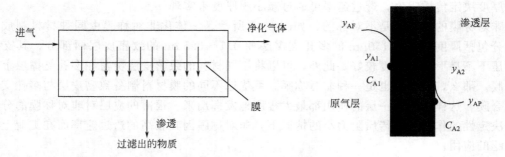

图 2-39　气体渗透的原理

扩散；④溶解于膜内的气体从膜另一端表面释放；⑤气体从膜表面脱附。其原理图如图2-39 所示。

2.6.3　气体分离膜特性

评价气体分离膜性能的主要参数是渗透系数和分离因数。

(1) 分离因数　分离因数反映膜对气体各组分透过的选择性。通常用分离因数表示在气体分离和渗透汽化过程中各组分透过的选择性。对于含有 A、B 两组分的混合物，分离因数 α_{AB} 定义为

$$\alpha_{AB} = \frac{y_A / y_B}{x_A / x_B} \tag{2-122}$$

式中，x_A，x_B 分别为原料中组分 A 与组分 B 的摩尔分数；y_A，y_B 分别为透过物中组分 A 与组分 B 的摩尔分数。

通常，用组分 A 表示透过速率快的组分，因此 α_{AB} 的数值大于 1。分离因数的大小反映该体系分离的难易程度，α_{AB} 越大，表明两组分的透过速率相差越大，膜的选择性越好，分离程度越高；α_{AB} 等于 1，则表明膜没有分离能力。

(2) 渗透系数　渗透系数表示气体通过膜的难易程度，定义为

$$P = \frac{V\delta}{At\Delta p} \tag{2-123}$$

式中，V 为气体渗透量，m^3；δ 为膜厚，m；Δp 为膜两侧的压力差，Pa；A 为膜面积，m^2；t 为时间，s；P 为渗透系数，$m^3 \cdot m/(m^2 \cdot s \cdot Pa)$。

2.6.4　膜材料及分类

空气净化中膜分离是一种高效的分离方法，装置的核心部分为膜元件。常用的膜元件有平板膜、中空纤维和卷式膜，又可分为气体和液体两种分离膜。按材料性质分，气体分离膜可分为无机材料、高分子材料以及金属材料。目前高分子聚合物膜是使用最多的分离膜，无机材料分离膜在近几年又被开发出来。高聚物膜通常是用纤维素类、聚砜类、聚酰胺类、聚酯类、含氟高聚物等材料制成。无机分离膜包括玻璃膜、陶瓷膜、金属膜和分子筛炭膜等。膜的分类方法、种类功能都很多，但按膜的形态结构分类是普遍采用的，此时分离膜分为对称膜和非对称膜两类。气体分离膜材料应该同时具有高的透气性和较高的机械强度、化学稳定性以及良好的成膜加工性能。

对称膜又称为均质膜，是一种均匀的薄膜，膜两侧截面的结构及形态完全相同，包括致密的无孔膜和对称的多孔膜两种，如图 2-40 所示。一般对称膜的厚度在 $10 \sim 200 \mu m$ 之间，

膜总厚度决定传质阻力，透过速率可通过减小膜厚度来实现。

非对称膜的横断面是不对称的，如图 2-41 所示。一体化非对称膜由同种材料制成，构成成分包括厚度为 $50\sim150\mu m$ 的多孔支撑层和 $0.1\sim0.5\mu m$ 的致密皮层两部分，其支撑层在高压下不易形变，强度较好。此外，可以将不同材料的致密皮层覆盖在多孔支撑层上构成复合膜，那么，复合膜也是一种非对称膜。可优选不同的膜材料制备致密皮层与多孔支撑层的复合膜，这样可使每一层的作用都最大程度地发挥出来。很薄的皮层对非对称膜的分离起到了决定性的作用，在传质阻力小的情况下，非对称膜因其较高的透过速率而在工业上得到了广泛的应用。

多孔膜　　　　　　　　　　　无孔膜

图 2-40　对称膜

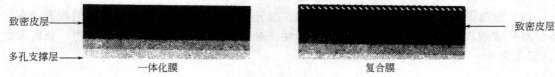

致密皮层　　　　　　　　　　　　　　　　　　　　　　　　致密皮层

多孔支撑层　　　　一体化膜　　　　　　　　复合膜

图 2-41　非对称膜不同类型膜横断面示意图

2.6.5　气体膜分离设备和气体膜分离应用

常见的气体膜分离设备有如下两种：①Prism 气体分离器。Prism 分离器是美国孟山都公司创新的一种中空纤维式分离器，自 1977 年在得克萨斯的石油化学品联合厂中安装第一套工业规模装置以来，目前已经在很多国家得到应用，主要用于合成氨厂驰放气中氢的回收。它的结构类似于列管式换热器，主要由外壳、中空纤维和纤维两头的管板组成。使用时，原料气进入外壳，易渗透组分经过纤维膜渗入中心而流出，难渗组分则从外壳出口流出。中空纤维膜为外表涂以硅酮的聚砜非对称膜。②平板旋卷式膜分离器。旋卷式膜分离器主要包括多孔渗管、膜和支撑物。高压原料气进入"高压道"，而经过膜渗出来的气体流经"渗透道"从渗透管中心流出，剩余气则从管外流道流出。膜和支撑物组成膜叶，其三面封闭，使原料气与渗透气隔开。

气体膜分离的主要应用有：①空气分离，利用膜分离技术可以得到富氧空气和富氮空气，富氧空气可用于高温燃烧节能、家用医疗保健等方面，富氮空气可用于食品保鲜、惰性气氛保护等方面；②H_2 的分离回收，主要有合成氨尾气中 H_2 的回收、炼油工业尾气中 H_2 的回收等，是当前气体分离应用最广的领域；③气体脱湿，如天然气脱湿、压缩空气脱湿、工业气体脱湿等。

2.7　燃烧净化法

用燃烧方法来销毁有毒气体、蒸气或烟尘，使之变成无毒、无害物质，叫做燃烧净化。燃烧净化仅能销毁那些可燃的或在高温下能分解的有毒气体与烟尘，其化学作用主要是燃烧氧化，个别情况下是热分解。燃烧净化，可以广泛地应用于有机溶剂蒸气及碳氢化合物的净化处理，这些有毒物质在燃烧氧化过程中被氧化成二氧化碳和水蒸气，燃烧净化也可以用于消除烟和臭味。燃烧法适用于处理废气中浓度较高、发热量较大的可燃性有害气体（主要是含碳氢的气态物质），燃烧温度一般在 600～800℃。燃烧法简便易行，可回收热能，但不能回收有害气体，易造成二次污染。

2.7.1 燃烧净化原理

2.7.1.1 燃烧反应与火焰燃烧

燃烧反应是一种放热化学反应，可以用普通的化学方程式表示，例如：

$$CH_4 + 2O_2 \longrightarrow CO_2 + 2H_2O + Q$$

式中，Q 为反应时放出的热量，J。

热化学反应方程式是进行物料衡算、热量衡算及设计燃烧装置的依据。

目前火焰传播理论可分为热传播理论和自由基连锁反应理论两类。热传播理论认为火焰是由燃烧放出的热量，传递到火焰周围的混合气体，使之也达到着火温度而燃烧并传播的。自由基连锁反应理论认为，在火焰中有大量的活性很强的自由基，它们极易与别的分子或自由基发生化学反应，在火焰中引发连锁反应。两种理论各有其一定的适用范围，在实用上，可以将火焰传播看作热量与自由基同时向外传播。

2.7.1.2 燃烧与爆炸

当混合气体中含有的氧和可燃组分在一定的浓度范围内，某一点被燃着时产生的热量，可以继续引燃周围的混合气体，此浓度范围就是燃烧极限浓度范围。当燃烧在一有限空间内迅速蔓延，则形成爆炸。因此，对于混合气体的组成浓度而言，可燃的混合气体就是爆炸性混合气体，燃烧极限浓度范围也就是爆炸极限浓度范围。

2.7.1.3 燃料完全燃烧的条件

燃料完全燃烧的条件是适量的空气、足够的温度、必要的燃烧时间、燃料与空气的充分混合。①空气条件：按燃烧不同阶段供给相适应的空气量。②温度条件：只有达到着火温度，才能与氧化合而燃烧。氧存在下可燃质开始燃烧必须达到的最低温度叫做着火温度。③时间条件：影响燃烧完全程度的另一基本因素是燃料在燃烧室中的停留时间，燃料在高温区的停留时间应超过燃料燃烧所需时间。④燃烧与空气的混合条件：有效燃烧的基本条件是充分混合燃料与空气中氧的。

2.7.2 燃烧净化方法和装置

目前在实际中使用的燃烧净化方法有直接燃烧、热力燃烧和催化燃烧。

2.7.2.1 直接燃烧

直接燃烧亦称为直接火焰燃烧，它是把废气中可燃的有害组分当作燃料燃烧，因此这种方法只适用于净化高浓度的气体或者热值较高的气体。要想保持燃烧区温度使燃烧持续进行，必须将散向环境中的热量用燃烧放热来补偿。若废气中的各可燃气体浓度值适宜则可直接燃烧。如果可燃组分的浓度高于燃烧上限，混入空气后可以燃烧；如果可燃组分的浓度低于燃烧下限，则可通过加入一定数量的辅助燃料的方法来维持燃烧。直接燃烧的设备，可以使用一般的炉、窑，把可燃废气当燃料使用，也可用燃烧器。敞开式的特别是垂直位置的直接燃烧器叫做"火炬"。火炬多用于很少灰分的废燃料气。目前，各炼油厂、石油化工厂都设法将火炬气用于生产，回收其热值或返回生产系统做原料。例如将火炬气集中起来，输送到厂内各个燃烧炉或者动力设备，以部分代替燃料，回收热值，或者将某些火炬气送入裂解炉，生产合成氨原料。只有废气流量大，影响生产平衡时，自动控制进入火炬烟囱燃烧后排空。

2.7.2.2　热力燃烧

热力燃烧，是指依靠热力，即用提高温度的方法，把废气中可燃的有害组分氧化销毁掉。提高温度用辅助燃料，辅助燃料燃烧时会有火焰，但这不是热力燃烧本身，而只是供热过程，供热并非一定要有火焰。热力燃烧中，要净化的废气不是作为燃烧用的燃料，而是在含氧量足够时作为助燃气体，不含氧时只是燃烧对象而已。热力燃烧的条件是废气分子与氧气在反应温度下充分接触一定的时间，也就是在供氧充分的情况下，热力燃烧的反应温度、驻留时间、湍流混合的三个要素，就是国外所称温度（Temperature）、时间（Time）、湍流（Turbulence）的"三T条件"。"三T条件"具体指出了热力燃烧的必要条件。反应温度与驻留时间的互换性，即温度高允许驻留时间短，在实际应用中有一定的限度。因为氧化速度对温度有十分强烈的相关性。热力燃烧法的另一个要点，是不能把全部废气与所需的辅助燃料相混合，而要用一部分废气来助燃，把另一部分废气（旁通废气）与高温燃气混合，以达到反应温度。如果全部废气与燃料混合，就形不成可燃的混合气体，就会熄火，或者为维持燃烧而过多地消耗燃料。热力燃烧"三T条件"中的湍流混合，就是旁通废气与高温燃气处于较强的湍流状态，使混合能很快地达到分子混合水平，以便废气中有害组分的分子能得到升温和氧化。"火焰接触"是达到较理想的湍流混合条件的方法之一，即使火焰直接与旁通废气混合。"火焰接触"不仅可以改进高温燃气与冷的旁通废气的混合，而且火焰中存在的过量自由基还可以加速氧化。氧化作用在火焰中进行得很快，但是，使全部废气都通过火焰与火焰接触是不可能的。盲目要求火焰接触，不仅做不到，反而会导致熄灭，或污染加重。当发生"熄火"时，氧化过程终止，燃烧炉的排气中有醛、有机酸、一氧化碳等中间产物和原来的碳氢化合物。"熄火"多数情况是局部范围内的，因为有冷点或废气与火焰混合太快而局部"熄火"。这样，看起来燃烧炉在燃烧，而局部熄火却产生许多中间产物和原来的碳氢化合物，净化效果很差。

热力燃烧适用于可燃有机物质含量较低的废气净化处理，适于气量范围2000～10000m³/h，浓度范围在0.01%～0.2%的场合，温度在800～1200℃。热力燃烧设备主要是热力燃烧炉，热力燃烧炉主要有两部分组成——燃烧器和燃烧室。按照燃烧器不同形式，可将燃烧炉分为配焰燃烧器系统和离焰燃烧器系统。配焰燃烧器系统根据"火焰接触"的理论将燃烧分配成许多小火焰，布点成线，使冷空气分别围绕许多小火焰流过去，以达到迅速完全的湍流混合。离焰燃烧器系统，燃料与助燃空气先通过燃烧器燃烧，产生高温燃气，然后与冷废气在燃烧室内混合，氧化燃烧。在该系统中，高温燃气的产生和混合是分开进行的。

2.7.2.3　催化燃烧

目前催化燃烧法在漆包线、金属印刷、炼焦、化工、油漆等多种行业的有机废气净化中都得到了应用，特别是在漆包线、绝缘材料、印刷等生产过程中排出的烘干废气，因废气温度较高，有机物浓度较高，对燃烧反应及热量回收有利，具有较好的经济效益，因此应用非常广泛。不过催化燃烧不适用于含有大量尘粒雾滴的废气净化，因为尘粒雾滴不仅可以堵塞催化剂的床层，而且能使催化剂本身覆盖污塞而造成活性很快衰退；如果能使尘粒雾滴在预热阶段，即进入催化剂层以前，完全气化为蒸气，则此法仍然可用。催化氧化与其他燃烧法相比，具有如下优势：无火焰燃烧，安全性好；反应温度低，辅助能耗少；对可燃组分浓度和热值限制少。催化燃烧因其环境友好、高效节能的突出优点而被广泛应用。催化燃烧目前应用领域主要是天然气的催化燃烧等高温催化燃烧和有机废气的净化处理两方面，重点是致力于低温催化剂及催化技术的开发和应用。一般说来，催化燃烧技术应用在废气净化过程中使得反应温度一般为 673～973K，比热焚烧的温度低很多，反应过程不产生 NO_x，具有工艺简单、高效率、低能耗、小压降、设备体积小等优点。催化燃烧净化技术因为它可以在相对较大的体积流量下连续操作并且不需频繁更换催化剂而优于吸附或吸收技术。与热力燃烧不同，催化燃烧是无焰燃烧，作为目前处理低浓度有机废气的一种方法，催化燃烧可对易燃易爆的气体进行处理。

对于催化燃烧而言，不同的排放场合和不同的废气，有不同的工艺流程，但不论采取哪种工艺流程，都由如下工艺单元组成。①废气预处理。为了避免催化剂床层的堵塞和催化剂中毒，废气在进入床层之前必须进行预处理，以除去废气中的粉尘、液滴及催化剂的毒物。②预热装置。预热装置包括废气预热装置和催化剂燃烧器预热装置。因为催化剂都有一个催化活性温度，对催化燃烧来说称催化剂起燃温度，必须使废气和床层的温度达到起燃温度才能进行催化燃烧，因此，必须设置预热装置。但对于排出的废气本身温度就较高的场合，如漆包线、绝缘材料、烤漆等烘干排气，温度可达 300℃ 以上，则不必设置预热装置。预热器的热源可采用烟道气或电加热，目前采用电加热较多。当催化反应开始后，可尽量以回收的反应热来预热废气。在反应热较大的场合，还应设置废热回收装置，以节约能源。预热废气的热源温度一般都超过催化剂的活性温度。为保护催化剂，加热装置应与催化燃烧装置保持一定距离，这样还能使废气温度分布均匀。从需要预热这一点出发，催化燃烧法最适用于连续排气的净化，若间歇排气，不仅每次预热需要耗能，反应热也无法回收利用，会造成很大的能源浪费，在设计和选择时应注意这一点。

常见的催化燃烧设备有蓄热式催化燃烧设备，其允许的有机废气浓度范围为 100～10000 mg/m^3，其独特设计的高效先进换热系统保证了燃烧热量的有效回收，所以在大流量低浓度有机废气净化领域也具有突出的优点。另外还有催化燃烧器、等离子体催化燃烧器等。图 2-42 表示出一个催化燃烧净化器的典型结构，在基础材料上通过特定的工艺附着上一个中间层，用以制成一个可供气体分子自由通过的催化剂表层。用作催化剂的活性物质是贵金属，如铂、铑、钯，它们附着在中间层之上，即便是燃烧的温度很低，这些物质也能对氧化有害物质保持极高的活性。这些活性很大的活性贵金属能够同时转换废气中的多种有害物质。

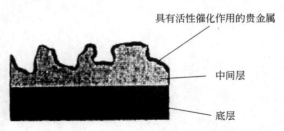

图 2-42　催化燃烧净化器的原理结构图

2.7.3　热能回收与安全

燃烧过程的热量能否回收利用，是燃烧法与否经济合理的关键因素。热能回收利用常见方法如下：①从燃烧炉出来的热净化气与废气进行热交换，提高待处理废气的初始温度，这样可以节约辅助材料；②部分循环热净化气使燃烧净化后的气体部分循环，作为温度较低的加热介质，可回收部分热量；③将热净化气用于蒸馏塔的再沸器、废热锅炉产生蒸汽等其他需要热的地方。

　　燃烧法处理含可燃物废气时，应注意保证安全：①燃烧炉采用负压操作；②将废气中可燃物含量控制在爆炸下限的 25%以下（直接燃烧法除外）；③设置阻火器，以防回火；④严格执行安全操作规程；⑤配备监测报警系统。

第3章

▲▲▲

含硫化合物净化技术

3.1 二氧化硫净化方法

烟气脱硫（Flue Gas Desulfurization，FGD）是世界上具有大规模商业化应用的脱硫方法，是控制酸雨和二氧化硫污染的最为有效的和主要的技术手段。

目前，世界上各国对烟气脱硫都非常重视，已开发了数十种行之有效的脱硫技术，但是，其基本原理都是以一种碱性物质作为 SO_2 的吸收剂，即脱硫剂。按脱硫剂的种类划分，烟气脱硫技术可分为如下几种方法：以 $CaCO_3$（CaO）为基础的钙法；以 Na_2SO_3 为基础的钙法；以 MgO 为基础的镁法；以有机碱为基础的有机碱法；以 NH_3 为基础的氨法。

世界上普遍使用的商业化技术是钙法，所占比例在 90％以上。

烟气脱硫装置相对占有率最大的国家是日本。日本的燃煤和燃油锅炉基本上都装有烟气脱硫装置。众所周知，日本的煤资源和石油资源都很缺乏，也没有石膏资源，而其石灰石资源却极为丰富。因此，钙法生产的石膏产品在日本得到广泛的应用。其他发达国家的火电厂锅炉烟气脱硫装置多数是由日本技术商提供的。

在美国，镁法和钠法得到了较深入的研究，但实践证明，它们都不如钙法。

在我国，氨法具有很好的发展土壤。我国是一个粮食大国，也是化肥大国。氮肥以合成氨计，我国的需求量目前达到 33Mt/a，其中近 45％是由小型氮肥厂生产的，而且这些小氮肥厂的分布很广，每个县基本上都有氮肥厂。因此，每个电厂周围 100km 内，都能找到可以提供合成氨的氮肥厂，SO_2 吸收剂的供应很丰富。更有意义的是，氨法的产品本身就是化肥，有很好的应用价值。

在电力界，尤其是脱硫界，还有两种分类方法：一种方法将脱硫技术根据脱硫过程是否有水参与及脱硫产物的干湿状态分为湿法、干法和半干（半湿）法。另一种分类方法是以脱硫产物的用途为根据，分为抛弃法和回收法。在我国，抛弃法多指钙法，回收法多指氨法。

下面我们将依据脱硫的分类，先介绍湿式和干式、半干式脱硫方法。

3.1.1 湿法脱硫

湿式钙法（简称湿法）烟气脱硫技术是三种脱硫方法中实际应用最多、技术最成熟、运行状况最稳定的脱硫工艺。湿法烟气脱硫技术的特点是：

① 脱硫过程在溶液中进行，吸附剂和脱硫生成物均为湿态。

② 整个脱硫系统位于烟道的末端，在除尘系统之后。

③ 脱硫过程的反应温度低于露点，脱硫后的烟气一般需经再加热才能从烟囱排出。

湿法烟气脱硫过程是气液反应，速率快、效率高、钙利用率高，适合大型燃煤电站锅炉的烟气脱硫。石灰石/石灰洗涤法是目前使用最广泛的湿法烟气脱硫技术，占整个湿法烟气脱硫技术的 36.7%。它是在洗涤塔内采用石灰或石灰石的浆液对烟气中的 SO_2 吸收并副产石膏的方法，原理是用石灰或石灰石浆液吸收和氧化 SO_2。第一阶段吸收生成亚硫酸钙，第二阶段将亚硫酸钙氧化成硫酸钙。湿法脱硫过程中，石膏可被 C（无烟煤或焦炭）还原为 SO_2 和 CaO。SO_2（以 5% 左右浓度的空气混合物形式存在）可进一步被转化为硫酸，CaO 则循环到脱硫吸收装置作为脱硫剂循环使用。理论上，这个过程回收了烟气中的 SO_2 生产工业浓硫酸 [98%（质量）]。

3.1.1.1 湿法脱硫塔型

在烟气脱硫系统中，吸收塔是核心装置，国内外发展起来的主流脱硫反应塔有喷淋塔、格栅塔、鼓泡塔和液柱塔。如下介绍目前常见的几种脱硫塔的结构和工艺。

(1) 喷淋塔 喷淋塔（图 3-1）是湿法脱硫工艺的主流塔型，多采用逆流方式布置，烟气从喷淋区下部进入吸收塔，并向上运动。石灰石浆液通过循环泵送至塔中不同高度布置的喷淋层，从喷嘴喷出的浆液雾形成分散的小液滴向下运动，与烟气逆流接触，在此期间，气流充分接触并对烟气中 SO_2 进行洗涤。塔内一般设 3~6 个喷淋层，每个喷淋层装有多个雾化喷嘴，交叉布置，覆盖率可达到 200%~300%。喷嘴用耐磨材料（如 SiC）制成，工艺上要求喷嘴在满足雾化细度的条件下尽量降低压损，同时喷出的雾滴能覆盖整个脱硫塔截面，

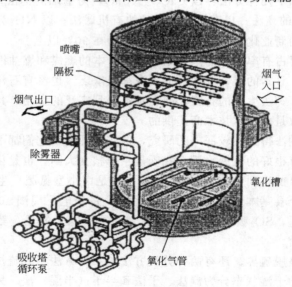

图 3-1 喷淋塔

以达到吸收的稳定性和均匀性。在塔底一般布置氧化池,用专门的氧化风机向里面鼓空气,而除雾器则布置在吸收塔顶部烟气出口之前的位置。

在烟气脱硫技术的发展过程中,喷淋塔是最早采用的脱硫反应装置。它的优点是内部构件少,塔内不易结垢和堵塞,压力损失也较小。为了保证良好的雾化效果,要将浆液喷射成均匀微小的液滴,循环泵必须能够提供足够的压力,浆液中的脱硫剂颗粒也不能太大,否则喷头容易堵塞,因此该装置对脱硫剂的磨制过程和循环泵的性能要求较高。

目前,世界上运行的脱硫装置中有相当大的一部分为喷淋脱硫塔,该工艺技术成熟,应用广泛。在我国石灰石/石灰-石膏湿法脱硫中绝大部分采用喷淋塔,尤其是新建的 600MW及以上机组。

(2)格栅脱硫塔 脱硫工业中的填料塔一般采用格栅作为填料,见图 3-2,而脱硫塔的最初的填料塔形式为 TBC(turbulent bed contactor),使用聚乙烯球或腈泡沫球作为填料,由于磨损腐蚀以及耐热性的原因,填料常常被破坏并堵塞浆体输运管道,系统无法长期稳定运行。近年来,湿法脱硫填料塔采用特殊的格栅作为填料,因此这种塔也称为格栅塔,它类似于将规则的填料整齐地排放。

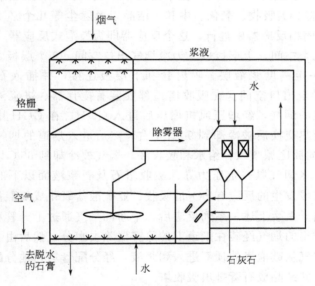

图 3-2 格栅塔

图 3-2 为典型的顺流式格栅吸收塔,塔顶喷淋装置将脱硫浆液均匀地喷洒在格栅顶部,然后自塔顶淋在格栅表面上并逐渐下流,这样能够形成比较稳定的液膜。气体通过各填料之间的空隙下降与液体作连续的顺流接触。气体中的二氧化硫不断地被溶解吸收,处理过的烟气从塔底氧化池上经过,然后进入除雾器。

格栅塔要求脱硫浆液能够比较均匀地分布于填料之上,而且,在格栅表面上地降膜过程要求连续均匀;格栅必须具有较大的表面积,较高的空隙率,较强的耐腐性,较好的耐久性和强度以及良好的可湿润性;价格不能太昂贵。和喷淋塔一样,格栅塔也要求脱硫剂具有一定的颗粒度(250 目左右)。在目前的应用中,填料塔中的结垢问题还未彻底解决,该系统需要较高的自控能力,保证整个系统在合适的状态下运行,以尽量降低结垢的风险。日本三菱公司在珞璜电厂一期的石灰石-石膏湿法脱硫工艺中采用填料塔,同时配套了复杂的自控系统来防止结垢的危害。

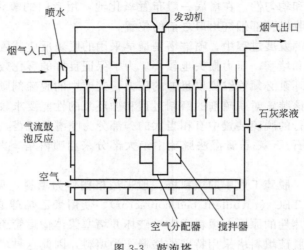

图 3-3　鼓泡塔

（3）鼓泡脱硫塔　鼓泡塔（图 3-3）技术由日本千代田公司开发研制，又称千代田工艺（CT -121）。该技术将 SO_2 吸收、氧化、中和、结晶以及除尘等几个必不可少的工艺过程合到一个单独的气-液-固相反应器中进行，这个反应器即为鼓泡式反应器（JBR）。吸收塔由上层板和下层板隔成几个空间，上层板以上为净烟气出口空间，2 个层板之间为原烟气入口空间，下层板以下有一定高度浆液层。喷射管和下层板连接，并插入石灰石浆液中 150～200mm，将原烟气导至出口空间。在吸收塔顶部安装有搅拌器、进浆液管、氧化空气母管等。来自锅炉引风机的烟气，经增压风机增压后进入 GGH。在 GGH 中，原烟气与来自吸收塔的洁净烟气进行热交换后被冷却到 90℃ 左右，然后进入烟道的烟气冷却区域（在烟道上安装喷淋装置），向此区域喷入补给水和吸收液，烟气被冷却到 65℃ 以下，并达到饱和状态后再进入喷射管，将烟气以一定压力导入吸收塔石灰石浆液面以下的区域，形成鼓泡区（泡沫区）。在鼓泡区域发生的反应有 SO_2 的吸收、亚硫酸盐氧化成硫酸盐、硫酸盐中和成石膏、石膏结晶并析出。发生上述一系列反应后，干净的烟气通过上升管和入口舱上方的出口舱排出。从吸收塔排出的烟气经装在烟道上的除雾器除去水分，然后由 GGH 加热到 80℃ 以上排出烟囱。氧化空气从鼓泡塔的顶部进入到浆液，经分配管均匀地分配到浆液中，将亚硫酸钙氧化为硫酸钙，并结晶成石膏排出吸收塔。

（4）液柱脱硫塔　日本三菱公司开发的液柱式吸收塔如图 3-4 所示，液柱喷射烟气脱硫技术近几年发展较快。烟气从脱硫塔的下部进入，在反应塔内上升的过程中与脱硫剂循环液相接触，烟气中的 SO_2 与脱硫剂发生反应而被除去。脱硫后的烟气经过高效除雾器除去其中的液滴和细小浆滴，然后进入 GGH 或烟囱。脱硫剂循环液由布置在烟气入口下面的喷嘴向上喷射，液柱在达到最高点后散开并下落。在浆液喷上落下的过程中，形成高效率的气液接触，从而促进烟气中 SO_2 的去除。另一方面，烟气在反应塔内上升的过程中，与由上而下的脱硫剂循环浆液充分接触，可以洗去部分细颗粒灰尘；烟气在经过除雾器时不仅能除去雾滴，同时能除去部分细灰，可以进一步提高系统除尘效率。

在脱硫反应区域，液柱向上喷射，同时散开回落，整个反应区域内布满了脱硫循环浆液，脱硫剂浆液呈滴状或膜状，浆液之间不断碰撞，产生新的表面。烟气经过此区域时与循环浆液充分接触，将烟气中的 SO_2 除去。同时，由于液柱是根据烟气在脱硫反应塔内的流场而布置的，使得烟气能够最充分地和脱硫剂浆液发生反应，从而保证高脱硫效率。

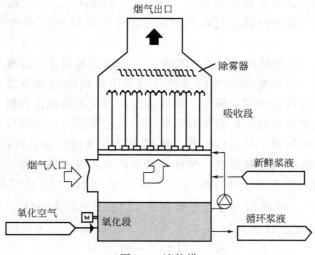

图 3-4　液柱塔

由于脱硫反应区域内是空塔，避免了塔内结垢或堵塞。同时，由于喷嘴的特殊设计，采用液柱喷射的方法，使得其喷嘴处比喷雾塔和喷淋塔产生堵塞和结垢的可能性要小得多。

液柱塔的特点是结构简单，维修容易，过调节液柱的高度（如操作时可因情况减少吸收塔循环泵的运行台数）实现节能运行，目前已在洛璜电厂投入使用。

3.1.1.2　湿法烟气脱硫的气液传质特性和理论模型

在湿法脱硫技术领域，吸收塔内传质吸收和化学反应的研究对于提高烟气脱硫技术和减少环境污染具有重要意义。其中石灰/石灰石-石膏法最常用，这一三相反应过程包括了 SO_2 和石灰石在液体中的溶解传质及它们的溶解物在液相中的反应，其反应过程是一个非常复杂的传质过程，因此，解明其机理对于脱硫系统的设计、安装、运行及其脱硫效率的提高均具有十分重要的意义。

石灰石湿法烟气脱硫技术中，由于吸收剂在水中的溶解度很小，它们在水中形成的溶液的脱硫容量不能满足工程应用中的脱硫要求。SO_2 的吸收是一个复杂的气-液-固反应。在该过程中，气体和固体是通过溶解于液体中形成离子以后才参与反应的，因此石灰或石灰石湿法烟气脱硫技术中 SO_2 的吸收实质上为液体中的离子反应，液体中固体颗粒的存在只是加速了反应的进行，而不改变离子反应的本质。

石灰石/石灰浆液脱硫工艺涉及的物理化学过程相当复杂，Karlsson 及 Rosenberg（1980）已经用实验及理论分析证实浆液的众多成分对吸收反应起到了非常重要的作用。

对于 SO_2 在碱性溶液中的溶解速率问题有关学者已进行了数十年的研究，Danckwerts（1970）研究表明 SO_2 在碱性溶液中的溶解由两个瞬时反应组成，而 Hikita（1975）提出了一个基于双反应模型的渗透理论模型，此模型与 Hikita（1977）测量的 SO_2 溶于 $NaSO_3$ 碱性溶液的有关数据符合较好；Rochelle 和 King（1977）对 SO_2 在石灰石浆液中的反应机理做了研究并且对传质过程中有关添加成分的作用做了工作；Bjerle 等（1972）测量了石灰石的溶解对 SO_2 吸收的影响作用，当时他们得出的结论是认为石灰石的溶解对 SO_2 的吸收速率没有影响。然而若干年后 Uchida 等（1975）研究了 SO_2 在 $CaCO_3$ 浆液中的吸收问题，他们发现在 SO_2 的吸收过程中，$CaCO_3$ 的溶解过程起到了非常重要的作用。此后 Uchida 及 Ariga 又发现石灰石颗粒的外形尺寸也是一个重要的影响因素，他们认为进一步加深对微小石灰石颗粒溶解机理的认识是非常重要的。近年来，Mehra（1996）指出根据渗透理论，在渗透微元位于气液反应界面时减小石灰石颗粒的尺寸同样对 SO_2 吸收速率起到很大的影响作用。

但这些模型多从气体吸收角度出发，极少考察固体溶解对于反应速率的影响。编者建立的一维模型考虑了石灰石颗粒的溶解传质并与溶解于液相中的 SO_2 发生瞬间反应的过程，可预测传质特性和脱硫效率的变化规律，为湿法脱硫技术提供理论依据。

(1) 化学吸收的基本原理 在石灰石吸收 SO_2 的过程中，化学反应法脱硫过程包括了气相中 SO_2 向液相中（相界面）的传质扩散、气-液相的化学反应及石灰石的溶解扩散。

烟气中的 SO_2 与吸收剂浆液接触，借助于气液两相浓度梯度，通过扩散过程，SO_2 从气相主体通过气膜传到气液界面，并在界面上达到平衡，然后 SO_2 从气液界面向液相主体传递，SO_2 传质到液相，形成液相 SO_2，并电离成 H^+、HSO_3^- 与 SO_3^{2-}，其中部分 HSO_3^- 和 SO_3^{2-} 被烟气中氧气氧化形成 SO_4^{2-}。

$$SO_2 + H_2O = H_2SO_3 \qquad (3-1)$$

$$H_2SO = H^+ + HSO_3^- \qquad (3-2)$$

$$HSO_3^- = H^+ + SO_3^{2-} \qquad (3-3)$$

$$H_2SO_3 + 1/2H_2O = H_2SO_4 \qquad (3-4)$$

石灰石被液膜所包围，石灰石颗粒溶解后扩散到包围在颗粒表面的液膜中，然后通过液膜向液相主体中传递，它在液相中的分解速率由表面反应机理控制，它在液相中的连续反应为：

$$CaCO_3 \rightleftharpoons Ca^{2+} + CO_3^{2-} \qquad (3-5)$$

$$CO_3^{2-} + H^+ \rightleftharpoons HCO_3^- \qquad (3-6)$$

$$HCO_3^- + H^+ \rightleftharpoons CO_2(aq) + H_2O \qquad (3-7)$$

$$CO_2(aq) \rightleftharpoons CO_2(g) \qquad (3-8)$$

在液膜或者液相主体中溶解的 Ca^{2+}、SO_3^{2-}、部分氧化的 SO_4^{2-} 之间发生复杂的化学反应，反应的液相产物留在液相，固相产物沉淀分离出液相，而气相产物则向相界面扩散，最终通过气膜向气相主体扩散。

$$Ca^{2+} + SO_3^{2-} + \frac{1}{2}H_2O = CaSO_3 \cdot \frac{1}{2}H_2O \qquad (3-9)$$

$$CaCO_3 + H_2SO_4 + H_2O = CaSO_4 \cdot 2H_2O + CO_2 \qquad (3-10)$$

这是一个涉及传质、反应及结晶过程的极其复杂的气液固多相体系，对于这样的气固液多相反应体系，传质过程往往是过程的控制步骤，因此可以认为液相中的反应相对较快并假定为瞬间反应。

在气液传质单元操作过程中，对气液传质设备的共同要求是首先给气液两相提供良好的接触机会，包括增大相界面积和增强湍动程度，并要求两相在接触后能有效地分离。另外，还要求设备结构简单、紧凑、操作便利、稳定、运转可靠、运行周期长、能耗小等。总之，是希望能以尽可能小的代价保证传质任务的完成。

为了完成以上要求，人们研究并开发了各式各样的塔设备，意图寻找一种合理的气液接触方式，在满足脱硫要求的前提下，尽量减低系统阻力和系统功耗，随着技术的发展和环保要求的提高，出现了各种脱硫塔，包括喷淋塔、格栅塔、鼓泡塔和液柱塔，但总的趋势是向着高气液混合度、低阻低耗高效的方向发展。

（2）气液间传质理论　脱硫过程中二氧化硫的吸收是溶质二氧化硫从气相转移到液相的过程，其中包括溶质由气相主体向气液界面的传递，及由界面向液相主体的传递。物质在一相里的传递是靠扩散作用完成的，发生在流体中的扩散有分子扩散和涡流扩散，其中烟气脱硫过程中的扩散问题均属于涡流扩散。物质在液相中的扩散速度远远小于在气相中的扩散速度，液相中一组分通过另一停滞组分的扩散较为多见。

吸收质 A 通过停滞的溶剂 S 而扩散：

$$N_A = \frac{D_c}{z c_{Sm}}(c_{A1} - c_{A2}) \tag{3-11}$$

式中，N_A 为 SO_2 传质速率，$mol/(m^3 \cdot s)$；D_c 为溶质 A 在溶剂 S 中的扩散系数，m^2/s；z 为 1—2 截面间的距离，m；c_{Sm} 为溶液的总浓度，$kmol/m^3$；c_{A1}，c_{A2} 为 1、2 两截面上的溶质浓度，$kmol/m^3$。

液相中的扩散系数可用经验公式来估算：

$$D = \frac{7.7 \times 10^{-15} T}{\mu (v_A^{\frac{1}{3}} - v_0^{\frac{1}{3}})} \tag{3-12}$$

式中，D 为扩散系数，m^2/s；T 为绝对温度，K；μ 为气体的黏性系数；v_A 为扩散物质的分子体积，cm^3/mol；v_0 为常数，对于扩散物质在水的稀溶液中，取值为 $8cm^3/mol$。

该经验公式形式简单，但准确性较差。

① 双膜理论（停滞膜模型）。描述气-液相间的物质传递有各种不同的传质模型，其中以双膜理论最为简便。1923 年 Whitman 在 Nernst 的基础上提出了双膜理论，他认为在气液相界面两侧各有一层流体薄膜存在，此处对流消失，气侧为气膜，液侧为液膜，穿过薄膜的物质传递主要是靠分子扩散来进行，而在两相主体中的传递则全靠对流来进行。在没有任何化学反应时，溶质在膜中的浓度分布是线性的。因而，传质扩散方程即吸收速率方程可简化为：

$$N = \frac{D_A}{\delta}(c_i - c) = k_L(c_i - c) \qquad 其中：K_L = \frac{D_A}{\delta} \tag{3-13}$$

式中，N 为传质速率，$mol/(m^3 \cdot s)$；D_A 为 SO_2 在气体中的扩散系数，m^2/s；δ 为膜厚度，μm；c_i 为界面组分浓度，mol/m^3；c 为液相主体组分浓度，mol/m^3。

在湍流状态（良好的混合，对流）下，物质交换系数较大，亦即液滴和烟气间的高流速有利于两相间的传质。当浓度差较大时，传质也快。当近表面气相内的 SO_2 浓度接近零时，等于常数的条件下，传质达到最大值。此时，二氧化硫必然会进入近表面的液体并迅速发生反应。所有降低 SO_2 浓度的措施均有利于液相内的物质输送，此处化学影响起决定作用。

被吸收的二氧化硫首先形成亚硫酸。当该酸迅速被碱性物质（氢氧化钙或碳酸钙）中和后，SO_2 浓度保持在某个低水平。在此，通过在浆池内添加碱脱硫剂来调整 pH 值以及对尚未溶解的碱化剂进行二次反应是非常重要的。石灰石的二次溶解可以提高 pH 值，中和已经形成的酸。

从工艺技术上考虑，低的 SO_2 浓度是非常重要的，因为在液滴的 SO_2 浓度和气相 SO_2 浓度之间有一种平衡状态。当亚硫酸盐处于溶液内时，在此关系上形成的 SO_2 分压为通过洗涤塔所能达到的极限浓度。

从上面的化学反应机理和传质理论我们可以看出，SO_2 的去除率主要取决于 SO_2 在水中溶解的量和石灰石在水中溶解的量，水量越大时，SO_2 溶解于水的量就越大；pH 值越小时，石灰石溶解的量就越大，也就越有利于 SO_2 的吸收。

由于双膜理论比较简单，在一定程度上能用于指导生产，因此得到了广泛的应用。但是这一理论有较大的局限性，例如许多情况下气液接触的界面是不固定的，产生的旋涡使表面不断更新，这与稳定的边界薄膜假定不符；其次，膜厚不能实际测定这使得用双膜理论分析不能正确预测传质系数以及关联传质系数与扩散系数及膜厚的关系。因此，不同研究者在双膜理论的基础上对传质过程进行了深入研究，提出了不同的传质理论模型。

双膜理论认为，当液体湍流流过固体溶质表面时，固-液间传质阻力全部集中在液体内紧靠两相界面的一层停滞膜内，此膜厚度大于滞流内层厚度，而它提供的分子扩散传质阻力恰好等于上述过程中实际存在的对流传质阻力。

双膜理论把两流体间的对流传质过程描述成以下模式，它包含以下几点基本假设：

a. 相互接触的气液两相流体间存在着稳定的相界面，界面两侧各有一个很薄的停滞膜，吸收质以分子扩散方式通过此二膜层由气相主体进入液相主体。

b. 在相界面处，气液两相达到平衡。

c. 在两个停滞膜以外的气液两相主体中，由于流体充分湍动，物质浓度均匀。

双膜理论用于描述具有固定相界面的系统及速度不高的两流体间的传质过程，与实际情况是大体相符的，这一理论确定的传质速率关系，至今仍是传质设备设计计算的主要依据，这一理论对于生产实践发挥了重要的指导作用。但是，对于不具有固定相界面的多数传质设备，停滞膜的设想不能反映传质过程的实际机制。在此情况下，它的几项假设都很难成立，根据这一理论作出的判断自然与实验结果不甚相符。

② 溶质渗透理论。在许多实际传质设备里，气液是在高度湍流情况下互相接触的，如果认为非定态的两相界面上会存在着稳定的停滞膜层，显然是不切实际的。

Higbie 提出的渗透理论假定液体微元连续从液相主体到达界面，并停留某一时间 t 后，被带回液相主体并快速混合。微元停留在界面的这段时间内发生了不稳定的分子扩散传质，最后在界面上达到平衡。对于物理吸收过程的非稳态扩散过程，可用下式表示：

$$D_A \frac{d^2 C_A}{dx^2} = \frac{dC_A}{dt} \tag{3-14}$$

边界条件如下：$t=0, 0<x<\infty, C_A=C_{A,L}$

$$t>0, x=0, C_A=C_{A,i}$$
$$t=0, x=\infty, C_A=C_{A,L}$$

解传质扩散方程得浓度分布：

$$C_A = C_{A,L} + (C_{A,i} - C_{A,L}) \left[1 - \mathrm{erf}\left(\frac{x}{2\sqrt{D_A t}} \right) \right] \tag{3-15}$$

进入表面微元的瞬时传质速率 $N(t)$ 可表示为：

$$N(t) = -D_A \left(\frac{dC_A}{dx} \right)_{x=0} \tag{3-16}$$

将式(3-15) 代入式(3-16) 可求得瞬时传质速率

$$N(t) = \sqrt{\frac{D_A}{\pi t}} (C_{A,i} - C_{A,L}) \tag{3-17}$$

假设 t^* 为液体微元在界面上具有相同的停留时间，则可计算出时间由 $0 \sim t^*$ 内的平均传质速率：

$$N = \frac{1}{t^*} = \int_0^{t^*} N(t)\, dt = 2\sqrt{\frac{D_A}{\pi t^*}} (C_{A,i} - C_{A,L}) \tag{3-18}$$

与吸收速率方程比较，可得传质系数：

$$k_L^0 = 2\sqrt{\frac{D_A}{\pi t^*}} \tag{3-19}$$

式(3-14) ～式(3-19) 中，N 为组分传质速率，mol/ (m³ · s)；D_A 为 SO_2 在气体中的扩散系数，m²/s；C_A 为 SO_2 的浓度，kmol/m³；$C_{A,i}$ 为组分 A 的界面浓度，kmol/m³；$C_{A,L}$ 为组分 A 的液相主体浓度，kmol/m³；k_L^0 为传质系数，m/s。

故渗透膜型正确地预测了传质系数与扩散系数的平方根成正比关系，表明渗透膜型比双膜模型更加符合实际。

这种理论假定液面是由无数微小的流体单元所构成，暴露于表面的每个单元都在与气相接触某一短暂时间后，即被来自液相主体的新单元取代，而其自身则返回液相主体内。在烟气脱硫系统中，该设计塔内喷淋而下的浆滴与进入塔内的烟气之间的接触为强湍流状态，气体与液滴之间的接触时间很短，还来不及形成稳定的浓度梯度，即溶质总是处于由相界面向液内纵深方向逐渐渗透的非定态过程中。

在每个流体单元达到液体表面的最初瞬间 ($\theta = 0$)，在液面以内及液面处 ($z \geqslant 0$)，溶质浓度尚未发生任何变化，仍为原来的主体浓度；接触开始后 ($\theta > 0$)，相界面处 ($z = 0$) 立即达到与气相平衡的状态 ($c = c_i$)；随着暴露时间的延长，在相界面与液相内浓度差的推动下，溶质以一维非定态扩散方式渗入液内，在相界面附近的极薄液层内形成随时间变化的浓度分布，但在液内深处 ($z = \infty$)，则仍保持原来的主体浓度 ($c = c_0$)。

气相中的溶质透过界面渗入液内的速度与界面处溶质浓度梯度 ($\partial c/\partial z \mid _{z=0}$) 成正比。随着接触时间的延长，界面处的浓度梯度逐渐减小，这表明传质速率也将随之变小。所以，每次接触时间愈短，则按时间平均计算的传质速率愈大。根据特定情况下的推导结果，按每次接触时间平均值计算的传质通量与液相传质推动力 ($c_i - c_0$) 间应符合如下关系：

$$N_A = \sqrt{\frac{4D}{\pi\theta_S}}(c_i - c_0) \tag{3-20}$$

式中，N_A 为 SO_2 传质速率，mol/ (m³ · s)；D 为扩散系数，m²/s；θ_S 为流体单元在液相表面的暴露时间，s。

溶质渗透理论建立的是溶质以非定态扩散方式向无限厚度的液层内逐渐渗透的传质模型。与把传质过程视为通过停滞膜层的稳定分子扩散的双膜理论相比，溶质渗透理论为描述湍流下的传质机理提供了更为合理的解释。溶质渗透理论指出，传质系数与扩散系数的 0.5 次方成正比，能更好地接近实验结果。

由溶质渗透理论，液相传质系数与扩散系数的 0.5 次方成正比，即：

$$k_L = 2[D_L/(\pi\theta_L)]^{0.5} \tag{3-21}$$

式中，k_L 为 SO_2 在液相中的传质系数，m/s；D_L 为扩散系数，m²/s；θ_L 为暴露时间，s。

③ 膜-渗透理论。Torr 和 Marchello 认为传质的全部阻力集中在界面上的层流膜内，这是与双膜理论一致的，但是认为传质过程不是稳态过程，假定新鲜表面是定期地由受到涡流作用从主体带到界面的流体所形成。传质过程和渗透理论所述一样，差别之处是阻力局限在一定的膜内，物料穿过膜马上就和流体主体完全混合。当暴露时间短且没有扩散物料到达膜层一侧主流（体）时，该过程和渗透理论相同。随着暴露时间延长，一稳定的浓度梯度建立起来，其情况又与双膜理论一致。此模型的传质方程与渗透理论方程基本一样，但第三个边界条件适用于 $x = \delta$ 处，而不是 $x = \infty$ 处。解此传质方程，可得：

$$N_A = (C_{A,i} - C_{A,L})\sqrt{\frac{D}{\pi t}}\left[1 + 2e^{-\delta^2/(Dt)}\right], \pi \leqslant \frac{\delta^2}{Dt} < \infty \qquad (3-22)$$

$$N_A = (C_{A,i} - C_{A,L})\frac{D}{\delta}(1 + 2e^{-\pi^2 Dt/\delta^2}), 0 < \frac{\delta^2}{Dt} \leqslant \pi \qquad (3-23)$$

式(3-22)和式(3-23)中，N_A 为 SO_2 传质速率，$mol/(m^3 \cdot s)$；$C_{A,i}$，$C_{A,L}$ 为 SO_2 的界面、液相主体浓度，$kmol/m^3$；D 为扩散系数，m^2/s；t 为反应时间，s；δ 为膜厚度，μm。

在工程误差内，上两式可分别简化为渗透理论和双膜理论下的传质速率方程，从而说明前面所描述的双膜理论和渗透理论都是该理论的极端情况。

④ 表面更新理论。Danckwerts 在渗透理论的基础上提出相界面上每个微元暴露时间是不相同的，他否定表面上的液体微元有相同的暴露时间，而认为液体表面由具有不同暴露时间的液体微元所构成，液体微元的年龄 t 可以从零到无穷大。定义表面更新率为 s，并保持恒定，由此式可以推出表面年龄分布函数为

$$\tau = se^{-st} \qquad (3-24)$$

据此理论，平均传质通量与液相传质推动力间的关系应为：

$$N_A = \sqrt{D's}(c_i - c_0) \qquad (3-25)$$

式(3-24)和式(3-25)中，τ 为张弛时间，s；N_A 为 SO_2 传质速率，$mol/(m^3 \cdot s)$；D' 为扩散系数，m^2/s。

脱硫工艺的核心部分为吸收塔（即反应器），吸收塔的布局根据具体功能分为除雾区、吸收区和脱硫产物氧化区。烟气中的有害气体在吸收区与吸收液接触被吸收；除雾区将烟气与洗涤液滴及灰分分离；吸收 SO_2 后生成的亚硫酸钙产物在氧化区进一步被鼓入塔内的空气氧化为硫酸钙。不同的反应塔采用不同的吸收区设计，通常包括浆液从上部喷淋、塔内布置格栅、塔内布置筛板、射流鼓泡和底部液柱喷射等方法。

脱硫反应实质上是一个气液反应吸收过程，在此过程中，针对不同的反应器。吸收阻力为气端扩散阻力、液端反应扩散阻力和液相内的溶解扩散阻力之和，现有的反应器根据不同的气液接触形式可以分别用不同的理论来模拟并取得较好的模拟效果，而强化传质吸收反应的进行，从模型模拟的结果来看，实质上就是寻求减小两相内的传质吸收阻力的方法。

薄膜理论较适合与稳定气液接触界面的建模，如填料脱硫塔及喷淋脱硫塔中，内循环不显著时的液滴吸收模型；渗透理论较适合于接触时间短而反应非稳态的建模，如鼓泡脱硫塔；表面更新理论适合于液体内循环强烈，气液接触流场湍动强的反应的建模，如液柱喷射塔。

脱硫反应器选型即为寻找一种合理的气液接触方式，在满足脱硫要求的前提下，尽量减低系统阻力和系统功耗。随着技术发展及环保要求的提高，出现各种脱硫塔，包括喷淋塔、格栅塔、鼓泡塔、旋流板塔和液柱塔，但总的趋势是向着高气液混合度，低阻低耗高效的方向发展。

3.1.1.3 石灰石-石膏法脱硫气液传质过程模型

石灰石-石膏法脱硫过程中气液两相存在着相对运动，在黏性流体的夹带作用和布朗力的作用下，石灰石颗粒反应物在液相主体和气液近界面之间往返运动。根据双膜理论，SO_2 的传质反应过程可定性如图 3-5 所示。考虑石灰石固体颗粒反应物在其周围的液膜内发生溶解传质并与溶解于液相中的 SO_2 气体反应物发生瞬间反应过程。气液传质可通过下述机理描述。

① 由于固体颗粒和气液界面之间的相对运动，颗粒随液体运动至气液界面处，在与气相近距离接触期间，固体颗粒物选择性吸收了气相中待传质组分，然后离开液膜进入液相主体中，固体颗粒的运动和它在近界面内的停留时间取决于固体颗粒和流体的性质及体系的流体力学条件等。

② 返回液相主体的颗粒，由于其周围液相中待传质的组分物质的浓度较低，颗粒上的一部分吸收的组分物质脱附进入液相主体中并达到平衡状态，即完成了固体颗粒的"再生"。

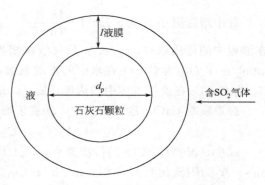

图 3-5　SO_2 传质反应过程示意图

③ 气-液-固相对运动中，固体颗粒群不断地运动至气液界面附近吸附待传质组分并将其输送至液相主体，从而增强了气液传质。

④ 存在于液膜内气液界面附近的吸附剂颗粒，其浓度可能与液相主体不同，分布也较为复杂。气液界面上任意一点的传质均受到了其附近颗粒的影响，在它们的共同作用下，待传质组分在液膜内的浓度场发生了变化，气液传质得到了增强。气液界面不存在不受颗粒影响的"纯粹"的常规气液传质区。

当石灰石浓度高或溶解速率大于气体吸收速率时，反应面靠近气液界面液膜，随着反应的进行和转化率的提高，石灰石粒径逐渐减小，固液比相界面积也随之变小，导致石灰石溶解速率小于气体吸收速率，反应移向固液界面处液膜内进行。

(1) 假设与简化　石灰石粒子表面化学反应层的特性是非平衡反应，且 SO_2 被石灰石吸收后生成 $CaSO_3$，由于 $CaSO_3$ 相对难溶，溶液中将形成细晶体沉积。少量的沉积物会覆盖在石灰石颗粒的表面，颗粒的粒径会出现增大的情况，完全实际模拟烟气脱硫的传质过程是很困难的，为了建立该烟气脱硫传质化学反应模型，综合前面的分析和实际试验结果，作出以下假设：

① 当前的模型侧重于气液传质及化学反应过程，暂不考虑塔内气液两相流动的研究。

② 石灰石颗粒表面是无孔的。

③ 颗粒是圆的。

④ 溶解遵守缩芯原理。

⑤ 不考虑其他杂质颗粒的溶解对于吸收的影响。

⑥ 根据双膜理论，传质阻力集中在液膜内，所以反应物在液相主体中无浓度梯度，为简化模型只考虑液相传质阻力，忽略不计气相传质阻力。

⑦ 该反应为瞬间反应，反应只在液相区进行，反应物在液相内不能共存，反应仅发生在液膜的一个面上。

⑧ 忽略沉积在石灰石颗粒表面的反应产物对传质造成的影响。

(2) 模型构建　SO_2 在液相中的反应时间比吸收的时间快很多，根据双膜理论，我们可以假设浆滴作为一个球体内部分布着很多细小的颗粒，在此基础上建立一个简单的 SO_2 的吸收模型。

SO_2 吸收传质进入液相并考虑瞬间反应的增强作用：

$$N_A = k_{LA} a C_{AI} E \qquad (3\text{-}26)$$

其中增强因子 E 为：$E=1+\dfrac{D_{LB}C_{BL}}{D_{LA}C_{AI}}$，$N_A$ 为 SO_2 传质速率，$mol/(m^3 \cdot s)$；k_{LA} 为 SO_2 在液相中的传质系数，m/s；a 为气液比相界面积，m^2/m^3；C_{AI} 为 SO_2 在水中的平衡浓度，$kmol/m^3$；D_{LB} 为 $CaCO_3$ 在水中的扩散系数，m^2/s；D_{LA} 为 SO_2 在水中的扩散系数，m^2/s；C_{BL} 为 $CaCO_3$ 在液相主体中的浓度，$kmol/m^3$。

在单颗粒 $CaCO_3$ 所附液膜中，颗粒表面溶解的 $CaCO_3$ 传质进入液相：

$$N_B=k_S A_p(C_{BS}-C_{BL})=k_S n_t \pi d_p^2(C_{BS}-C_{BL}) \tag{3-27}$$

式中，N_B 为 $CaCO_3$ 的传质速率，$mol/(m^3 \cdot s)$；k_S 为 $CaCO_3$ 在液相中的溶解传质系数，m/s；A_p 为固液比相界面积，m^2/m^3；C_{BS} 为 $CaCO_3$ 在水中的平衡浓度，$kmol/m^3$；C_{BL} 为 $CaCO_3$ 在液相主体中的浓度，$kmol/m^3$；n_t 为单位反应体积中固体颗粒数，个$/m^3$；d_p 为固体颗粒平均直径，m。

$CaCO_3$ 的溶解速率：

$$\frac{\mathrm{d}(n_{Ca}/V)}{\mathrm{d}t}=N_B \tag{3-28}$$

式中，N_B 为 $CaCO_3$ 的传质速率，$mol/(m^3 \cdot s)$；V 为反应体积，m^3；t 为时间，s。

$CaCO_3$ 颗粒的转化率与颗粒平均直径 d_p/d_{p0} 的关系为：

$$x=\frac{W_0-W}{W_0}=1-(d_p/d_{p0})^3 \tag{3-29}$$

式中，W 为 $CaCO_3$ 质量，kg；W_0 为 $CaCO_3$ 起始质量，kg；d_p 为固体颗粒平均直径，m；d_{p0} 为固体颗粒初始平均直径，m。

根据化学计量关系和串联过程各步速率相等的原则，联立方程（3-27）～方程（3-29）并积分可获得以下 $CaCO_3$ 转化率与反应时间关系表达式：

$$t=\alpha x+\beta\left[1-(1-x)^{\frac{1}{3}}\right] \tag{3-30}$$

式中，α 与 β 分别代表气液和固液传质阻力，其表达式为：

$$\alpha=\frac{W_0/V}{k_{LA}aM_B C_{BS}\left(\dfrac{D_{LB}}{D_{LA}}+\dfrac{C_{AI}}{C_{BS}}\right)}$$

$$\beta=\frac{\rho_B d_{p0}(D_{LB}/D_{LA})}{2k_S M_B C_{BS}\left(\dfrac{D_{LB}}{D_{LA}}+\dfrac{C_{AI}}{C_{BS}}\right)} \tag{3-31}$$

式（3-30）、式（3-31）中，t 为反应时间，s；α 为气液间传质阻力，s；β 固液间传质阻力，s；x 为 $CaCO_3$ 转化率；W_0 为 $CaCO_3$ 起始质量，kg；V 为反应体积，m^3；k_{LA} 为 SO_2 在液相中的传质系数，m/s；a 为气液比相界面积，m^2/m^3；M_B 为石灰石相对分子质量，g/mol；C_{BS} 为 $CaCO_3$ 在水中的平衡浓度，$kmol/m^3$；C_{AI} 为 SO_2 在水中的平衡浓度，$kmol/m^3$；D_{LB} 为 $CaCO_3$ 在水中的扩散系数，m^2/s；D_{LA} 为 SO_2 在水中的扩散系数，m^2/s；ρ_B 为石灰石密度，g/m^3；d_{p0} 为固体颗粒初始平均直径，m；k_S 为 $CaCO_3$ 在液相中的溶解传质系数，m/s。

由式（3-30）可以看出，如果气液传质过程为速率控制步骤，转化率与反应时间将呈线性关系；若固液传质过程为速率控制步骤，转化率与反应时间呈非线性关系。

（3）模型参数的确定

① 扩散系数。气相和液相的扩散系数是计算吸收过程的重要参数，在模型中，SO_2 和 $CaCO_3$ 的液相扩散系数采用 Deckwer 等提供的关联式计算：

$$D_L = 0.678 d_R^{1.4} V_G^{0.3} \tag{3-32}$$

式中，按 $d_R^{1.4} V_G^{0.3} < 400$ 计算，计算结果 D_{LA} 为 $2.8099 \times 10^{-9} \, \mathrm{m^2/s}$，$D_{LB}$ 为 $2.2660 \times 10^{-9} \, \mathrm{m^2/s}$。

另外，SO_2 在烟气中的扩散系数用 Fuller. Sohettler 公式：

$$D_A = \frac{10^{-7} T^{1.75} \left[\dfrac{M_{SO_2} + M_{air}}{M_{SO_2} M_{air}} \right]^{0.5}}{P \left[(\sum v)_{SO_2}^{1.3} + (\sum v)_{air}^{1.3} \right]^{1.2}} \tag{3-33}$$

式中，M 指摩尔质量，g/mol；P 为大气压，atm；$\sum v$ 为原子扩散体积，二氧化硫是 41.1，烟气是 20.1。代入数据上式可以写成：

$$D_A = 5.88 \times 10^{-10} T^{1.75} \tag{3-34}$$

式（3-32）、式（3-33）中，D_L 为扩散系数，$\mathrm{m^2/s}$；V_G 为气体流速，m/s；D_A 为溶质 A 的扩散系数，$\mathrm{m^2/s}$；T 为温度，K。

② 传质系数。在实际传质过程中，需要确定的传质系数包括气膜、液膜以及溶解的传质系数，经过简化后的模型需要确定 SO_2 在液相中的传质系数以及 $CaCO_3$ 在液相中的溶解传质系数。

根据膜理论，传质系数的定义为：

$$k = D/\delta \tag{3-35}$$

SO_2 气体在液相中传质系数 k_{LA} 的确定实际上就是确定液膜的厚度 δ。Al-Aswad 等人认为，在一般的喷浆液脱硫过程中，液膜的厚度不会超过静止水滴的厚度，液膜厚度应满足下式：

$$\delta \leqslant \frac{3}{4\pi^2} D_c \tag{3-36}$$

若石灰颗粒均匀悬浮，考虑到浆滴的几何特性，液膜厚度不会超过颗粒间距的一半，从而得：

$$\delta \leqslant 0.5 d_p \left[\frac{1}{(1 - W_{DV})^{1/3}} - 1 \right] \tag{3-37}$$

式（3-35）、式（3-36）中，W_{DV} 为浆液体积含水量，$\mathrm{m^3}$ 水/$\mathrm{m^3}$ 浆液；D 为扩散系数，$\mathrm{m^2/s}$；δ 为膜厚度，μm；D_c 为液滴直径，m；d_p 为固体颗粒平均直径，m。

因此，液膜厚度由二者之间的极小值决定。

我们拟采用 Akita 和 Yoshida 提供的关联式计算：

$$k_{LA} = 0.6 \frac{D_{LA}}{D_c^2} \left(\frac{\mu_L}{P_L D_{LA}} \right)^{0.5} \left(\frac{g D_c^2 P_L}{\sigma_L} \right)^{0.62} \left(\frac{g D_c^3 P_L^2}{\mu_L^2} \right)^{0.31} \phi_G^{1.1} \tag{3-38}$$

式中，k_{LA} 为 SO_2 在液相中的传质系数，m/s；D_{LA} 为 SO_2 在水中的扩散系数，$\mathrm{m^2/s}$；D_c 为液滴直径，m；μ_L 为液体黏度，kg/（m·s）；P_L 为液膜表面分压，$\mathrm{N/m^2}$；σ_L 为液膜表面张力，N/m。

计算结果 k_{LA} 为 $5.0 \times 10^3 \, \mathrm{m/s}$，$k_S$ 取值范围为 $(0.667 \sim 3.11) \times 10^4 \, \mathrm{m/s}$。

③ 粒子平均粒径。固液比相界面积（$\mathrm{m^2/m^3}$），由浆液浓度和固体粒子平均粒径推算得为 $0.011 \mathrm{m^2/m^3}$：

$$A_p = \frac{6W}{\rho_b d_p} \tag{3-39}$$

④ 气液比相界面积。气液比相界面积（$\mathrm{m^2/m^3}$），采用 Schumpe 和 Deckwer 提供的关

联式计算得为 $89.5 \text{m}^2/\text{m}^3$:

$$a = 487\left(\frac{V_G}{\mu_L}\right)^{0.51} \tag{3-40}$$

式(3-39)、式(3-40)中，A_p 为固液比相界面积，m^2/m^3；W 为 $CaCO_3$ 质量，kg；ρ_b 为粉尘真密度，kg/m^3；d_p 为固体颗粒平均直径，m；V_G 为气体流速，m/s；μ_L 为液体黏度，kg/(m·s)。

(4) 模型验证 假定浆液在与 SO_2 反应之前已达饱和状态。$CaCO_3$ 浓度在 0.01mol/L、0.05mol/L 和 0.1mol/L 时，实验值和模拟值之间的拟合度分别为 0.9757、0.9867 和 0.9624，从图 3-6 中可以看出模型计算值与实测值非常接近，说明该模型有一定的实用性。

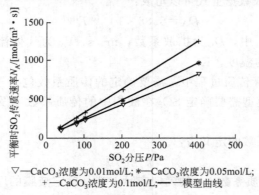

▽—$CaCO_3$ 浓度为0.01mol/L；＊—$CaCO_3$ 浓度为0.05mol/L；
＋—$CaCO_3$ 浓度为0.1mol/L；——模型曲线

图 3-6 $CaCO_3$ 浓度对传质速率的影响

将各参数值代入式（3-30）中，可得出 α 为 $2.35\times10^{-4}\text{s}$，$\beta$ 为 $0.21\times10^{-4}\text{s}$，由此，我们可知反应时间与 $CaCO_3$ 转化率之间的关系，如图 3-7 所示。

3.1.1.4 湿法脱硫案例

(1) 环栅喷淋泡沫塔烟气脱硫案例 编者研究开发了一种新型除尘脱硫一体化装置，它集旋流、喷淋、冲击、泡沫等功能于一身，大大强化了气液传质过程。他能适合各种脱硫剂场合，目前已在各行业推广了数百台套，得到广泛应用。环栅喷淋泡沫塔如图 3-8 所示。除尘脱硫浆液由喷嘴向下喷出，形成分散的小液滴并往下掉落，同时，烟气沿塔壁从上部切向

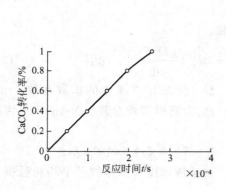

图 3-7 反应时间对转化率的影响

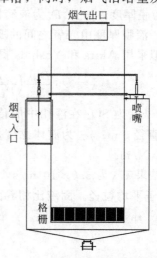

图 3-8 环栅喷淋泡沫塔结构示意图

进入，液滴与烟气在进口处充分接触。受到塔壁的约束，烟气在塔内由直线运动转变为圆周运动，在塔内形成漩涡流。塔底部维持一定的液面，当旋流气体到达浆液表面时，进入格栅的气体与浆液冲激接触，对烟尘和二氧化硫进行二级洗涤。之后气液两相在内塔底部鼓泡形成泡沫层，对烟尘和二氧化硫进行三级洗涤。脱硫除尘后的气体从内筒体向上流动，通过除雾器后由烟气出口排出。

① 环栅喷淋泡沫塔石灰石脱硫过程模型。在喷淋环栅式反应器内进行喷浆脱硫时，经雾化喷嘴喷入塔内的石灰浆液微团悬浮于气流中，微团中分布着许多细小的 $CaCO_3$ 颗粒，大部分浆液微团由于重力沉降作用垂直下落而形成塔内喷淋反应区，少部分则因喷射角度而溅到塔上沿内壁下流形成塔壁液膜反应区。而吸收塔中的物质传递传统上用湿壁塔来模拟，换句话说，湿壁塔上得到的关联式原则上可以用到脱硫除尘的吸收塔中去。

气体在薄膜流中的传质，是动量传质、热传递的耦合，但他们必须服从物质与能量守恒定律，想要寻求薄膜流中浓度分布必须先知道它的速度分布以及薄膜的厚度表达式，然后再根据所论流体的类型，选择用不同的本构方程。此处用幂率模型。

伴有化学反应的气体吸收是个重要的化学工业过程。气液化学吸收是气液间质量传递与化学反应的耦合，彼此势必发生相互影响。伴有化学反应的吸收，应该采用微分守恒方程组加以描述。

此外，假设为稳定过程，在垂直于液面方向作层流流动，只受重力作用，剪切力和重力相平衡，壁面无滑移，气液界面为零剪切，且无阻力。

非牛顿幂率流体降膜流中伴有二级不可逆反应的吸收过程，可用下列方程组予以描述：

$$\rho \frac{Du}{Dt} = \rho g - \Delta(\tau + IP) \tag{3-41}$$

$$\frac{Dc}{Dt} = D\Delta^2 C + r \tag{3-42}$$

$$(\Delta u) = 0 \tag{3-43}$$

$$r = k_2 C_A C_B \tag{3-44}$$

由方程式（3-41）和式（3-43）导出：

液膜厚度为

$$\delta = \left(\frac{K}{\rho g}\right)^{l(2n+1)} \left(\frac{2n+1}{n}Q\right)^{n(2n+1)} \tag{3-45}$$

液膜速度分布

$$u_z = u_s \left[1 - \left(1 - \frac{y}{\delta}\right)^{\frac{n-1}{n}}\right] \tag{3-46}$$

液膜表面速度

$$u_s = \left(\frac{\rho g}{K}\right)^{\frac{1}{n}} \left(\frac{n}{n+1}\right) \delta^{\frac{n-1}{n}} \tag{3-47}$$

液膜平均速度

$$u_m = \left(\frac{n}{2n+1}\right) u_s \tag{3-48}$$

稳定条件下，气相阻力忽略不计，扩散反应方程由式（3-41）和式（3-44）可得：

$$D_A \frac{\partial^2 c_A}{\partial y^2} = u_z \frac{\partial c_A}{\partial z} + k_2 c_A c_B \tag{3-49}$$

$$D_B \frac{\partial^2 c_B}{\partial y^2} = u_z \frac{\partial c_B}{\partial z} + k_2 c_A c_B \left(\frac{b}{a}\right) \tag{3-50}$$

式（3-41）～式（3-50）中，ρ 为密度，kg/m^3；c_A 为 SO_2 的浓度，$kmol/m^3$；c_B 为吸收剂 B 组分浓度；δ 为膜厚度，μm；K 为关联系数，其值取决于运行条件；D_A 为溶质 A 的扩散系数，m^2/s；D_B 为吸收剂 B 的扩散系数，m^2/s。

其边界条件：

$$\dot y = \delta, c_A = c_{AS}, \frac{\partial c_B}{\partial \dot y} = 0 \qquad （气液界面）$$

$$\dot y = 0, \frac{\partial c_A}{\partial \dot y} = 0 \qquad （壁面处）$$

$$\dot z = 0, c_A = 0, c_B = c_{B0} \qquad （进入端）$$

设界面浓度为 c_{BS}，B组分在降膜中是变化的，由 c_{BS} 到 c_B 连续变化。如果组分浓度在 A 组分扩散区域内与 y 无关，则 B 组分的浓度保持恒定，即为 c_{BS}，则方程（3-49）可写为：

$$D_A \frac{\partial^2 c_A}{\partial y^2} = u_z \frac{\partial c_A}{\partial z} + (k_2 c_{BS}) c_A \qquad (3-51)$$

式中，D_A 为溶质 A 的扩散系数，m^2/s；c_A 为 SO_2 的浓度，$kmol/m^3$；c_{BS} 为 $CaCO_3$ 在水中的平衡浓度，$kmol/m^3$。

以无因次形式表示之，则可写为：

$$\left[1 - (1-y)^{\frac{n+1}{n}}\right] \frac{\partial \theta}{\partial z} = \frac{\partial^2 \theta}{\partial y^2} - k^n \theta \qquad (3-52)$$

边界条件：

$$z = 0, \theta = 0 \qquad [3-52(a)]$$

$$y = 0, \frac{\partial \theta}{\partial y} = 0 \qquad [3-52(b)]$$

$$y = 1, \theta = 0 \qquad [3-52(c)]$$

式中无因次变量定义为：

$$\theta = \frac{c_A}{c_{AS}}, z = \frac{\dot z D_A}{\delta^2 V_S}, y = \frac{\dot y}{\delta}, K^* = \frac{k \delta^2 c_{BS}}{D_A}$$

求解式（3-52）时，令

$$\theta(x, y) = \bar v(y) + \bar u(z, y)$$

则式（3-52）及其边界条件经过线形叠加能够分解成为两个特征方程组，即

特征方程之一：

$$\left[1 - (1-y)^{\frac{n+1}{n}}\right] \frac{\partial \bar u}{\partial z} = \frac{\partial^2 \bar u}{\partial y^2} - K^* \bar u \qquad (3-53)$$

边界条件：

$$z = 0, \bar u = -\bar v$$

$$y = 0, \frac{\partial \bar u}{\partial y} = 0$$

$$y = 1, \bar u = 0$$

特征方程之二：

$$\frac{d^2 \bar v}{dy^2} = K^* \bar v \qquad (3-54)$$

边界条件：

$$y = 0, \frac{d \bar v}{dy} = 0$$

$$y = 1, \bar v = 1$$

式（3-53）求得理论解为：

$$\bar u = \sum_{j=1}^{\infty} \bar A_j \bar y_j(z) e^{-\lambda_j^2} \qquad (3-55)$$

特征方程之二的解为：

$$\bar v = \frac{\exp(-K^{*1/2} y) + \exp(K^{*1/2} y)}{\exp(-K^{*1/2}) + \exp(K^{*1/2})} \qquad (3-56)$$

于是，伴有二级不可逆反应的无因次吸收总量便可以写为：

$$W_P^- = \frac{N_A}{qC_{AS}} = \frac{2n+1}{n+1}\left[\sum_{j=1}^{\infty}\frac{A_j\overline{y(1)}}{\lambda_j^2}(1-e^{-\lambda_j^2 z}) + \frac{\exp(K^{*1/2})-\exp(-K^{*1/2})}{\exp(K^{*1/2})+\exp(-K^{*1/2})}K^{*1/2}z\right]$$

$$(3-57)$$

液膜相当厚或快反应时，第一部分式（3-55）衰减为零。浓度分布由上式中的第二部分决定，当 $K^* > 10$ 时，$\theta = \overline{v}$，故伴有二级不可逆反应无因次吸收总量为：

$$W_P^- = \frac{N_A}{qC_{AS}} = \frac{2n+1}{n+1}\left[\frac{\exp(K^{*1/2})-\exp(-K^{*1/2})}{\exp(K^{*1/2})+\exp(-K^{*1/2})}K^{*1/2}z\right] \qquad (3-58)$$

式(3-56)、式(3-57) 中，N_A 为 SO_2 传质速率，$mol/(m^3 \cdot s)$；q 为液滴的体积含量；K 为关联系数，其值取决于运行条件；z 为 1—2 截面间的距离，m。

式(3-57) 和式(3-58) 为非牛顿降膜流中伴有二级不可逆反应，而 B 组分浓度在 A 组分及扩散区保持不变时的无因次吸收总量理论方程，亦即所要求的数学模型方程。

在喷淋环栅式除尘脱硫反应器内，气液是在高度湍流情况下互相接触的，基于 Higbie 等提出的渗透理论假定液体微元连续从液相主体到达界面，并停留某一时间 t 后，被带回液相主体并快速混合。微元停留在界面的这段时间内发生了不稳定的分子扩散传质，最后在界面上达到平衡。

对于物理吸收过程的非稳态扩散过程，可用下式表示

$$D_A\frac{d^2 c_A}{dx^2} = \frac{dc_A}{dt} \qquad (3-59)$$

边界条件如下：

$$t=0, 0<x<\infty, c_A = c_{AL}$$
$$t>0, x=0, c_A = c_{Ai}$$
$$t=0, x=0, c_A = c_{AL}$$

解传质扩散方程得浓度分布：

$$c_A = c_{AL} + (c_{Ai} - C_{AL})\left[1-\text{erf}\left(\frac{x}{2\sqrt{D_A t}}\right)\right] \qquad (3-60)$$

进入表面微元的瞬时传质速率 $N(t)$ 可表示为：

$$N(t) = -D_A\left(\frac{dc_A}{dx}\right)_x = 0 \qquad (3-61)$$

式(3-60) 代入式(3-61) 可求得瞬时传质速率：

$$N(t) = \sqrt{\frac{D_A}{\pi t}}(c_{Ai} - = c_{AL}) \qquad (3-62)$$

式(3-59)、式(3-62) 中，D_A 为 SO_2 在气体中的扩散系数，m^2/s；c_A 为 SO_2 的浓度，$kmol/m^3$；t 为反应时间，s。

反应塔内喷淋而下的浆滴与进入塔内的强制旋流烟气之间的接触为强湍流状态，气体与液滴之间的接触时间很短，还来不及形成稳定的浓度梯度，即溶质总是处于由相界面向液内纵深方向逐渐渗透的非定态过程中。渗透理论与实际情况较为符合，故以此作为研究环栅喷淋式反应器气液传质的理论基础。

外圈喷淋塔中，随着 SO_2 分压和浆液 pH 值的不同，传质速率也不同。实际上也需要考虑到随着流体动力学的改变，物质的传质情况会随着空间的变化而改变。喷头喷射出的浆液在注入烟气中时会引起气相流体动力学的空间变化，包括气流的途径和气相的扰动程度。浆液开始的速率非常大，随着一系列的减速过程，达到最终的速率。虽然浆滴有很高的初速

度，但由于浆滴内部的黏性阻力的存在，速率会急速降低。进一步说，浆滴的密度和平均粒径会随着离喷嘴的距离改变，从而改变了传质的面积。

根据物理和化学条件的不同，我们可以假定不同的参数对于外圈喷淋塔内不同部分的传质有不一样的重要性，渗透理论就是用来量化喷淋塔内不同区域的传质。

外圈喷淋塔内 SO_2 的吸收由液相控制，通过加强液相的湍流程度、提高浆液的化学反应活性可以增强气-液相的传质。

外圈喷淋塔中固-液传质随着浆液化学组分的不同而不同，气-液传质则如上所述。

石灰石的溶解与 SO_2 的吸收属于平衡反应，溶解既发生在渗透单元中，也发生在液相主体中。然而渗透单元中的溶解既增加了计算时间，也降低了解答方法的数学稳定性。于是，一般的建模方法都假定渗透单元（液膜）中没有石灰石的溶解。

② 重要参数的确定。溶液的 pH 值、浆液的浓度、液滴的粒径、吸收区的高度、（液气比）L/G、进口的 SO_2 浓度、吸收塔中的气速等各种参数之间有很多的联系，计算和优化这些参数必须要在广泛的基础上。现在从理论上来对这些参数进行分析。

a. 液气比（L/G）。液气比对 FGD 性能影响明显，它反映着有限空间内气、液两相碰撞的程度和化学反应的有效性。而且液气比的大小直接影响脱硫装置的投资（如塔、泵、管道）和运行费用（如电耗），是一个重要的操作参数，L/G 增大，将使吸收推动力增大，传质单元数减小；气液传质面积增大，使体积吸收系数增大，因而可降低塔高，但另一方面，L/G 增大，液体停留时间有所减少；而且循环泵流量增大，塔内气体流动阻力增大使风机耗能增大，投资和运行费用相对增加。实际设计和运行应尽可能采用适当小的液气比。本研究在保持气流量 G 不变的情况下通过改变液流量 L 来改变液气比 L/G，η（脱硫率）随着 L/G 增加而增加，最后趋于一定值。

b. SO_2 浓度。随着煤中含硫量的不同，燃烧后烟气中的 SO_2 浓度 y 也不同，η 随着 y 的增加而降低，且降低幅度渐小，最后趋于一定值。V_{SO_2}（SO_2 体积吸收速率）随着 y 增加而增加。

$$V_{SO_2} = G(y \times 10^{-6})\eta \tag{3-63}$$

式中，V_{SO_2} 为 SO_2 体积吸收速率；η 为脱硫效率。

其原因主要是 y 增加使得气相中 SO_2 的分压增大，使反应面逐渐从气液界面向液固界面移动，从而使吸收速率逐渐由气相控制转为液相控制，y 较小时受气相阻力控制，因而 η 下降较快；当 y 逐渐增大时，液相阻力逐渐发生作用并与气相阻力共同控制吸收速率，η 随 y 增加而下降的速率减小；当 y 增加到一定值时，反应转为气相控制。当 G 不变时，y 的增幅大于 η 的下降幅度，因此，总体上 V_{SO_2} 还是随 y 的增加而增加。

c. 浆液 pH 值。在石灰浆液吸收 SO_2 的过程中，主要发生如下反应：

水的离解：
$$H_2O \underset{}{\overset{K_W}{\rightleftharpoons}} H^+ + OH^- \tag{3-64}$$

SO_2 的吸收：
$$SO_2(g) \underset{}{\overset{H_2O}{\rightleftharpoons}} SO_2(aq) \tag{3-65}$$

$$SO_2(aq) + H_2O \underset{}{\overset{K_{S_2}}{\rightleftharpoons}} H^+ + HSO_3^- \tag{3-66}$$

$$HSO_3^- \underset{}{\overset{K_{S_2}}{\rightleftharpoons}} H^+ + SO_3^{2-} \tag{3-67}$$

CaO 的溶解：
$$CaO(s) \underset{}{\overset{K_{CP}}{\rightleftharpoons}} Ca^{2+} + O^{2-} \tag{3-68}$$

$$O^{2-} + H^+ \underset{}{\rightleftharpoons} OH^- \tag{3-69}$$

在有氧气存在的条件下，HSO_3^- 的氧化：

$$HSO_3^- + \frac{1}{2}O_2 \Longleftrightarrow H^+ + SO_4^{2-} \tag{3-70}$$

$$H^+ + SO_4^{2-} \Longleftrightarrow HSO_4^- \tag{3-71}$$

$CaCO_3$ 和 $CaSO_4$ 的结晶：

$$Ca^{2+} + SO_3^{2-} \overset{K_{SP_1}}{\Longleftrightarrow} CaSO_3 \cdot \frac{1}{2}H_2O(s) \tag{3-72}$$

$$Ca^{2+} + SO_4^{2-} \overset{K_{SP_2}}{\Longleftrightarrow} CaSO_4 \cdot 2H_2O(s) \tag{3-73}$$

由以上反应机理可见，在用石灰脱硫的过程中 H^+ 起着很重要的作用，因此在整个浆液吸收 SO_2 的过程中和平衡时，H^+ 浓度或 pH 值是一个重要的参数，它直接影响系统脱硫效率和浆液中脱硫剂的溶解过程，以及系统的运行安全稳定性，如系统结垢、堵塞及腐蚀等。脱硫率随 pH 值的增加而增加，分析原因主要是：（a）吸收塔内 pH 值增加使得气、液界面处液相侧 pH 值也随着增加，从而促进了 SO_2 在传质液膜表面处的水解，增加了 SO_2 的溶解度，提高了 SO_2 在传质液膜内的传质动力；（b）浆液液相主体 pH 值的提高，会促进 H_2SO_3、HSO_3^- 在传质液膜内传递时进行水解，从而提高 SO_2 传递过程中的增强系数，总传质系数增加；（c）脱硫塔内浆液液相主体 pH 值的提高使得液相 H_2SO_3 所占 S^- 浓度的比例下降，SO_2 气液传质动力增加。

然而吸收液 pH 值增加，SO_2 脱除率虽然增大，但当 pH 值大于 6.0 时，石灰石的溶解受到严重抑制，导致钙的有效利用率下降，运行成本提高，并且容易发生结垢和堵塞的现象。综合考虑，pH 的最佳控制值为 4.8～6.0，在此范围内，能达到 95%～98% 的脱硫率和 92%～97% 的钙的有效利用率。

d. 烟气流速。在烟气处理量相同的情况下，采用高烟气流速可以减小吸收塔的横截面积和吸收区高度，从而降低设备造价使投资费用减小；同时从反应机理看，高气速可以强化吸收塔内的传质和吸收过程，降低运行费用。但是，高气速对 WFGD 的影响是多方面和复杂的。

脱硫反应塔内烟气的流动速度影响了脱硫反应气液接触的时间，从而影响了脱硫效率，烟气速度越大，接触时间越短，在其他条件一样的情况下，脱硫效率就可能低，反之则高。同时，烟气流动速度也影响了烟气中携带的水含量。烟气速度越高，则烟气中携带的液滴就越多，相反，则可能越少。提高气速可以提高系统的传质系数，或者说单位体积吸收液的吸收能力增强，而且提高了旋流除雾板的除湿效率，但同时系统阻力增加。

e. 烟气温度。工业上进入脱硫塔的烟气温度一般大于 100℃，随温度 t 升高，脱硫率 η 降低。温度的升高除了对理论公式中扩散系数、密度、黏度、表面张力等基础数据有影响外，它还对 SO_2 的平衡分压有重要影响：温度升高，SO_2 的平衡分压也升高，而脱硫效率中的 $(P-P^*)$ 一项减小，也即化学吸收的推动力降低，从而脱硫效率下降。由于 SO_2 和 $Ca(OH)_2$ 的溶解度均随温度的升高而降低，从而增加了液相阻力，使得总吸收效率降低。

f. 气体压降 ΔP。脱硫率 η 随着 ΔP 的增加而增加。但是 ΔP 增大，系统的能耗增大，当 ΔP 超过一定值时，风机无法正常运行。

g. 浆液浓度。研究得出，应用碱液吸收酸性气体时，碱液浓度的高低对化学吸收的传质速度有很大的影响。当碱液浓度较低时，化学吸收的传质速度较低；当提高碱液的浓度时，传质速度也随之增大；当碱液浓度提高到某一值时，传质速度达到最大值，此时的碱液浓度称为临界浓度；当碱液的浓度高于临界浓度时，传质速度并不增大。这是因为浓度 a 较小时，固体 $Ca(OH)_2$ 溶出慢，或者说液相阻力较大，吸收受到液相阻力的控制，因而此时 a 增加，即可使液相阻力减小，从而使吸收速率加快，脱硫率 η 随之增加；当 a 较大时，溶解阻力减小，此时 a 增加，使液相阻力减小，但使总吸收速率增加不多。但是，浆液浓度过大，当用管道输送时，易堵塞管道和喷头，另外，在熟石灰的加入口附近，若浓度过高，会生成 $CaSO_3 \cdot 1/2H_2O$ 软垢，因其内部构件堵塞，因此，石灰浆浓度不能过高，其浓度应该控制在 5‰以下，以 2‰～3‰最佳。

h. 传质单元数。浆液吸收烟气中的 SO_2，我们可以认为传质的结果导致浆液浓度的变化。

$$k_L(c_{Ai} - c_A)\mathrm{d}A_i = Q_L \mathrm{d}c_A + \frac{\mathrm{d}n}{\mathrm{d}t} \tag{3-74}$$

稳态下，积分区间为 0，式(3-74) 整理后得到反应器液相传质单元数表达式：

$$N_L = \int_{c_{A,in}}^{c_{A,out}} \frac{\mathrm{d}c_A}{c_{Ai} - c_A} = \int_0^{A_i} \frac{k_L \mathrm{d}A_i}{Q_L} \tag{3-75}$$

浓度的积分有些复杂，但用平均浓度切割浓度变化的方法可以得到近似值。当 c_{Ai} 是常数或者与 c_A 呈线性关系时，近似值更加精确，这种情况适用于稀溶液，整个过程遵循亨利定律，并且 L/G 不随着反应器内位置的改变而变化。

$$N_L = \frac{c_{A,out} - c_{A,in}}{(c_{Ai} - c_A)_{lm}} \tag{3-76}$$

式(3-74) ～式(3-76) 中，k_L 为 SO_2 在液相中的传质系数，m/s；Q_L 为液体流速，m/s；c_A 为 SO_2 的浓度，$kmol/m^3$；$c_{A,in}$ 为 SO_2 的进口浓度，$kmol/m^3$；$c_{A,out}$ 为 SO_2 的出口浓度，$kmol/m^3$。

气相总传质单元数

$$N_{OG} = \frac{K_G A}{Q_g} = \left(\frac{1}{N_g} + \frac{m}{E} \times \frac{Q_g}{Q_L} \times \frac{1}{N_L} \right)^{-1} \approx \frac{E}{m} \times \frac{Q_L}{Q_g} N_L \tag{3-77}$$

式中，N_L 由液相传质系数确定，m 是类似于亨利系数的相平衡常数。溶液表面的 SO_2 平衡分压可以认为 0，故反应器模型如下：

$$N_{OG} = \frac{y_{in} - y_{out}}{(y - y^*)_{lm}} \approx \ln\left(\frac{y_{in}}{y_{out}} \right) \tag{3-78}$$

脱硫效率公式为：

$$\eta(\%) = \frac{y_{in} - y_{out}}{y_{in}} \times 100\% \tag{3-79}$$

式(3-77) ～式(3-79) 中，K_G 为总气相传质系数，$kmol/(m^2 \cdot s^1 \cdot kPa)$；$Q_g$ 为气体流速，m/s；Q_L 为液体流速，m/s；E 为增强因子；η 为脱硫效率；y_{in} 为进气的 SO_2 浓度，$kmol/m^3$；y_{out} 为出口的 SO_2 浓度，$kmol/m^3$。

传质单元数综合表征烟气中 SO_2 在吸收塔内被吸收和反应的剧烈程度。传质单元数越大，吸收塔的脱硫效率越高。

由式(3-77)、式(3-79) 可导出传质单元数和脱硫效率的关系 (图 3-9)。从图 3-9 中可看出：

（ⅰ）传质单元数为 0～3 时，对吸收塔的脱硫效率影响较大。

（ⅱ）在 3～4.5 范围内对吸收塔的脱硫效率影响趋于平缓。

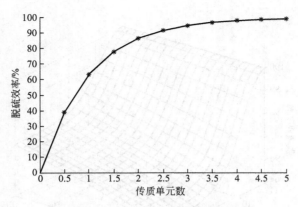

图 3-9　传质单元数与脱硫效率的关系

（ⅲ）大于 4.5 时，脱硫效率将基本保持不变。

（ⅳ）入口 SO_2 浓度超过 1500mg/L 时，要保证吸收塔的脱硫效率大于 90%，所需的传质单元数应大于 2.6。

i. 脱硫效率模型。根据以上推导，可以假定增强因子 E 随着喷淋浆液的 pH 值的改变而改变，而系统的传质系数由烟气流速 V 和系统的液气比 L/G 决定。脱硫效率可以由模型（3-80）推算出。

$$\eta = \frac{y_{in}-y_{out}}{y_{in}} \times 100\% = \left\{ 1-\exp\left[-0.12V^{0.36}\left(\frac{L}{G} \right)^{2.74}(1+0.2\times 8^{pH-10}) \right] \right\} \times 100\%$$

$$(3-80)$$

式中，η 为脱硫效率；y_{in} 为进气的 SO_2 浓度，$kmol/m^3$；y_{out} 为出口的 SO_2 浓度，$kmol/m^3$；V 为反应体积，m^3；L/G 为液气比，L/m^3。

j. 气液传质模型的分析。从图 3-10（a）中可以看出，液气比 L/G 为 $0.8L/m^3$ 时，随浆液 pH 值的升高，脱硫效率逐渐升高。主要原因是：随着内塔入口的穿孔气速的增加，塔内的湍动程度加大，气液接触面积增大且表面更新加快，有利于 SO_2 的脱除。在 pH＝11 左右的浆液下，可达到脱硫效率为 99%。

当 pH 值为 5 时，内塔穿孔气速 v 和液气比 L/G 的变化与脱硫效率之间的关系如图 3-10（b）所示，液气比增大则气液接触更充分，传质系数高，且随着喷淋量增大，反应器内温度下降，SO_2 溶解度增大，液相传质阻力减小，因此脱硫效率随之增高。另一方面由于循环液 pH 值一定，L/G 越大，则单位时间进入脱硫装置的碱性物质越多，使脱硫效率也越高。

烟气流速为定值 13m/s 时，改变液气比和浆液 pH 值，脱硫效率的变化如图 3-10（c）所示，循环浆液的 pH 值与液气比同时影响脱硫效率，前者较后者对脱硫效率的影响更显著。

图 3-11 表示了外圈喷淋效率与塔的总脱硫效率之间的关系，随着参数值的升高，脱硫效率均有升高的趋势。图 3-11（a）中 pH 值小于 9 的阶段，外圈喷淋效率仅为总脱硫效率的 97%，pH 值为 11 时，外圈喷淋效率达到 99%，SO_2 与 OH^- 的反应是瞬间的，绝大部分的 SO_2 在喷淋过程中都被碱液吸收，且碱性越强吸收率越高。图 3-11（b）中 $L/G＝0.8L/m^3$，pH＝10 时，外圈喷淋效率呈现平行趋势，总脱硫效率随着穿孔气速的提高逐渐增大，这是由于穿孔气速仅增加内塔自激区的湍动程度，提高了内塔的传质吸收速率。图 3-11（c）表示的是在 $v＝13m/s$，pH＝10 情况下，液气比的提高对脱硫效率的影响，开始阶段液气比较小，自激区气液两相流动较平缓，SO_2 集中在喷淋段被吸收，外圈喷淋效率几乎等于总脱硫效率，随着液气比的升高，自激区的湍流逐渐加强，内塔脱硫作用愈加明显，外圈喷淋效率的分数下降到 85%。

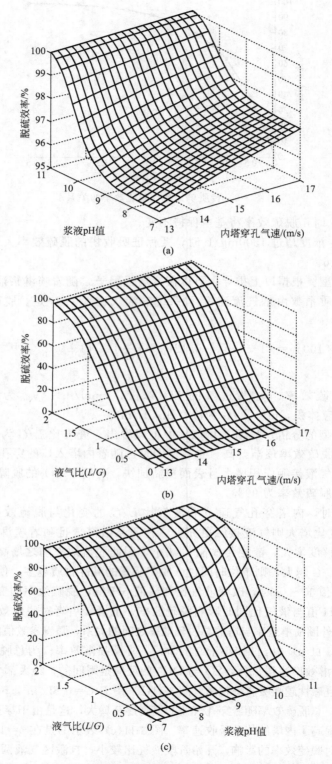

图 3-10 液气比、内塔穿孔气速 v、浆液 pH 值对脱硫效率的影响

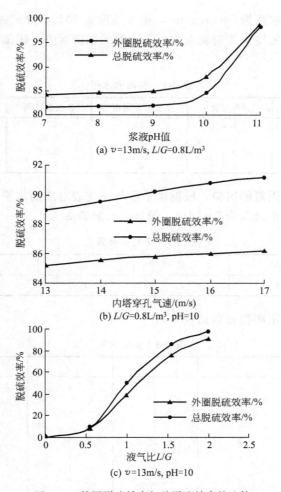

图 3-11 外圈脱硫效率与总脱硫效率的比较

总的来说，外圈喷淋部分对塔的脱硫效果起了主导作用，工况条件 pH＝10、v＝13m/s 和 L/G＝0.8 下，外圈喷淋效率占总塔的 97％。pH 值越大，外圈喷淋吸收 SO_2 的效果越好，故在对该装置进行优化设计时，应以提高外圈部分的传质吸收效果为主。

(2) 环栅喷淋泡沫塔氨法脱硫工艺

① 氨法脱硫工艺研究。氨吸收 SO_2 是气-液反应或气-气反应，反应速度快，反应较完全，吸收利用率高，可以得到很高的脱硫效率。其主要原理可以分为以下两个步骤。

吸收：

$$SO_2 + H_2O + 2NH_3 == (NH_4)_2SO_3（亚硫铵） \qquad [3-81(a)]$$

氧化：

$$(NH_4)_2SO_3 + SO_2 + H_2O == 2NH_4HSO_4（硫酸氢铵） \qquad [3-81(b)]$$

$$(NH_4)_2SO_3 + \frac{1}{2}O_2 == (NH_4)_2SO_4（硫铵） \qquad [3-82(a)]$$

$$NH_4SO_3 + \frac{1}{2}O_2 + NH_3 == (NH_4)_2SO_4（硫铵） \qquad [3-82(b)]$$

采用正交试验的方法，对脱硫过程中吸收液 pH 值、液气比、吸收液温度、氨硫比、进口 SO_2 浓度等因素的综合作用下考察对脱硫效果的影响。

固定进气口 SO_2 的浓度为 $4000mg/m^3$，氨水浓度为 10%，确定影响因素为吸收液的 pH 值、液气比、塔底液的密度。为避免人为因素导致的系统误差，按随机法处理因素各水平的数值，见表 3-1。

表 3-1　各因素水平

水平	A 吸收液的 pH 值	B 液气比	C 吸收液的温度/℃	D 氨硫比例	E 进口 SO_2 的浓度/(mg/m^3)
1	5.8	1.2	25	1.9	1000
2	7.0	2.5	30	1.95	2000
3	6.3	0.5	35	2.05	4000
4	5.2	1.8	40	2.10	8000

这是一个 4 水平 5 因素的实验，根据水平数与正交表对应的水平数一致，因素数≤正交表列数的要求，选用的正交表为 $L_{16}(4^5)$，设计表头见表 3-2。

表 3-2　正交实验表头

因素	A	B	C	D	E
列号	1	2	3	4	5

根据正交表头，确定实验方案见表 3-3。

表 3-3　实验方案

实验号	A	B	C	D	E	实验方案
1	1	1	1	1	1	$A_1B_1C_1D_1E_1$
2	1	2	2	2	2	$A_1B_2C_2D_2E_2$
3	1	3	3	3	3	$A_1B_3C_3D_3E_3$
4	1	4	4	4	4	$A_1B_4C_4D_4E_4$
5	2	1	2	3	4	$A_2B_1C_2D_3E_4$
6	2	2	1	4	3	$A_2B_2C_1D_4E_3$
7	2	3	4	1	2	$A_2B_3C_4D_1E_2$
8	2	4	3	2	1	$A_2B_4C_3D_2E_1$
9	3	1	3	4	2	$A_3B_1C_3D_4E_2$
10	3	2	4	3	1	$A_3B_2C_4D_3E_1$
11	3	3	1	2	4	$A_3B_3C_1D_2E_4$
12	3	4	2	1	3	$A_3B_4C_2D_1E_3$
13	4	1	4	2	3	$A_4B_1C_4D_2E_3$
14	4	2	3	1	4	$A_4B_2C_3D_1E_4$
15	4	3	2	4	1	$A_4B_3C_2D_4E_1$
16	4	4	1	3	2	$A_4B_4C_1D_3E_2$

经过测试，各组进出口 SO_2 浓度及去除率见表 3-4。

表 3-4　实验结果与分析

编号	进口浓度 /(mg/m^3)	出口浓度 /(mg/m^3)	去除率 /%	编号	进口浓度 /(mg/m^3)	出口浓度 /(mg/m^3)	去除率 /%
1	1113.04	591.22	46.88	9	1939.39	672.27	65.34
2	2048.00	1248.78	39.02	10	1084.29	580.50	46.46
3	3764.71	1896.30	49.63	11	7950.31	4413.79	44.48
4	7757.58	1882.24	75.74	12	3867.07	2245.61	41.93
5	8258.06	3763.20	54.43	13	4004.21	1272.37	68.22
6	4050.63	1815.60	55.18	14	8057.71	2000.00	75.18
7	2169.49	1122.81	48.25	15	1333.33	727.26	45.46
8	1391.30	166.88	88.01	16	2224.56	670.00	69.88

由于结果仅考察去除率一项，所以将去除率代入正交设计表，按要求计算各 K 和 k 及极差 R 的值，结果见表 3-5。

表 3-5　正交实验分析计算表

	A	B	C	D	E
K_1	211.27	234.87	216.42	212.34	226.81
K_2	245.87	215.84	180.84	239.73	222.49
K_3	198.21	187.82	278.16	220.40	214.96
K_4	258.74	275.56	238.67	241.72	249.83
k_1	52.82	58.72	54.11	53.06	56.70
k_2	61.47	53.96	45.21	59.93	55.62
k_3	49.55	46.96	69.54	55.10	53.74
k_4	64.69	68.89	59.67	60.43	62.46
极差 R	15.13	21.94	24.33	7.37	8.72

从表 3-5 可见，极差 R 为 C 因素最大 24.33，D 因素最小 7.37，比较大小，因素影响主次为 C＞B＞A＞E＞D，说明对于设定的几个实验因素，从脱硫效果来说，吸收液的温度为最大影响因素，液气比次之，其余依次为吸收液的 pH 值、进口 SO_2 的浓度和氨硫投加比例，从正交实验表计算结果上来看，本次实验的优方案为 $C_3B_4A_4E_4D_4$，代入条件得，在吸收液温度为 35℃、液气比为 1.8、吸收液 pH 值为 5.2、进口 SO_2 浓度为 8000mg/m^3、氨硫投加比为 2.10 这几个条件时，该脱硫工艺参数为最优，脱硫可以达到最大效率。而在实验过程中，第 8 组（$A_2B_4C_3D_2E_1$）的实验结果最好，也就是脱硫效率达到了 88.01%，其工艺条件为吸收液 pH 值为 7.0、液气比为 1.8、吸收液温度为 35℃、氨硫比为 1.95、进口 SO_2 浓度为 1000mg/m^3，为进一步考察最优工艺参数，需要 $C_3B_4A_4E_4D_4$ 条件进行验证试验，比较在该组工艺条件下的脱硫效率同第 8 组（$A_2B_4C_3D_2E_1$）的高低，脱硫率高的即为在这几个因素作用下的最优实验方案，对应的即为最优工艺参数。

② 温度对氨挥发损耗的影响。配制氨浓度为 0.1571mol/L 的吸收液 400mL 置于吸收瓶中，在水浴中将温度分别控制在 20℃、40℃、60℃、70℃，同时向吸收瓶中通入由空气和 SO_2 气体组成的模拟烟气（空气流量为 0.16m³/h），每隔一段时间从吸收瓶中取样 1mL 至 100mL 容量瓶中后再取 1mL 稀释至 50mL 容量瓶中作为取样液，然后用分光光度计测定其中的 N 含量并由此推算出氨含量。

不同温度下，氨挥发量见图 3-12。

③ pH 对于氨挥发的影响。pH 值对氨挥发的影响见图 3-13。

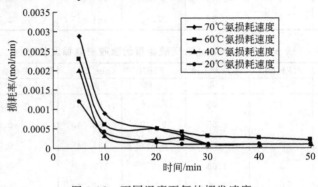

图 3-12　不同温度下氨的挥发速度

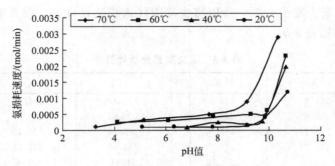

图 3-13　pH 值对氨挥发的影响图

④ 吸收液中亚硫酸铵浓度的影响。分别取不同亚硫酸根浓度的吸收液 400mL 置于吸收瓶中，在 40℃ 水浴中同时通入空气及 SO_2 气体组成的模拟烟气（空气流量为 $0.14m^3/h$），每隔一段时间从吸收瓶中取样 5mL 至 100mL 容量瓶定容再从 100mL 容量瓶中取 2mL 至 50mL 容量瓶定容后作为取样液测定其中的 N 含量并由此计算出氨含量的变化。当亚硫酸根浓度为 0.21mol/L 时，每隔一段时间从吸收瓶中取样 1mL 至 100mL 容量瓶中定容后再从 100mL 容量瓶中取 1mL 稀释至 50mL 容量瓶中定容后作为取样液，然后用分光光度计测定其中的 N 含量并由此推算出氨含量。结果见表 3-6～表 3-10。

表 3-6　0.0025mol/L 亚硫酸根的吸收液氨挥发状况

二氧化硫浓度/(g/L)	亚硫酸根/(mol/L)	时间/min	原液的 pH	N 的浓度/(mg/L) 取样	N 的浓度/(mg/L) 原液	原液中氨浓度/(mol/L)	氨挥发速度/(mol/min)
		0	10.13	取样	原液	0.01925	
31.71428571	0.0025	2	9.31	0.479	239.464	0.017	0.0011
		5	7.19	0.462	231.091	0.017	0.0002
		10	2.43	0.440	219.927	0.016	0.0002
		15	2.19	0.423	211.555	0.015	0.0001

表 3-7　0.0075mol/L 亚硫酸根的吸收液氨挥发状况

二氧化硫浓度/(g/L)	亚硫酸根/(mol/L)	时间/min	原液的 pH	N 的浓度/(mg/L) 取样	N 的浓度/(mg/L) 原液	原液中氨浓度/(mol/L)	氨挥发速度/(mol/min)
		0	8.03	取样	原液	0.01925	
52.28571429	0.0075	1	6.94	0.440	219.927	0.016	0.0035
		2	6.34	0.392	196.204	0.014	0.0017
		3	4.14	0.367	183.645	0.013	0.0009
		4	2.66	0.345	172.481	0.012	0.0008
		5	2.36	0.323	161.317	0.012	0.0008

表 3-8　0.0125mol/L 亚硫酸根的吸收液氨挥发状况

二氧化硫浓度/(g/L)	亚硫酸根/(mol/L)	时间/min	原液的 pH	N 的浓度/(mg/L) 取样	N 的浓度/(mg/L) 原液	原液中氨浓度/(mol/L)	氨挥发速度/(mol/min)
		0	7.6	取样	原液	0.01925	
31.71428571	0.0125	1	7.05	0.376	187.831	0.013	0.0058
		2	6.55	0.370	185.040	0.013	0.0002
		3	5.96	0.367	183.645	0.013	0.0001
		5	2.63	0.359	179.459	0.013	0.0001
		10	2.2	0.351	175.272	0.013	0.0001

表 3-9   0.058mol/L 亚硫酸根的吸收液氨挥发状况

二氧化硫浓度/(g/L)	亚硫酸根/(mol/L)	时间/min	原液的 pH	N 的浓度/(mg/L)		原液中氨浓度/(mol/L)	氨挥发速度/(mol/min)
		0	2.35	取样	原液	0.01925	
35.31428571	0.058	1	2.08	0.404	201.786	0.014	0.0048
		2	2.01	0.348	173.877	0.012	0.0020
		3	2.01	0.311	155.735	0.011	0.0013
		5	2.01	0.311	155.735	0.011	0.0000
		10	2.01	0.311	155.735	0.011	0.0000

表 3-10   0.21mol/L 亚硫酸根的吸收液氨挥发状况

二氧化硫浓度/(g/L)	亚硫酸根/(mol/L)	时间/min	原液的 pH	N 的浓度/(mg/L)		原液中氨浓度/(mol/L)	氨挥发速度/(mol/min)
		0	5.1	取样	原液	0.1571	
40.97142857	0.21	5	3.82	1.651	2063.913	0.147	0.0019
		10	2.94	1.643	2053.447	0.147	0.0001
		15	2.3	1.634	2042.981	0.146	0.0001
		20	2.05	1.615	2018.56	0.144	0.0003
		25	2.04	1.604	2004.605	0.143	0.0002

最初的 5min 左右，氨的挥发量相对较大，这与反应刚开始时溶液 pH 值相对较高有关，高 pH 值使得氨的挥发量相对较大，随着反应的继续、亚硫酸铵含量的上升以及 pH 值的下降，氨的挥发量逐渐减小并且在 pH<2 以后几乎不挥发（表 3-11）。

脱硫的主要反应是亚硫酸铵和二氧化硫反应脱硫，实验表明控制亚硫酸铵含量在 0.22mol/L 为最佳。

为了进一步确定亚硫酸铵含量对于氨挥发的影响，取 1.571mol/L 的氨水 400mL 于吸收瓶中，同时通入 SO_2 气体和空气组成的模拟烟气，在 40℃ 水浴条件下进行反应，并且当吸收液的 pH<6.5 时补充 2mL 纯氨水继续反应。在反应过程中每隔一段时间从吸收瓶中取样 1mL 至 100mL 容量瓶中定容再后在取 1mL 稀释至 50mL 作为取样液，然后用分光光度计测定其中的 N 含量并由此推算出氨含量（其中空气流量为 0.16m³/h，SO_2 流量为 0.1085g/min）。

表 3-11   持续补充氨的状况下氨的挥发状况

时间/min	pH	浓度/(mg/L)		原液中氨浓度/(mol/L)	氨挥发速度/(mol/min)
	11.26	取样	原液	0.1571	
5	9.52	1.693	2116.243	0.151	0.001
10	7.45	1.548	1934.831	0.138	0.003
15	6.31	1.534	1917.388	0.137	0.000
补充		2.209	2761.652	0.197	
20	6.29	2.165	2705.833	0.193	0.001
补充		2.949	3686.157	0.263	
25	6.25	2.890	3612.894	0.258	0.001
30	4.26	2.871	3588.473	0.256	0.000

可以看出在 pH=6.5 左右时氨的挥发量相对较小，同时随着吸收液中亚硫酸铵的累积氨的挥发量也随之慢慢减小。

取氨含量为 0.091mol/L、亚硫酸根含量为 0.0403mol/L 的模拟吸收液 200mL 通入氧气将亚硫酸根氧化为硫酸根，同时测定氨的含量变化：取样 1mL 至 100mL 容量瓶中定容后再取 2mL 稀释至 50mL 作为取液试样 1，然后用分光光度计测定其中的 N 含量并由此推算出氨含量。同样每隔 5min 取吸收瓶 1～100mL 容量瓶中定容后作为试样 2，并对 0.08435mol/L 的 I_2 液进行滴定测定其中亚硫酸根浓度的变化（空气流量为 1600NL/h）。

表 3-12　氧化吸收液中亚硫酸根对氨挥发的影响

时间 /min	滴定 0.1mL 碘消耗 的模拟吸收液/mL	原液中亚硫 酸根含量/(mol/L)	N 的含量/(mg/L)		原液中的氨含量 /(mol/L)	氨挥发速度 /(mol/min)
			试样	原液		
5	23.6	0.036	0.482	1204.298	0.086	
10	28.9	0.029	0.476	1190.343	0.085	0.0002
15	38	0.022	0.468	1169.411	0.084	0.0003
20	47.4	0.018	0.454	1134.524	0.081	0.0005
25	50	0.017	0.434	1085.682	0.078	0.0007

从表 3-12 中可以看出随着亚硫酸根浓度的逐渐上升，氨的挥发量也随着逐渐减小。

⑤ 吸收液不同配比时氨挥发量。配制不同组成成分的吸收液 300mL 于吸收瓶 1 中，再配制 10％的硫酸铵吸收液 200mL 于吸收瓶 2 中。在 40℃水浴条件下向瓶中通入干燥的空气（1.35m³/h）反应，持续 1h。在反应开始以及结束时从吸收瓶 1 中取样 1mL 至 100mL 容量瓶中定容后再取 1mL 稀释至 50mL 作为取样液 1，反应结束后从吸收瓶 2 中取样 50mL 至 100mL 容量瓶中定容作为取样液 2，然后用分光光度计测定其中的 N 含量并由此推算出氨含量。测吸收瓶 1 和吸收瓶中 2 氮的含量进行分析比较不同组成时氨的挥发速度。

由表 3-13 中可以看出在不同溶液配比的状况下随着 pH 逐渐减小氨的挥发也相对得到抑制，但是综合脱硫效率等多方面因素，pH 理论上在 5.5～6.5 之间较好，从实验数据中我们也不难看出在试验中 pH 值在 5.5～6.5 段时，气体中的氨含量比 pH＞7 时有了大幅度的减少，这说明在此 pH 段的脱硫综合效益较佳。

表 3-13　不同溶液配比下氨的挥发状况

硫酸铵含量 /(mol/L)	亚硫酸铵 /(mol/L)	氨含量 /(mol/L)	pH(前)	pH(后)	吸收瓶 1	
					取样 1	原液
0.041	0.211	0.209	5.9	5.25	0.780	3901.758
0.041	0.211	0.335	7.5	7.05	1.073	5367.011
0.041	0.211	0.251	6.74	6.45	0.889	4445.995
0.041	0.211	0.126	4.02	3.62	0.551	2757.466

吸收瓶 1 中氨含量 /(mol/L)(只包含氨水中)	吸收瓶 2 中 取样 2	吸收瓶 2 中 氨含量/(mol/L)	气体中氨含量 /(mol/m)³	对应 pH
0.197	2.251	0.00016	0.028	5.58
0.301	2.047	0.00015	0.075	7.28
0.236	2.500	0.00018	0.035	6.60
0.115	1.880	0.00013	0.024	3.82

⑥ 亚硫酸铵催化氧化。氨法脱硫过程中，废气中的 SO_2 被吸收生成亚硫酸铵，进一步制取硫酸铵。若能将亚硫酸铵直接氧化制取硫酸铵，这将是一个理想的工艺过程。华东理工大学的李伟等研究了初始亚硫酸根浓度 0.3～5.0mol/L，硫酸根浓度 0～1.5mol/L，其实验结果表明：在高浓度（$[SO_3^{2-}]>0.5mol/L$）下，氧化速率随亚硫酸根浓度的增加而降低，高浓度的亚硫酸铵不能被迅速完全地直接氧化成硫酸铵。

同时，用钴离子做催化剂催化氧化亚硫酸铵，用 $Co(NH_3)_6^{2+}$ 和 I^- 组成的体系去完成亚硫酸盐的催化氧化。$Co(NH_3)_6^{2+}$ 充当催化剂，I^- 充当助催化剂，空气中的氧溶解在反应溶液中充当氧化剂。

随着氧浓度减少或氨水浓度的增加，复杂络合物的氧会脱离：

$$2Co(NH_3)_6^{2+}+O_2 \Longleftrightarrow [(NH_3)_5Co\text{-}O\text{-}O\text{-}CO(NH_3)_5]^{4+}+2NH_3 \qquad (3\text{-}83)$$

亚硫酸盐在氨水中能快速地被氧化是由于$[(NH_3)_5Co-O-O-CO(NH_3)_5]^{4+}$的存在：

$$SO_3^{2-}+2NH_3+H_2O+[(NH_3)_5Co-O-O-CO(NH_3)_5]^{4+}\longrightarrow$$
$$SO_4^{2-}+2OH^-+2Co(NH_3)_6^{3+} \tag{3-84}$$

为了维持氧分子的氧化活性，必须再次使 $Co(NH_3)_6^{3+}$ 还原成 $Co(NH_3)_6^{2+}$，一种可行的方法是在溶液中加入少量的碘离子，碘离子从 $Co(NH_3)_6^{3+}$ 中取代一个氨气分子：

$$Co(NH_3)_6^{3+}+I^-\longrightarrow Co(NH_3)_5I^{2+}+NH_3 \tag{3-85}$$
$$Co(NH_3)_6I^{2+}+2I^-\longrightarrow Co^{2+}+6NH_3+3/2I_2 \tag{3-86}$$
$$Co^{2+}+6NH_3\longrightarrow Co(NH_3)_6^{2+} \tag{3-87}$$

而碘在的反应生成 $Co(NH_3)_5I^{2+}$ 时可能产生副反应：

$$H_2O+I_2+SO_3^{2-}\longrightarrow 2I^-+SO_4^{2-}+2H^+ \tag{3-88}$$

随着反应温度的增加，氧化速率逐渐增加，当反应温度为 50℃ 时，转化速率最快；当温度继续增加时，氧化速率减慢。反应温度为 50℃ 左右时，亚硫酸铵转化率最佳。

在亚硫酸铵浓度较低（0.500mol/L）时，氧化反应较容易，但随着亚硫酸铵浓度的增加，氧化难度逐渐增大；当亚硫酸铵达到一定浓度（1.50mol/L）时，亚硫酸铵氧化速率很缓慢。

催化剂浓度随着催化剂浓度的增加，亚硫酸铵氧化速率显著提高，当催化剂达到一定浓度时，对亚硫酸铵氧化速率增加趋势影响不明显。

根据上述实验结果，得出最佳反应条件为：亚硫酸铵初始浓度 $c[(NH_4)_2SO_3]$ 为 1.00mol/L（10.4%），催化剂硫酸钴浓度 $c[CoSO_4]$ 为 0.015mol/L，反应温度为 50℃。

⑦ 硫酸铵结晶工艺研究。蒸发结晶包括三个阶段：溶液达到过饱和、晶核形成和晶体生长。溶液达到过饱和是结晶的先决条件，由该蒸发系统中输入的热量决定，并受传热规律的制约。一旦溶液达到过饱和状态，就会自发或者受引导而成核，根据经典热力学方程导出的成核速率公式中，成核速率是过饱和度的函数，说明过饱和度在晶体成核中的决定作用，而过饱和度直接由溶液中的传质传热状况所决定。当晶核粒度大于临界粒度时，晶核能够稳定地存在，并在外界推动力下进一步生长。晶体生长受到温度、过饱和度、搅拌、杂质、溶液 pH 值以及晶体粒度等多种因素的影响。由于影响因素太多，且部分影响机理还在继续研究之中，所以没有一个涵盖各个因素的确切的晶体生长速率函数表达式。总的来说，晶体的生长可以分两个步骤：溶质扩散步骤和表面反应步骤。溶质扩散即待结晶的溶质借助扩散穿过靠近晶体表面的一个静止液层，从溶液中转移至晶体表面。表面反应过程，即到达晶体表面的溶质嵌入晶面，使晶体长大，同时放出结晶热。由于晶体生长的两个步骤都受传热传质规律的制约，确定其影响规律并最终确定操作参数对结晶产品的影响规律就显得至关重要了。

a. 晶种的影响。结晶操作中，必须提高晶体产品的主粒度，使粒度分布趋于集中，这种作用在沉淀结晶中尤为突出。对于某些物系，由于结晶介稳区宽度较大，若不投加晶种很容易发生爆发成核，产生大量的细晶，这样晶核数远大于加晶种操作时的晶核数，导致最终产品主粒度较小。晶种加入量取决于整个结晶过程中可被结晶出来的溶质量、晶种的粒度和所希望得到的产品粒度。假设过程中无晶核的生长，则产品的粒子总数等于晶种的粒子总数，即由下式计算得加入晶种的质量：

$$M_s=M_p(L_s^3/L_p^3)$$

式中，M_s、M_p 为晶种和产品的质量；L_s、L_p 为晶种和产品的平均粒度。

未加入晶种与加入晶种的硫酸铵产品粒度分布曲线见图 3-14。

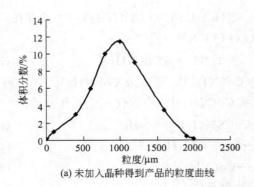

(a) 未加入晶种得到产品的粒度曲线

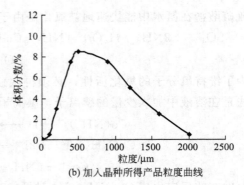

(b) 加入晶种所得产品粒度曲线

图 3-14　产品的粒度曲线

表 3-14　加晶种与未加晶种产品的 M.S. 值和 C.V. 值

项目	加晶种	未加晶种	项目	加晶种	未加晶种
M.S.	782.54	590.41	C.V.	47.44	68.53

所得结晶产品的 M.S. 值和 C.V. 值见表 3-14 所示。

从图 3-14 及表 3-14 可以看出，加入晶种后所得到的硫酸铵晶体，粒度变大，同时晶形也较完整。这说明加入晶种，可使晶体的 M.S. 值增大，得到粒度较为均匀的产品。

b. 搅拌速率的影响。搅拌速率是影响结晶的一个重要参数，对于产品的质量有很大影响，它决定流体的流动状态以及成核速率的大小等。同时，搅拌速率也对介稳区宽度有所影响。在晶核的成长阶段，二次成核为晶核的主要来源，接触成核机理占主导作用，此时晶核生成量与搅拌强度有直接关系。随着搅拌速率的增大，晶体与浆液、晶体与晶体、晶体与器壁之间的碰撞概率和碰撞强度增大，使成核速率增大。工业结晶中，通常为了避免过量的晶核产生，搅拌速率总是控制在适应的低转速下进行。

实验通过对三种不同搅拌速度对于所得到的产品粒度的影响进行了比对。在实验过程中，分别在其他实验条件相同的条件下，采用三种不同的搅拌速度，恒速搅拌，所得到产品粒度分布对比曲线如图 3-15 所示。

所得结晶产品的 M.S. 值和 C.V. 值见表 3-15 所示。

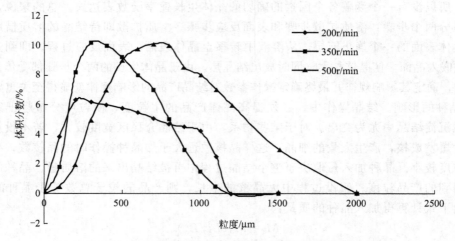

图 3-15　不同搅拌速率下的产品粒度分布对比

表 3-15　不同搅拌速率下产品的 M. S. 值和 C. V. 值

搅拌速率/(r/min)	200	350	500	搅拌速率/(r/min)	200	350	500
M. S. /μm	774.23	477.01	258.95	C. V.	48.76	44.56	82.14

通过图 3-15 及表 3-15 可以看出，当转速为 500r/min，C. V. 值较大，而粒度偏小，这就表明转速较大时所得的产品粒度较小，同时分布也不均匀。而就粒度大小比较可以看出，低速搅拌对粒度的增大更有利一些。搅拌速度为 350r/min 时的 C.V 值比 200r/min 时的值要小一些，这就说明 350r/min 时，虽然粒度相对小一些，但粒度分布更均匀一些。

搅拌速率过大时，将晶核打散，使得出现很多细小的粒子。而搅拌速率较小时，混合不充分，使得粒度大小分布不均匀。在工业结晶过程中，可以考虑采用变速结晶的方法，即在蒸发过程初期控制搅拌速率在 500r/min 作用，当晶体析出后，转速改为 200～350r/min。

c. 蒸发温度的影响。在蒸发结晶过程中，蒸发速率决定着过饱和度的产生速率，而过饱和度的大小又是决定晶体成核、成长的关键因素，所以控制好蒸发速率对于整个蒸发结晶过程具有决定意义。作为真空蒸发系统，蒸发速率往往是由系统的真空度来决定的，而真空度也就决定了系统在蒸发时的温度。因此，考虑到在工业生产中，蒸发温度相比速率更加容易控制，同时也便于比较，本实验分别对三个不同蒸发温度下进行的结晶过程进行了研究。

实验中，蒸发温度通过真空度来控制。结晶器中的母液先用水浴预热到接近所要的蒸发温度后，再开启真空泵，这样可以避免在升温过程中的蒸发现象，使得蒸发速率产生变化。为了考察蒸发温度对结晶过程的影响，三组实验中出真空度及加热温度不同外，其他条件均一致。实验所得到产品粒度分布曲线如图 3-16 所示。

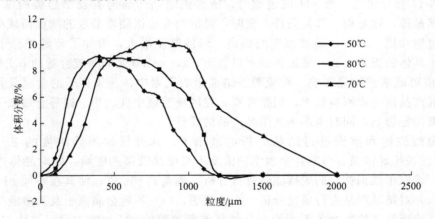

图 3-16　不同蒸发温度下的产品粒度分布曲线

不同蒸发温度下的产品 M. S. 值和 C. V. 值见表 3-16。

表 3-16　不同蒸发温度的产品 M. S. 值和 C. V. 值

蒸发温度/℃	50	70	80	蒸发温度/℃	50	70	80
M. S. /μm	351.46	754.23	535.61	C. V.	64.96	44.56	61.06

通过实验结果对比可以看出，蒸发温度过高或过低，产品的 M. S. 值都会有所减小，但是当温度为 50℃时，粒度相对更小。由于蒸发温度过低，表明系统内真空度过高，这使得母液中的过饱和度增加，成核速率增加，使得晶体产品的主粒度较小，并且粒度分布也不太均匀。而当蒸发温度过高时，晶体在溶液中与搅拌桨和结晶器壁之间的碰撞增加，形成的细

小晶体数量增多，也使得粒度分布不均匀。所以，蒸发温度对于结晶产品的粒度分布有一定的影响。在实际工业生产中，在考虑节省能源的同时，选择一个合适的蒸发温度，也便于对系统蒸发过程的控制。

d. pH 值的影响。溶液的 pH 值对于结晶介稳区的宽度也是有一定的影响的。随着母液酸度的提高，结晶的平均粒度下降，晶体形状也会有所改变。本实验就 pH 值对结晶产品晶形的影响进行了研究。由于工业生产中，结晶母液可能含有一定量的重金属杂质，因此母液应保持一定的酸性。同时，硫酸铵也属于强酸弱碱盐，一般纯硫酸铵溶液的 pH 值范围为 4.8~6.0 之间。本实验中，分别调节结晶母液的 pH 值为 1.0 和 2.5。在其他操作条件相同的条件下，进行结晶操作，得到的产品通过电子显微镜观察晶形。两种产品晶形的电子显微镜照片见图 3-17。

pH = 1.0   pH = 2.5

图 3-17　不同 pH 值下的硫酸铵晶体的电子显微镜照片（放大 40 倍）

由图 3-17 照片可见，当 pH 值过低时，所得到结晶产品为有胶结趋势的细长六棱形，甚至是针状晶体。这是由于其他条件不变时，母液的介稳区随着酸度的增加而减小，不能保持必需的过饱和度。同时，随着酸度的提高，母液黏度增大，增加了硫酸铵分子的扩散阻力，阻碍了晶体的正常成长。通过实验可以得出，2.0~3.0 之间为较合适的 pH 值范围。

e. 杂质对硫酸铵结晶影响。在硫酸铵结晶影响因素中，金属离子的含量及其 pH 值的大小对结晶产品的生成影响较大，根据资料，在脱硫滤液中铁、铝、锰等金属离子的含量对结晶过程有一定影响，同时也影响到结晶产品的质量。

在对硫酸铵饱和溶液进行结晶分析的基础上，通过投加不同浓度的 Fe^{3+}、Al^{3+}、Mn^{2+} 的硫酸铵饱和溶液，考察各金属不同浓度下对结晶效果的影响，并对晶体进行照片分析。同时，选取了某钢铁厂的脱硫滤液进行分析，调整其 pH 值，使其在不同 pH 值条件下进行结晶，并对结晶产品进行质量分析，实验证明：（a）不同金属离子及其溶液中的浓度对饱和硫酸铵溶液结晶的影响各不相同，且结晶前后溶液的 pH 也有差异，其中以 Fe^{3+} 影响最大，可直接影响到结晶产品的生成，过高的 Fe^{3+} 浓度会抑制硫酸铵的结晶。（b）在对实际脱硫滤液的硫酸铵结晶生产中，将结晶时 pH 值控制在 4.0~4.5 可以达到对硫酸铵产品的一个较好质量，颗粒分布均匀，粒度大小合适，且产品颜色也符合硫酸铵产品的质量标准。

3.1.2　干法脱硫

干法烟气脱硫是将加入炉内或喷入烟气中的干性脱硫剂与 SO_2 发生气固反应，达到脱除 SO_2 的目的。干法烟气脱硫具有以下特点。

① 投资费用低，脱硫产物呈干态，并与飞灰相混。

② 无需安装除雾器及烟气再热器，设备不易腐蚀，不易发生结垢及阻塞。

炉内喷钙脱硫是目前最常用的干法烟气脱硫工艺。该系统工艺简单，脱硫费用低，

Ca/S在2以上时，用石灰石和消石灰作吸收剂，烟气脱硫效率可达60%以上。

干法脱硫技术主要有以下几种。

(1) 高能电子活化氧化法　利用放电技术同时进行脱硫脱硝的干式烟气净化方法，脱硫、脱硝、反应三个过程在反应器内相互重叠，相互影响。根据高能电子的产生方法，可分为电子束照射法（EBA）和脉冲电晕等离子法（PPCP）。EBA法脱硫脱氮装置的流程图如图3-18所示。

(2) 荷电干吸收剂喷射脱硫法（CDSI）　其系统图如图3-19所示。

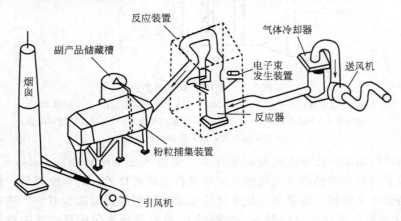

图3-18　EBA法脱硫脱氮装置流程图

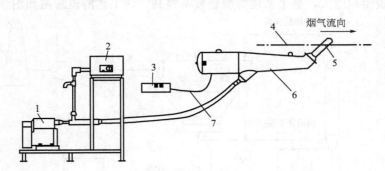

图3-19　CDSI系统图

1—反馈式鼓风机；2—干粉给料机；3—高压电源发生器；4—烟气管道；
5—安装板；6—喷枪主体；7—高压包心电缆

荷电干吸收剂喷射系统（CDSI）是美国最新专利技术，于20世纪90年代由美国阿兰柯环境资源公司（AlancoEnvironm ental Resources Co）开发。常规的干式脱硫技术存在两个难题：①反应温度与烟气滞留时间；②吸收剂与SO_2接触不充分。CDSI系统将其克服，使脱硫在常温下进行成为可能。

美国亚利桑那州Prescott的沥青厂安装了该技术的第一套工业应用装置。1995年下半年以来，在我国山东德州热电厂75t/h煤粉和其他几个厂的中小锅炉得以应用。在Ca/S为1.5左右时，脱硫率达60%～70%。

(3) 超高压窄脉冲电晕分解有害气体技术（UPDD）　鞍山静电技术研究院的白希尧提出并研究了UPDD技术，UPDD可同时治理SO_2、NO_x和CO_2这3种有害气体，技术较新，仍处于研究阶段。UPDD的试验流程图如图3-20所示。

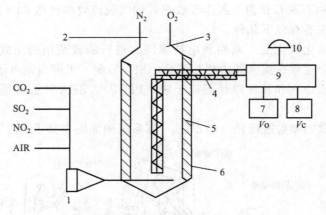

图 3-20 UPDD 试验流程图

1—气体混合器；2—CO₂、SO₂、NO₂、O₂、N₂ 测试装置；3—反应器本体；
4—绝缘体；5—电晕极；6—催化剂；7—直流高压电源；8—超高压脉冲电源；
9—波形成形器；10—脉冲参数测试仪

（4）炉内喷钙循环流化床反应器脱硫技术 德国 Simmering Graz Pauker/Lu-rgi Gmbh 公司开发研制了用炉内喷钙循环流化床反应器进行脱硫的技术。基本原理是：将石灰石喷入锅炉炉膛适当部位来固硫，将循环流化床反应器装到尾部烟道电除尘器前，随着飞灰将未反应的 CaO 输送到循环流化床反应器内，大颗粒 CaO 在循环流化床反应器中被湍流破碎，这样 SO_2 的反应表面积增大，整个系统的脱硫效率提高。该工艺的流程图如图 3-21 所示。

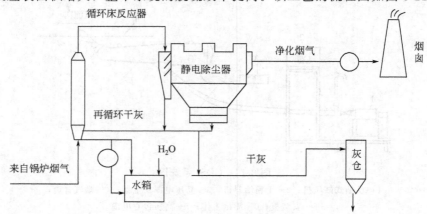

图 3-21 炉内喷钙循环流化床反应器脱硫工艺流程图

目前该技术脱硫率可达 90% 以上，这已在德国和奥地利电厂的商业运行中得到证实。

（5）活性炭法

① 移动床吸附二氧化硫。活性炭法作为一项干法脱硫技术，可实现脱硫、除尘、脱硝、脱汞以及脱除二噁英等多种功能。日本新日铁于 1987 年在名古屋钢铁厂 3 号烧结机设置的一套利用活性炭吸附烧结烟气脱硫、脱硝装置可以同时实现较高的脱硫率（95%）和脱硝率（40%），而且能够有效脱除二噁英，并具有良好的除尘效果。日本 JFE 福山厂的 4 号、5 号烧结机也使用了活性炭法，烟气处理量分别达到了 $110\times10^4 m^3/h$ 和 $170\times10^4 m^3/h$，活性炭消耗量分别为 100t/月 和 150t/月，脱硫率 80%，除尘率 60%，脱二噁英率 98%，二噁英排放浓度可降到 $0.01\sim0.05 ng/m^3$。

吸附法脱硫工艺如图 3-22 所示。

该方法的原理：经升压鼓风机把烟气送往移动床吸收塔，把氨气从吸收塔入口处添加来脱硝。吸收塔内 SO_x、NO_x 参加反应，活性炭将反应生成的硫酸和铵盐吸附除去。将吸附后的活性炭送入脱离塔加热至 $400℃$ 后，SO_2 可以很高的浓度被解析出来，可用它生产高纯度硫黄（99.95％以上）或浓硫酸（98％以上）；活性炭因此得到再生，可经冷却、除杂后送回吸收塔进行循环使用。烟气温度在活性炭法处理烟气的过程中并没有下降，不用先加热烟气再排放，这与其他脱硫技术是不同的。

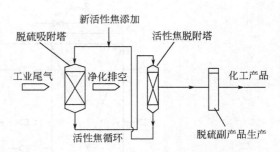

图 3-22　吸附法脱硫工艺流程

吸附法脱硫的不足为：一是活性炭制备要求和价格高，系统投资、运行费用高。目前太钢在建 2 座装置合计投资约 10 亿元，运行成本 8000 万元。二是能耗高，占地面积较大。如与 1 套 $450m^2$ 烧结机配套的脱硫设备须占地 $3455m^2$（长约 71.65m、宽约 48.22m）。三是操作要求高（烟气二氧化硫含量和温度要稳定）。四是活性炭再生能耗高，加热解吸易自燃爆炸。若其关键设备国产化后，可降低投资。

② 变压吸附浓缩二氧化硫。对活性炭变压吸附（Pressure Swing Adsorption，PSA）法脱除烟气中的二氧化硫废气进行了研究。在治理二氧化硫污染的同时，还可以浓缩 SO_2。浓缩后的二氧化硫可用于制酸，或者作其他用处，并且活性炭可以循环再生使用。

a. 变压吸附装置。变压吸附浓缩二氧化硫实验装置主要由气体发生源、吸附柱、尾气处置系统和测试与控制系统组成，如图 3-23 所示。吸附柱检测点位置如图 3-24 所示。

经典的变压吸附循环为 2 床 4 步式循环。通常包括充压、吸附、放空与吹扫，在工业实

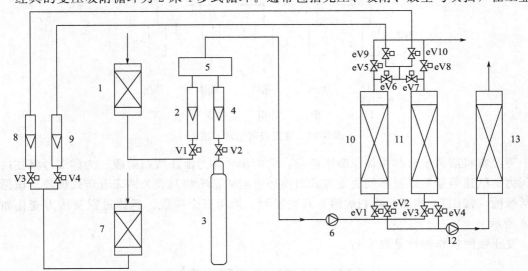

图 3-23　变压吸附处理 SO_2 的空气混合气体流程图

1—硅胶干燥柱Ⅰ；2—载气流量计；3—SO_2 钢瓶；4—SO_2 流量计；5—气体混合器；6—压缩机；
7—硅胶干燥柱Ⅱ；8—吹扫脱附流量计；9—真空脱附流量计；10—变压吸附床Ⅰ；
11—变压吸附床Ⅱ；12—真空泵；13—尾气处理吸附柱
注：图中 V 表示手动控制阀，eV 表示电磁阀

第 3 章　含硫化合物净化技术　◀ **105** ▶

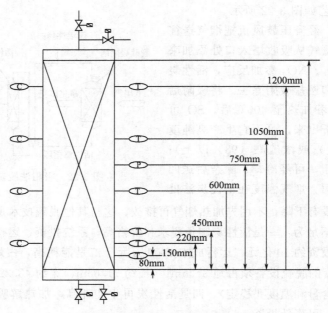

图 3-24 吸附柱检测点位置示意图

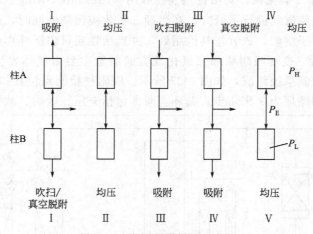

图 3-25 变压吸附循环示意图

践中更经常将前两步合称为加压吸附阶段，后两步合称为泄压吹扫阶段。为详细考察柱内气体压力、气速等参数以及不同脱附方式对循环过程的影响将其设为两床五步式循环。该循环包括吸附（常压）、均压、吹扫脱附、真空脱附、均压五个阶段。具体过程及压力变化如图 3-25 所示。

变压吸附操作参数见表 3-17。

表 3-17 变压吸附 SO$_2$ 烟气的操作条件

时间段	I	II	III	IV	V	VI	…
时间/s	0～30	30～270	300～303	303～333	333～603	603～606	…
吸附床 A	AD		DPE	PDE	VDE	PPE	…
吸附床 B	PDE	VDE	PPE	AD		DPE	…

说明：AD—吸附，DPE—均压降，PDE—吹扫脱附，VDE—真空脱附，PPE—均压升。

b. 实验结果与讨论

（a）变压吸附过程压力变化规律。变压吸附过程中吸附床内的压力是周期性变化的，两床压力变化的实验数据如图 3-26 所示。当 B 吸附床高压（比大气压略大 5kPa）吸附时，则 A 吸附床先处于吹扫低压（比大气压低约 58kPa）脱附状态，随后处于真空低压（比大气压低约 91kPa）脱附状态；当吸附和脱附过程完成时，进行均压，两床内的压力在短时间内迅速达到平衡，该实验中均压时间为 3s，且两床在均压时段内都达到了压力平衡。从图 3-26 中可以看到，在吸附段的前 3s 时，吸附升压迅速增大，压力迅速趋于稳定，然后达到 106kPa 的工作压力；在吹扫脱附段的前 3s 柱内压力迅速降到其工作压力，随后在真空脱附段的前 10s 柱内压力迅速达到其工作压力，由于该时间很短，故可以把吸附和脱附时的压力当作是稳定的。

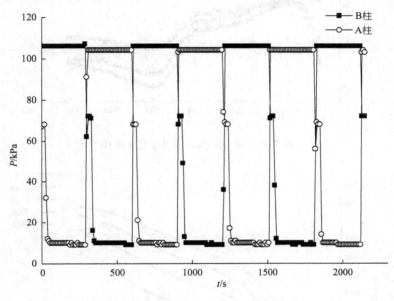

图 3-26 吸附床内的压力变化情况

（b）变压吸附过程温度变化规律。图 3-27 描述了 A 柱第 300 个周期内在高度分别为 80mm、150mm、220mm、600mm、1050mm、1200mm 处的温度 T_1、T_2、T_3、T_4、T_5、T_6 的变化曲线。

随着变压吸附浓缩二氧化硫气体过程的进行，传质区在自上向下移动，但是到达一定时间以后，吸附量和脱附量开始达到稳定，传质区也就维持在吸附柱内一定的高度，且变压吸附过程中温度受吸附热的影响较大。温度波动较大的区域即为传质区发生的区域，并由此可以确定出传质区的情况。即如果知道柱体任意高度处的温度变化曲线，即可确定传质区的长度以及传质区的移动情况。通过监测柱内不同高度处的温度变化以直接表征变压吸附过程中传质区的变化是一种行之有效的手段。

（c）吸附段段气相组分浓度变化规律。图 3-28 为在高度为 0.15m 处测点所测得当柱 A 分别处于变压吸附周期中吸附阶段 50s、110s、170s、230s、290s 的二氧化硫浓度情况。

在柱高为 0.15m 时，由图 3-28 可知，随着变压吸附浓缩 SO_2 气体的循环进行，吸附阶段的 50s、110s、170s、230s、290s 的二氧化硫浓度在变压吸附循环的初期相差不大，但是到了 100 个周期以后，50s 的二氧化硫浓度与 110s 的二氧化硫浓度相比，它们之间的差值开始变大，差不多在 250 个周期以后，它们以稳定的差值同步增大。这是因为在变压吸附的前期，由于进口的二氧化硫气体浓度比较小，活性炭微孔吸附起主要作用，随着循环的进行，

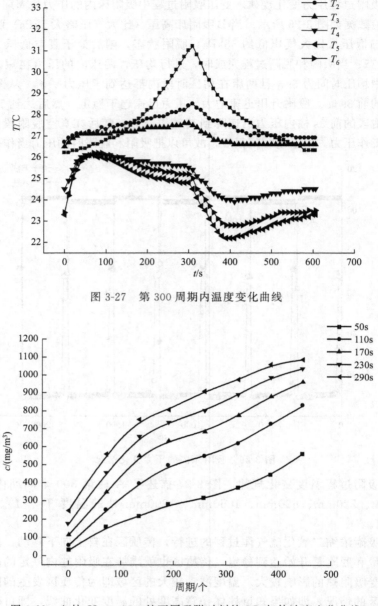

图 3-27　第 300 周期内温度变化曲线

图 3-28　A 柱 $H=0.15\text{m}$ 处不同吸附时刻的 SO_2 气体浓度变化曲线

由于脱附不完全，还有一部分的 SO_2 残留在微孔中，活性炭微孔内吸附相的组分分子逐渐填满靠近表面的微孔，当到达 250 个周期以后，微孔吸附脱附已经基本上处于动态平衡。而吸附阶段的 110s、170s、230s、290s 的二氧化硫浓度曲线几乎以相同的斜率增加。这是因为在吸附阶段的前期主要为微孔吸附，到吸附段的 110s 以后，活性炭表面微孔逐渐填满，这时主要是表面大孔多分子层吸附，故它们从变压吸附的初期就以几乎相同的斜率增加。随着变压吸附循环的进行，二氧化硫浓度变化曲线的斜率逐渐减小，大概在 400 个周期以后趋于稳定。

　　(d) 吹扫脱附阶段的脱附气。图 3-29 为吸附质在吹扫阶段分别处于吹扫脱附 5s、10s、20s、25s 时，脱附浓缩率（吹扫脱附气浓度 c_o 与进气浓度 c_i 的比值）的变化曲线。

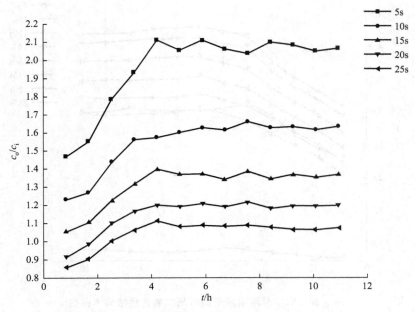

图 3-29　吹扫脱附阶段不同时刻二氧化硫脱附浓度

由图 3-29 可知,在变压吸附初期生成的脱附气浓度较低,浓缩效果不是很好,随着变压吸附循环的进行,脱附浓缩率以很大的斜率较快地增长,大约在 4h 以后,脱附浓度可以维持在一个比较稳定的阶段,吹扫脱附 5s、10s、15s、20s、25s 时的脱附气浓度依次降低。由图 3-29 可以看出,吹扫脱附 5s、10s、15s、20s、25s 的五个曲线的斜率几乎相等,表明这五个不同的脱附时刻的二氧化硫的脱附气浓度以几乎相等的速率变化。而且相比较而言,5s、10s、15s、20s 时二氧化硫的浓缩曲线相差较大,而在 20s、25s 的曲线则较为相近,差别较小。这表明在吹扫脱附 20s 以后的时间里,二氧化硫的脱附气浓缩率不会发生太大变化,且此时产生的气体浓缩率较低。即在 20s 以后已经不适合回收和浓缩二氧化硫气体。

吹扫脱附时刻越短,二氧化硫气体的浓缩率越高;吹扫脱附的真空度越高,二氧化硫气体的浓缩效果越好,若把吹扫流量减小,可以提高吹扫脱附的真空度,可以使二氧化硫的浓度效果提高。考虑到经济性、浓缩效果等原因可以把吹扫脱附段时间设定为 20s。

(e) 真空脱附阶段的脱附气。图 3-30 为变压吸附处理二氧化硫气体真空脱附阶段里脱附时刻分别为 40s、75s、110s、145s、180s、215s、250s、285s 时,二氧化硫的脱附浓缩率(即脱附浓度与进气浓度的比值 c_o/c_i)在变压吸附前 11h 的变化曲线。

由图 3-30 可以看出不同脱附时刻二氧化硫脱附气体的浓缩率均随着变压吸附处理二氧化硫气体过程的进行,随着时间缓慢上升,达到一个峰值,随后缓慢下降,并逐渐趋于稳定。同时也可以看出脱附段 40s 与脱附段 70s 的脱附浓缩率相差很大,随后脱附浓缩率随着脱附时刻的进行在 110s 达到最大值,然后又慢慢降低。同时可以看出 110s、145s 的二氧化硫脱附浓缩曲线较为接近,215s、250s、285s 的二氧化硫脱附浓缩曲线也较为接近,而180s、215s 二氧化硫脱附浓缩曲线相差较大。整个真空脱附阶段,吸附时刻越小,脱附气的浓缩率越高,浓缩效果越好;随着变压吸附浓缩二氧化硫气体的进行,脱附效果降低。且对于真空脱附而言,由于吹扫时气体流量(0.9L/min)很小,远小于混合进气流量(1.60m³/h),使得气体的浓缩效果较好。由于真空脱附时为达到一定真空度(−91kPa),消耗能量较大。为合理利用资源和提高吹扫混合气体中二氧化硫脱附气的气体浓缩率,应将

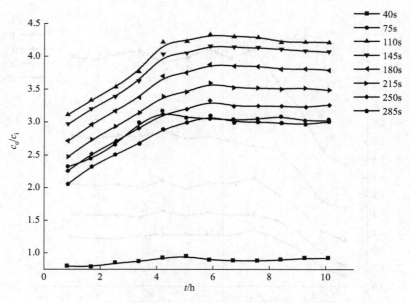

图 3-30　真空脱附阶段不同时刻二氧化硫浓缩率曲线

真空脱附段时长设为 150s。

（f）脱附气随着周期的变化规律。图 3-31 为变压吸附处理二氧化硫气体脱附阶段里变压吸附周期分别为第 45 周期、第 55 周期、第 65 周期的二氧化硫的脱附浓缩率（即脱附浓度与进气浓度的比值 c_o/c_i）的变化曲线。在变压吸附的一个周期内脱附气的浓缩率先是快速的下降，然后是快速上升，最后是缓慢减小。变压吸附可以很快地让脱附气达到一个比较稳定的状态。

（g）变压吸附过程的净化气。图 3-32 描述了当吸附柱处于吸附阶段期间，出口处气体组分 SO_2 在不同时刻（50s、100s、150s、200s、250s 时）SO_2 的净化气浓度与进气浓度的比值 c_o/c_i 的变化曲线。从图 3-32 可以看出，各个时刻 SO_2 的净化率都是一样，净化率为 100%，出口处检测不到 SO_2 气体的存在，说明净化效果很好。这可能是因为所填充的吸附

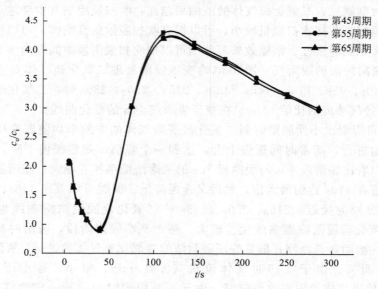

图 3-31　脱附时刻二氧化硫浓缩曲线

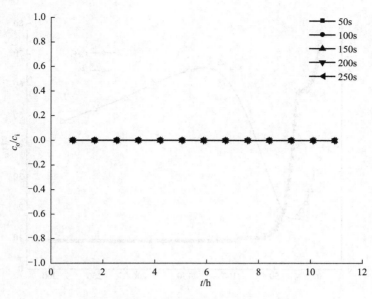

图 3-32　不同时刻的 SO₂净化曲线

柱比较高，二氧化硫始终没有穿透床层，这也说明了为什么在 0.6m 以上吸附床都没检测到二氧化硫气体的存在。

（h）吸附床传质区变化规律。图 3-33 为吸附时吸附床内浓度在 50s、110s、170s、230s 和 290s 时的分布情况。由图 3-33 可以看出，二氧化硫的浓度沿着吸附床的方向逐渐降低，不同时间二氧化硫浓度曲线的形状基本相同，但随时间增加，二氧化硫浓度波峰面逐渐向吸附床顶端移动。吸附床中的活性炭的饱和情况随着吸附时间的增加从底端向顶端不断发展。在吸附阶段结束时，二氧化硫的浓度波前沿距离距离吸附床顶端还有一定距离，表明整个吸附床中还有部分活性炭没有达到饱和状态，因此可以将吸附时间延长一些。利用二氧化硫浓度波在床层中的移动情况可以确定吸附阶段所需的时间。

（i）脱附压力对脱附浓缩率和瞬时脱附量的影响。图 3-34 为变压吸附达到稳定条件下，

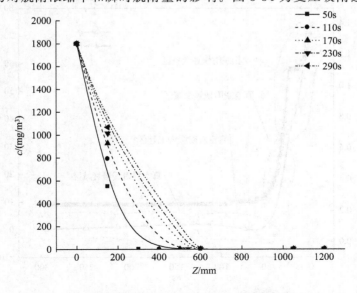

图 3-33　不同吸附时刻的吸附床 SO₂浓度变化曲线

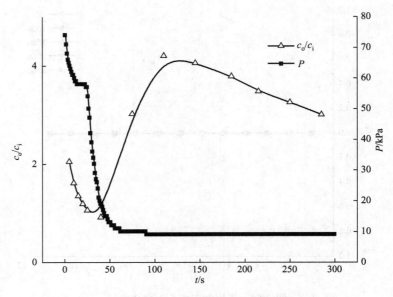

图 3-34 脱附时刻 SO_2 浓缩曲线与脱附压力

脱附时间为 300s 时，脱附压力与 SO_2 浓缩曲线的关系。随着脱附的进行，脱附压力先降低，SO_2 浓缩率随着时间的增大，先呈现出指数函数的衰减，虽然压力下降有利于 SO_2 脱附，但是到了吹扫脱附的末期，SO_2 的脱附变得困难了，需要克服的吸附力变大，此时活性炭孔中的二氧化硫比较难以脱附。当脱附压力降到 19kPa 时，SO_2 浓缩率又随着时间的增大而增加，脱附压力达到 9kPa 时，SO_2 浓缩率达到最大，随后脱附压力不变，SO_2 浓缩率随着时间的增加线性减小。吸附段 40s 以后脱附浓缩率增大主要是因为随着压力的降低，吸附在活性炭孔中的二氧化硫以较快的速度脱附；而吸附段 110s 以后 SO_2 浓缩率随着时间的增加线性减小主要是因为被吸附在活性炭上的二氧化硫随着时间增加而减小。

瞬时脱附量 q(mg/s) 为某一时刻脱附气浓度与脱附气流量的乘积。图 3-35 为变压吸附

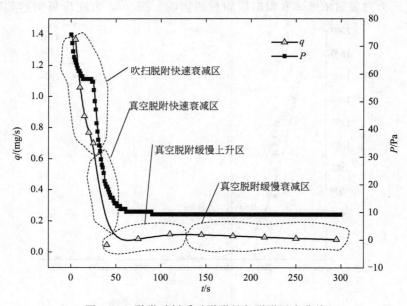

图 3-35 脱附时刻瞬时脱附量与脱附压力曲线

达到稳定条件下，脱附时间为 300s 时，瞬时脱附量 q 与脱附压力 P 的关系曲线。由图 3-35 的瞬时脱附量曲线可以看出，瞬时脱附量明显被分为 4 个特征区域：吹扫脱附快速衰减区、真空脱附快速衰减区、真空脱附缓慢上升区和真空脱附缓慢衰减区。在以不同的真空度吸附柱进行脱附时，瞬时脱附量的变化情况有两种。第一，脱附真空度较小（即处于吹扫脱附阶段；脱附气流量 $1.3m^3/h$）时，瞬时脱附量先迅速降低再缓慢减少。第二，脱附真空度较大（即处于真空脱附阶段；脱附气流量 $0.9L/min$）时，瞬时脱附量的变化极其复杂，当瞬时脱附量下降到一定程度后，会有缓慢的上升，达到一个最大值，然后再以较缓慢的速率继续下降。

第一种情况是因为随着脱附的进行，在活性炭上吸附的二氧化硫量逐渐减少，瞬时脱附量以较快速率降低，但当脱附压力降到一定值（58kPa）以后，瞬时脱附量降低的速度减慢。

第二种情况中真空脱附瞬时脱附量快速衰减是因为虽然脱附压力迅速降低，有利于被吸附的二氧化硫从活性炭上脱附，但是脱附气的流量减少的更大。真空脱附瞬时脱附量缓慢上升可能是由于毛细管现象的原因，随着脱附压力（脱附压力小于 19kPa）的继续降低，大孔内的凝聚液首先蒸发，在孔壁上留有吸附膜；再降低压力，次大孔内的凝聚液蒸发，孔壁上留有吸附膜，但同时大孔孔壁上的吸附膜变薄。所以压力降低造成的脱附量由两部分组成：与压力改变相应的空腔内凝聚液的蒸发和孔壁吸附膜的厚度减小。然而，由于活性炭孔径的不一致，可能会在孔径相对较大处形成由凝聚液封闭的空腔。当脱附进行时，空腔内气体的压力等于空腔外气体与凝聚液压力之和，二氧化硫在其中的分压要大于空腔外的。这样，在凝聚液没有完全蒸发前，空腔内表面脱附的程度要小于空腔外的，并且有气体脱附也被凝聚液封闭在空腔内。当封闭凝聚液完全蒸发后，这部分气体被释放出来。因此，脱附速度减缓，造成瞬时脱附量曲线缓慢上升。

3.1.3　半干法脱硫

半干法烟气脱硫工艺是在吸收塔内完成脱硫过程的。将生石灰粉（或小颗粒）经制浆系统掺水、搅拌、消化后制成具有很好反应活性的熟石灰 $[Ca(OH)_2]$ 浆液，制成后的吸收剂浆经泵送至吸收塔上部，由喷嘴或旋转喷雾器将石灰浆吸收液均匀地喷射成雾状微粒，这些雾状石灰浆吸收液与引入的含二氧化硫的烟气接触，发生强烈的物理化学反应，其结果是低湿状态的石灰浆吸收液吸收烟气中的热量，其中的大部分水分汽化蒸发，变成含有少量水分的微粒灰渣，在石灰浆吸收液吸热的同时，吸收烟气中二氧化硫的过程同时进行，吸收二氧化硫的化学反应过程如下：

$$SO_2 + Ca(OH)_2 + H_2O \longrightarrow CaSO_3 \cdot 0.5H_2O + 1.5H_2O \tag{3-89}$$

$$CaSO_3 \cdot 0.5H_2O + 0.5O_2 + 1.5H_2O \longrightarrow CaSO_4 \cdot 2H_2O \tag{3-90}$$

根据脱硫塔结构的不同，可分为以下几种，现加以介绍。

① 炉内喷钙尾部增湿活化法（LIFAC 法）。在目前世界许多厂商研究开发的以石灰石喷射为基础的半干法脱硫工艺中，芬兰 Tampella 和 IVO 公司开发的 LIFAC（Limestone Injection into the Furnace and Activation of Calcium Oxide）工艺，于 1986 年首次投入商业性运行，并迅速得到了推广。

LIFAC 烟气脱硫工艺是在燃烧的锅炉内适当温度区喷射石灰石粉，并在锅炉空气预热器后增设活化反应器，用于脱除烟气中的二氧化硫。因此，LIFAC 法可以分为两个主要阶段：炉内喷钙和炉后增湿活化。但存在一些问题是炉内喷钙需对锅炉进行改动，同时喷如的石灰石粉可能造成受热面的磨损，同时还可能影响锅炉的运行效率。

我国的下关和绍兴钱清电厂引进了 LIFAC 装置。

② 旋转喷雾法（LSD法）。喷雾干法烟气脱硫是利用喷雾干燥的原理，在对吸收剂进行喷雾干燥的过程中完成对烟气中二氧化硫的脱除，这是由美国 JOY 公司和丹麦 NIRO 公司共同开发的脱硫工艺。20世纪70年代初，喷雾干燥技术应用于电厂的烟气脱硫后得到迅速发展。80年代开始，旋转喷雾干法烟气脱硫工艺受到重视，在电厂烟气脱硫中得到广泛应用，市场占有率已超过 10%。1995年，中日合作在青岛黄岛电厂建立了一套工业性示范装置，处理烟气量为 $3 \times 10^5 \mathrm{m}^3/\mathrm{h}$，脱硫率为 70%。

③ 气悬浮式半干法（GSA）。气体悬浮吸收半干法（GSA）是由丹麦的 Smith Muller 公司开发的。其吸收塔的结构相当于一个处于气流输送状态的流化床，烟气速度很大，可夹带出所有石灰浆液滴，先后经过旋风除尘器和电除尘器，煤灰和脱硫混合物大部分可被循环，再造浆循环喷入输送管。

GSA 工艺非常适合焚烧厂和垃圾电站脱硫。

④ 循环流化床法（CFB-FGD）。顾名思义，该方法是以循环流化床原理为基础，多次循环吸收剂延长其与烟气的接触时间，提高吸收剂的利用率。它是20世纪80年代末由德国鲁奇（LURGI）公司首先提出的一种新颖的脱硫工艺。吸收剂主要是石灰浆，锅炉烟气从循环流化床底部进入脱硫塔，在反应塔内与石灰浆进行脱硫反应。由于大量固体颗粒的存在，使浆液得以附着在固体颗粒表面，本设计主要是以锅炉飞灰作为循环物料。这样，石灰浆液喷入脱硫塔内，附在灰颗粒表面，形成一个个的微观反应区。这种反应机理对反应的速度和反应的完全程度有很大帮助，据有关文献介绍，飞灰对反应的进行有一定的脱硫效果和催化作用。

塔内主要的化学反应如下。

烟气中的 SO_2 向石灰浆扩散：

$$SO_2(g) \longrightarrow SO_2 \tag{3-91}$$

SO_2 溶解于浆液滴中的水：

$$SO_2 + H_2O \longrightarrow H_2SO_3 \tag{3-92}$$

形成的 H_2SO_3 在碱性介质中离解：

$$H_2SO_3 \cdot H^+ + HSO_3^- \longrightarrow 4H^+ + 2SO_3^{2-} \tag{3-93}$$

$$SO_2(l) + H_2O + SO_3^{2-} \longrightarrow 2HSO_3^- \tag{3-94}$$

脱硫剂溶解：

$$Ca(OH)_2 \Longrightarrow Ca^{2+} + 2OH^- \tag{3-95}$$

形成脱硫产物：

$$2Ca^{2+} + 2SO_3^{2-} + H_2O \longrightarrow 2CaSO_3 \cdot H_2O \tag{3-96}$$

$$2CaSO_3 + O_2 + 4H_2O \longrightarrow 2CaSO_3 \cdot 2H_2O \tag{3-97}$$

湿式脱硫法造价比较昂贵，在发达国家应用最为普遍。干式和半干式脱硫技术由于其投资省、占地小、工艺先进、运行费用低等特点备受国内外研究者青睐，尤其是半干式脱硫技术的开发。半干法脱硫凭借其先进的技术路线被认为是最有商业价值和推广前途的方法之一，尤其适合发展中国家。

虽然半干法的脱硫效率没有湿法高，而且脱硫产物为亚硫酸钙、硫酸钙、碳酸钙和煤灰的混合物，物化性质不稳定，不能产出高质量的石膏。但是，鉴于我国电力行业中中小型机组较多，特别是具有大量的工业和民用锅炉，而且目前的硫石膏市场还很小，前景也不大，钙法基本上都是抛弃法。因此，半干法在我国还是很有市场前景的。

现将目前可行的几种脱硫工艺原理、特点及应用状况比较见表3-18、表3-19。

表 3-18　烟气脱硫技术工艺方案比较

项目＼工艺方案	石灰石-石膏湿法	氨法	喷雾干燥法	海水脱硫	炉内喷钙-尾部加湿活化法	电子束脱硫	吸附法
技术成熟程度	成熟	成熟	成熟	成熟	成熟	工业试验	成熟
适用煤种含硫量 /%	>1.5	不受含硫量限制	1~3	—	<2	—	—
应用单机规模	没有限制	没有限制	多为中小机组	没有限制	多为中小机组	多为中小机组	多为中小机组
脱硫效率/%	>95	90以上	70左右	>90	75左右	>80	>95
吸收剂	石灰石	焦化副产的氨水	消石灰	海水	石灰石	氨	活性炭·活性焦
副产品种类	石膏(湿)	硫酸铵溶液	与煤灰混合(半干)	当地	与煤灰混合(干)	硫酸铵/硝酸铵(干)	高浓度 SO_2
副产品出路	可以综合利用	可以综合利用	无法利用	无	无法利用	可利用	可以综合利用
Ca/S	1.02~1.05	—	1.6~2	—	<2.5	—	—
用电费用/(元/tSO₂)	1300~2000	1000~1500	1000~1600	—	1300~1800	2500~15000	2000~3000
设备占地面积(300MW)/m²	2500~3500	1000~2000	2000~3500	3000~4500	1500~2500	6000~7000	10000~20000
投资费用/(元/tSO₂)	800~1600	800~1400	600~1400	400~1000	600~1200	900~1800	2000~4000
脱硫成本(国内部分厂家)/(元·t SO₂)	1200~1500	1000~1800	500~800	800~1000	800~1000	1400~1600	1500~2000

表 3-19　烟气脱硫技术工艺特点和适用范围

石灰石-石膏湿法	氨法脱硫	海水脱硫	旋转喷雾半干法	炉内喷钙尾部加湿活化法	电子束脱硫	吸附法脱硫
1. 工艺特点：采用石灰石浆液作为脱硫剂，经吸收、氧化和脱雾等处理过程，生成石膏；副产品石膏可以利用或抛弃	1. 工艺特点：利用焦化厂生产过程中副产浓氨水与烧结机头烟气中的二氧化硫反应，生成亚硫酸氢铵，将此亚硫酸氢铵溶液返回焦化生产吸收氨气，得到亚硫酸铵，又将此亚硫酸铵溶送烧结亚硫酸铵富集到一定浓度后，送去生产硫铵化肥，这样既脱硫，又净化回收了焦化烟气蒸氨过程中的氨气。以废治废、循环综合回收	1. 工艺特点：利用沿海电厂生产过程中冷却海水作为脱硫剂，曝气等处理过程后，海水排放回海域	1. 工艺特点：采用石灰粉制浆作为脱硫剂，利用高速旋转的喷雾器喷入蒸发吸收塔，利用钢炉后配置的除尘器将脱硫灰与飞灰一起捕集下来	1. 工艺特点：在炉膛内喷入石灰初步脱硫，在尾部的活化反应器内喷入增湿水，使未利用的石灰石粉进一步得到利用，以提高脱硫效率，利用钢炉后配置的除尘器将脱硫灰与飞灰一起捕集下来	1. 工艺特点：采用液氨作为反应剂，在反应器内利用电子束对除尘后的烟气进行照射，以增加反应速度，利用专用的硫酸铵将尘垢捕集下来将生产的硫酸铵产品作为产品出售	1. 工艺特点：采用活性焦炭、活性炭作为吸附剂，利用变压或变温吸附工艺吸附净化二氧化硫，脱附后的二氧化硫得到浓缩，可用于制酸
2. 工艺成熟、已大型化，市场份额较大；脱硫剂利用充分（Ca/S一般小于1.1），脱硫效率可达95%以上；脱硫剂来源丰富，价格较低，副产物石膏利用前景较好	2. 工艺成熟；脱硫效率可达90%以上；脱硫剂来源为资源循环利用，副产物硫铵在北方利用前景较好	2. 不需脱硫剂，脱硫效率可达90%~95%以上	2. 脱硫剂利用较差（Ca/S约为1.6），脱硫效率可达70%左右	2. 脱硫剂利用较差（Ca/S约为2），脱硫效率可达75%左右	2. 可同时脱硫脱硝，效率可分别达到80%及10%，如果提高电子束装置能量，其效率还可以提高	2. 集尘、脱硫、脱硝与脱硫二噁英四种功能于一体，除尘率大于90%，脱二噁英率大于98%，脱汞率大于85%，如果将吸附材料加以改性，其效率还可以提高
3. 系统比较复杂，运行技术要求改进，较容易进行技术改进，一般需进行废水处理	3. 可利用焦化硫铵生产系统，比较容易进行技术改进	3. 占地面积大，无废水废渣排放，投资较少，用电低，运行费用少	3. 系统简单，投资较少，无废水排放，占地较少	3. 系统简单，投资较少，厂用电低（<1%），无废水排放，占地较少	3. 系统简单，投资较高，厂用电高（约2%），无废水废渣排放	3. 系统简单，投资较低，运行成本高，无废水废渣排放

续表

石灰石-石膏湿法	氨法脱硫	海水脱硫	旋转喷雾半干法	炉内喷钙-尾部加湿活化法	电子束脱硫	吸附法脱硫
4. 当系统要求脱硫效率较低时，可以考虑部分分烟气旁路，不设GGH装置，如果排烟温度允许较低时，也可不设GGH装置	4. 钢铁厂具备氨水资源，且基本能满足燃煤部分能满足燃煤折算硫分及脱硫效率的要求	4. 当具备足够的海水资源，能满足燃煤折算硫分及脱硫效率要求	4. 当脱硫要求不较高，燃煤折算硫分较低时，特别对于容量较小的锅炉可以采用	4. 当脱硫要求不高，煤折算硫分较低时，可以采用	4. 仅在脱硫剂有可靠的肥料和生产的肥料有可靠的来源和市场，而且运行成本合算时方可考虑采用	4. 在吸附剂有可靠价廉的来源、脱附气有利用价值时可考虑采用
5. 当技术经济比较合理时，脱硫剂宜选用商品石灰石粉，必要时也可以在厂内或厂外设置制粉设施	5. 副产品为硫酸铵和硝酸铵，可作为生产复合肥等的主要原料	5. 对海域环境的影响，需经长期监测，得到环保部门确认后，可逐步推广应用	5. 单塔出力目前尚受到一定容量的限制	5. 在进行比选时，应考虑对锅炉效率、积灰和磨损的影响	5. 副产品为硫酸铵和硝酸铵等，可作为生产复合肥等的主要原料	5. 副产品为高浓度二氧化硫和粉化的吸附材料，可作为综合利用的原料
6. 适用范围广，可以考虑作为比选的基本方案	6. 适用钢铁厂烧结脱硫，可以考虑作为比选的基本方案	6. 当条件具备时，可以取消GGH装置			6. 关键设备目前需进口，脱硫剂与副产品销售要进行市场分析	6. 大型化有一定局限，适合中小规模

目前，全球二氧化硫废气净化技术正呈现多样化、综合化、绿色化的发展趋势。为适应这种发展趋势，烟气净化技术正由单纯的污染治理向循环经济型转变，多种可资源化的脱硫功能的废气净化系统正在形成。废气脱硫技术的关键是脱硫剂的原料与产品出路问题。目前普遍使用的废气脱硫技术主要是吸收法，吸收剂采用钙、钠、镁、铵等各类碱性化合物。在脱硫过程中脱硫剂大量消耗，生成的脱硫副产品与脱硫剂相比，附加价值不高，市场空间小，易造成二次污染。所以，寻找可再生、价廉、来源丰富的原料，开发采用可循环使用的脱硫剂并回收利用硫资源生产附加价值高的脱硫副产品的烟气脱硫技术是实现烟气脱硫由传统污染治理模式向低消耗、低污染、高效益的循环经济型模式转变的关键。

我国又是一个硫资源相对缺乏的国家，硫资源主要来自天然硫铁矿、含硫金属矿、含硫石油、天然气和煤等。随着国民经济的快速发展和工农业对硫资源需求的不断增长，我国硫资源供应紧张、资源匮乏的状况日益明显，2006 年我国硫黄进口量已达到 881 万吨，2008年我国进口硫黄超过 1000 万吨，现状平均价格 1000 元/t，最高达 5000 元/t，每年需要花费巨额外汇购买大量硫黄。80% 以上用于硫酸生产，其次是各类专用硫黄和特种硫黄，我国绝大多数进口硫黄国产硫黄用于生产硫酸，约 70% 的国产硫黄用于其他化学品。如果能将每年烟气排放的二氧化硫 2500 万吨回收，可以生产 4000 万吨硫酸，相当于我国 2007 年硫酸产量的 70%，可见价值巨大。所以削减 SO_2 排放量，降低 SO_2 排放浓度，防止 SO_2 大气污染，同时回收硫资源，开发可资源化硫的烟气脱硫技术已成为当今及未来相当长时期内的烟气脱硫发展方向。因此，开发具有自主知识产权的资源化烟气脱硫技术迫在眉睫。

3.2 硫化氢废气净化方法

3.2.1 H₂S 的性质、来源和危害

(1) H_2S 性质 H_2S 是具有臭鸡蛋气味的无色气体。分子式 H_2S，相对分子质量 34.08。常压下熔点为 $-85.5℃$，沸点 $-60.7℃$。293K 时，密度 $1.53kg/m^3$，易溶于水，在水中的溶解度为 $3.4g/kg$，易溶于甲醇类、石油溶剂和原油中。嗅觉阈 $1.37\sim12.9mg/m^3$，化学性质不稳定，在空气中易燃烧。可燃上限为 45.5%，下限为 4.3%。燃点 292℃。

(2) H_2S 来源 大气中的硫化氢污染（H_2S）主要来自生物体腐败、火山爆发和某些人类工业过程如炼油、生产牛皮纸浆及炼焦等。人为源硫化氢主要是生产过程中使用了硫化钠或酸类作用于硫化物而产生的气体。大气中硫化氢污染的主要来源是人造纤维、天然气净化、硫化染料、石油精炼、煤气制造、污水处理、制药、燃气制造、合成氨工业、造纸等生产工艺及有机物腐败过程。每天进入大气的 H_2S 以 1 亿吨计，人为产生量约为 300 万吨。

(3) H_2S 危害 H_2S 的毒性几乎与 HCN 相同，较 CO 大 5~6 倍。硫化氢主要从呼吸道侵入人体而致人中毒，硫化氢对机体的全身作用为阻断细胞内呼吸导致全身性缺氧，严重时可以造成心脏缺氧而死亡。H_2S 对黏膜的局部刺激作用系由接触湿润黏膜后分解形成的硫化钠以及本身的酸性所引起。在有氧或湿热条件下，H_2S 溶于水形成弱酸，对混凝土和金属构筑物有侵蚀性，有可能会严重腐蚀金属管道、烧毁设备及计量仪表。输气管网受硫化氢腐蚀开裂造成的破坏事故时有发生。为满足管道输送天然气的要求，需脱除 H_2S。当将燃气用作生产原料时（如用于合成氨），会引起催化剂中毒而造成生产效率锐减，也会影响产品或中间产品的质量。为了防止催化剂中毒，通常要预先脱除原料气中的有机硫和硫化氢。大气中

的 H_2S 数小时后即被氧化成 SO_2，水中 H_2S 含量超过 1.0mg/L 时即对鱼类产生毒害作用。

3.2.2　H_2S 的治理技术概述

我国对环境大气、车间空气及工业废气中硫化氢浓度已有严格规定：居民区环境大气中硫化氢的最高浓度不得超过 $0.01mg/m^3$；车间工作地点空气中硫化氢最高浓度不得超过 $10mg/m^3$；城市煤气中硫化氢浓度不得超过 $20mg/m^3$；油品炼厂废气中硫化氢浓度要求净化至 $10\sim20mg/m^3$。

由于危害较大，H_2S 的治理开始较早。1809 年英国的克莱格开始使用石灰乳净化器脱硫，1849 年英国的蓝宁和希尔斯获得干式氧化法的专利，1870 年，美国开发出干式氧化铁法脱硫技术并沿用了 100 年之久。20 世界 30～40 年代出现了溶液法，开始将使用氢氧化铁的悬浮液进行脱硫。50 年代起，西欧普遍采用氨水法脱硫技术。60 年代开发出以砷化物作催化剂的砷碱法。因为砷化物具有毒性，逐渐开发出苯二酚法、A.D.A 法、福玛克斯法、达克哈克斯法、克里斯法等无毒催化脱硫技术。

目前成熟的脱除硫化氢工艺现在不下几十种，依其弱酸性和强还原性而进行脱硫，可分为干法和湿法。根据净化技术的特点也可以把硫化氢净化工艺分为：①吸收法；②吸附法；③氧化法；④分解法；⑤生物法。

在干法脱硫中，脱除硫化物通常是用固体吸收剂，使硫化物中的硫生成元素硫或硫的氧化物，常用的有氧化锌法、克劳斯法、氧化锰法、氧化铁法、分子筛法、活性炭吸附法、有机硫加氢转化法等，常用的脱硫剂有氧化铁、活性炭、铝矾土等，回收的有硫、二氧化硫、硫酸盐和硫酸等。干法脱硫的特点是效率高，设备投资大，其硫容量相对较低，需间歇再生或更换，脱硫剂大多不能再生需要废弃。对于低含硫气体特别是用于气体精细脱硫，该法很适用。大部分干法脱硫工艺不能连续操作主要是因为脱硫剂需要更换，有一些干法如锰矿法、氧化锌法等，脱硫剂不能再生，脱硫饱和后要废弃，这样一方面会造成环境问题，另一方面会增加脱硫成本。

湿法脱除 H_2S 及有机硫的方法又可分为物理吸收法和化学吸收法，大部分的湿法在脱除 H_2S 及有机硫的同时还可脱除二氧化碳。物理吸收法主要有冷甲醇法、聚乙二醇二甲醚法、碳酸丙烯酯法和 N-甲基吡啶烷酮法等；化学吸收法主要有溶剂法、中和法和氧化法。溶剂法和中和法是采用某种溶剂或碱性溶液对含 H_2S 气体进行处理，处理后的含 H_2S 液经再生后将 H_2S 解吸出来，溶液再循环使用。溶剂法一般是醇胺法如乙醇胺法、二乙醇胺法、二异丙醇胺法、改良二乙醇胺法、甲基二醇胺法 N-甲基二乙醇胺法等；中和法又称为热碱法，如热钾碱法、催化热钾碱法。氧化法脱硫时，用碱性吸收液吸收 H_2S，生成氢硫化物，在催化剂的作用下，进一步氧化成硫黄。催化剂可用空气再生，继续使用，常用催化剂有铁氰化物、氧化铁、对苯二酚、氢氧化铁、硫代砷酸的碱金属盐类、蒽醌二磺酸盐、苦味酸等。吸收液有碳酸钠、氨水等。由于吸收液和催化剂的不同，氧化法分为湿式氧化法（如 CN 络合铁法、氨水催化法、FD 法、HEDP-NTA 法）、二元湿式氧化法（如改良观法、MSQ 法、拷胶法、WCE 法、ICA 法）。

3.2.2.1　干法脱硫

处理低含硫气体常用干法脱硫。高温干法脱硫剂以及常温干法脱硫剂是目前国内外常用脱硫剂。高温脱硫剂种类很多，可配比达上千种。从物系上分，大体可分为锌系、铁系、铜系、钙系和复合金属氧化物等。高温脱硫的研究虽已开展了 20 多年，但到目前为止存在的问题仍有很多，最主要的是高能耗、再生和粉化脱硫剂。常温干法脱硫的优点有低能耗、脱硫剂粉化率小、再生操作简单。氧化铁和活性炭是常温干法脱硫常用的脱硫剂，总体说来粗脱硫剂（普通氧化铁和普通活性炭等）硫容小且脱硫剂绝大多数存在粉化问题。

(1) 克劳斯法 克劳斯法属于干式氧化法的一种。氧化法净化硫化氢尾气，一般是把 H_2S 氧化为单质硫。在气相中进行的过程叫干法氧化，在液相中进行的过程叫湿法氧化。克劳斯法的基本原理是利用硫化氢为原料，在克劳斯燃烧炉内使其部分氧化生成 SO_2，与进气中的 H_2S 作用生成硫黄加以回收。

克劳斯法要求 H_2S 的初始浓度应大于 $15\%\sim20\%$，否则，H_2S 的燃烧不能提供足够的热量，以维持反应所需的温度。根据进气中 H_2S 含量的高低，分别采用直流克劳斯法、分流克劳斯法和直接氧化克劳斯法。

每个克劳斯单元包括管道燃烧器、克劳斯反应器和冷凝器（废热锅炉）3 个部分 [图 3-36 (a)]。先用燃烧空气将 1/3 的进气氧化为 SO_2，然后在 $2\sim3$ 个催化剂床中与未被氧化的 H_2S 进行克劳斯反应生成硫，可以直接从气相制取高纯度的熔融硫。克劳斯过程的操作中，一要保持 $H_2S:SO_2$（摩尔比）$=2:1$；二要控制适当温度以防系统中有液相凝结（凝结的液相会强烈腐蚀设备）；三要安装除雾器脱除气流中的硫在并提高硫回收量。克劳斯法燃烧炉温度应控制在 600℃ 左右，转化器温度控制在 400℃ 左右。克劳斯法的工艺流程图如图3-36所示。

(2) 活性炭吸附法 活性炭吸附方法是 20 世纪 20 年代由德国染料工业公司提出的。作为一种常见的固体脱硫剂，活性炭在常温下能使液硫被吸附，并且具有加速硫化氢氧化为硫的催化作用。活性炭比表面积很大，气流中的氧气充足时，活性炭表面发生的化

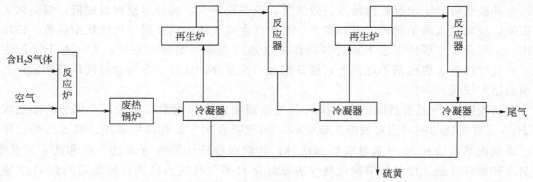

(a) 进气中含50%(体积分数)以上时的直接克劳斯法

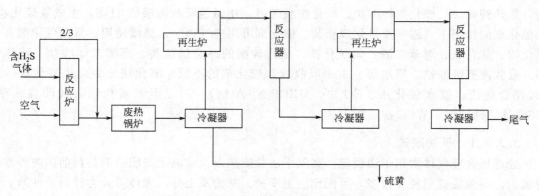

(b) 进气中含10%～50%(体积分数)以上时的直接克劳斯法

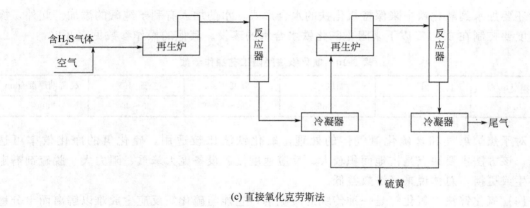

(c)直接氧化克劳斯法

图 3-36 克劳斯法工艺流程图

学反应为：

$$2H_2S+O_2 \longrightarrow 2H_2O+2S \qquad \Delta H_{298}^0 = 434.0kJ/mol \qquad (3\text{-}98)$$

反应放热，反应速度在通常条件下比较慢。要加速反应，可添加硫酸铜、氧化铜、碱金属或碱土金属盐类等化合物起到催化作用。理论上 O_2/H_2S 为 0.5，实际中 O_2/H_2S 需大于 3 来加快反应速度，提高脱硫效果。

硫被吸附而沉积在活性炭上，要想将其回收可用 12%～14% 的硫化铵溶液进行萃取。用蒸汽加热多硫化铵溶液就可重新获得 $(NH_4)_2S$ 和硫黄。$(NH_4)_2S$ 循环使用，硫黄作为产品回收。

$$nS+(NH_4)_2S \longrightarrow (NH_4)_2S_{n+1}(多硫化铵) \qquad (3\text{-}99)$$

活性炭法具有操作简单、获得的硫纯度高的优点。当气体中有焦油和聚合物时，若要使用活性炭吸附需要预先除去聚合物和焦油，由于硫化氢与活性炭的反应快，接触时间短，处理气量大，把气速控制在 0.5m/s 左右，保持床层温度应在 60℃，最终使硫化氢能够完全去除。

(3) 氧化铁法　氧化铁法也是一种较老的脱硫方法，19 世纪中叶以来，采用水合氧化铁进行。氧化铁法在干法粗脱硫中与活性炭脱硫的地位相当。目前常温与中温脱硫剂在国内工业上使用得比较多，高温脱硫剂尚处于研究开发阶段。用于制备吸附剂的氧化铁形态是 $\alpha\text{-}2Fe_2O_3 \cdot H_2O$ 和 $\gamma\text{-}2Fe_2O_3 \cdot H_2O$。常温氧化铁脱硫剂的原理是用水合氧化铁（$Fe_2O_3 \cdot H_2O$）脱除 H_2S，其反应式为：

脱硫：

$$Fe_2O_3 \cdot H_2O+3H_2S == Fe_2S_3+4H_2O \qquad (3\text{-}100)$$

$$Fe_2O_3 \cdot H_2O+3H_2S == 2FeS+3S+4H_2O \qquad (3\text{-}101)$$

上述反应受条件影响式(3-100) 产物易于再生为 Fe_2O_3，而式(3-101) 产物 FeS 不易再生，因此应避免式(3-101) 的发生。

再生：

$$Fe_2S_3 \cdot H_2O+3/2H_2S == Fe_2O_3+H_2O+3S$$

$$2FeS+3/2O_2+H_2O == Fe_2O_3 \cdot H_2O+2S \qquad (3\text{-}102)$$

据研究，在脱硫气体中，当氧与硫化氢的分子比＞2.5 时，脱硫和再生反应是同时进行的。

氧化铁的操作一定要在碱性条件下进行，通常是添加纯碱来保持 pH 值在 7～8 之间。

一般还要加水到氧化铁中来保持氧化铁的水合形式，水的加入有利于纯碱的添加。此外，操作温度要控制在 61.1℃ 以下来阻止氧化铁水合水的蒸发。其他的操作参数见表 3-20。

表 3-20　氧化铁法脱硫工艺操作参数

气速/(m/s)	pH	温度/℃	湿度/%	空速/h^{-1}	脱硫剂厚度/mm
0.4	7~8	<65	30~40	20~40	600

对于焦炉煤气和含硫化氢气体的处理，氧化铁法比较适用，硫化氢的净化效率可达 99%，该方法主要缺点是占地面积较大、反应速度慢、设备庞大笨重、阻力大、脱硫剂需定期再生或更换，总体说来经济效益低。

（4）氧化锌法　氧化锌是一种传统的脱硫剂，它能与硫化氢反应生成难以解离而十分稳定的 ZnS，常用于精脱硫过程，净化对象一般为硫化氢浓度较低的气体。其反应式为：

$$ZnO + H_2S \longrightarrow ZnS + H_2O \qquad \Delta H_{298} = -76.62kJ/mol \qquad (3-103)$$

反应的平衡常数与反应温度的关系见表 3-21。

表 3-21　平衡常数与反应温度的关系

温度/℃	200	300	400	500
平衡常数	2.08×10^8	7.12×10^6	6.65×10^5	1.14×10^5

反应放热，温度降低，反应速度减小。表面形成 ZnS 覆盖膜后反应速度不仅受内扩散制约，也受晶格扩散的制约。300℃ 时经 ZnO 吸附脱硫后的净化气中 H_2S 浓度在 $114mg/m^3$ 以下。

ZnO 吸附剂的主要缺点是不能通过氧化就地再生，需更换新的吸附剂。因为再生中吸附剂表面会因烧结而明显减少，机械强度也大大降低。另外，当 O_2 含量>0.5% 时，可使氧化锌脱硫剂的硫容降低而影响脱硫效果。

氧化锌吸附剂的主要缺点是不能通过氧化就地再生，需更换新的吸附剂，因此再生中吸附剂表面会因烧结而明显减少，机械强度也大大降低，且由于氧化锌价格贵，硫容低，近年来在中国大多已采用 T_{101}、T_{102}、T_{103} 特种活性炭精脱硫剂或 EF-2 等特种氧化铁精脱硫剂。

（5）锰矿脱硫法　二氧化锰在天然锰矿中的含量为 90% 左右，用于脱硫时先还原成二价的锰才具有活性。脱硫机理按以下方程式将有机硫转化为硫化氢，反应如下：

$$MnO + H_2S \longrightarrow MnS + H_2O \qquad (3-104)$$

该反应可逆，升温后反应逆向进行，操作温度控制在 400℃ 左右最为适宜。当空速为 $1000h^{-1}$ 下时，锰矿脱硫法对有机硫的脱除效率可达到 90%~95%，当气体中的有机硫含量 $<200mg/m^3$ 时，处理后气体含硫量 $<3.99mg/m^3$，饱和的锰矿脱硫剂一般要废弃。

（6）选择性氧化法　选择性氧化法在催化剂的作用下用空气中的氧把硫化氢直接氧化为硫。前苏联学者在 20 世纪 70 年代就开始研究用催化氧化法处理天然气及石油炼制气中的硫化氢，并于 1985 年及 1986 年申请了专利。该法采用 Fe_2O_3、Cr_2O_3 等多组分氧化物作为催化剂，该工艺的操作条件是：温度在 220~260℃，混合气空速为 3000~15000h^{-1}，H_2S/O_2 体积比为 1:5。

近年来，选择性好、对 H_2O 和 O_2 均不敏感的高活性催化剂是研究的重点，该研究使选择性氧化技术有了突破性的进展。克劳斯法硫的总回收率只能达到 94%~96%，用选择性氧化法硫的回收率可达 95%~99%。另一种选择性氧化法是超级克劳斯法，该技术成功的关键是开发一种选择性极好、对 H_2O 和过量氧均不敏感的选择性氧化催化剂，其氧化 H_2S 为元素硫的效率达 $85\%\sim95\%$，不发生其他副反应（如有机硫反应等），几乎无 SO_2 生成。

如图 3-37 所示超级克劳斯工艺有两种类型：Surper Claus-99 型和 Super Claus-99.5 型。当采用 Super Claus-99 型工艺时，调整克劳斯硫回收装置空气进量为理论量的 $86\%\sim96.5\%$，使克劳斯装置在 H_2S 过量的条件下运行，使工艺中 H_2S 含量为 $0.80\%\sim3.0\%$（摩尔比）而几乎无 SO_2，尾气进入选择性氧化反应器，即可使总硫回收达 99%。Super Claus-99.5 工艺是将正常条件下操作的克劳斯装置的工艺尾气（$H_2S/SO_2=2:1$）中的全部硫加氢还原为 H_2S，然后进行选择性氧化反应，总硫回收率达 99.5%。超级克劳斯的工艺气体不必脱水，选择性氧化时，可配入过量氧而对选择性无明显影响，可见其工艺简单，操作容易。超级克劳斯工艺能达到的硫回收率和典型的附加投资列于表 3-22。

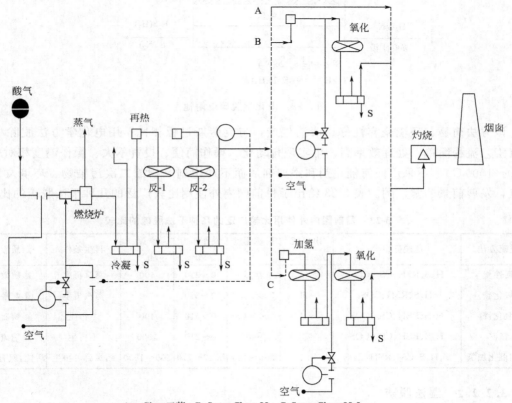

A．Claus工艺；B. Super Claus-99；C. Super Claus-99.5

图 3-37　几种克劳斯工艺流程对比

表 3-22　超级克劳斯工艺技术经济流程对比

项目	Super Claus-99(Claus 工艺附加 Super Claus 段)		Super Claus-99.5(Claus 工艺附加 Super Claus 段)		MCRC 工艺	
类型	二级 Claus	三级 Claus	二级 Claus	三级 Claus	三反应器	四反应器
总硫回收率/%	$98.9\sim99.4$	$99.3\sim99.6$	$99.2\sim99.6$	$99.4\sim99.7$	99.0	99.5
附加投投资/%	5	15	20	30	10	25

（7）电化学干法氧化法 电化学干法氧化法是采用电极反应实施氧化还原反应脱除硫化氢和二氧化硫的一种新方法。其脱除硫化氢的原理是：首先将硫化氢溶于碱性水溶液中生成硫化钠溶液，电解该水溶液，在阳极可得单质硫，阴极产生氢气。含有 H_2S 的污染气体进入电解池的阴极，H_2S 被还原生成 H_2 和 S^{2-}，硫离子在阳极反应放出硫蒸气，然后回收处理。

电化学脱硫电解池原理参见图 3-38。

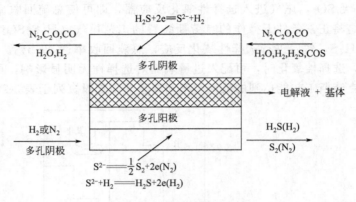

图 3-38 电化学脱硫电解池

该方法简易、环境兼容性好、清洁生产，与克劳斯过程相比，用电化学方法脱除 H_2S 具有工艺流程简单、处理效率高、可实现自动化、操作简便、投资不大、操作温度相对较低（700～1000℃）、不采用任何催化剂和添加剂从而不产生副产物或二次污染物、环境友好等优点，发展前景非常广阔。表 3-23 给出了目前国内外使用比较广泛的几种干法脱硫的比较。

表 3-23 目前国内外使用比较广泛的几种干法脱硫的比较

脱硫方法	能脱除组分	出口硫 /×10⁻⁶	脱硫温度 /℃	操作压力 /MPa	空速 /h⁻¹	再生条件	杂质影响
活性炭	H_2S、RSH、CS_2、COS	<1	常温	0～310	400	蒸汽再生	影响效率
氧化碳	H_2S、RSH、COS	<1	300～400	0～310		蒸汽再生	影响平衡
氧化锌	H_2S、RSH、CS_2、COS	<1	350～400	0～510	400	不再生	影响硫容
锰矿	H_2S、RSH、CS_2、COS	<3	400	0～210	1000	不再生	影响硫容
钴钼催化加氢	C_4H_4S、CS_2、RSH、COS	<1	350～430	0.17～710	500～1500	结炭后可再生	活性，氨有毒性

3.2.2.2 湿法脱硫

湿法脱硫可以分为溶剂法、中和法和氧化法。湿法较干法用途广泛。湿法脱除硫化氢处理能力大，常用于石油炼制、天然气及煤气净化，最显著的特点是操作弹性大、脱硫效率高、尾气中 H_2S 含量低，可达到环保要求。氨水催化法和 Calfint 法脱硫装置出吸收器尾气中 H_2S 都可降到 $300\mu L/L$ 以下，达到环保要求，适于处理低浓度 H_2S 废气。

（1）溶剂法 胺法是脱除工业气体中包括 H_2S 在内的多种有害组分的现有方法中应用较普遍的一种，其中醇胺吸收-Claus 硫黄回收组合工艺经多年发展，已相当成熟，广泛应用于石油精炼的脱硫过程。醇胺在水中可与硫化氢发生如下反应：

$$2RNH_2 + H_2S \longrightarrow (RNH_3)_2S \qquad (3\text{-}105)$$

$$(RNH_3)_2S + H_2S \longrightarrow 2RNH_3HS \qquad (3\text{-}106)$$

化合物中所含的羟基能够降低化合物的蒸气压，增加其在水中的溶解度，所含的氨基可以在水溶液中提供碱度，以促进对 H_2S 吸收。由于烷醇胺类的反应活性好且价廉易得，胺法所用溶剂一般为烷醇胺类。特别是一乙醇胺（MEA）和二乙醇胺（DEA），在脱硫工业中已占有突出的地位。15～20 的醇胺溶液吸收硫化氢后形成含 S 复合物富液，将富液加热到 100～130℃，把 H_2S 解吸出来，冷凝后得到含烃<5％的高纯 H_2S，一般说来，醇胺法提浓后的 H_2S 需作进一步处理，氧化为硫黄。溶液再生后经换热器冷却可以循环利用。胺法的工艺流程见图 3-39。

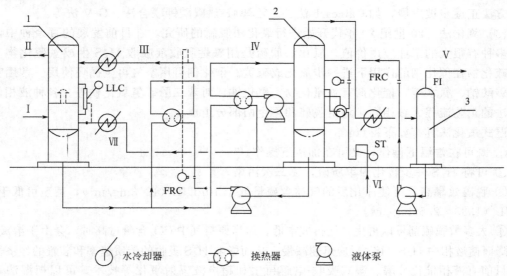

图 3-39　胺吸收法工艺流程图
1—吸收塔；2—汽提塔；3—酸气分离器；Ⅰ—未净化气体；Ⅱ—净化后气体；
Ⅲ—再生胺液；Ⅳ—饱和胺液；Ⅴ—送处理气体；Ⅵ—水蒸气；Ⅶ—部分再生胺液

在各种胺中 MEA 的碱性最强，与酸气的反应最迅速，H_2S 和 CO_2 都可脱除，并且在这两种酸气之间没有选择性。DEA 也可脱除 H_2S 和 CO_2，是非选择性的。但两者的不同是 DEA 可用于原料气中含有 COS 的场合，能适应两倍以上 MEA 的负荷，相较而言使用 DEA 更加经济。

溶剂法具有溶剂价廉易得，工艺成熟，脱硫效率高，降解和蒸发损失小的优点而在工业上得到了广泛应用。存在的问题有：

① 被氧化的 H_2S 必须严格控制，操作条件比较苛刻。

② 工艺过程复杂，流程长，设备投资大。

③ 尾气中 H_2S 和 SO_2 的浓度仍然很高，可达 5000～12000μL/L（7067.14～32924.55mg/m³）或者更高，不仅产生了二次污染，而且造成了资源的浪费。

④ 只有在酸气中 H_2S 浓度较高时才比较经济。事实上，胺液脱硫处理过程本身尚存在腐蚀、溶液降解及发泡等操作困难。

近年来，对烷醇胺脱硫法作了许多改进，尤为明显的是改进了烷醇胺脱硫液，往烷醇胺溶液中添加醇、硼酸或 N-甲基吡咯烷酮或 N-甲基-3-吗啉酮，以提高同时脱除 H_2S、CO_2、COS 等酸性气体的效力。这些技术即所谓改良醇胺法，亦颇受关注。

（2）中和法　H_2S 为酸性物质，可以用碱液吸收，富液可以经过加热减压处理脱除 H_2S，吸收液循环利用。中和法最常用的是采用碳酸钠吸收的西博法和采用碳酸钾吸收的热碳酸钾法，此外氨水法作为一种净硫技术，应用也较为广泛。

热碳酸钾法已成功地用于从气体中脱除大量 CO_2，也已用来脱除含 CO_2 和 H_2S 的天然气中的酸性气体。脱除 H_2S 的基本原理为：

$$K_2CO_3 + CO_2 + H_2O \longrightarrow 2KHCO_3 \tag{3-107}$$

$$K_2CO_3 + H_2S \longrightarrow KHCO_3 + KHS \tag{3-108}$$

脱除不含 CO_2 或含少量 CO_2 的混合气的酸性组分一般不适宜使用热碳酸钾法，主要是因为 KHS 单独再生困难。该法工艺的缺陷有侵蚀、腐蚀以及塔操作不稳定等。目前一些改进的方法正逐步被发展，如 Catacarb 法、二乙醇胺-热碳酸钾联合法、G-V 法等。

(3) 氧化法　20 世纪 20 年代开始进行氧化法脱硫的研究，在目前发展的百余种中，有二十多种有很大的工业应用价值。氧化法脱硫是用碱性吸收液吸收 H_2S 生成氢硫化物，再将氢硫化物在催化剂的作用下进一步氧化成硫黄。催化剂可用空气再生循环使用。常用吸收液有碳酸钠、氨水等，催化剂有铁氰化物、氧化铁、对苯二酚、氢氧化铁等。各种液相催化分解法的工艺流程大致相同，均由脱硫和再生两部分组成。

湿式氧化法具有如下特点：

① 既可在常温下操作，又可在加压下操作。

② 可将 H_2S 一步转化为单质硫，无二次污染。

③ 脱硫效率高，可使净化后的气体含硫量低于 $10\mu L/L$（$13.3mg/m^3$），甚至可低于 $1\sim 2\mu L/L$（$1.33\sim 2.66mg/m^3$）。

④ 大多数脱硫剂可以再生，运行成本低。但当原料气中 CO_2 含量过高时，会由于溶液 pH 值下降而使液相中 H_2S/HS^- 反应迅速减慢，从而影响 H_2S 吸收的传质速率和装置的经济性。

目前有液相催化分解、湿式吸收-电解再生和超声波辐射氧化等技术，可以把湿法氧化分为水溶液湿法氧化和非水溶液湿法氧化。

(4) Giammarco-Vetrocoke 法　使用砷基催化剂的氧化法洗液由 K_2CO_3 或 Na_2CO_3 和 As_2O_3 组成，以砷酸盐或硫代砷酸盐为硫氧化剂，主要成分是 $Na_4As_2S_5O_2$。脱硫及再生过程反应原理为：

$$Na_4As_2S_5O_2 + H_2S \longrightarrow Na_4As_2S_6O + H_2O \tag{3-109}$$

$$Na_4As_2S_6O + H_2S \longrightarrow Na_4As_2S_7 + H_2O \tag{3-110}$$

$$Na_4As_2S_7 + 0.5O_2 \longrightarrow Na_4As_2S_6O + S \tag{3-111}$$

$$Na_4As_2S_6O + 0.5O_2 \longrightarrow Na_4As_2S_5O_2 + S \tag{3-112}$$

由于所用吸收剂呈剧毒，脱硫效率低，操作复杂，目前该法已基本不用。

G. V-Sulphur 工艺是对砷基工艺的改进，洗液由钾或钠的砷酸盐组成，根据气体中 H_2S 和 CO_2 的浓度及 CO_2 的用途，可分为低 pH、高 pH 两种流程。H_2S 与亚砷硫酸盐反应生成硫代硫酸盐，再被砷酸盐氧化，同时得到硫代砷酸盐和亚砷酸盐，氧化反应的催化剂是氢醌。高 pH 值法与低 pH 值法的主要区别在于高 pH 值法是将吸收了 H_2S 的富液先送入酸化塔，经吹入 CO_2 进行酸化后再进入氧化塔。在 G. V-Sulphur 法中，必须进行后处理以除去亚砷酸盐。G. V-Sulphur 法的典型流程如图 3-40 所示。

吸收：

$$Na_2HAsO_3 + 3H_2S \longrightarrow Na_2HAsS_3 + 3H_2O \tag{3-113}$$

消煮：

$$Na_2HAsS_3 + 3Na_2HAsO_4 \longrightarrow 3Na_2HAsO_3S + Na_2HAsO_3 \tag{3-114}$$

氧化：

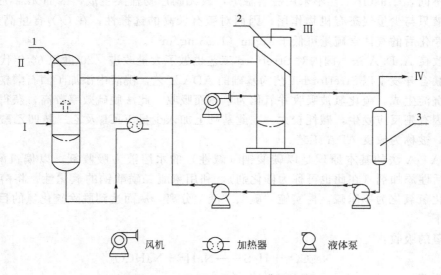

图 3-40　G. V-Sulphur 法典型流程

1—吸收塔；2—再生器；3—硫过滤器；Ⅰ—气体进口；Ⅱ—气体出口；Ⅲ—空气出口；Ⅳ—硫过滤器

$$Na_2HAsO_3S + 0.5O_2 \longrightarrow Na_2HAsO_4 + S \qquad (3-115)$$

G. V-Sulphur 法具有脱除率较高，可脱到小于 1×10^{-6}，溶液的循环量较小，二次产品生成少，水、电费用低，几乎没有腐蚀的优点，但存在生产能力有限，每天最大硫量为 27.2～36.3t，砷溶液的毒性和产品硫不经深度净化不易找到市场的缺点。

1959 年美国西北煤气公司开发的 Stretford 工艺使用钒基化合物催化剂，目前已有上千套装置在世界各地运行。该工艺以钒作为脱硫的基本催化剂，并采用蒽醌-2,7-二酸钠（ADA）作为还原态钒的再生氧载体，洗液由碳酸盐作介质。脱硫原理为：

$$H_2S + Na_2CO_3 \longrightarrow NaHS + NaHCO_3 \qquad (3-116)$$

$$2NaHS + 4NaVO_3 + H_2O \longrightarrow Na_2V_4O_9 + 2NaOH + 2S \qquad (3-117)$$

$$Na_2V_4O_9 + 2NaOH + H_2O + 2ADA(o) \longrightarrow 4NaVO_3 + 2HADA(r) \qquad (3-118)$$

$$O_2 + 2HADA(r) \longrightarrow 2ADA(o) + 2H_2O \qquad (3-119)$$

Stretford 工艺的操作条件为：温度控制在 32～46℃，操作压力范围大，早期天然气脱硫的操作压力是 5.1MPa。该法的工艺问题在于：

① 副产物使化学药品耗量增大。

② 悬浮的硫颗粒回收困难，易造成过滤器堵塞。

③ 硫质量差。

④ 有害废液处理困难，可能造成二次污染。

⑤ 对 CS_2、COS 及硫醇几乎不起作用。

⑥ 气体刺激性大。

为克服 Stretford 法工艺问题，发展了 Sulfolin 工艺并在 1985 年实现了 Sulfolin 的工业化。为了克服 Stretford 法溶液中有盐类生成，Sulfolin 工艺在溶液中加入一种有机氮化物。两者的不同之处在于 Sulfolin 工艺的反应罐和吸收塔是分离的。工艺参数如下：操作压力 0.5MPa，温度是室温。

由美国加州联合油公司开发的 Unisulf 工艺是 Stretford 工艺的另一种改进。与 Stretford 工艺不同，Unisulf 工艺不采用硫熔融炉，故无副产物盐类生成，因而无需洗液来控制盐类。洗液只与少量气态有机物作用，因而对硫有较高的选择性，在 CO_2 含量高达 99% 时也适用，净化后的气体含硫量可低于 1ppm（$1.33mg/m^3$）。

(5) 改良 A.D.A 法　国内对 Stretford 工艺也做了大量改进。20 世纪 60 年代初，四川化工厂等联合开发了以 Stretford 工艺为基础的 ADA 工艺，洗液中添加了酒石酸钠或钾，以防止盐类沉淀生成，硫化氢被吸收并氧化为单体而吸收。此法脱硫效率较高，获得的碱纯度也高，但因有副反应发生，碱耗较大。在此基础上加入少量 $FeCl_3$ 及乙二胺四乙酸螯合剂起稳定作用，被称为改良 ADA 工艺。

改良 A·A 法的基本原理是以碳酸钠（碱性）的水溶液为吸收剂，以偏钒酸钠（Na-VO_3）为活性添加剂（在此也可称为催化剂），利用蒽醌二磺酸钠的氧化性，将溶解于脱硫液中的硫化氢氧化为单质硫，再实施"硫"、"液"分离，从而达到脱除硫化氢的目的。其脱硫过程如下。

硫化氢的吸收：
$$Na_2CO_3 + H_2S \longrightarrow NaHS + NaHCO_3 \tag{3-120}$$

氧化析硫：
$$2NaHS + 4NaVO_3 + H_2O \longrightarrow Na_2V_4O_9 + 4NaOH + 2S \tag{3-121}$$

焦钒酸钠的氧化：
$$Na_2V_4O_9 + 2A·D·A(氧化态) + 2NaOH + H_2O \longrightarrow 4NaVO_3 + 2A·D·A(还原态) \tag{3-122}$$

碱液再生：
$$NaOH + NaHCO_3 \longrightarrow Na_2CO_3 + H_2O \tag{3-123}$$

A.D.A 的再生：
$$2A·D·A(还原态) + O_2 \longrightarrow 2A·D·A(氧化态) + 2H_2O \tag{3-124}$$

改良 A.D.A 法有许多优点：(a) 硫化氢被溶液吸收并析出硫的化学反应过程大部分发生在脱硫塔内，传质系数也较大；(b) 该溶液有较高的硫容量及吸收速率；(c) 溶液的碱度较低，降低了副产物（如：硫代硫酸钠）的生成速度。在焦炉煤气脱硫方面还存在一些技术缺陷，这些缺点主要是工艺过程中 O_2 和 HCN 产生的污染物处理很困难。

(6) FD 脱硫工艺　20 世纪 70 年代，美国空气资源公司开发了 LO-CAT 工艺，铁基化合物在该法中充当催化剂。LO-CAT 系统的优点有空气量及压力不大、固体盐生成少、洗液用量少、机械设计紧凑等，在处理天然气、炼厂气、页岩干馏气及合成气等过程中已经得到推广。该方法采用铁螯合物克服了以往只加铁而生成副产物的缺陷，大大提高了脱硫效率。洗液主铁浓度一般在 $500\sim1500\mu L/L$（$3900\sim11700mg/L$）之间，pH 值在 $8\sim8.5$ 之间，通过添加铁螯合物来维持脱硫效率，反应方程式为：
$$H_2S(g) + 2Fe^{3+} \longrightarrow 2H^- + S(s) + 2Fe^{2+} \tag{3-125}$$
$$0.5O_2(g) + H_2O + Fe^{2+} \longrightarrow 2OH^- + S(s) + Fe^{3+} \tag{3-126}$$

Sulferox 工艺是 LO-CAT 工艺的另一种改进，由于采用了较高的铁浓度（4%），所以溶液的硫容量很高，为此溶液中还加入其他试剂改进硫的结晶特性和稳定性。当操作温度低于 50℃，原料气含硫 $0.3\%\sim0.4\%$ 时，Sulferox 工艺可使净化气中 H_2S 的含量低于 1ppm（$1.4mg/m^3$）。其缺点是当混合气中含 HCN、NH_3、SO_2 时，会对脱硫产生不利影响。

国内对 LO-CAT 工艺改进也做了不少工作，其中包括 FD 法、ATMP-Fe 法、龙胆酸-

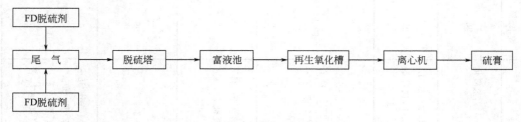

图 3-41　FD脱硫工艺流程图

铁法等。FD脱硫工艺流程见图 3-41。

FD 法已经工业化，它使用磺基水杨酸络合盐作脱硫剂。磺基水杨酸的价格比 EDTA 便宜，它与 Fe^{3+} 络合的 K 值和 EDTA-Fe^{3+} 的络合 K 值相近，而与 Fe^{2+} 络合 K 值比 EDTA-Fe^{2+} 要低，所以 FD 法再生时间较长，选用的磺基水杨酸/铁的比值为 15.8。应用 FD 法工艺可以使脱硫原料费用降低 50％，精炼工段与脱硫效果成因果关系的能耗降低一半。由于净化度提高后，减轻变换工段第一热交换器的腐蚀，使交换器的使用寿命大大延长，节省设备开支。此外，应用 FD 法后还稳定了合成氨过程的生产操作，减轻或避免变换催化剂中毒，碳铵产品洁白。由于吸收反应是在较低温度下进行，吸收剂再生是利用蒸气蒸馏来进行的，所以这种方法的冷却水用量和蒸耗量大。

（7）其他湿法氧化法工艺　达克哈克斯法又名萘醌法，以 1,4-萘醌-2-磺酸钠为催化剂，以碳酸钠、氨水溶液为吸收液，吸收池采用高效的泰勒填料，可同时脱硫脱氰。中国自行研制成功的 APS 法以苦味酸为催化剂，以煤气中的氨为吸收剂，可同时脱除硫化氢和氰化氢，催化剂在再生塔中用空气再生，废液加压加酸转化，转化尾气中含有的有机硫可在催化剂作用下通蒸汽转变为 H_2S，返回吸收塔脱除。此法脱硫效率可达 94％～95％，回收产品为硫和硫酸铵。部分氧化法脱硫的比较可参照表 3-24。

3.2.2.3　其他硫化氢净化技术

干法脱硫脱硫效率较高，但设备投资较大，需间歇再生或更换，硫容量相对较低，脱硫剂大多不能再生，需要废弃，这样会造成环境问题，会增加脱硫成本。尽管以醇胺和碱液为代表的物理化学吸收法早已在工业中得到应用，但吸收法实质上只是对气体中的 H_2S 进行提浓，尚需做进一步处理，不能达到治理 H_2S 废气的目的。而且该法本身也存在设备腐蚀、溶液降解及发泡等操作困难。能满足不再造成二次污染的脱硫方法（净硫法）并不多，其他硫化氢净化技术还有直接制酸的康开特硫酸技术、生物净化技术等。

（1）康开特（Concat）法　康开特（Concat）法是由德国开发的一种净硫技术，在国外应用于回收处理低浓度的含硫废气，制得浓度 78％的硫酸。康开特工艺主要由焚烧、转化、冷凝成酸 3 部分组成（如图 3-42）。其技术指标为产品硫酸浓度 78％，产量 2690kg/h，排放尾气含 SO_2 0.02％。我国山西化肥厂由德国引进一套应用该法回收低温甲醇洗涤装置闪蒸废气中的 H_2S 和氨回收装置废气中的 H_2S 制硫酸的装置。

（2）生物法脱硫　传统的物理化学方法一般需要高温高压，或者要消耗大量的化学药剂与催化剂，投资与运行费用较大。"生物脱硫"是近年来才发展起来的常规脱硫技术的替代新工艺。微生物分解法是指利用微生物的生命活动来治理工业废气（硫化氢）的生物转化法。其基本原理是：将 H_2S 溶解于水中，通过微生物菌群的作用，经生物化学过程的氧化作用将之从酸性气体中脱除。微生物方法反应条件温和、化学品与能源的消耗大大降低、运行成本低，并且无二次污染产生，有着广阔的应用前景。

表3-24 部分氧化法脱硫比较表

名称	吸收液	催化剂	反应式	工艺条件	效率/%
菲罗克斯法	碳酸钠	氢氧化铁	吸收:$2Fe(OH)_3+3H_2S\longrightarrow Fe_2S_3+6H_2O$ 再生:$Fe_2S_3+3H_2O+3/2O_2\longrightarrow 2Fe(OH)_3+3S$	碳酸钠浓度3%~5%,氢氧化铁浓度0.5%	98
砷碱法	氨水,碳酸钠	硫代砷酸的碱金属盐类	吸收:$Na_3AsS_3O+H_2S\longrightarrow Na_3AsS_4+H_2O$ 再生:$2Na_3AsS_4+O_2\longrightarrow 2Na_3AsS_3O+2S$	碱浓度:用氨水时2~3g/L,用碳酸钠时3~5g/L,次砷酸3~4g/L	95
A.D.A法	碳酸钠	蒽醌二磺酸、偏钒酸钠、酒石酸钾钠	吸收:$Na_2V_4O_9+H_2S\longrightarrow NaHS+NaHCO_3$ $4NaV_4O_9+2NaHS+H_2O\longrightarrow A.D.A\longrightarrow$ A.D.A(氧化态) $Na_2V_4O_9+4NaOH+2S$ $Na_2V_4O_9+2NaOH+H_2O+2A.D.A$(还原态) 再生:$2A.D.A$(还原态)$+O_2\longrightarrow 2A.D.A$(氧化态)$+H_2O$	溶液组成:Na_2CO_3 3%~5%,$NaVO_3$ 0.12%~0.28%。酒石酸钾钠少量,操作温度20~40℃,pH=8.5~9.2	99.9
苦味酸法	碳酸钠,氨水	苦味酸	吸收:$Na_2CO_3+H_2S\longrightarrow NaHS+NaHCO_3$ $NaHS+RHO+H_2O\longrightarrow NaOH+S+RNHOH$ 再生:$RNHOH+1/2O_2\longrightarrow RNO+H_2O$ $NaHCO_3+NaOH\longrightarrow Na_2CO_3+H_2O$(R表示芳基)	溶液组成:碳酸钠2%~3%,苦味酸0.1%。消耗碱0.47kg/kgH₂S,苦味酸15g/kgH₂S	99
萘醌法	碳酸钠,氨水	1,4-萘醌-2-磺酸钠	吸收:$Na_2CO_3+H_2S\longrightarrow NaHCO_3,NaHS+NaHCO_3,NaHS+OMO\text{-}SO_3Na+Na_2CO_3\longrightarrow S$ $OHMOH\text{-}SO_3Na\longrightarrow OMO\text{-}SO_3Na+$ 再生:$OHMOH\text{-}SO_3Na+1/2O_2\longrightarrow OMO\text{-}SO_3Na+$ H_2O(M代表萘环)	碳酸钠浓度2%~3%	99
APS法	氨水	苦味酸	吸收:$NH_3+H_2\longrightarrow NH_4HS$ $NH_4HS+RNO+H_2O\longrightarrow NH_4OH+S+RNHOH$ 再生:$RNHOH+1/2O_2\longrightarrow RNO+H_2O$(R表示芳基)	操作温度35℃,液气比55~67L/m³,喷淋密度90m³/(m²·h)。空塔速度0.4~0.5m/s,吸收液游离氨6g/L,苦味酸0.1%	94~95

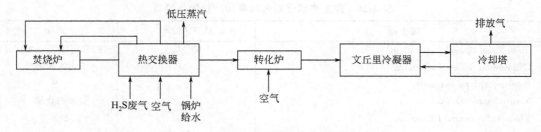

图 3-42 康开特法脱硫工艺流程图

自然界中能够氧化硫化物的微生物主要有：丝状硫细菌、光合硫细菌与硫杆菌。它们能将硫化物氧化成硫酸盐，同时以单质硫、硫代硫酸盐、连多硫酸盐、亚硫酸盐等为中间产物。各种微生物对营养的需要不同，它们催化氧化硫化物的具体途径也有差别。表 3-25 列出了自然界中能够氧化硫化物的微生物。它们大多是光能自养或化能自养型细菌。

表 3-25　自然界中一些能够氧化硫化物的微生物

微生物	适宜 pH 值	适宜温度
Chlorobium thiosulf atophilum 1,3	7.5	30℃
Prosthecochloris aestuarii 1,3	6.5	23℃
Halorhodos pi ra abdelmalekiib 1,4	8.4	
Thiomicros pi ra s p. CVO2,4	7.4	32℃
X anthomonas s p D Y442,5	7.0	
Thioalk alimicrobium cyclicum 2,3	7.5~10.5	
Thiobacillus f errooxi dans 2,3	1.4~6.0	28~35℃
Thiobacillus thioo xi dans 2,3	0.5~6.0	10~37℃
Thiobacillus thioparus 2,3	4.5~10.0	11~25℃
Thiobacillus neapolitanus 2,3	3.0~8.5	28℃
Thiobacillus novellus 2,3	5.0~9.0	30℃
Thiobacillus albertiz 2,3	2.0~4.5	28~30℃
Thiobacilluz perometaboliz 2,3	2.6~6.8	30℃

注：1，2 分别表示光能和化能；3，4，5 分别表示专性自养、兼性自养和异养

根据终产物不同，微生物法脱除硫化氢的工艺可分两类：将 H_2S 最终氧化为硫酸盐；仅将 H_2S 氧化为单质硫。第二类更有优势，主要原因是：

① 在好氧氧化工艺中，以单质硫为目的产物可减少通氧引起的能耗；

② 与硫酸盐相比，单质硫是更无害的硫形态；

③ 单质硫比硫酸盐更容易从液相中被分离出来，并且回收价值更大；

④ 最近发现，与普通硫黄产品相比，这种由微生物氧化作用产生的单质硫（也称生物硫）具有亲水性，颗粒也较细，因此使用性质更为优越，特别是作为硫素肥料或微生物湿法冶金领域的应用效果更好。

国内开发研究的生物法工艺有：PVC 弹性填料生物膜法处理含硫化氢气体、生物膜填料塔净化低浓度硫化氢、固定化微生物（微生物驯化→凝胶固定化→处理负荷和操作条件调控等环节）、恶臭气体 H_2S 生物脱除速率的研究来处理气相污染物硫化氢气体。生物滤池、生物滴滤池和生物洗涤塔是当前应用最为广泛的气体生物脱硫反应器。其中，前两种适用于以硫酸盐为终产物的脱硫工艺，而后者较适合以单质硫为目的产物的脱硫工艺，表 3-26 列出了一些气体生物脱硫工艺中几个典型参数。

表 3-26　微生物硫化氢去除率和产物的比较表

微生物	H₂S 去除率	产物
Chlorobium thiosul f atophilum	99.9%	S(67.1%)SO$_4^{2-}$(32.9%)
Chlorobium thiosul f atophilum	≈100%	S 占绝大多数
Prosthecochloris aestuarii		S
X anthomonas D Y44		多硫化物
Thiobacillus denitri f icans	>97%	SO$_4^{2-}$
Thiobacillus thioparus T K-m	95%	SO$_4^{2-}$
T thioparus DW44	>99%	SO$_4^{2-}$
T thioparus A TCC 23645	100%	SO$_4^{2-}$
Thiobacillus f errooxi dans	>99.99%	S
Thiomicrospira	≈100%	SO$_4^{2-}$

3.2.3　H₂S 净化工艺工程实例

3.2.3.1　铁-苏打法净化 H₂S 脱硫工艺工程实例

图 3-43 是某人造纤维厂铁-苏打法净化通风排放气（空气）脱除硫化氢的工艺流程图。通风排放气先后通过吸收室 1 和洗涤室 2。在吸收室 1 内吸收硫化氢；在吸收液储槽 4 内通空气以其中的氧再生吸收液。吸收液用离心泵 8 从储槽 4 打到吸收室 1 的喷雾嘴，用过的吸收液再返回储槽 4，同时往储槽 4 内通入空气，使吸收液曝气析出硫。

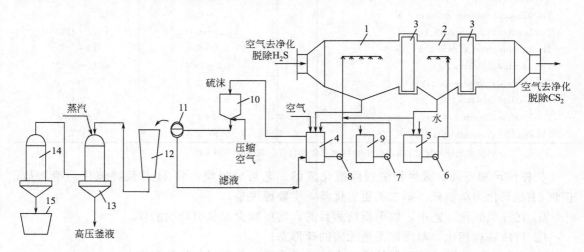

图 3-43　铁-苏打法净化脱除硫化氢的工艺流程图

1—吸收室；2—洗涤室；3—液滴分离器；4—吸收液储槽；
5—水储槽；6～8—离心泵；9—新鲜 Fe (OH)₃悬浮液储槽；10—硫沫储槽；
11—真空过滤器；12—溜槽；13—高压釜；14—熔融硫储槽；15—铸模

硫沫聚积于储槽 4 内的吸收液面上，然后送到硫沫储槽 10 内。为了补充系统的吸收液消耗，可从储槽 9 把所需的新鲜吸收液输送到储槽 4 内。

脱除硫化氢后的通风排放气由吸收室 1 经液滴分离器 3 进入洗涤室 2，以进一步从中捕集从吸收室 1 带来的吸收液滴。洗涤室内用水喷淋，喷淋水是用离心泵 6 从储槽 5 打来的。随着洗涤液在洗涤器喷淋洗涤循环中不断地循环使用，洗涤液中的硫化氢浓度也逐渐上升，因此，应定期将一部分洗涤液从洗涤室 2 的喷淋洗涤系统转送到吸收室 1 的喷淋吸收系统。

通风排放气通过洗涤室 2 后，再经另一液滴分离器 3，然后进去净化脱除二硫化碳。

硫从硫沫储槽 10 进入真空过滤器 11，然后经溜槽 12 进入高压釜 13，滤液返回熔融硫储槽 4。硫在高压釜 13 中直接用蒸汽熔融，熔融硫聚集于储槽 14 中，然后浇入铸模 15 内。得到的成品硫可用于生产二硫化碳或硫酸。

铁-苏打法净化脱除 H_2S 装置的主要工艺指标列于表 3-27。表 3-27 数据表明，随着 H_2S 含量的降低，净化率有所下降，但铁-苏打法净化脱除 H_2S 装置的净化效率均达到了相当高的程度，即净化效率不低于 80%。

表 3-27　铁-苏打法净化 H_2S 装置主要工艺指标

产品	排气量/(m^3/s)	吸收室容积/m^3	空速/(m/s)	H_2S 含量/(g/m^3)		净化率/%
				进口	出口	
人造纤维	256550	500	1.74	0.3	0.029	90
	273400	772	3.2	0.57	0.023	96
	300000	810	3	0.64	0.025	96
	300000	738	2.6	0.54	0.025	95.4
	305000	738	3.1	0.54	0.029	95
	419000	1040	2.84	0.51	0.025	95
短纤维	275000	715	3.2	0.57	0.025	95.6
赛璐玢	266000	325	3.2	0.153	0.025	84
帘子线	373000	460	3.2	0.11	0.025	80

铁-苏打法净化脱除 H_2S 装置的消耗定额列于表 3-28。表 3-28 数据表明，净化成本主要与排放气中的 H_2S 浓度有关。排放气中的 H_2S 浓度越高，净化成本也越高。随着净化设施处理能力的提高，净化成本相应降低。

表 3-28　铁-苏打法净化 H_2S 装置主要消耗定额

产品	42%苛性钠/(kg/h)	碳酸钠/(kg/h)	绿矾/(kg/h)	回水/(m^3/h)	电能/$(kW \cdot h)$	饱和蒸汽/(t/h)
人造纤维	69	20	60	10.9	612	29
	42	30	81	12	590	29
	168	33	96	11.7	957	251
	148	46	134	9	700	32.5
	153	48	139	9	429	20
	436	51	149	9	714	214
短纤维	48	30	81	12	480	57.5
赛璐玢	11	7	19	9	370	29
帘子线	23	14	31	9	750	29

3.2.3.2　砷-碱法净化 H_2S 工艺工程实例

某厂砷-碱法净化通风排放气（空气）脱除硫化氢的工艺流程图如图 3-44 所示。

用鼓风机把通风排放气经集气总管送入吸收器 1 用碱液喷淋洗涤；碱液是用泵压送到装在吸收器上部的喷淋主管内，从上往下喷淋，与被净化气逆流接触。在吸收器的顶部装有液滴分离器 2，用以捕集吸收器排出气流夹带的液滴。吸收碱液汇集于吸收器底部，用循环泵 13 打到换热器 3 内，用蒸汽加热到 45℃ 后再返回吸收器喷淋洗涤。

一部分吸收碱液出换热器后被送到氧化塔 5 用空气氧再生；再生用空气由空气压缩机 10

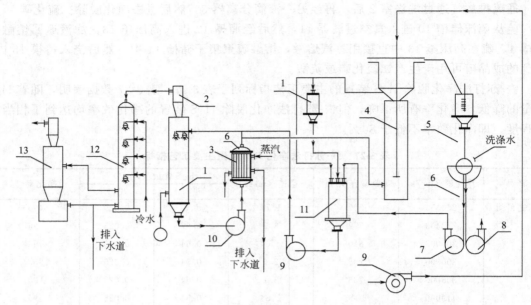

图 3-44　砷-碱法净化脱除 H_2S 的工艺流程图

1—吸收器；2—液滴分离器；3—换热器；4—储槽；5—氧化塔；6—硫沫储槽；7—真空过滤器；
8、9、12、13—泵；10—压缩机；11—集液槽

压送到氧化塔内。空气鼓泡通过液层，并将硫沫带上来使聚集于塔顶部，这里有一部分硫沫从吸收碱液中分离出来。吸收碱液经储槽 4 流入集液槽 11，然后用泵 12 送入吸收器 1 喷淋洗涤。

硫沫进入硫沫储槽 6，再经真空过滤器 7 把硫全部从母液中分离出来。真空过滤器滤出的母液和洗涤水均送入集液槽 11，再重返吸收器 1，滤得的硫则送去熔融制成成品出售。

通风排放气经吸收器 1 净化后进入洗涤塔 14 用水喷淋洗涤，再经液滴分离器 15 后放空或送去脱出二硫化碳。

在装置运行过程中，系统内可能生成少量硫酸钠和硫代硫酸钠，应定期将其从吸收碱液中分离出去。为了避免砷化合物逸出，整个净化系统应全部密闭。

砷-碱法净化脱除 H_2S 装置的主要工艺指标和消耗定额分别列于表 3-29 和表 3-30。

表 3-29　砷-碱法净化 H_2S 装置主要工艺指标

产品	排气量 /(m³/s)	吸收室容积 /m³	空速 /(m/s)	H_2S 含量/(g/m³)		净化率/%
				进口	出口	
人造纤维	256550	500	1.74	0.3	0.029	90
	273400	772	3.2	0.57	0.023	96
	300000	810	3	0.64	0.025	96
	300000	738	2.6	0.54	0.025	95.4
	305000	738	3.1	0.54	0.029	95
	419000	1040	2.84	0.51	0.025	95
短纤维	275000	715	3.2	0.57	0.025	95.6
赛璐玢	266000	325	3.2	0.153	0.025	84
帘子线	373000	460	3.2	0.11	0.025	80

表 3-30　砷-碱法净化 H_2S 装置主要消耗定额

产品	42%苛性钠 /(kg/h)	碳酸钠 /(kg/h)	绿矾 /(kg/h)	回水 /(m³/h)	电能 /(kW·h)	饱和蒸汽 /(t/h)
人造纤维	69	20	60	10.9	612	29
	42	30	81	12	590	29
	168	33	96	11.7	957	251
	148	46	134	9	700	32.5
	153	48	139	9	429	20
	436	51	149	9	714	214
短纤维	48	30	81	12	480	57.5
赛璐玢	11	7	19	9	370	29
帘子线	23	14	31	9	750	29

3.3　二硫化碳气体净化方法

CS_2 主要用于生产黏胶纤维、CCl_4，也用来制造农药、溶剂、橡胶硫化促进剂、选矿剂及飞机加速剂。目前全球生产能力为 16Mt/a，其中以天然气和丙烯为原料的为 13.6Mt/a，美国 CS_2 生产能力约为全球的 25%～30%，中国 CS_2 生产能力 0.9Mt/a。CS_2 消费比例为黏性纤维 43%，橡胶化学品 15%，赛璐玢 15%，农业化学品 17%。

在纤维棉、人造丝、玻璃纸、食品纤维包装箱等黏胶纤维的生产过程中也会产生的大气量、低浓度的 CS_2 废气，CS_2 是一种有毒、刺激性气味强的化合物。含 CS_2 的工业废气高毒、易燃、易爆，且难以处理。它对人体的神经和血液系统有急性和慢性毒害作用。目前我国对 CS_2 废气的处理方法主要有冷凝法、吸收法、吸附法、催化氧化法等。由于 CS_2 在常温下的活性较低，所以化学吸收法效率不高。采用活性炭做吸附剂的吸附法，是目前工业中常用的去除方法。最常用的吸附设备是沸腾床和固定床吸附器。

3.4　含硫卤化物气体净化方法

笔者在查阅国内外大量资料的基础上对大气中含硫卤化物的处理现状进行总结，并列举了一些典型处理工艺、且比较了其优缺点、机理以及一些操作参数。

3.4.1　含硫卤化物的介绍

含硫卤化物多来自于制药工业、纺织工业以及化工生产中。这些物质大多有害，如氯丙嗪（$C_4H_8ClN_2S·HCl$），含在制药生产的排放物中，对实验动物大鼠、小鼠的半致死量分别为 210～230mg/m³；当浓度为 40mg/m³ 时，也出现过动物死亡的个别情形，有普通的毒性作用；甲苯磺酰基双氯胺（$C_7H_7Cl_2O_2S$），含在纺织工业的漂白用物质、除气剂、杀虫剂等生产的排放物中；苯磺酸氯代胺（$C_6H_5ClNaO_2S·3H_2O$），主要含在消毒剂、漂白剂等生产的排放物中，它有刺激作用，刺激人和动物的阈浓度为 0.004～8.3mg/m³，对实验动物大鼠、小鼠的半致死剂量分别为 1.0g/kg、0.8g/kg。

3.4.2 处理方法

3.4.2.1 微量的含硫卤化物

微量的含硫卤化物可采用活性炭纤维吸附的方法。

碳纤维是活性炭纤维（ACF）的前驱，活性炭纤维具有以下特征：a. 比表面积大；b. 可加工成各种形状；c. 吸附、脱附速度非常快；d. 重量轻，使用方便；e. 容易再生、再利用；f. 可与其他性能的材料形成复合材料；g. 生成的炭粉尘少。相比于粒状、粉状的活性炭，活性炭纤维价格虽高，但因其有上述特征仍被许多领域所应用。

可采用生物洗涤塔降解的方法，工艺流程及实验装置见图 3-45。

清华大学李国文、胡洪营等按照以上的工艺流程图做了降解氯苯废气的实验研究。洗涤器由内径 100mm、高度 600mm 的有机玻璃塔组成，塔底有气体分布器，液体有效高度 500mm，有效体积 4L。氯苯气体采用动态法配制，来自供气系统的压缩空气经气体分配器分为主气流和辅气流，主气流进入氯苯吹脱瓶，将氯苯溶液鼓泡挥发，与辅气流进入气体混合

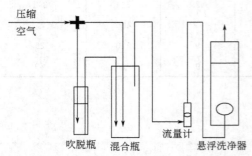

图 3-45　生物洗涤系统降解含硫
氯化物废气工艺流程

瓶充分混合后，形成氯苯气体，氯苯质量浓度通过调整主气流与辅气流的比例来控制。配好的气体由悬浮洗涤器底部的气体分布器进入悬浮洗涤器，被活性污泥中的微生物降解，进而得以净化。

研究发现氯苯生物降解属产酸反应，较低的 pH 值抑制了微生物的活性，使微生物的氯苯降解速率变慢，降解效率逐渐降低，因此在洗涤塔运行过程中，应投加 pH 缓冲药剂，以维持污泥的正常 pH 范围，确保装置正常运行。

由于含硫卤化物和氯苯的相似性，在某种意义上含硫卤化物同样可以按照以上的工艺流程来降解。

3.4.2.2 大量含硫卤化物

可采用燃烧-脱硫、脱卤的方法。大量含硫卤化物燃烧后形成 CO_2、H_2O、SO_2 以及一些简单的卤代烃等物质。

本文中以六氟化硫中的含硫氟化物为例，说明脱卤过程。

六氟化硫（SF_6）是一种负电性气体，具有优良的绝缘性能和灭弧性能，作为气体材料被广泛应用于高压电器中。六氟化硫产品中的杂质，有些影响其使用性能，有些是剧毒的。其中的水分、游离酸如氢氟酸（HF）可水解氟化物为酸性物质，它们会腐蚀设备；水和 HF 在低温或高压下发生凝聚，影响电器设备运行安全；空气中的氧在高压电弧或电火花的作用下，与六氟化硫起反应生成一系列可水解氟化物如二氟化二硫（S_2F_2）、四氟化硫（SF_4）、亚硫酰二氟（SOF_2）、亚硫酰四氟（SOF_4）、硫酰二氟（SO_2F_2）及不水解氟化物等。表 3-31 中列举了六氟化硫中部分杂质气体及其性质。

对于这些杂质的去除，可采用的方法如下。

（1）洗涤　由于可水解氟化物能与水和碱溶液反应，所以，大量的可水解氟化物可用水洗和碱洗除去。

表 3-31　六氟化硫中部分杂质气体的性质

化合物	外观	熔点/℃	沸点/℃	物理化学性质
HF	无色气体或液体,有强烈刺激性臭味	−92.3	19.5	能强烈溶解于水,有强腐蚀性,常温下可以与活性氧化铝反应
CF$_4$	气体	−186	−128	不溶于水和碱溶液,具有极高的热稳定性
SO$_2$	无色气体,有强烈刺激性臭味	−73	−10	能大量溶于水,腐蚀金属
S$_2$F$_2$	无色气体	−165	−11	200~250℃能迅速分解,易于水解,易与碱液反应,可被活性氧化铝等吸附
SF$_4$	无色气体,有刺激性臭味	−124	−40	易于水解,易与碱液反应,易被活性氧化铝等吸附
SOF$_2$	无色气体,恶臭	−129.5	−43.8	不易水解,可在碱液中水解,可被活性氧化铝快速吸附
SOF$_4$	无色气体,有刺激性臭味	−99.6	−49	能被水解,能被碱液完全吸收
SO$_2$F$_2$	无色无臭气体	−120	−55.4	400℃内不分解,不易水解,在 KOH 溶液中缓慢水解,不易被活性氧化铝吸附,可被分子筛吸附或石灰石吸收
S$_2$F$_{10}$	无色液体,易挥发	−55	29	不水解,不与碱溶液反应,350℃以上高温可被热分解,可被分子筛吸附
S$_2$F$_{10}$O	无色气体	−115	31	不水解,500℃以上高温可被热分解,可用活性氧化铝和 X 型分子筛吸附

$$2S_2F_2 + 3H_2O \longrightarrow H_2SO_3 + 4HF + 3S \qquad (3\text{-}127)$$
$$SF_4 + 3H_2O \longrightarrow H_2SO_3 + 4HF \qquad (3\text{-}128)$$
$$SOF_4 + H_2O \longrightarrow SO_2F_2 + 2HF \qquad (3\text{-}129)$$
$$SOF_2 + H_2O \longrightarrow SO_2 + 2HF \qquad (3\text{-}130)$$

另外:

$$SO_2 + H_2O \longrightarrow H_2SO_3 \qquad (3\text{-}131)$$
$$H_2SO_3 + KOH \longrightarrow K_2SO_3 + 2H_2O \qquad (3\text{-}132)$$
$$HF + KOH \longrightarrow KF + H_2O \qquad (3\text{-}133)$$

洗涤用的碱溶液应为 KOH 溶液,因为洗涤后产生的 KF 在该溶液中的溶解度很大(20℃为 109g/100g 水),而用 NaOH 溶液洗涤后产生的 NaF 在溶液中的溶解度很小(20℃为 4.17g/100g 水),易堵塞系统,造成中断。

(2) 热解　不水解氟化物不能在水中和碱液中除去,但可在高温下被分解。S$_2$F$_{10}$ 在 350~400℃被热解为 SF$_6$ 和 SF$_4$;S$_2$F$_{10}$ 在 500~600℃被热解为 SF$_6$ 和 SOF$_4$,SF$_4$ 和 SOF$_4$ 可用碱溶液(KOH 溶液)洗涤除去。其化学反应方程式如下:

$$S_2F_{10} \longrightarrow SF_6 + SF_4 \qquad (3\text{-}134)$$
$$S_2F_{10}O \longrightarrow SF_6 + S_2OF_4 \qquad (3\text{-}135)$$

S$_2$F$_{10}$ 在高温下可与铁、铜等金属反应,S$_2$F$_{10}$ 与 S$_2$F$_{10}$O 的热解产物 SF$_4$ 和 SOF$_4$ 均有一定的腐蚀作用,故热解设备的材质应选用对其耐腐蚀的镍或蒙乃尔合金。

(3) 干燥与吸附　对经洗涤和热解后的六氟化硫气体中的水分,有效的干燥剂很多,适用的有硅胶、活性氧化铝和分子筛。在常温下,分子筛对空气无吸附能力,而对水有极强的吸附能力。分子筛吸附的水分量约为本身质量的 20%(如 5A 分子筛吸水量为 0.21g/g)。在一般的情况下,先用吸水率较高的硅胶干燥,除去大部分水分,接着用活性氧化铝进一步干燥,最后用分子筛进行深度干燥,经过这样处理后的六氟化硫气体的含水量可降至 10^{-6} 级。

综合考虑干燥与吸附，比较合理的工艺流程是：硅胶→活性氧化铝→A 型分子筛（以 5A 分子筛为佳）→X 型分子筛。

3.4.3 总结

由于大气中的含硫卤化物对人的毒害性，在其产生初期就应该有效地控制其扩散，使用有效的控制手段将其危害减至最小。还需要对其性质进行进一步的研究，以期寻求更有效的处理方法。

3.5 硫酸雾净化方法

3.5.1 硫酸雾的来源及危害

雾状的酸类物质称为酸雾。现代工业生产中，硫酸、盐酸、硝酸、氢氟酸等常作酸洗液用于酸洗工艺中。通常要在酸洗液中通入高压蒸汽或使被处理工件抖动以提高酸洗效果，在此过程中将产生大量的酸雾。有一些气体如氯化氢、氯气、三氧化硫、氟化氢等，可与空气中的水蒸气反应生成酸雾。铬酸雾主要产生于电镀工艺中。

3.5.2 硫酸雾的处理方法

硫酸雾是大气污染的一个重要因子。它的毒性比二氧化硫高约 10 倍，对生态环境、人体健康、金属材料等都有较大的危害。大量密集的硫酸微粒（一般小于 $3\mu m$）在大气中弥散，称为硫酸雾。硫酸雾既发生于直接生产或使用硫酸的工厂，也来自以煤、石油为原料及燃料的工厂排烟。排烟中二氧化硫气体成为三氧化硫后，与空气中的水分结合会生成硫酸雾。

酸雾的处理方法可以分为物理净化法和化学净化法两类。酸雾因其性质不同，对其控制及净化的方法和难易程度也不相同。物理方法包括吸附-解吸法、离心法、过滤法等，化学净化法包括燃烧法、氧化法、还原法、中合法、水解法、催化法等。碱液洗涤法技术成熟、流程简单，是酸雾处理的传统方法。一般而言，硫酸雾的沸点较高，雾滴粒径较大，处理较易。

硫酸雾在大气中主要以气溶胶的形式存在。传统的处理方法包括湿式的水洗法、碱液洗涤法和干式的丝网过滤法、活性炭吸附法、静电除雾器除雾法，也有用悬浮塑料球覆盖、泡沫封闭液面等方法防止酸雾外溢，但这些净化方法效率低，也达不到净化酸雾的目的。比较而言，湿式净化法用水量大，易产生二次污染，运行费用高，占地面积较大。

（1）丝网过滤法　丝网过滤法属于气雾分离方法的一种，其原理是含有液态微粒的工业气体，通过某种介质时，微粒被阻滞而气体完全通过的过滤过程。酸雾微粒在滤材上的沉降机理包括微粒与滤材的惯性冲击碰撞作用、接触凝聚作用、表面扩散作用、重力沉降作用和静电吸附作用。哪种机理起主要作用取决于滤材纤维的粗细、滤层空隙率、雾粒的粒度和密度/气体流速等。

工业上采用的丝网材料有多种材质和编织方法。丝网在除雾器中的装置形式有板框式、网筒式、网格式等。

以网格式过滤器净化硫酸雾为例介绍丝网过滤法的净化原理。网格式净化器分为 L 型

（立式）和 W 型（卧式）两种。L 型的气流为下进上出，W 型的气流为右进左出。内部由 8～12 层有菱形网孔的聚氯乙烯塑料板网纵横交错地平铺叠成，每层板网厚 0.5mm。普通塑料窗纱的效果要比塑料板网差。

硫酸的密度较大且易于凝聚，含有硫酸雾滴的废气由于互相碰撞会凝聚成较大的颗粒。进入过滤器时，由于气速降低，便在重力作用下，从废气中分离出来，未被分离的酸雾以一定的气速通过过滤器网格，在惯性效应和钩住效应的作用下，附着在网格上而被滤除。过滤效果与雾滴大小、气速、重量等有关。

丝网过滤法净化硫酸雾的优点是设备简单，操作维修方便，净化效率高，运行费用低。丝网材料的寿命一般在 3 年以上，除雾塔的元件也易于更换。但是除雾器的阻力较高，除雾面积受到限制，不适用于气速较大的情况，也不适用于含尘浓度较大的情况。丝网过滤法净化硫酸雾的操作指标见表 3-32。

表 3-32　丝网过滤法净化硫酸雾的操作指标

气速 /(m/s)	风量 /(m³/h)	设备阻力/Pa		酸雾浓度/(mg/m³)		净化效率/%
		丝网阻力	总阻力	进口	出口	
2～3	6000～8000	200～279	268～471	18.8～58.1	0.9～2.63	90～98.5

(2) 中和法　酸雾处理的一种方法是采用酸雾净化塔，酸雾净化塔有两种净化方法：水洗法和中和法。为提高对酸雾的净化效率，通常选用中和法，利用酸碱中和来达到处理酸雾的目的。用氢氧化钠溶液吸收处理车间酸洗槽中排出的酸蒸气（主要是二氧化硫）的工艺流程如图 3-46 所示。

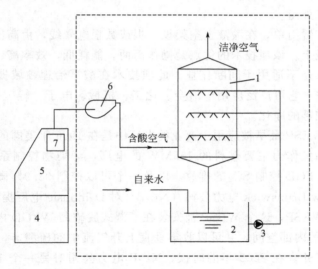

图 3-46　氢氧化钠溶液吸收二氧化硫流程
1—吸收塔；2—循环槽；3—溶液泵；4—酸洗槽；5—玻璃钢密闭罩；6—防腐通风机；7—静电控制装置

在酸洗槽上设密闭罩（图 3-46），酸雾从密闭罩上部设的排风口排出。保持槽内一定负压，酸雾排出后，硫酸尾气从吸收塔 1 底部进入吸收塔，氢氧化钠溶液从塔顶部进入，从上向下喷淋，经过喷雾及填料层，由于两者逆向流动，接触比较充分，硫酸尾气中的二氧化硫被氢氧化钠溶液吸收。在吸收塔内化学反应方程为：

$$NaOH + SO_2 + H_2O \longrightarrow NaHSO_3 \tag{3-136}$$

吸收了 SO_2 后的吸收液流入循环槽 2 中，用溶液泵抽出重新送进吸收塔，这样循环往复，不断地对硫酸尾气中的 SO_2 进行吸收。填料、塔体、喷淋装置（含循环水泵）、脱水器是组成吸收塔的四个主要部分。贮液箱设置在塔下部，内部贮有配制的碱液，碱液通过循环泵被压送到酸雾吸收塔的上部，通过喷淋管、填料往下喷淋。经脱液器处理脱除 SO_2 的气体从塔顶排放（放空），酸雾被净化，符合排放标准的要求。净化效率可以达到 95％左右。

　　（3）吸附法　硫酸雾吸附法适用于任何种类酸性气体及酸雾的处理，处理效率高，无二次污染，投资中等，运行费用低，操作管理简单方便，适合于中小型企业选用。吸附法处理酸雾的工艺流程如图 3-47 所示。

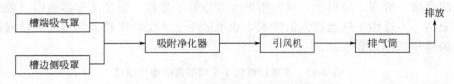

图 3-47　硫酸雾吸附净化工艺流程

　　（4）静电除雾法　用超高压静电抑制硫酸雾是一项新技术，它不需要集气、风管、回收等装置，实现了就地抑制，就地净化。静电抑制法利用直流超高压电，使得酸液面上方形成了强大静电场，而静电场中充满了大量的负离子。离子在静电场中作定向运动，成为输送电流、抑制酸雾粒子的媒介物质。酸雾颗粒在静电场中经碰撞、扩散、被负离子冲击荷电，成为荷电颗粒。由于静电凝聚作用。酸雾颗粒直径可增大 20 倍以上。荷电后的酸雾颗粒，在静电场中的库仑力、离子间作用力、颗粒凝聚力和自身重力等联合作用下，迅速返回酸液面，从而抑制了酸雾外溢。

　　静电抑制法的装置简单，在酸液上空架设一根或数根电晕线，由高压发生器输出的超高压直流电送到电晕线上。该项技术的优点是操作简便，能耗低，效率高、无噪声、省酸、经济效益好等。其缺点是不适用于间断作业。此项技术在酸雾治理领域提供了一种理想、安全、可靠的治理方法。它可广泛应用于冶金、化工、机械、电子、轻工等行业的各种连续、非连续酸洗生产线酸雾的净化。

　　湿式电除雾器 WESP 最早被应用于商业的电厂中是在 1986 年美国的 AES Deepwater 电厂，这是个使用石油焦作为主要燃料的 155MW 的电厂，污染物控制系统包括：干式 ESP 控制粉尘颗粒排放、FGD 控制 SO_2 的排放，以及一个可以控制 98.9％微细粉尘和硫酸雾的 WESP。2000 年 New Brunswick 电力公司（N&B）对 Dalhousie 电厂提供的一个 WFGD 进行了改造并安装了 WESP，这个 WESP 被安装在了湿式脱硫岛 WFGD 内部的上半部分，这充分利用了 WFGD 的内部空间，并可以收集垂直上升气流中的硫酸雾，此后我们称这种布置方式为整体式 WESP。在 2002 年的时候，N&B 电力公司对另一个 1050MW 的 Cloeson Cove 电厂的 WFGD 做了相同的改造，这是至今最大的 WESP 机组。与把 WESP 单独放置在 WFGD 外部的设计相比，这种一体化的设计可以有效地节约空间，并可以降低电厂的成本，如图 3-48 所示。

　　静电除雾器 ESP 的主要设计参数有电极产生的电场强度、每一个积集管与电晕极的组合单元所具有的积集表面积两方面。在实际的 ESP 的操作中，电场强度对其工作性能影响最大。提高电场强度的效果有如下几点：①在废气流速和积集管尺寸不变的情况下，将提高静电除雾器的除尘效率。②加大废气流速，将能维持原相同的除尘效率。③缩短积集管的长度，仍能维持原相同的除尘效率。通常静电除雾器设计参数，见表 3-33。

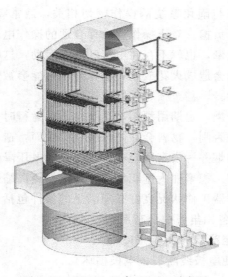

图 3-48 WFGD 组合 WESP 示意图

表 3-33 静电除雾器设计参数

设计参数	设计要求
直流电压	15~60kV
直流电流	100~700mA
废气在积集管的流速、管径	0.13~0.14m/s,150~160mm
有效管长度	2m~3m
电晕极的材质	低碳钢、316 不锈钢、耐酸镍基合金或耐热镍铬铁合金

　　静电除雾器设计要考虑的因素包括：①要使尾气进入 ESP 后均匀分布；②材质最好采用不锈钢，如 316L；③安装调节和检修方便；④设置清洗和吹扫装置；⑤电晕极最好采用柱式非线式；⑥控制系统采用自动 Mazzoni、Ballestra、MM 和 Chemithon 公司生产的 ESP 设计型式基本相似，不同是尾气进、出口位置，如图 3-49 所示。

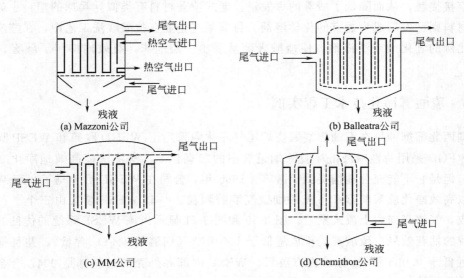

图 3-49 静电除雾器设计形式

静电除雾器的使用效果与磺化系统的操作密切相关，通常要求磺化系统的分离效果要好，减轻静电除雾器的电离负担。对于操作，选择合适的操作电压是很重要，当操作电压低于起晕电压时，不会产生电晕，也就不存在电流和离子运动，这时不起除雾作用；当操作电压超过电场击穿电压时，则会造成火花放电，电晕线很可能会被熔断，同时加剧电晕线的振动，造成断线，设备停止运转，甚至损害控制盘内的线路。

高压瓷瓶应保持清洁干燥，定期用酒精擦洗干净。在运行时，热风保护风的压力要高于尾气压力且有一定的流量，否则，物料会在高压瓷瓶的表面，造成"爬电"现象，危及人身安全。同时，瓷瓶处会冒白烟并污染高压瓷瓶接头，造成电压降低，使静电除雾器的除雾效果低，甚至无法操作。还有，积聚柱内壁积料多，使电场距离缩短，造成电压不稳定，也会降低除雾效果的。静电除雾器工作状况良好必须满足的条件包括：

① 废气要在 ESP 中的各积集管中分布良好。

② 电极电压维持在一定范围内（15～60kV）。

③ 避免发生电弧（易使电极线断裂，电极损坏）。

④ 清洗后彻底干燥。

⑤ 保证清洁吹扫空气的温度和流量在设定范围内，避免积垢。

在用水对 ESP 进行清洗或检修时，必须要达到如下要求：

① 打开 ESP 之前，必须断开电源并检查接地是否良好。

② 必须对电极用放电装置进行放电。

③ 在与清洗水接触的设备必须接地。

④ 清洗干净后，应用干燥后的空气对装置吹扫干净。

(5) 覆盖法控制酸雾污染　覆盖法控制酸雾污染是一种很有生命力的方法，它具有简单易行、不占场地、投资运行费用低、上马快、操作管理方便等优点。由于覆盖法受工艺条件约束，局限性较大，如酸液浓度过高不利，酸洗时间要求较长等。因此，覆盖法还没有得到广泛应用。

覆盖法是控制酸雾溢出的最直接方法。在酸液表面配置覆盖层，以减少酸液液面和外界空气的直接接触，从而降低了酸雾的挥发量。老式覆盖材料有类似乒乓球的塑料小球等，新型覆盖材料则已发展成为适宜的化学溶剂。目前某些企业在盐酸酸洗工艺中，在酸洗液中加入一定比例的乳化剂或洗涤剂，使盐酸表面呈现出一层泡沫，有效地抑制了酸雾，保护了环境。

3.5.3　硫酸雾净化技术工程实例

美国西北部炼油厂在石油焦炭煅烧炉尾气净化中采用了 WFGD 脱硫和 WESP 除雾组合工艺。WFGD 采用苛性碱液洗涤脱除烟道气中的二氧化硫，洗涤法能高效地净化二氧化硫污染物，但是它不能充分地捕捉到硫酸雾。1998 年，公司在 WFGD 后上马了一套 WESP 装置，用以高效净化硫酸酸雾和可见的细微气溶胶颗粒。一套 WESP 装置由三个平行 WESP 模块组成，气体流向为上流式配置。图 3-50 和图 3-51 显示出该 WESP 系统的优良的硫酸雾及气溶胶的捕获效果。硫酸雾的排放量低于 1×10^{-6}（烟道气 7%O_2 含量），并且气溶胶微粒浓度远低于 0.005 颗粒/标准立方英尺。WESP 内部和外壳的材料都是 904L 合金，它具有很好的耐腐蚀性。WESP 技术参数见表 3-34。

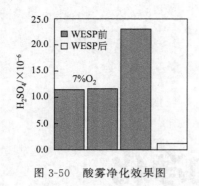

图 3-50　酸雾净化效果图

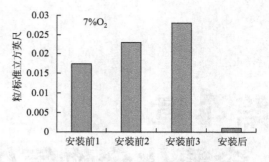

图 3-51　气溶胶颗粒净化效果图

表 3-34　WESP 主要性能参数

参数	单位	数值
气体流速	英尺/秒	7.7
停留时间	秒	4.2
SO_3 进口浓度(3%含 O_2)	$\times 10^{-6}$	30~100
气溶胶净化效率(包括硫酸雾)	%	98.9
气溶胶排放标准	粒/标准立方英尺	0.005

第4章

含氮化合物气体的净化

含氮化合物主要有氮氧化物及氨（NH_3），其中氨气属于恶臭中的一种，在第 11 章有专题论述，这里只介绍氮氧化物。

4.1 氮氧化物概述

氮氧化物（NO_x，主要包括 N_2O、NO、NO_2、N_2O_3、N_2O_4 等）是化学、国防、电力以及锅炉和内燃机等行业排放气体中所含有毒物质之一。燃烧燃料所产生的 NO_x 数量最多，约占 30% 以上，而 70% 来自于煤炭的直接燃烧，NO_x 排放的主要来源是固定燃烧源，其余则主要来自机动车辆。另外，一些工业生产过程中也会有 NO_x 的排放。随着中国经济的持续发展，能源消耗已经呈逐年增加的趋势，NO_x 的排放量也随之迅速增加，目前已经超过 2000 万吨。大量燃煤所排放的 SO_x、NO_x 和由此形成的酸雨对人体健康形成了严重危害，破坏了生态平衡，制约着社会和经济的可持续发展。氮氧化物（NO_x）所引起的环境问题以及对人体健康的严重危害主要有以下几个方面。

① NO_x 对人体有致毒作用，NO_2 的危害最大，主要会影响人体的呼吸系统，可以引起支气管炎、肺气肿等疾病；NO 则非常容易结合动物血液中的色素（Hb），造成血液缺氧从而引起中枢神经麻痹，它对血色素的亲和力很强，大约为 CO 的数百倍甚至上千倍。

② NO_x 对植物具有损害作用。

③ NO_x 是酸雾、酸雨的主要污染物，酸雨会使土壤酸化、贫瘠、农业减产，物种退化，破坏森林植被，还会造成水体污染，导致鱼类死亡。

④ NO_x 与碳氢化合物可以形成光化学烟雾；最典型的事例为 1952 年的美国洛杉矶发生的光化学烟雾事件。该事件中大批居民出现眼睛红肿、皮肤潮红、喉痛咳嗽等症状，严重者则出现心肺功能衰竭症状。有 400 多名 65 岁以上的老人因此而死亡。

⑤ NO_x 还参与臭氧层的破坏。氧化亚氮（N_2O）会在高空同温层中对臭氧层起到破坏

作用，导致较多的地面紫外线辐射，增加了皮肤癌的发病率，甚至可能影响人的免疫系统。所以，控制和治理烟气中的 NO_x 就显得尤为重要。

目前，控制燃烧所产生的 NO_x 主要有三种方法，分别是：①燃烧前燃料脱氮；②燃烧中改进燃烧方式和生产工艺脱硝；③锅炉烟气脱硝。燃料脱氮技术至今还没有很好地开发，相关的报道也还很少。在燃烧中改进燃烧方式及生产工艺脱氮技术，国内外已经做了大量研究，开发了很多低 NO_x 燃烧技术及设备，并已经在一些锅炉、炉窑上应用。然而一些低 NO_x 燃烧技术及设备有时候会降低燃烧效率，进而造成不完全燃烧的损失增加，而设备规模也随之增大，加上 NO_x 的降低率也有限，所以低 NO_x 燃烧技术及设备目前尚未达到全面实用阶段。所以，烟气脱硝可以说是近期内最重要的 NO_x 控制方法，现阶段工作的重点是探求经济上合理、技术上先进的烟气脱硝技术。

4.2 氮氧化物净化技术

烟气脱硝技术按其作用的机理不同，可分为催化还原、生物法、等离子体、吸收和吸附等，按工作介质的不同又可分为干法和湿法两类。烟气脱硝方法如图 4-1 所示。

4.2.1 干法脱硝

目前，干法脱硝技术占主流地位。干法脱硝包括：①选择性催化还原法（采用催化剂来

- 烟气脱硝方法
  - 干法
    - 催化还原法
      - 选择性催化还原法(SCR)
      - 选择性非催化还原法(SNCR)
    - 吸附法
    - 等离子体法
      - 电子束照射法
      - 脉冲电晕法
  - 湿法
    - 水吸收法：用水作吸收剂对NO_x进行吸收，吸收效率低，仅可用于气量小、净化要求不高的场合，不能净化含NO为主的NO_x
    - 稀酸吸收法：用稀硫酸作吸收剂对NO_x进行物理和化学吸收，可回收NO_x，消耗动力较大
    - 碱性溶液吸收法：用NaOH、Na_2SO_3、$Ca(OH)_2$、NH_4OH等碱性溶液作吸收剂对NO_x进行化学吸收。对于含NO较多的NO_x废气，净化效率低
    - 络合吸收法：利用络合吸收剂$FeSO_4$/Fe(Ⅱ)-EDTA-Na_2SO_3等直接同NO反应，NO生成的络合物加热时重新释放出NO，从而使NO能富集回收
    - 氧化吸收法：用浓的HNO_3、O_3、NaClO、$KMnO_4$等作催化剂，将NO_x中的NO部分氧化成NO_2，然后再用碱溶液吸收，使净化效率提高
    - 液相还原吸收法：NO_x与$(NH_4)_2SO_3$、NH_4HSO_3、Na_2SO_3反应，NO_x被还原成N_2，使其净化效果比碱溶液吸收法好
    - 微生物净化法：在好氧、厌氧缺氧条件下，利用有机质进行脱氮

图 4-1 烟气脱硝方法

促进 NO_x 还原反应）；②非选择性催化还原法；③电子束照射法；④同时脱硫脱硝法等。

4.2.1.1　吸附法

吸附净化法的原理是利用多孔性的固体物质具有选择性吸附废气中一种或多种有害组分的特殊性质来处理废气的。按作用力不同分为两种：a. 物理吸附；b. 化学吸附。根据再生方式的不同，还可分为变温吸附和变压吸附。变温吸附脱硝研究较早，已有了一些工业装置。变压吸附是最近才研究开发的一种比较新的脱硝技术。常用的吸附剂有以下几种：杂多酸、活性炭、分子筛、硅胶以及含 NH_3 的泥煤等。吸附净化 NO_x 废气的优点有：①净化效率高；②不消耗化学物质；③设备简单，操作方便；④可回收利用。缺点是：①吸附剂吸附容量小，所需吸附剂量大，设备庞大，并且需要再生处理；②过程为间歇操作，投资的费用较高，能耗也较大。因此，吸附法一般用于处理 NO_x 平均浓度比较小的废气。该工艺一般会用两个或者三个以上的吸附器进行交替再生。

(1) 活性炭吸附法　活性炭对低浓度的 NO_x 有很强的吸附能力，它的吸附容量比分子筛以及硅胶都高，并且脱附出来的 NO_x 可以再回收利用。此方法对 NO_x 的吸附过程中会伴有吸附剂化学反应发生。NO_x 被吸附到活性炭的表面以后，活性炭会对 NO_x 产生还原作用，反应式如下：

$$C+2NO \longrightarrow N_2+CO_2$$
$$2C+2NO_2 \longrightarrow 2CO_2+N_2$$

(2) 分子筛吸附法　分子筛吸附剂有氢型丝光沸石、脱铝丝光沸石、氢型皂沸石、BX 型分子筛等。以氢型丝光沸石（$Na_2Al_2Si_{10}O_{24}\cdot 7H_2O$）为例，其作为笼型孔洞骨架晶体，脱水后会有十分丰富微空间，具有很高的比表面积，一般情况下为 $500\sim1000m^2/g$，因此可容纳的吸附分子数量相当大，同时内晶表面的极化程度很高，微孔的分布单一均匀，大小也与普通分子相近。

含 NO_x 的废气在通过分子筛床层时，由于分子和 NO_2 的极性都较强，会被选择性地吸附到主孔道内表面上，二者在表面上会生成硝酸，并释放出 NO，连同废气中的 NO 和 O_2 在分子筛上被催化氧化，从而被 NO_2 吸附。反应方程式如下：

$$3NO_2+H_2O \longrightarrow 2HNO_3+NO$$
$$2NO+O_2 \longrightarrow 2NO_2$$

(3) 硅胶吸附法

以硅胶作为吸附剂，先将 NO 氧化为 NO_2 以后再加以吸附，然后经过加热可解吸附。当 NO_2 的浓度高于 0.1%，而 NO 的浓度高于 $1\%\sim1.5\%$ 时，效果比较良好，但是如果气体中含固体杂质，就不适合用此方法，原因是固体杂质会通过堵塞吸附剂的空隙而使吸附剂失去作用。

4.2.1.2　催化还原法

还原法可以分为选择性催化还原法（SCR）、选择性非催化还原法（SNCR）、非选择性催化还原法、催化分解法。目前，研究和应用比较多的是选择性催化还原法（SCR）以及选择性非催化还原法（SNCR）两种。

(1) 选择性催化还原法　世界上第一个达到工业规模的脱 NO_x 装置于 1979 年在日本 Kudamatsu 电厂投入运行，并在 1990 年受到发达国家的广泛应用，目前已经达到 500 余家（包括发电以及其他工业部门）。选择性催化还原法的效率较高，是目前所能找到的最好的并可广泛应用于固定源 NO_x 治理的技术。其原理为：使用适当的催化剂，一定条件下，用氨作催化反应的还原剂，并使氮氧化物转化成无害的氮气和水蒸气。其中 NH_3 还原 NO_x 的主要反应如下：

主反应：

$$6NO+4NH_3\longrightarrow 5N_2+6H_2O$$
$$6NO_2+8NH_3\longrightarrow 7N_2+12H_2O$$

副反应：

$$8NO+2NH_3\longrightarrow 5N_2O+3H_2O$$
$$8NO_2+6NH_3\longrightarrow 7N_2O+9H_2O$$
$$4NH_3+3O_2\longrightarrow 2N_2+6H_2O$$
$$2NH_3+2O_2\longrightarrow N_2O+3H_2O$$

在 SCR 工艺中，还原剂在催化剂的催化下将 NO_x 还原为氮气和水，催化剂用来促进还原剂与 NO_x 之间的化学反应，还原剂主要用氨。该法具有净化率高、运行可靠、工艺设备紧凑、氮气放空和无二次污染等特点。然而选择不同的催化剂，会得到不同的脱氮效果。催化剂不同的反应所要求的温度也不同。根据使用不同催化剂的催化温度，SCR 工艺可分成高温、中温以及低温 3 种。一般中温在 $300\sim400℃$ 之间，高温大于 $400℃$，而低温小于 $300℃$。根据所选择的催化剂种类，可确定反应温度在 $250\sim420℃$ 之间，有时甚至可以低到 $110\sim150℃$。活性炭/焦是二氧化硫优良的吸附剂，也是 NH_3 还原 NO 的优良催化剂。由于活性炭在 $110\sim150℃$ 之间能催化还原 NO 生成氮气和水，此温度范围恰好处于工业锅炉烟气所排放的窗口温度内，不需要再热。

选择性催化还原法也有一些缺点，如投资成本、催化剂活性、运行成本较高、价格较贵、寿命不够长等问题。

(2) 选择性非催化还原法 选择性非催化还原法的原理是在没有催化剂的情况下，加入氮氧化物和还原剂发生还原反应。该方法的特点是不需要催化剂，投资比较小，但还原剂消耗量比较大。

氨作为还原剂时：

$$6NO+4NH_3\longrightarrow 5N_2+6H_2O$$

该方法原理与 SCR 法相同，由于没有催化剂的作用，反应所需要的温度较高（$900\sim1200℃$），因此需要控制好反应温度，以避免氨被氧化成氮氧化合物。SNCR 脱除 NO_x 的技术是把含有 NH_x 基团的还原剂，喷入炉膛（$800\sim1100℃$ 的区域），该还原剂受热分解成 NH_3，与烟气中的 NO_x 反应生成 N_2。SNCR 技术的工业应用开始于 20 世纪 70 年代中期，日本的一些燃油、燃气电厂首先开始使用这种技术，欧盟国家从 80 年代末也开始有一些燃煤电厂开始应用 SNCR 技术，而美国是在 90 年代初开始的。目前，世界上燃煤电厂的 SNCR 工艺总装机容量在 2GW 以上。在日本，松岛火电厂 1~4 号燃油锅炉，四日市火电厂两台锅炉，知多火电厂的 2 号机组（350MW）和横须贺火电厂的 2 号机组（350MW）都采用了 SNCR 方法。但是，目前大部分的锅炉都不采用 SNCR 方法，其主要原因如下：①增加反应剂和运载介质（空气）的消耗量；②氨的泄漏量大，不仅污染大气，而且在燃烧含硫燃料时，由于有硫酸氢铵形成，会使空气预热器堵塞；③效率不高（燃油锅炉的 NO_x 排放量仅降低 $30\%\sim50\%$）。

4.2.1.3　等离子体法

等离子法包括了电子束法和脉冲电晕法两种方法。电子束法的原理是利用电子加速器来获得高能电子，而脉冲电晕法则是利用脉冲电晕放电来获得活化电子。

电子束法（EBA）是依靠电子束加速器来产生高能电子（$400\sim800keV$），这就需要大功率并能长期连续和稳定工作的电子枪，电子束加速器的造价昂贵，电子枪的寿命短，X射线则需要防辐射屏蔽，整个系统运行和维护的技术要求高。20世纪80年代初期，针对电子束法存在的缺点，日本的Masdual提出了脉冲电晕放电等离子体技术，该技术与电子束照射法相比较，避免了电子加速器的使用，无须辐射屏蔽，更增强了技术的安全性和实用性。脉冲电晕法的原理是利用脉冲电晕放电来获得活化电子，使用脉冲高压电源替代加速器来产生等离子体的脉冲电晕等离子法（Pulse Corona Induced Plasma Chemical Process，PPCP法），使用几万伏的高压脉冲电晕放电可以使电子加速到$5\sim20eV$，并打断周围气体分子内的化学键从而生成氧化性极强的O、OH、O_3、H_2O等自由原子和自由基等活性物质，在有氨的注入下与SO_x以及NO_x反应生成农用化肥。

4.2.1.4 催化分解法

理论上，NO分解可生成N_2和O_2，在热力学上是有利的反应，$NO \longrightarrow 1/2N_2 + 1/2O_2$，但是该反应的活化能为364kJ/mol，需要合适的催化剂来降低活化能，这样才能实现分解反应。由于该方法简单且费用低，被认为是最有发展前景的脱氮方法，所以多年以来人们为了寻找合适的催化剂做了大量的工作，主要的催化剂类型有贵金属、钙钛矿型复合氧化物、金属氧化物及可进行金属离子交换的分子筛等。

Rh、Pt、Pd等贵金属负载在Pt/7-Al_2O_3等载体上，用于NO的催化分解。在同样条件下，Pt类催化剂的活性最高。贵金属催化剂用于NO催化分解的研究已经比较广泛和深入，近年来，这方面的工作重点主要是利用一些碱金属以及过渡金属离子对单一的负载贵金属催化剂进行改性，来提高催化剂的活性和稳定性。

4.2.2 湿法脱硝

干法脱硝技术的投资运行费用较高，而湿法脱硝技术工艺设备简单、耗能少、操作温度低、处理费用低，在我国是有很大的发展潜力的。络合吸收法将成为我国湿法烟气脱硝的一个主要发展方向。尽管目前已经进行了很多研究，但大多还停留在实验室研究阶段，离工业应用还有一定距离，研究和开发投资及运行费用低、处理效果好、无二次污染等优点的湿法烟气脱硝技术已经迫在眉睫。

4.2.2.1 溶液吸收法

溶液吸收法是利用气体混合物中不同的组分在吸收剂中不同的溶解度，或者可与吸收剂发生选择性的化学反应，将有害组分从混合气流中分离出来的过程。吸收过程的实质是物质由气相转移到液相的过程。该法的特点是设备简单、操作弹性大、一次性投资低、适应性强等，因此，这个方法很受欢迎。但是其吸收效率一般，尤其是当NO_x中NO的浓度较高时，处理效果不理想。

碱液吸收法是一种目前最常用的方法，它的原理是利用碱性溶液中和所生成的硝酸以及亚硝酸，使之变成硝酸盐和亚硝酸。

用NaOH溶液吸收NO_2和NO，主要的反应式为：

$$2NO_2 + 2NaOH \longrightarrow NaNO_3 + NaNO_2 + H_2O$$

$$NO_2 + NO + 2NaOH \longrightarrow 2NaNO_2 + H_2O$$

只要废气中NO_x的NO_2/NO物质的量之比大于或等于1，NO_2及NO就可以被有效吸收。

4.2.2.2 氧化吸收法

NO除了生成络合物外，无论是在水中还是在碱液中都几乎不会被吸收，加上低浓度下，NO 的氧化速度非常缓慢，所以 NO 的氧化速度决定了吸收法脱除氮氧化物的总速度。为了使 NO 的氧化加快可以采用催化氧化法和氧化剂直接氧化法。氧化剂分气相氧化剂以及液相氧化剂两种。气相氧化剂有 O_3、O_2、ClO_2、Cl_2 等，液相氧化剂有 H_2O_2、HNO_3、$NaClO$、$KMnO_4$、$NaClO_2$ 等，此外利用紫外线氧化也是一种方式。加入氧化剂可以提高吸收效率，但是药剂较贵，运行使用的费用较高。

电化学氧化吸收法的处理过程是先把被处理气体导入到吸收塔内，气流中含有的 NO_2 会直接被吸收液吸收，吸收液电催化氧化反应所产生的氯气把 NO 氧化为 NO_2，然后用吸收液吸收，产物中的亚硝酸根离子在液相中进一步被转化为硝酸根离子，进而达到气体净化的目的。气相和液相的氧化剂可通过电催化氧化反应器进行再生，吸收液可循环使用。本方法采用了气液吸收与气液相同时氧化结合的方式，除去气流中的 NO_x，大大提高了吸收效率，而且吸收产物中的亚硝酸根可以得到进一步氧化，转化为比较稳定的硝酸根离子，从而防止了可逆反应的发生，氧化剂可通过电解过程再生，达到循环使用的目的，大大节省了药剂投加的费用，具有吸收效率高、运行费用低廉、药剂成本低等优点，并且装置的操作费用较低、处理量大、处理效率高，很适合推广使用。

吸收和氧化反应如下：

$$2NO + Cl_2 + 2H_2O \longrightarrow 2HNO_2 + 2HCl$$

$$Cl_2 + 2H_2O \longrightarrow 2HClO + HCl$$

$$2NO_2 + H_2O + HClO \longrightarrow 2HNO_3 + HCl$$

电化学反应：

阳极： $$2Cl^- - 2e \longrightarrow Cl_2$$

阴极： $$2H^+ + 2e \longrightarrow H_2$$

4.2.2.3 微生物净化法

微生物法烟气脱硝是指在有外加碳源的情况下，适宜的脱氮菌利用 NO_x 作为氮源，把 NO_x 还原成无害的 N_2，而脱氮菌本身则获得生长繁殖。NO_2 先溶于水形成 NO_3 及 NO_2，而后再被生物还原为 N_2，NO 被吸附到微生物表面以后直接被微生物还原成 N_2。因此，生物净化 NO_x 也是利用了反硝化细菌的异化反硝化反应，微生物的存在形式分为附着生长系统和悬浮生长系统两种。悬浮生长系统指微生物和微生物营养物配料存在于液相中，气体中的污染物先与悬浮物接触然后转移到液相中，最后被微生物所净化，喷淋塔和鼓泡塔等生物洗涤器是其常见的形式。而在附着生长系统中，增湿后的废气进入生物滤床，在通过滤层时，污染物由气相被转移到生物膜的表面并被微生物净化。悬浮生长系统和附着生长系统在 NO_x 净化方面各有优势：悬浮生长系统相对于附着生长系统来说，微生物的环境条件和操作条件易于控制，但是因为 NO_x 中的 NO 占有的比例比较大，加上 NO 又不易溶于水，使得 NO 的净化率不高。

虽然烟气中 NO_x 的微生物法处理成本较低，设备投入较少，但实现工业应用还存在许多的问题：①微生物的生长需要适宜的环境，如何在工业应用中营造合适的培养条件将是必须克服的一个难题；②微生物的生长，会造成塔内填料的堵塞；③微生物的生长速度相对较慢，要处理大流量的烟气，还需要对菌种作进一步的筛选。

NO_x 的生物处理主要有反硝化处理以及硝化处理两类。

(1) 反硝化过程处理 NO_x 反硝化过程处理 NO_x 是利用厌氧性微生物如铜绿假单胞菌、脱氮假单胞菌、脱氮硫杆菌、荧光假单胞菌等在厌氧条件下可以分解 NO_x 的一种处理方法，它有以下两条处理途径：

① 异化反硝化作用，其流程为 $NO_3 \rightarrow NO_2^- \rightarrow NO \rightarrow N_2O \rightarrow N_2$。

② 同化反硝化作用，该途径可使 NO_3^- 最终转化为菌体的一部分。用生化法去除 NO 主要的原理是利用反硝化细菌具有异化反硝化作用，使污染物最终转变为 N_2，但在这个过程中需要额外提供微生物生长所必需的基质。另外，微生物是利用 NO_3^- 中的氧在厌氧条件下氧化有机物质并且获得能量的，所以废气中 NO_3^- 所含有氧的浓度将会对反硝化过程产生重要的影响。Apel 等采用生物滤塔，通过添加蜜糖，设定停留时间为 2min、进气中 NO 的体积分数为 500×10^{-6}、氧气的体积分数小于 3%，在此条件下处理含 NO 废气，去除率可达 90%。但当进气中氧气的体积分数为 5%、NO 的体积分数为 250×10^{-6} 时，去除率只有 40%～45%。Lee. B. D 等的研究发现，在生物滤塔中通入含氧体积分数分别为 0、2%、4% 的 NO 废气，两个含有氧气的生物滤塔的 NO 去除率急剧下降，进气的氧气体积分数为 2% 的生物滤塔在 15d 后 NO 的去除率开始恢复，但氧气体积分数为 4% 的生物滤塔的 NO 去除率降到 15% 后再也没有恢复。K. Thomas 等利用生物滴滤塔来处理含 NO 废气，在厌氧条件下，使停留时间为 7.5min 时，NO 的转化率可接近 100%，但是当进气中氧气的体积分数从 0.5% 提高到 4.5% 时，NO 的去除率则由 75% 降至 45%。Brady. D. Lee 等用生物滤塔来处理含 NO 废气，控制温度在 55℃，停留时间为 13s，进气 NO 的体积分数为 500×10^{-6} 的厌氧条件下，NO 的去除率可达 50% 以上，可以发现进气中的氧气浓度对反硝化法 NO 去除率有很明显的影响。

Chris. A，Du. Plessis 等采用生物过滤器，用废气雾化甲苯和营养液，当进气的 NO 体积分数为 60×10^{-6}、O_2 的体积分数大于 17%、停留的时间为 3min 时，NO 在净化后的废气中的体积分数可以降至 15×10^{-6}。试验过程中增加甲苯的量，NO 的去除率可达到 97%。这是由于营养液和甲苯经过雾化后加入可使过滤器内的液流量非常小，因此填料上的生物膜长得非常厚，促使好氧生物层内形成厌氧反硝化层，同时也减少了压力降的影响，也就避免了塔中生物膜的空隙由于被水堵塞而使压力降升高。该研究还表明，为保证反硝化可在有氧条件下进行，需要提高盐的浓度，减少 O_2 在水中的溶解度，以改善厌氧条件；并通过切换进气方向，使生物滤塔即使在生物数量较大时也能保持较稳定的操作条件。J. R. Woertz 等对用真菌处理 NO 的反硝化过程进行了研究，该研究是以甲苯为碳源，当甲苯的用量为 $90g/(m^3 \cdot h)$，处在有氧条件下，进气 NO 浓度为 $250mg/m^3$，停留的时间为 1min 时，NO 的去除率可达到 93%。该研究表明，在降解甲苯的中间产物时真菌为反硝化降解 NO 提供了碳源和能源。该研究还表明，当进气 O_2 的体积分数降为 5%，甲苯的用量为 $54g/(m^3 \cdot h)$ 时，NO 的去除率可达到 85%，但是在同样条件下，当进气 O_2 的体积分数为 21% 时，NO 的去除率却只有 65%。这就表明，真菌去除 NO 时，降低混合气中 O_2 的含量，真菌反硝化处理 NO 的能力会相应增强。因此，推断真菌有可能成为用反硝化法去除 NO 的重要菌种，但是真菌如何在有氧条件下进行反硝化的机理仍不清楚。

（2）硝化过程处理 NO_x

硝化过程处理 NO_x 的原理是在硝化细菌的作用下，在有氧条件下将氨氮氧化成硝酸盐氮，然后再通过反硝化反应过程将硝酸盐氮转化成 N_2 的处理过程。硝化菌为自养菌，它们的碳源是 CO_2，再通过氧化 NH_4^+ 来获得能量。硝化过程一般可分为两个阶段，分别由亚硝化细菌和硝化细菌完成。在第一阶段中，亚硝化菌（Nitrosomonas）将氨氮转化成亚硝酸盐，亚硝化菌包含亚硝酸盐球菌属和亚硝酸盐单胞菌属两类；在第二阶段中，硝化菌（Nitrobactcr）将亚硝酸盐转化成硝酸盐，硝化菌包含硝酸盐杆菌属、球菌属和螺旋菌属。硝化处理 NO 的技术是在近几年才发展起来的，硝化路径为 $NO \rightarrow NO_2^- \rightarrow NO_3^-$。Davidova 等运用生物滴滤塔，用多孔玻璃环作为填料，喷淋 NH_4Cl 和 $KH_2P_5O_2$ 溶液（含有无机矿物质），当进气中 NO 体积分数为 80×10^{-6} 时，NO 去除率在有氧条件下为 70%。该研究没有外加有机碳源，主要是自养硝化菌起硝化作用。陈建孟和 Lance Hershman 等用装有多孔碳填料的生物过滤器，用自养硝化菌挂膜，并用超声波气溶胶发生器来维持过滤器的湿度，保持多孔碳表面液膜厚度较小，当停留时间为 3.5min 时，进气为含 NO 的空气，NO 的浓度为 $66.97 \sim 267.86 mg/m^3$ 时，NO 的去除率分别为 41% 和 52%。该研究证实了自养硝化菌在去除 NO 方面的潜在价值。我国台湾的 Chou 和 Lin 采用鼓风炉渣作为填充材料所制成的生物滴滤塔，用活性污泥挂膜，通过加入发酵粉、葡萄糖、$KH_2P_5O_2$、$(NH_4)_2CO_3$ 等营养液和缓冲剂，当进气是由空气和 NO 组成时，NO 的体积分数为 $892 \times 10^{-6} \sim 1237 \times 10^{-6}$，停留时间为 118s 时，NO 的去除率可达到 80%。所加入的葡萄糖成为异养细菌的有机碳源，异养细菌代谢所生成的代谢产物——多聚糖是一种黏稠物，可使生物膜有效地黏附在填料表面。被除去的 NO 中有 90% 被转化成了 NO_3^-。研究表明，为了有效地去除 NO，营养物质的添加是非常关键的，并得出 C:P:N 的比值为 7:1:30，$NaHCO_3$:NO 的比值为 6.3:1。Kyurg-Naqn Min 等，在有氧条件下用中空纤维生物膜处理器处理 NO 的体积分数为 100×10^{-6} 的混合气，设置混合气在纤维管中停留的时间为 1.9s，当气体穿过膜的压力降为 12kPa 时，NO 的去除率为 74%。当用模拟烟气（CO_2 的体积分数为 15%，O_2 为 5%，N_2 为 75% 和 NO 为 100×10^{-6}）进气时，把温度范围控制在 $20 \sim 55℃$ 之间时，NO 的去除率可保持在 70% 左右，进气组成及温度对去除率无影响。该研究采用 $NaHCO_3$ 溶液作为营养液，不添加有机碳源，由自养硝化菌完成硝化反应。以上研究表明，自养硝化菌去除 NO，自养细菌在无外加有机碳源时的生长比较缓慢，对于 NO 的去除负荷小，停留时间长。而如果添加有机碳源，则可以大大缩短停留时间，也可以提高 NO 的去除率以及去除负荷。这是因为自养硝化细菌和异养细菌是共生的，这也是所有硝化过程的普遍现象。

4.2.2.4　络合吸收法

络合吸收法是在 20 世纪 80 年代发展起来的，它能同时达到脱硫脱氮的目的，在美国和日本等国家的研究起步较早，由于烟气中的 NO（NO_x 的主要成分，占 95%）在水中的溶解度很低，所以在很大程度上增加了气-液传质阻力。该方法是利用液相络合吸收剂来直接同 NO 反应，从而增大 NO 在水中的溶解性，使 NO 更容易从气相转入到液相。该方法适用于处理主要含有 NO 的燃煤烟气，实验条件下可以达到 90% 或者更高的 NO 脱除率。亚铁络合吸收剂可作为添加剂直接加入到石灰石膏法脱硫的浆液中，只需要在原有的脱硫设备上稍加一些改造，就可以同时实现对 SO_2 和 NO_x 的脱除，节省高额的固定投资。

第5章
含卤化物气体的净化

含卤化物气体主要包括卤素气体、卤化氢气体以及含卤化合物气体。本章节主要对其净化技术进行论述。

5.1 氯气净化技术

废气的处理方法一般可分为三大类：吸收法、化学转化法和压缩冷冻法。基于上述三种方法原理，介绍氯气的净化技术如下。

5.1.1 吸收法

吸收法主要有两种：水吸收法、碱液吸收法。水吸收法的原理为：

$$Cl_2 + H_2O \Longrightarrow HClO + HCl$$

用水吸收废气中的氯气，然后在加热或减压条件下解吸并回收氯气。

碱液吸收法的原理为：

$$Cl_2 + NaOH \Longrightarrow NaClO + NaCl + H_2O$$

该方法吸收氯气的效率比较高，氯气去除率比较彻底，吸收率快，所需设备和工艺流程相对简单，加上碱液价格较低，又能够回收氯气生产中的中间产品或成品，所以，该方法在工业上得到了广泛应用。

5.1.1.1 Na_2CO_3 吸收氯气制 NaClO

① 碱液吸收含有氯气的废气制 $NaClO_3$

$$Cl_2 + OH^- \Longrightarrow Cl^- + ClO^- + H_2O$$

$$3ClO^- \xrightarrow{75℃} 2Cl^- + ClO_3^-$$

② $Ca(OH)_2$ 吸收含有氯气的废气制漂白粉

$$Cl_2 + 2Ca(OH)_2 \Longrightarrow Ca(ClO)_2 + CaCl_2 + H_2O$$

$$3Cl_2+4NaOH+Ca(OH)_2+9H_2O \xrightarrow{\quad\quad} Ca(ClO)_2 \cdot NaClO \cdot NaCl \cdot 12H_2O+2NaCl$$
$$2[Ca(ClO)_2+NaClO+NaCl]+[Ca(ClO)_2+CaCl_2] \xrightarrow{\quad\quad} 4Ca(ClO)_2+4NaCl$$
$$NaClO+Ca(ClO)_2+CaCl_2 \xrightarrow{\quad\quad} 2Ca(ClO)_2+2NaCl$$

5.1.1.2 FeCl₂溶液吸收和铁屑反应法

① 两步氯化法

$$2FeCl_3+Fe \xrightarrow{\quad\quad} 3FeCl_2$$
$$2FeCl_2+Cl_2 \xrightarrow{\quad\quad} 2FeCl_3$$

② 一步氯化法

$$3Cl_2+2Fe \xrightarrow{100℃,H_2O} 2FeCl_3+Q$$
$$Fe+Cl_2 \xrightarrow{\quad\quad} FeCl_2$$
$$2FeCl_2+Cl_2 \xrightarrow{\quad\quad} 2FeCl_3$$
$$2FeCl_3+Fe \xrightarrow{\quad\quad} 3FeCl_2$$

③ 火法

$$2Fe+Cl_2 \xrightarrow{600\sim800℃} 2FeCl_3(g)$$

5.1.1.3 溶剂吸收法

溶剂吸收法就是用除水以外的有机或无机溶剂洗涤含有氯气的废气，吸收其中的氯气，再将吸收了氯气的溶剂加热或者减压，解吸出氯气。解吸以后的溶剂可循环利用，也可将含氯气的溶剂用于生产过程。

① 氯化硫 S_2Cl_2 吸收法

$$S_2Cl_2+Cl_2 \xrightarrow{低温吸收} 2SCl_2 \xrightarrow{加热解析} S_2Cl_2+Cl_2$$

② CCl_4 吸收法

$$CCl_4+Cl_2 \xrightarrow{低温吸收} Cl_2 \cdot CCl_4 \xrightarrow{加热解析} CCl_4+Cl_2$$

该方法的溶解机理是 CCl_4 对 Cl_2 有较大的溶解力。

③ HSO_3Cl 吸收法

该方法是利用氯磺酸（HSO_3Cl）对 Cl_2 有较强的物理溶解力，其机理为：

$$HSO_3Cl+Cl_2 \xrightarrow{低温加热} HSO_3Cl \cdot Cl_2$$

5.1.2 化学转化法

（1）催化转化法　通过催化反应把气体中的杂质除去，或通过催化反应把一种杂质组分转化成为另一种杂质组分，而后一种杂质组分可通过其他方法比较容易地除去，从而达到纯化气体的目的。

（2）直接化学法　根据混合气体中的杂质组分的性能，选择一种能直接与杂质组分发生化学反应的金属氧化物或其他活性组分，从而除去杂质。

5.1.3 压缩冷冻法

该方法是一种是用动力换取氯气的方法：①第一阶段，作高温侧的冷媒，把 NH_3 压缩到 0.1MPa，并把含氯气的废气流入到 NH_3 热交换器；②第二阶段，用乙烯作为冷媒，把乙烯压缩到 1.5MPa，然后将 NH_3 热交换器中所流出的含有氯气的废气引入到乙烯热交换器，并使废气温度降低到 -110℃ 左右，此时的氯气已被液化，从底部流出得到纯净的氯气。

5.2 卤化氢气体净化技术

净化卤化氢废气的方法主要有吸附法、吸收法等。吸附法可以使卤化氢废气得到深度净化，但是吸附剂的再生比较困难。吸收法通常是用碱液吸收，这样既消耗碱液，又会生成很难处理的含盐废水，造成了双重浪费，碱液吸收产物也没有再回收价值而被直接排放。以氯化氢为例，通过水吸收可以获得 1.5mol/L 以下的稀溶液，再通过减压蒸发后，便可以获得大于 5.8mol/L 的浓酸，具有比较好的经济价值。下面是两段法吸收氯化氢尾气的方法。

5.2.1 工艺流程

氯化氢尾气处理工艺的装置及流程如图 5-1 所示。该工艺采用的是两段填料塔逆流吸收，塔身分为上下两段，塔体及塔内件材质均为玻璃钢，填料为规整陶瓷板波纹填料。由图 5-1 可知，从反应釜中出来的过量氯化氢气体和大量的空气一起通过离心风机抽气罩引入到填料塔中。在每一次的操作中，上段自来水由上而下流动，逐步与下段吸收后的低浓度氯化氢气体进行气液接触，所生成的稀盐酸流入到稀酸槽内，等达到一定量时，通过循环泵转移到浓酸循环罐进行储存。下段用稀盐酸进行循环吸收上一操作所得的气体，与反应釜中过来的高浓度的氯化氢气体发生气液接触生成浓盐酸，操作停止以后的浓盐酸为成品。

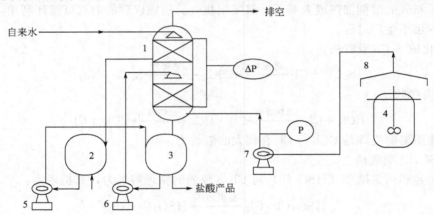

图 5-1　工艺装置流程图

1—氯化氢吸收塔；2—稀酸循环罐；3—浓酸循环罐；4—反应釜；5，6—循环泵；7—风机；8—抽风罩

5.2.2 工艺操作参数

工艺操作参数：操作温度为常温20℃（293K）；操作压力 101.325kPa（常压）；空气流量 5000~8000m³/h；氯化氢排放量 17m³/h；产品中盐酸的质量分数大于 15%；水吸收生成稀酸的质量分数为 1%~5%。吸收塔工艺参数：填料层高 6000mm（两段）；塔径 900mm；填料比表面积 250m²/m³；填料型号为规整陶瓷板波纹填料；水喷淋量 2.0~6.0m³/h；气体流量 5000~8000m³/h；塔压降 800~2000Pa。

5.2.3 净化效果

氯化氢的去除率平均可达到 93.1%，而且吸收塔顶尾气中氯化氢的质量浓度低于

$100mg/m^3$，远远低于国标 GB 16297—1996 中规定的 $150mg/m^3$，符合环保要求。

5.3 含卤化合物气体净化技术

5.3.1 活性炭纤维吸附法

活性炭可作为工业以及一般家庭用吸附剂，它的应用范围已经被逐步扩大。活性炭的种类包括以前所使用的粒状活性炭、粉状活性炭和现在已经工业化生产的活性炭纤维（Activated Carbon Fiber）。活性炭纤维被用作高性能吸附剂。

活性炭纤维（ACF）的前驱体就是碳纤维，包括特殊酚醛树脂纤维、沥青系纤维、人造丝纤维、丙烯基纤维（PAN）。由这类纤维所制取的活性炭纤维有以下特征：①比表面积大；②吸附和脱附速度非常快；③可加工成各种形状；④质量轻，使用方便；⑤可与具有其他性能的材料制成复合材料；⑥容易再生、再利用；⑦生成的炭粉尘少。活性炭纤维跟粒状活性炭和粉状活性炭相比，其价格虽然较高，但因为有上述一些特征，它仍能被应用于许多的领域。尤其是在含卤化合物的净化领域效果很明显。

含卤化合物的废气处理工艺流程如图 5-2 所示。由图中可以看出，2 个吸附器共同使用一个管路系统，在运行的时候可以相互切换。当吸附器 1 进行吸附工作时，吸附器 2 进行脱附工作和再生工作。运行时，含卤化合物的废气由吸附器的下部进入，在吸附器内穿过活性炭纤维毡，含卤化合物被碳纤维吸附下来，净化后的气体从吸附器顶部排出。当吸附器 1 吸附达到饱和以后，系统切换到脱附工序，吸附器 2 进入到吸附状态。脱附时需要用水蒸气作为脱附介质，蒸汽则由吸附器的顶部进入，在穿过活性炭纤维毡以后，从吸附器中脱附和带出被吸附浓缩的含卤化合物，再进入冷凝器，冷凝以后的含卤化合物及水蒸气的混合物流入到分层槽分层，从而把含卤化合物和冷凝水分离开来，并回收含卤化合物。吸附器 1 完成脱附工作并经再生后，经过切换，继续进行吸附。系统运行中所有的动作切换，都由自动控制系统完成。

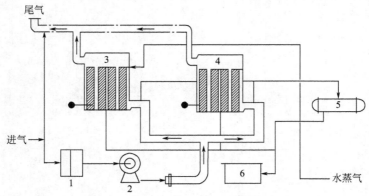

图 5-2 含卤化合物废气处理工艺流程

1—过滤器；2—风机；3—吸附器；4—吸附器；5—冷凝器；6—分层槽

5.3.2 等离子体焚烧法

中昊晨光化工研究院樊有三等发明了一种等离子焚烧技术，用来处理有机卤化物，技术流程如下：将高沸残液用管道输送到卧式结构焚烧炉的预热器，并用余热预热，与预热后的氧化介质空气一起进入到焚烧炉等离子体电弧区，进行裂解氧化，并采用工业水或者循环酸喷淋急冷，循环酸闭路循环吸收，经过一级酸回收塔、二级酸回收塔和碱中和塔后引至烟囱，直接高空排放掉。等离子焚烧法处理有机卤化物具有单位时间处理量大、焚烧温度高、消除了处理系统中可能发生的有毒物质外泄、燃烧完全充分、低能耗、低维护、无二次污染、寿命长等优点。

等离子焚烧法处理有机卤化物的具体步骤包括：将高沸残液经过管道输送到残液计量贮槽，并保持计量贮槽内的压力为 0.2～0.3MPa，以 10～100kg/h 的流量流出，预热到温度为 50～300℃，高纯氮在进入等离子体发生器以后会产生高温等离子气体，等离子体的电弧区温度为 4500～5000℃，氧化介质空气的流量为 15～250m³/h，升温预热以后连同预热后的高沸残液一起进入到焚烧炉的等离子体电弧区，裂解反应温度为 1400～1600℃，反应时间 5～10s，裂解氧化，中和急冷，经急冷的尾气处理后引到烟囱高空排放，其特征为：①裂解氧化时焚烧炉内负压 20～80mm 水柱；②中和急冷采用工业水或循环酸喷淋急冷，循环酸闭路循环吸收，经一级酸回收塔、二级酸回收塔、碱中和塔后引至烟囱高空排放；③有机卤化物预热采用焚烧炉余热进行。

第**6**章 ▶▶▶
含碳气体的净化

6.1 一氧化碳气体净化

6.1.1 一氧化碳（CO）的性质

一氧化碳（CO）是一种无色、无味、无刺激性、可燃烧的有毒气体。相对分子质量为28.01，标准状态下密度为 $1.25kg/m^3$，临界温度为133K，临界压力为 $34.957×10^5Pa$。

在化学上，就分解而言，CO 是稳定的，但由于存在未被占有的反键轨道，易于被催化剂激活。在高温高压的情况下，CO 则具有极高的化学活性，可以与多种单质和化合物反应，具有较强的还原性。

在不同的条件下，选择不同的催化剂，一氧化碳（CO）加氢可合成多种有机物，如合成甲醇、合成乙二醇、甲烷化、费托（Fischer-Tropsch）法合成烃等。其中合成甲醇是 CO 加氢反应中应用最广的反应。在温度 230～270℃、压力 5～10Pa、空速 $20000～60000h^{-1}$ 的条件下，选择铜-锌-铬作催化剂，合成甲醇：

$$CO+2H_2 \longrightarrow CH_3OH$$

在一定条件下，CO 和水蒸气等摩尔反应可生成氢和二氧化碳：

$$CO+H_2O \longrightarrow H_2+CO_2$$

在正压力和 500K 温度下，用活性炭作催化剂，CO 和氯气可发生如下反应生成光气：

$$CO+Cl_2 \longrightarrow COCl_2$$

在高温下，一氧化碳在空气中燃烧生成二氧化碳 CO_2，并放出大量的热：

$$2CO+O_2 \longrightarrow 2CO_2+569.4kJ$$

在 400～600℃，用铁、钴或镍作催化剂，在其表面 CO 可自氧化还原，生成碳和二氧化碳：

$$2CO \longrightarrow C+CO_2$$

在一定条件下，CO 可以与多种烃和烃的衍生物反应，还能与许多金属化合成金属羰基络合物，如 $CO_2(CO)_8$、$Ni(CO)_4$、$Fe(CO)_5$ 等。

而且，在化学工业中，CO 是合成一系列基本有机化工产品和中间体的重要原料，可以制取目前几乎所有的基础化学品，如光气、氨以及醇、酸、酐、酯、醛、农药、除草剂等。

另外，CO 也广泛应用于冶金工业中。利用羰络金属的热分解反应，可以从原矿石中提取高纯镍，也可用来制取高纯粉末金属，生产某些高纯金属膜（如钨膜）等。

6.1.2　一氧化碳的来源及危害

一氧化碳（CO）主要来自天然源，自然排放的 CO 远远超过人类源。CO 的天然源主要是海水中 CO 的挥发量，约 1.0×10^8 t/a；叶绿素光解产生的 CO$(5 \sim 10) \times 10^7$ t/a；森林火灾、农业废弃物焚烧产生的 CO 约 6.0×10^7 t/a；生命有机体分解产生的 CH_4 和植物排放的烃类（主要是萜烯）经 OH 自由基氧化产生的 CO。一氧化碳的人为源主要是含碳燃料的不完全燃烧。据估计，全球范围内的人为源排放量已从 1952 年的 1.2 亿吨上升到 1978 年的 6.4 亿吨，其中 80% 是由汽车排放的。

目前，国外一般的工业城市平均浓度为 $1 \sim 10$ mg/kg，大城市平均为 $5 \sim 30$ mg/kg，交通密集处可高达 $20 \sim 120$ mg/kg，我国 12 个大城市的平均浓度为 $3 \sim 12.3$ mg/kg，随着汽车数量的不断增加，CO 污染有增强的趋势。

CO 可与血液中的血红蛋白结合生成离解缓慢的碳氧血红蛋白。CO 与血红蛋白的亲和力比氧要大 $200 \sim 300$ 倍，当浓度达到 $200 \sim 300$ mg/kg 时，呼吸 $0.5 \sim 1$h 就会因缺氧而死亡。CO 的主要危害在于其能参与光化学烟雾的形成以及造成全球性的环境问题。

6.1.3　一氧化碳的净化

一氧化碳是所有大气污染物中量最大、分布最广的一种污染物。燃料的不完全燃烧是产生 CO 的重要过程，假如在燃烧过程中能够控制燃烧条件，如空气燃料比、燃烧温度、燃烧时间，就能够有效地减少 CO 的产生。由于它对健康有害甚至致死，所以需要对工业废气中的 CO 进行净化。

CO 在高温下可与氧气发生剧烈反应，放出大量热量，并且 CO 也是重要的化工原料，因此在净化 CO 的同时更要注重对 CO 的回收利用。一般对一氧化碳的净化方法有：火炬燃烧后直接排入大气；直接燃烧、热力燃烧，回收热值；除尘、净化、提纯 CO，作化工原料。

6.1.3.1　火炬燃烧

在石油炼制厂及石油化工厂，火炬可以作为产气装置和反应尾气装置开停工以及事故处理时的安全措施，然而由于物料平衡、生产管理和回收设备不完善等原因，在尾气中常常含有加工的油气和燃料气，在火炬处进行空燃烧后，不仅造成有用燃料气的大量损失，而且产生大量有害气体、烟尘及热辐射而危害环境。为提高燃烧效率，尽量采用燃烧效率高、能耗低的火炬燃烧器。

6.1.3.2　直接燃烧法

（1）燃烧原理　直接燃烧也称为直接火焰燃烧，它是把废气中可燃的有害组分当做燃料直接燃烧掉。直接燃烧的温度通常需要维持在 1100℃ 左右，燃烧完全的最终产物为 CO_2、H_2O 和 N_2。利用 CO 可燃性并放出高达 284.7kJ/mol 热值的特性，把分离回收后的 CO 当作燃料，是目前净化 CO 较为普遍的方法。

（2）燃烧工艺　一般的直接燃烧设备可采用燃烧炉、窑，或通过一定装置将废气导入锅炉作为燃料气进行燃烧。如电石厂电石炉气含 CO 为 75%～85%，降温到 35℃ 以下后，除尘可使含尘量由 100～200g/m³ 降到 10mg/m³ 左右，用空气补充，再经石灰窑尾气 CO_2 稀释至 CO 含量为 30%～40% 后，就可以送入石灰窑作为燃气烧制石灰；合成甲醇的化工厂尾气中 CO 含量也比较高，其中可燃成分 CO、CH_4、H_2 等可达 70% 左右，流量达 3000m³/h，就可以把一部分尾气用于厂内作燃料，另一部分作为城市煤气使用；黄磷生产尾气中 CO 含量达 80%～90%，可用作锅炉燃料使用。

（3）经济技术分析　该方法只适用于净化可燃有害组分浓度较高的废气，或者是用于净化有害组分燃烧时热值较高的废气，因为只有燃烧时放出的热量能够补偿散向环境中的热量时，才能保持燃烧区的温度，维持连续燃烧。

6.1.3.3　热力燃烧法

（1）燃烧原理　对于 CO 含量较低的废气，由于废气中可燃气体含量很小本身不能燃烧。经燃烧氧化的可燃组分放出热量热值低也不能使燃烧得到维持。因此，被净化的废气在热力燃烧中氧充足的条件下作为助燃气体，当不含氧时则作为燃烧的对象。所以热力燃烧需要的温度是通过燃烧其他燃料（如煤气、天然气、油等）来达到的，燃烧过程中气态污染物氧化分解为 CO_2、H_2O 和 N_2 等。相比于直接燃烧，热力燃烧所需要的温度低，一般在 540～820℃ 就可进行。

（2）燃烧工艺　热力燃烧所需热量是由辅助燃料燃烧提供的，若辅助燃料直接与废气混合会使燃物浓度低于燃烧下限最终无法维持燃烧。热力燃烧的步骤是：辅助燃料先燃烧来提供热量，所需温度达到后，保持废气的停留时间足够长，有害组分氧化分解后，废气便被净化排放。

热力燃烧可以在普通的燃烧炉中进行，也可以在专用的燃烧装置中进行。

① 普通燃烧炉。一般有普通锅炉、生活用锅炉和一般的加热炉。由于炉内条件可以满足热力燃烧的条件，因此可以用作热力燃烧炉使用，不仅可以节省设备投资，还可以节省辅助燃料。普通燃烧炉适用于废气流量不大，废气中所要净化的组分几乎都可燃，废气中的含氧量与锅炉燃烧所需氧量相适应的废气净化。

② 专用燃烧炉。能够满足热力燃烧的专用燃烧炉称为热力燃烧炉，其主体结构包括两部分：燃烧器——使辅助燃料生成高温燃气；燃烧室——使高温燃气与旁通废气湍流混合到反应温度，并使废气在其中的停留时间达到要求。该结构应满足可以获得 760℃ 以上的温度和 0.5s 左右的接触时间，这样就能够保证对一般的含碳气体的净化燃烧。

热力燃烧炉可分为配焰燃烧系统和离焰燃烧系统两大类。配焰燃烧系统使用的是配焰燃烧器，主要有火焰成线燃烧器、多烧嘴燃烧器、格栅燃烧器等形式。配焰燃烧器是将燃烧分布成许多小火焰，布点成线。废气进入燃烧器后，被分成许多小股，废气分别围绕这些小火焰流过去，使其与火焰充分接触，可以在短距离内迅速达到完全的湍流混合，但是这种方式的最大不足是容易造成熄火。配焰炉中的火焰间距一般为 30cm，燃烧室直径为 60～300cm。

离焰燃烧系统采用的是离焰燃烧器的热力燃烧炉。在离焰炉中，辅助燃料在燃烧器中燃烧成火焰产生高温燃气，然后再在炉内与废气混合达到反应温度。燃烧和混合两个过程是分开进行的。离焰燃烧炉的长径比一般为 2～6，为了促进废气与高温燃气的混合，一般在炉内设置挡板。离焰炉的优点是不易熄火，可用废气助燃，对含氧量低于 16% 的废气也适用，对燃料的适应性强，还可以根据需要调节火焰的大小。

（3）燃烧条件和影响因素　经热力燃烧，不同的组分在不同的条件下燃烧氧化，废气中的有害可燃组分经过氧化都可以生成 CO_2 和 H_2O。对大部分组分来说，反应完全的条件是：温度 740～820℃、停留时间 0.1～0.3s。停留时间和温度是热力燃烧的重要影响因素，多数碳氢化合物在 590～820℃ 亦可完全氧化，而 CO 和浓的炭烟颗粒则需要较高的温度和较长的停留时间。另外，高温燃气和废气的混合程度也是一个关键因素，在一定的停留时间内如果不能混合完全，就会导致某些废气没有升温到反应温度就逸出燃烧区外，而不能得到理想的净化效果。从上面可以看出，热力燃烧的条件就是通常所说的"3T 条件"：温度（Temperature）、时间（Time）、湍流（Turbulense）。在热力燃烧炉的设计中，考虑大多数碳氢化合物和 CO 的净化，反应温度一般采用 740℃，停留时间采用 0.5s。

（4）经济技术分析　该法适用于可燃物质含量较低的废气的净化处理。如 CO 含量仅 4%～8% 的化肥厂造气过程产生的吹风气，热值仅 837～1256kJ/m³，经过外加辅助燃料气助燃后，尾气中的 CO 含量可以降至 0.3%。这样，不仅可以回收热值，而且节省了大量的燃料，大大降低了对环境的污染。

6.1.3.4　净化提纯 CO 作化工原料

由于不少尾气中 CO 含量都较高，如黄磷尾气可达 90%。因此，回收 CO 提纯后用作化工原料是净化 CO 最理想的方法。不同气源在分离和回收 CO 前，均需要预处理，以除去可能存在的固体微粒、硫化物、磷化物、高烃以及其他有害杂质。为了获取纯 CO，还必须分离除去氢、氮、甲烷、二氧化碳等不需要的组分，从尾气中分离提纯 CO。在工业上应用比较多的方法有低温分离法、溶液吸收法、变压吸附法和膜分离法。

（1）低温分离法

① 分离原理。低温分离的原理是根据混合气各组分具有不同的沸点的一种分离方法。

②工艺流程。分离操作在一氧化碳的沸点温度附近进行，为防止管道和设备的堵塞，尾气在进入分离装置前，应先用碱洗、干燥或分子筛吸附法除去 CO_2 和水分。根据尾气的不同组成，应选用不同的低温分离工艺。

a. 尾气以 $CO+H_2$ 为主，宜采用部分冷凝法。该法适用于从具有较高压力（3～4MPa）和较高 H_2/CO 比的尾气中回收 CO 且对副产氢的纯度要求不高的情况。其冷量由部分回收的氢等熵膨胀和 CO 的节流膨胀提供，其工艺流程见图 6-1。

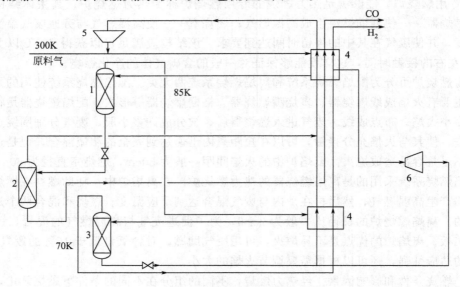

图 6-1　部分冷凝法净化 CO 废气工艺流程

1—高压冷凝分离器；2—低压冷凝分离器；3—低温冷凝分离器；4—热交换器；5—循环压缩机；6—膨胀机

经高低压两级冷凝分离后，CO 的纯度可达到 98%～99%。

b. 尾气以 $CO+H_2+CH_4$ 为主，宜采用液甲烷洗涤法。该法适用于从低 H_2/CO 比且具有较低压力的尾气中回收 CO，其制冷方式与部分冷凝法基本相同，工艺流程见图 6-2。

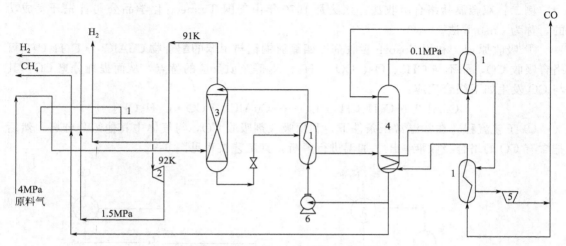

图 6-2　液甲烷洗涤法净化 CO 废气工艺流程

1—热交换器；2—膨胀机；3—甲烷洗涤塔；4—解吸塔；5—压缩机；6—液甲烷泵

采用此法回收的 CO 纯度可达 97%～99%，回收率大于 97%，回收的同时还可以副产纯氢和纯甲烷。

c. 尾气以 $CO+H_2+CH_4+N_2+Ar$ 等多种组分为主，宜采用低温精馏法。该法是 1925 年由德国 Linde 公司开发成功的回收 CO 方法。其工艺流程如下：首先，将混合气体经过压缩、膨胀、冷却、液化四道工序，再根据各组分沸点的不同，在温度为 63～108K 范围内进行多级低温精馏，也可以在部分冷凝法流程的基础上加以改造，根据需要增加甲烷分馏塔、氮（氩）分馏塔等。

采用此法回收 CO 纯度可高达 99.9%～99.99%。

③ 经济技术分析。由以上可知，部分冷凝法和液甲烷洗涤法均不能分离氮，制取的 CO 纯度液不高，但是工艺流程比较简单、设备投资低，而且部分冷凝法还可以副产 H_2，液甲烷洗涤法可副产纯 H_2 和纯 CH_4；低温精馏法的工艺流程比较复杂，装置投资高，但是可以制取大量高纯的 CO。

(2) 溶液吸收法

例一：铜氨溶液吸收法

科学家很早就发现亚铜的络离子对 CO 有选择吸收作用，并于 1913 年开始成功地将这一技术应用于合成氨原料气中的 CO 脱除。在高压和低温下用铜盐的氨溶液吸收 CO 并生成新的络合物，然后在减压和加热条件下再生。在亚铜络离子对 CO 吸收的同时，由于有游离氨的存在，铜氨液也吸收 CO_2，生成了 NH_4HCO_3。铜氨液在减压加热再生时 NH_4HCO_3 分解又释放出 CO_2 和氨。

不过该法有以下缺点：a. 吸收操作压力需要 10MPa 以上，而且吸收液为腐蚀性介质，需要选用优质钢材，设备的投资大，动力消耗高；b. 吸收液中的亚铜离子不稳定，易于还原成铜，发生管路堵塞；c. 铜氨液不仅吸收 CO，而且液能吸收 CO_2。由于其操作压力高，根据亨利定律原料气中的 CO_2、H_2、N_2、CH_4 等被铜氨溶液吸收量增加。因此，解吸气中

含有较多的 CO_2、H_2、N_2、CH_4，难于制取纯净的 CO。

该法是一种古老的回收 CO 方法。为保证吸收过程正常进行并获取高纯度 CO，尾气应预先脱除 CO_2 和硫化物。

例二：双金属盐络合吸收法。该法是 1970 年由美国 Tenneco 化学品公司首先开发成功的，称为 Cosorb 法。

① 吸收原理。利用 Cosorb 吸收剂即四氯亚铜铝与甲苯的配合物 $CuAlCl_4 \cdot C_6H_5CH_3$ 可络合吸收 CO，而不与 CH_4、O_2、CO_2、H_2、N_2 等杂质反应的特点，从而提纯分离 CO，其与 CO 发生如下络合反应：

$$CuAlCl_4 \cdot C_6H_5CH_3 + CO \longrightarrow CuAlCl_4 \cdot CO \cdot C_6H_5CH_3$$

② 工艺流程。在常温常压条件下，利用吸收剂吸收 CO，与气体中其他组分分离，然后把含有 CO 的络合吸收液减压、加温进行解析，其工艺流程见图 6-3。

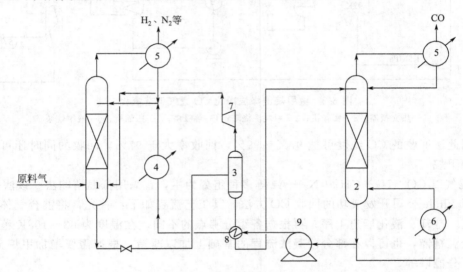

图 6-3　Cosorb 法净化 CO 废气工艺流程

1—吸收塔；2—再生塔；3—分离器；4—冷却器；5—回流冷凝器；
6—再沸器；7—压缩机；8—热交换器；9—贫液循环泵

采用该法所得 CO 经甲苯回收处理后含量可达 99.7%，回收率达 99%。

③ 经济技术分析。该法和铜氨液吸收法相比较，具有选择性高，分离效果好，吸收塔操作为低压、室温，再生塔液也只需低压蒸汽即可，且对设备材质无特殊要求；吸收剂具有黏度低、稳定性好、吸收负荷大、循环量小、装置投资小等优点，但是由于络合物易于与水反应失去活性，故对水分要求严格，原料气中的水分要求控制在 1×10^{-6} 以下，而且不能含有 NH_3、H_2S、SO_2 和氮的氧化物。

各国针对 Consorb 法的缺点开展了大量的研究工作。日本日立公司开发的 Hisorb 法使用了两类吸收剂：一类是以氯化亚铜和金属氯化物的络合物为主要成分的水溶液。日本东邦化学工业公司与俄罗斯国家氮素和有机合成产品科研院等联合研发出另一种吸收剂——氯化亚铜与 m-甲苯胺的络合物为主要成分的乙二醇醚溶液。改进后的吸收剂既耐水又具有对 CO 的高度选择性，可对尾气不经脱水直接进行吸收分离。另外，由于吸收剂的挥发度低，分离 CO 时，溶剂的损失小，产品 CO 也不会受到溶剂污染。

（3）变压吸附法（PSA）

① 吸附原理。变压吸附原理是以吸收剂（多孔固体物质）内部表面对气体分子的物理吸附为基础，在高压下进行吸附，在较低压力（甚至在真空状态）下使吸附的组分解析出来。由于吸附循环周期短，吸附热来不及散失可供给解吸用，因此吸附热和解吸热引起的吸附床层温度变化很小，可近似看作等温过程。

② 工艺流程。对 CO 具有高选择吸附性的吸附剂可分为含铜和不含铜两类。不含铜的吸附剂有活性炭和沸石分子筛，对 CO 的吸附属于物理吸附。此种吸附剂通常更容易选择吸附二氧化碳。因此，如果尾气种含有 CO_2，除个别使用多床吸附分布解析的工艺外，一般都采用两段 PSA 分离工艺。第一段 PSA 采用活性炭吸附去除 CO_2，第二段 PSA 采用钠型丝光沸石吸附分离 CO。该工艺是由日本川崎钢铁公司和大阪氧气工业公司为回收炼钢转炉气中的 CO 而开发的。由此法制取的 CO 纯度大于 95%，氢气可达 99.99%。由中国西南化工研究设计院开发的两段法分离 CO 的变压吸附工艺（CO-PSA）也已经取得工业化成果，建立了工业装置，从半水煤气中回收 CO，纯度可达 96% 以上，回收率大于 60%。

由美国 UCC 公司开发成功的含铜吸附剂对 CO 的选择吸收能力更高，吸附量也更大，吸附性能更稳定，而且可以代替两段法经济地分离和制备高纯度的 CO。吸附剂一般是用氯化亚铜的盐酸溶液浸渍分子筛载体，干燥后再用 CO 在 $300 \sim 400℃$ 下处理，把经空气氧化的 Cu^{2+} 还原成 Cu^+ 后，作吸附剂使用。也有的用氯化铜浸渍后再还原成 Cu^+ 使用的。除分子筛以外，其他如活性氧化铝、多孔树脂、活性炭等均可以作为铜的载体而制成含 Cu 吸附剂。

采用载铜吸附剂的一段法 PSA 分离 CO，仅在日本建有工业生产装置，工艺流程见图 6-4。

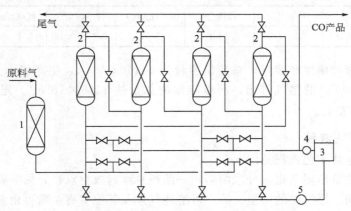

图 6-4 四塔一段 PSA 法净化 CO 废气工艺流程
1—脱硫塔；2—PSA 吸附塔；3—CO 贮气柜；4—冲洗气送风机；5—真空泵

塔内装填载有氯化亚铜的活性炭吸附剂，吸附剂采用降压抽真空方式进行脱附再生。每个吸附塔交替进行四步操作过程：充压、吸附、CO 顺向冲洗、逆向抽空。工艺操作条件为：尾气温度 $50 \sim 80℃$、压力 $0.1 \sim 0.15MPa$、CO 减压回收压力 $6 \sim 13MPa$、吸附循环周期 $12 \sim 20min$、冲洗气比 $0.3 \sim 0.7$、装置生产规模可达 $500m^3/h$、制得的 CO 产品纯度可达 98%，回收率大于 80%。

③ 经济技术分析。就回收 CO 而言，低温法和络合吸收法特别适用于从 CO 含量高的尾气中回收 CO，变压吸附法适用于 CO 含量低的尾气回收 CO，而且变压吸附装置的投资与操作费用均比较低，因此具有良好的工业开发前景。

（4）膜分离法

① 分离原理。膜分离原理是以选择透过性膜为介质，待分离的原料在某种推动力的作用下（如压力差、浓度差、电位差等），有选择地透过膜，从而达到分离、提纯的目的。

② 工艺流程。日本电力科研院中央研究所建有一套膜分离法回收纯 CO 的示范装置，尾气为天然气蒸气转化气，经醋酸纤维膜两级分离后，就可以获取纯度 98% 的 CO。

③ 经济技术分析。该法与常规分离法相比较，具有能耗低、过程简单、单级分离效果好、不污染环境等优点，是解决当代能源、资源、环境问题的重要高新技术。分离气体的膜有固膜和液膜两种，尽管有关气体分离膜的研究很多，但是要把有关气体分离膜应用于工业制取纯 CO，还需要进一步努力。

6.1.4 含 CO 废气净化回收工艺流程实例

三门峡金虹化工有限责任公司的黄磷装置尾气净化处理工艺。

6.1.4.1 废气来源及成分

在电炉法制磷的过程中，磷矿石、硅石、焦炭按一定比例在 1300～1500℃ 发生如下反应：

$$12Ca_5(PO_4)_3F + 90C + 43SiO_2 \longrightarrow 18P_2 + 90CO + 3SiF_4 + 20Ca_3Si_2O_7$$

在生成含磷炉气的同时，副产炉渣和磷铁。炉气进入冷凝系统，分离出元素磷后剩下的气体称为黄磷尾气，尾气的一般组成（体积分数）见表 6-1。

表 6-1 黄磷尾气的一般组成成分

CO/%	O_2/%	CO_2/%	其他/%	磷/(g/m³)	砷/(g/m³)	氟/(g/m³)	硫/(g/m³)
85～95	0.1～0.5	2～4	0.5～1.0	0.5～1.0	0.07～0.08	0.4～0.5	0.6～3.0

该公司有三套黄磷生产装置，总装机容量为 13150kV·A，生产能力为 5260t/a。每生产 1t 黄磷约有 2500m³ 的尾气排出，所以年排放总量达 1315×10^4 m³。尾气的主要成分为 CO，含量在 90% 左右。

6.1.4.2 工艺流程

黄磷尾气的净化工艺流程见图 6-5。

出总水封后的黄磷尾气走向分成两路：一路经总水封放空点燃；另一路，气被水环式真空泵送到用气车间。尾气中的粉尘、磷、可溶性气体及其他有害杂质可由泵前水洗塔被部分除去，这样磷泥在管道中沉积减少，管道畅通得到了保证。单质磷、磷的氧化物、粉尘、可

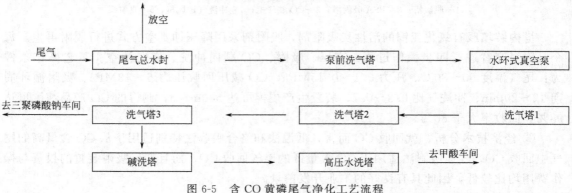

图 6-5 含 CO 黄磷尾气净化工艺流程

溶性气体可以被三个串联在泵后的洗气塔除净。将水洗塔装上填料来提高设备的净化能力并扩大气液接触面积。尾气能够作为燃料在三聚磷酸钠车间被使用，但尾气必须进一步净化去除二氧化碳、硫化氢等不溶水性气体才能作为主要原料来制造甲烷（该公司采用 $0.8\%\sim10\%$ 的 NaOH 碱溶液加高压水选的方法处理）。反应生成物溶于稀碱溶液中，维持一定的碱度来达到净化目的。

6.1.4.3 尾气的利用和效益

1979 年，该公司建成了 1000t/a 甲酸生产装置，回收了 $65\times10^4\,m^3$ 黄磷炉尾气。1985 年，以 2 号黄磷炉的尾气为热源建成了年产 4000t 的三聚磷酸钠工程，年回收利用尾气 $400\times10^4\,m^3$。但废气综合利用率只有 35%，其余尾气点燃防空，污染了大气，浪费了能源。

1994 年，该公司通过对三聚磷酸钠进行扩改把年产量提高到 1 万吨。通过对煤气站的改造和对尾气的净化回收，大大提高了尾气的净化和输送能力。通过这个方法，每年回收的黄磷尾气可达到 $600\times10^4\,m^2$，尾气的综合利用率达到 81%。

回收后的黄磷尾气可以燃料生产三聚磷酸钠，每年可节约白煤 5000t，直接经济效益达到 170 万元（按白煤到厂价 340 元/吨计）。而且，相比于采用发生炉煤气，向大气排放的二氧化硫每年减少 $15000m^3$，废渣排放量减少 300 多吨，社会效益和环境效益都十分显著。

6.2 二氧化碳气体净化

6.2.1 二氧化碳的性质

二氧化碳在通常情况下是无色无臭并略带酸味的气体，CO_2 性质较稳定，不活泼、无毒性、不燃烧，也不助燃。但是在高温或有催化剂存在的条件下，CO_2 可参加一些化学反应。

在高温和有催化剂的条件下，用 H_2 作还原剂还原 CO_2：

$$CO_2 + H_2 \longrightarrow CO + H_2O$$

在加热和催化剂作用下，CO_2 还可以被烃类还原，例如被 CH_4 还原生产 CO：

$$CO_2 + CH_4 \longrightarrow 2CO + 2H_2$$

在高温（$170\sim200℃$）和高压（$13.8\sim24.6MPa$）条件下，CO_2 和氨反应，首先生成氨基甲酸铵：

$$CO_2 + 2NH_3 \longrightarrow NH_2COONH_4$$

氨基甲酸铵失去一分子水就会生成尿素 $CO(NH_2)_2$，该反应是 CO_2 化工应用中最重要的反应之一。

CO_2 在有机合成中的另一个重要反应是苯酚钠的羧化反应，反应温度约 $150℃$，压力 $0.5MPa$，反应生成的水杨酸，可广泛用于医药、染料和农药的生产过程中。

在升温加压，用铜-锌催化时，CO_2 和 H_2 发生反应可生成甲醇：

$$CO_2 + 3H_2 \longrightarrow CH_3OH + H_2O$$

植物的新陈代谢过程中，在光和叶绿素作用下，可利用空气中 CO_2 和水反应合成糖等有机物，同时释放出氧气：

$$6CO_2 + 6H_2O \longrightarrow C_6H_{12}O_6 + 6O_2$$

CO_2 的熔点为 $-56.2℃$，正常升华点为 $-78.5℃$，在常温（临界温度 $31.2℃$）加压到

73 个大气压就会变成液态，将温度继续降低会变成雪花状的固体 CO_2，称为干冰。固体 CO_2 变成气体时大量吸热，因此干冰常用作低温制冷剂和人工增雨催化剂。

6.2.2　二氧化碳的来源及危害

CO_2 人为源主要是各种矿物染料的燃烧。其天然源主要有海洋脱气、甲烷转化、动植物呼吸、腐败作用以及生物物质的燃烧、地球内部的释放，而且由地球内部释放出来的 CO_2 成为大气 CO_2 浓度升高不可忽视的源。

工业革命以前的几千年时间里，大气中的 CO_2 浓度平均值约为 280mg/kg，变化幅度大约在 10mg/kg 以内。工业革命以后，人为排放 CO_2 量急速上升，打破了自然界的碳循环平衡。2000 年大气中 CO_2 的浓度已经达到 368mg/kg。造成大气中 CO_2 浓度上升的原因主要有两个：一是由于人口的剧增和工业化的迅速发展，人类社会消耗的矿物燃料的急剧增加；二是大片森林毁坏，使植物吸收利用的 CO_2 量减少，造成 CO_2 被消耗的速度降低，从而造成 CO_2 浓度升高。

目前，全世界每年燃烧石油、天然气和煤炭等燃料排放到大气中的 CO_2 总量约 220 亿吨，每年由于森林破坏和土地利用变化可能释放的 CO_2 约 6 亿吨。假如矿物染料燃烧所排放的 CO_2 每年以 2% 的速度递增，预计到 2045 年 CO_2 浓度将到达 600mg/kg。

CO_2 浓度增高，虽然对人类并没有什么直接影响，但是却影响了气候的变化。由于 CO_2 具有让太阳能量通过到达地球表面，而阻止地球向外辐射能量的特性，造成温室效应，其结果是减缓了地球的冷却速度，从而导致全球变暖，这样对整个生物圈和人们的生活都会产生威胁，如海平面上升、生态混乱、物种灭绝、害虫肆虐、水源短缺、土地荒芜、风暴增加、洪水频繁等一系列的灾难。

6.2.3　二氧化碳的净化

CO_2 与 CO 一样，都是重要的化工原料。CO_2 有着极重要的工业价值，其用途极广，如图 6-6 所示。因此，为防止全球变暖，抑制温室效应，对工业废气中的 CO_2 进行净化，加以回收利用，发展 CO_2 化工，开发碳资源具有重要意义。

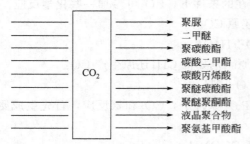

图 6-6　二氧化碳综合利用途径

工业上对于废气中 CO_2 的净化、回收方法有多种，通常采用的有溶剂吸收法、低温蒸馏法、膜分离法和变压吸附法以及这些方法的综合利用。

6.2.3.1　物理吸收法

（1）吸收原理　主要是利用 CO_2 和其他气体组分在液体吸收剂中的溶解度随压力而变化的原理来吸收 CO_2 的方法。常用的吸收剂有水、甲醇、碳酸丙烯酯、N-甲基-2-吡咯烷酮、聚醇醚和环丁砜等。

（2）工艺流程及经济技术分析　CO_2 在水中溶解度低，采用水作吸收剂回收 CO_2 的方法效率低，回收的纯度也不高，并造成污染，通常都不采用此法。常采用的溶剂有甲醇、碳酸丙烯酯、N-甲基-2-吡咯烷酮、聚醇醚、二异丙醇胺和环丁砜等。

① Rectisol 法

a. 方法概述。Rectisol 法由德国 Lurgi 和 Linde 公司于 20 世纪 50 年代初共同开发，也称为低温甲醇洗法。本法在低温、加压下吸收，温度 −73～−18℃，压力 1.96～13.7MPa，在这样的条件下，废气中的酸性气体组分（CO_2、COS、H_2S）在甲醇中的溶解度较大，容易脱除，就能够得到净化度较高的气体，另外，溶剂甲醇的损失量也可减至最小。

b. 工艺流程。洗涤工艺的经济性主要取决于溶剂的性质。Rectisol 法在低温下操作，溶剂是甲醇。该法的净化步骤可分为两步：第一步，在变换之前先脱除 H_2S 和 CO_2，第二步是变换之后脱除 CO_2 气。这两个单独洗涤段的溶剂最好能汇合到溶剂回路中去。如果要生产氢气，仅在气体净化之后的甲烷化工序转化残余的 CO 和 CO_2 就可以了。这样，在气体净化之后，残余的 CO_2 含量通常可以达到 0.1%。

粗煤气用水蒸气饱和后，间接用低温净化气和液氨蒸发，加以冷却，注入甲醇防止其结冰。然后，气体进入第一个吸收塔，用含有 CO_2 的甲醇洗涤后，硫化物被全部脱除。气体经 CO 变化并且冷却后进入第二个吸收塔，从而将 CO_2 脱除到所要求的含量，在净化气体离开装置前，再用变换气进行热交换。第一个吸收塔的富溶剂在闪蒸和加热后，在 H_2S 再生塔里面通过再沸使之全部再生。贫溶剂冷却后，可以与 CO_2 再生塔汽提后的溶剂一起进入第二个吸收塔的顶部。另外，为了大量脱除 CO_2，将半汽提后的溶剂加入到第二个吸收塔的下部。富溶剂离开第二个吸收塔后，在 CO_2 再生塔中通过闪蒸和用制氧单元来的不纯氮气汽提的方法，得以再生。脱硫用的溶剂可以从 CO_2 再生塔的适当位置抽出，输送到第一个吸收塔的顶部。少量溶解的 H_2 和 CO 气在第一闪蒸段经较高的压力释放出来，并返回到粗煤气中，或做燃料气使用。利用废热操作的氨吸收制冷单元可以为冷却粗煤气和溶剂提供最有效的冷冻量。抽出一小股溶剂，将其送到甲醇/水蒸馏塔中脱除由粗煤气带入溶剂的水分。

典型的工艺参数如下。

进料条件参数：总流量 108MMSCFD（100MMSCFD 的 H_2＋CO）；压力 685psig（1psig＝6894.76Pa）。

分析数据见表 6-2、表 6-3。

公用工程参数：电力、轴功率 2500kW；70psig 饱和蒸汽 5.2t/h；冷却水 75℃（温差 18℃）2060m^3/h；甲醇 80kg/h。

工艺流程如图 6-7 所示。

表 6-2 分析数据（一）

脱硫	进料气体积分数/%	净化气体积分数/%	H_2S 废气体积分数/%
O_2	5.3	5.3	72.8
H_2S＋COS	0.7	＜0.1mg/kg	22.0①
H_2	44.6	45.0	0.7
CO	48.4	48.7	4.5
N_2＋Ar	1.0	1.0	

① 取决于进料气的 H_2S 含量，即取决于油气化的硫含量。H_2S 浓度在 Rectisol 单元可增高，其附加费用较低。

表 6-3 分析数据（二）

CO_2脱除	进料气体积分数/%	净化气体积分数/%	CO_2脱除	进料气体积分数/%	净化气体积分数/%
CO_2	36.1	0.1	CO	0.5	0.8
H_2S＋COS	—	—	N_2＋Ar	0.6	0.9
H_2	62.8	98.2			

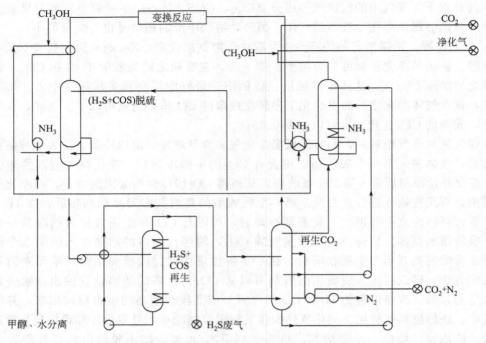

图 6-7　低温甲醇洗法净化 CO_2 废气工艺流程

c. 经济技术分析。该法可将废气中的酸性气体脱除至 $0.1\sim1mg/kg$，同时还可以脱除水分和烃类，其综合效果显著，气体净化度高。可以通过减压、加热、汽提或三个方法结合使用来实现解析，溶剂循环量与被处理的气量在物理吸收中成正比，与操作压力成反比。由上可知，提高操作压力有利于分离过程。本法通过设置制冷系统达到吸收操作所需的低温，由于采用低温钢材做设备材料，无形中提高了装置的投资费用。

② Selexol 法

a. 方法概述。聚醇醚吸收法是由美国 Allied 公司于 20 世纪 60 年代开发的，又称为 Selexol 法，采用聚乙二醇二甲醚的同系物作为溶剂，吸收操作温度 $0\sim15℃$。该法从溶剂中分离 CO_2 的方法是降低溶剂压力，从而降低 CO_2 的溶解度。溶剂的这种特性省去了溶剂再生用的燃料，因此该法具有"节能工艺"的美称。

b. 工艺流程。从吸收塔开始，热回收及蒸汽冷凝液排放是在该图所示设备的上游。来自低温变换炉流出物的粗合成气进入 CO_2 吸收塔底部。气体在填料吸收塔中与从塔顶进入的 Selexol 溶剂逆流接触。CO_2 被溶剂吸收，并收集于塔底部。富 CO_2 溶剂从吸收塔底流过动力回收透平，通过溶剂减压将压力能转化为机械能，供给主循环泵，使其能耗减少 50% 之多。富溶剂流入循环闪蒸罐，蒸出几乎全部同时吸收的氢和氮。闪蒸气分离、压缩、返回吸收塔，闪蒸气也可以输送到装置进料端或燃料气系统。循环闪蒸罐操作压力根据所需 CO_2 纯度决定，即纯度较高，压力较低。富溶剂从循环闪蒸罐后进入低压闪蒸罐，闪蒸并回收大部分 CO_2（$65\sim75\%$）。为了获取较高的产品 CO_2 回收率（达 97%），出自低压闪蒸罐的溶剂在闪蒸罐中进一步减压闪蒸。减压闪蒸罐的实际操作压力根据要求的 CO_2 回收率确定，即闪蒸压力越低，CO_2 回收率越高。设置的减压级数，一级或是二级，完全视经济因素而定。图 6-8 为 $97\%CO_2$ 回收率的 Selexol 法工艺，如果在循环闪蒸罐与低压闪蒸罐之间设中间闪蒸罐，在压力 $3.5\sim4.9kg/cm^2$（绝压）下操作，通过高压回收 CO_2，可以降低 CO_2

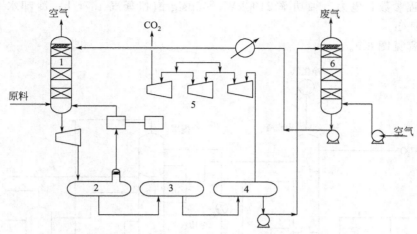

图 6-8 Selexol 法净化 CO_2 废气工艺流程

1—吸收塔；2—循环闪蒸塔；3—低压闪蒸塔；4—闪蒸塔；5—压缩机；6—汽提塔

压缩机的投资和操作费用，而中间闪蒸罐费用两年不到即可收回，就能够达到 100% 回收 CO_2 的能力。

c. 经济技术分析。CO_2 采用降压解吸回收，其溶剂具有选择性地吸收 H_2S 和 CO_2 可以达到 mg/kg 级水平，脱除 CO_2 不消耗热能，对碳钢无腐蚀，无结垢，不降解，可控制烃和水的露点等优点。CO_2 回收率最高 97%。

③ Purisol 法

a. 方法概述。Purisol 法是 20 世纪 60 年代由德国 Lurgi 公司开发的，该法适用于常温常压下吸收，减压闪蒸再生回收 CO_2。

b. 工艺流程。原料气被水蒸气饱和变换后，冷却至常温送入 CO_2 吸收塔，先用一部分 NMP 溶剂在塔中对其进行脱水干燥，继而用再生后的 NMP 溶剂洗涤原料气，气体中的 NMP 溶剂随后在吸收塔顶部被水洗脱除。通过两段闪蒸再生将富液的压力降到大气压力。在第一段闪蒸中，被溶解的 H_2 和 CO 气体在较高压力下被溶剂解吸出，压缩该溶解气后送入原料气中。经过了二段闪蒸，用干燥氮气汽提，是残留的 CO_2 气体从 NMP 中脱除，再生后的 NMP 溶剂随后被返回到吸收塔的顶部。对 CO_2 气和汽提气的混合气体进行水洗然后排出。将 NMP 脱水干燥原料气过程中的排出物送到溶剂干燥塔下部，将回收 NMP 的水洗系统的排出物送到溶剂干燥塔的上部。溶剂干燥塔是一个分馏塔，水和 NMP 是通过蒸馏的方法实现分离，塔顶排出多余的废气与水分，从塔底移走干燥后的 NMP 溶剂。废气中通过第二段闪蒸出来的 NMP 溶剂也是在该塔中被脱除的。

典型的工艺参数如下。

原料气条件参数：流量 100MM SCFD；压力 1070psig；温度 110℃。数据分析见表 6-4。

表 6-4　分析数据

原料气体积分数/%	净化气体积分数/%	原料气体积分数/%	净化气体积分数/%
H_2：64.53	96.44	C_4：0.44	0.59
CO_2：33.15	0.10	N_2+Ar：0.38	0.63
CO：1.50	2.24		

公用工程参数：电力、轴功率 2100kW；45psig 饱和蒸汽 1.7t/h；冷却水 75℃（温差 18℃）300m³/h。

工艺流程见图 6-9。

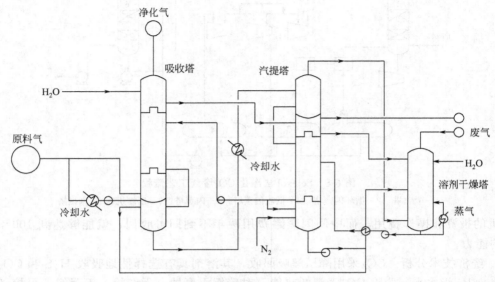

图 6-9　Purisol 方法净化 CO_2 废气工艺流程

c. 经济技术分析。该法使用的溶剂 NMP 对 CO_2 气体的溶解度高，特别是在高压操作下，溶剂的循环量低，损失量小；对 H_2O 溶解度高，该装置同时能用于气体干燥，且用水从废气中很容易回收 NMP 蒸气；溶剂黏度小，保证了良好的传热与传质，NMP 还具有冰点低的性质；在操作条件下具有良好的化学和热稳定性，不会被酸性成分所分解，而且溶剂不腐蚀碳钢，不起泡，不降解。但是该法的生产流程长、规模小、产量低、价格昂贵（每吨 NMP 的价格约 2 万元）。

（3）吸收法的经济技术分析　在高压、低温条件下进行吸收时，吸收法的优点有：吸收剂用量少，吸收容量大，增压降温可增大吸收效率。并且可以采用降压或常温汽提的方式在吸收饱和以后将 CO_2 分离出来从而实现吸收剂的再生。由于气体的溶解需要满足亨利定律，这种方法对于 CO_2 分压较高且 CO_2 去除率要求不高的情况比较适用。另外，相对于化学吸收法来说，其消耗的热能小，设备耐腐蚀性强，但由于硫化物劣化，吸收剂的再生次数会随之减小。

6.2.3.2　物理吸附法

（1）吸附原理　该法是以活性炭及沸石分子筛固体吸附剂来吸收 CO_2 的，其操作方式大致分为两种：一种是以变化压力的 PSA 法来吸脱附 CO_2，另一种是用温度变化的 TSA 法来进行吸脱附 CO_2，有时也可以采用两种方式组合来吸脱附 CO_2。利用吸附剂（如活性炭、沸石分子筛等）表面力来有效捕集 CO_2 废气中浓度很低的杂质气体，以纯化 CO_2，其吸附能力取决于操作的温度和压力，气体的分压越高或温度约低，系统的吸收能力就越大。

（2）工艺流程

① 变压吸附法（Pressure Swing Adsorption）。利用变压吸附原理从废气中提取 CO_2 的想法由西南化工研究院最先提出，分离工艺通常采用硅胶作吸附剂。通过加压吸附过程和减压脱附过程反复进行而实现。为连续分离净化回收 CO_2，一般设置两个吸收塔进行循环使

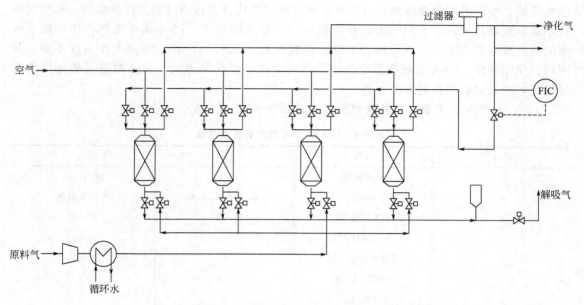

图 6-10 变压吸附法（分子筛型 PSA）净化 CO_2 废气工艺流程

用，其工艺过程与 PSA 净化 CO 工艺相似。其工艺流程见图 6-10。

采用此法对氨厂变换气和石灰窑气净化回收 CO_2，回收的 CO_2 纯度大于 99.5％。此法适用于废气中 CO_2 含量在 30％～60％情况下比较经济，具有工艺简单、能耗低、适应能力强、自动化程度高等特点。

② 变温吸附法（Tempature Swing Adsorption）。此法是利用吸附剂对气体的吸附容量随温度变化而分离回收 CO_2 的。另外还有将 PSA 法和 TSA 法两者结合在一起的变压-变温吸附法，如英国的 ICI 公司通过升温（＞50℃）的 PSA 法从废气中回收 CO_2，但是纯度低于 97％。工艺流程见图 6-11。

由以上可以看出，采用 PSA 工艺后流程简化，操作方便，省去了水冷却塔、分子筛再

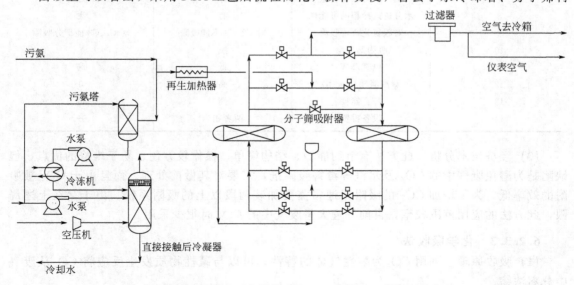

图 6-11 变温吸附法（分子筛型 TSA）净化 CO_2 废气工艺流程

生加热器、冷却水泵和冷冻机，可用空压机后冷却器代替直接喷淋的空气冷却塔，从而可以杜绝水分或蒸汽进入分子筛吸附器和冷箱这一类事故的发生。PSA 属于无热再生，用于再生的蒸汽或电耗为零，可节省相当于空压机能耗的 4%～5%，分子筛的工作温度不变，从而延长使用寿命。PSA 的缺点是空气切换损失增加，切换噪声大，切换时容易破坏塔内工况稳定，以及对切换阀的要求提高。

TSA 与 PSA 的主要技术参数和综合性能见表 6-5、表 6-6。

表 6-5　PSA 与 TSA 的主要技术参数

序号	项目	TSA	PSA
1	吸附时间	2～8h	9～30min
2	吸附剂	13X 分子筛/Al_2O_3	专用吸附剂
3	吸附温度/℃	8～20	30～37
4	再生温度/℃	150～190	28～35
5	通常吸附器个数	2	3～4
6	切换损失/%	0.3	1～1.5
7	再生气量/(m³/h)	小	大
8	再生气体压降	大	小

表 6-6　PSA 和 TSA 的综合比较

序号	比较项目	TSA	PSA
1	工艺流程	复杂	简单
2	设备组成	多	少
3	阀门数量	少	多
4	切换时间	长	短
5	操作	复杂	简单
6	切换损失	小(0.3%)	大(1%～1.5%)
7	生产的可靠与安全	好	好
8	水分进入冷箱的可能性	有	无
9	对碳氢化合物吸附	对 C2、C3 不能吸附	对 C2、C3 能部分吸附
10	吸附剂寿命	短	长
11	电耗/kW	低	高
12	蒸汽消耗/(kg/h)	高	0
13	综合能耗	高	低
14	设备投资	两者相当	

（3）经济技术分析　此方法有节约能源、结构简单、操作较方便、易于维修的优点，但缺陷是为避免废气中的 CO_2 及水汽等毒害吸附剂，需要对其做前处理。而且由于 CO_2 被吸附的效率低，为了增加 CO_2 的吸附量通常需要加装两段以上的吸附系统。由于存在上述局限，此方法的应用范围较窄，目前处理大量废气中的 CO_2 时很少采用。

6.2.3.3　化学吸收法

（1）吸收原理　利用 CO_2 为酸性气体的特性，可以与碱性物质发生反应将 CO_2 从废气中分离浓缩。

（2）工艺流程　该法常用的吸收剂有乙醇胺的水溶液、碱金属碳酸盐水溶液、氨水等。

①乙醇胺溶液。采用有机胺类化合物 1-乙醇胺（MEA）作吸收剂时，吸收反应如下：

$$2HOC_2H_4NH_2 + H_2O + CO_2 \longrightarrow (HOC_2H_4NH_3)_2CO_3$$

吸收剂再生并回收 CO_2 的过程为上面反应式的逆反应。由于温度变化对该可逆反应的影响极大，一般在 38℃ 左右形成盐，CO_2 被吸收，反应向右进行；在 111℃ 时逆向反应发生，放出 CO_2，再生后的吸收剂可循环使用。

一般常用的醇胺类有一级醇胺（如 MEA）、二级醇胺（如 DEA、DIPA）及三级醇胺（如 MDEA、TEA）。一级醇胺和二级醇胺与二氧化碳有较快的反应速率，但是由于反应形成的产物为氨基甲酸盐（carbamate），而使其吸收容量受到限制。三级醇胺与二氧化碳的反应速率较低，然而其吸收容量却比较大。由于 AMP 具有较快的吸收速率，并且有如三级醇胺的高吸收容量而被用来代替传统的醇胺作为吸收剂。另外，当混合醇胺溶液中混有两种以上的醇胺溶液时，综合各级醇胺的优点，将具有快吸收速率、高吸收容量的特性，所以混合醇胺也是目前的研究方向之一。

目前，由德国 RUHR 大学的 Dr.-Ing. H.-J. Rohm 研究开发出利用烷基胺吸收 CO_2 的新方法。吸收剂烷基胺（二乙胺）吸收含 CO_2 的废气后，在常压下，通过添加不同的溶剂，最终可以生成表面活性剂或氨基甲酸酯。氨基甲酸甲酯具有广泛的用途，可用作农药、医药、合成树脂改性和有机合成中间体等。作为有机合成中间体，可用于合成异氰酸酯、无毒聚氨酯、三聚氰胺衍生物和聚乙烯胺等，氨基甲酸酯可以与不饱和烃、醛酮、多元醇和芳环等反应，生成各种用途的衍生物，也可用于合成杂环吡咯、三唑酮、喹唑啉酮和三嗪等化合物，具有很好的应用前景。

生产氨基甲酸酯和生产表面活性剂的工艺流程分别见图 6-12、图 6-13。

在甲醇溶液中，CO_2 与乙二胺很容易发生如下反应，生成结晶性的 N-氨基甲酸酯。其反应的化学方程式如下：

$$H_2N-CH_2-CH_2-NH_2 + CO_2 \longrightarrow \ ^+H_3N-CH_2-CH_2-NHCOO^-$$

该反应装置的技术参数见表 6-7。

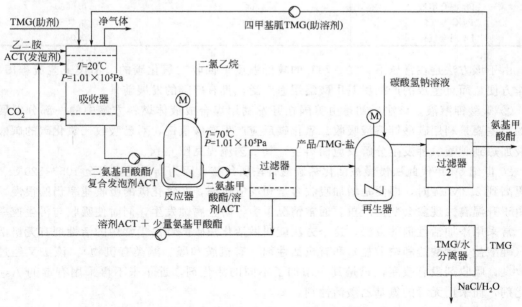

图 6-12　Amisol 法净化 CO_2 废气工艺流程（生产氨基甲酸酯）

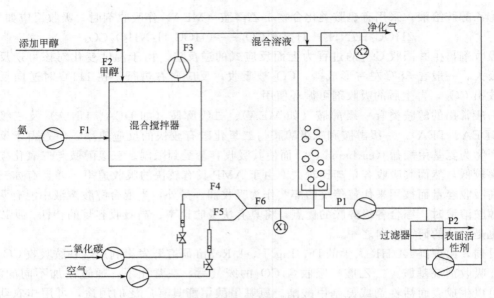

图 6-13　Amisol 法净化 CO_2 废气工艺流程（生产表面活性剂）

表 6-7　混合搅拌器及流程技术参数

项目	参数	
直径/m	0.03	
高度/m	1.00	
横截面/m²	0.0007065	
容积/m³	0.0007065	
流速（量）	kg/h	m³/h
F1 氨		0.0002
F2 甲醇	0.07	0.0058
F3 混合溶液	4.64	0.0060
F4 CO_2 气体	4.71	0.0080
F6 混合气体		0.0400

由于该方法是在常压下、20～70℃的较低温度下回收二氧化碳的，不仅工艺流程简单，操作方便，而且生成的产品氨基甲酸酯用途广泛，具有广阔的发展前景。

② 碳酸钾溶液。该法最初是由美国在开发利用煤合成液体燃料方案中的一部分发展而来的，主要是利用碳酸钾溶液吸收二氧化碳反应产生碳酸氢钾，对已吸收二氧化碳的碳酸钾溶液加热到碳酸氢钾发生分解反应而再生。其工艺流程见图 6-14。

20 世纪 50 年代此法慢慢被活化热碳酸钾法所代替，因为当温度提高至 105～120℃、压力提高到 2.3MPa 时，即便是增加吸收容量和反应速率，二氧化碳的吸收速率仍然很慢，而且由于升温腐蚀现象会变得严重。通常情况下为了防止腐蚀发生，同时使吸收与再生速率加快，常采用添加活性剂的方法，这个方法就叫做活化热碳酸钾法。常用的活性剂有无机活性剂（砷酸盐、硼酸盐和磷酸盐）和有机活性剂（有机胺和醛、酮类有机物）。该法又经过各种改良，吸收剂没有改变，只是其中添加了不同的活化剂，近年来不再采用有毒的 As_2O_3 活化剂，而采用无毒的氨基乙酸活性剂。

该法溶剂一般含 K_2CO_3 25％～30％，CO_2 在碳酸钾水溶液中吸收和再生的过程，可用下面的反应式表示：

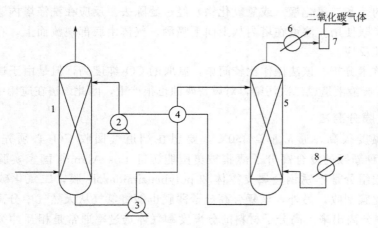

图 6-14　热钾碱法净化 CO_2 废气工艺流程

1—CO_2 吸收塔；2—贫液泵；3—富液泵；4—换热器；5—CO_2 再生塔；

6—塔顶冷凝器；7—分离器；8—再沸器

$$K_2CO_3 + CO_2 + H_2O \longrightarrow 2KHCO_3$$

CO_2 在溶液中的吸收量与溶液中 $K_2CO_3/KHCO_3$、吸收温度及 CO_2 在气相中的分压等因素有关。

该法的工艺流程通常有三种类型：一段吸收一段再生；两段吸收一段再生；两段吸收两段再生。一般大型合成氨厂都采用两段吸收两段再生的流程。

③ 碳酸钠溶液。大多数以石灰窑气为气源的工厂大多采用此法生产商品 CO_2，其吸收和再生原理与碳酸钾溶液相同，吸收剂中 Na_2CO_3 的含量 $10\% \sim 20\%$，吸收反应在两个串联使用的填料塔内进行，操作温度 $50 \sim 60℃$。

④ 氨水。以氨水作吸收剂吸收 CO_2，国内的小型氨厂碳化工艺通常采用此法直接生产碳酸氢铵。

(3) 经济技术分析　由以上可知，醇胺法回收 CO_2 工艺具有吸收能力强、吸收速度快、设备尺寸小、适宜于从常压和低 CO_2 含量的烟道气中回收净化 CO_2 的优点，其不足是吸收（$25 \sim 65℃$）和再生（$100 \sim 150℃$）过程温差大，蒸汽消耗量大，MEA 易与烟道气中的 O_2 发生不可逆反应（简称胺降解），易被 O_2 氧化成氨基乙酸、乙醛酸、草酸等副产物，这些副反应造成胺的大量损耗，同时生成的副产物又加剧了设备的腐蚀，腐蚀产物再进一步促进胺的降解，形成恶性循环。肖九高等通过加入活性胺、抗氧化剂和防腐剂，改进了吸收剂，克服了上述不足。

碳酸盐水溶液吸收法的工艺技术成熟、操作方便可靠、设备简单、投资也少，但是由于 Na_2CO_3-$NaHCO_3$ 复盐在水中溶解度小，导致生产效率低、能耗高，所以该法只适用于小规模区域性生产，不宜在大型装置中使用。

6.2.3.4　化学氧化法

(1) 原理　利用高锰酸钾和重铬酸钾的强氧化性，去除尾气中含有的微量硫化物、矿物油、水分及其他微量杂质，使进一步精致得到高纯度的 CO_2。

(2) 工艺流程　用高锰酸钾或重铬酸钾溶液氧化脱硫除臭的反应为：

$$3H_2S + 2KMnO_4 + 2CO_2 \longrightarrow 3S + 2MnO_2 + 2KHCO_3 + 2H_2O$$

或　　　　　$$3H_2S + 2K_2Cr_2O_7 + 2CO_2 + H_2O \longrightarrow 3S + 2Cr(OH)_3 + 2KHCO_3$$

反应生成的硫和二氧化锰（或氢氧化铬）经过滤除去。反应在洗涤塔内进行，洗涤塔为填料塔，两个串联使用。溶液在塔内从上向下喷洒，气体由底部逆流而上，在气液接触过程中进行氧化脱硫反应。

(3) 经济技术分析　该法操作比较简单，制取的 CO_2 纯度高，但是由于试剂价格昂贵且不能回收再生，废液液造成二次污染，对设备腐蚀也很严重，因此该法在应用中受到限制。

6.2.3.5　膜分离法

烟道气的温度很高，通常都＞350℃，要想在烟道气回收 CO_2 必须先要将温度降至 150℃。目前一种新颖的复合高分子薄膜被美国能源部 Los Alamos 国家实验室开发，这种新型薄膜的构成组分是不锈钢金属支撑体和 polybenzimidazole 膜，二氧化碳在高温环境下（370℃）能被此膜回收。另外，该复合高分子薄膜也能将氢气从天然气中分离出来，还能将 CO_2 从甲烷气中分离出来。高分子材料的分离度和气体透过率通常是相互冲突的，即透过率随分离度的增大而降低或随分离度的减小而增大，因此具有气体透过率及分离度的材料的研究是未来的一个研究方向。

(1) 膜分离原理　高分子膜对气体进行分离是基于混合气体中各组分透过膜材料的速度不同而实现的。

(2) 工艺流程　膜分离法主要包括气体吸收膜和气体分离膜两个技术。微孔疏水膜作为气体吸收膜法的主要元件能够将气体和液体吸收剂分隔开，混合气沿膜的一侧流入，待分离组分通过充满在微孔中的气体向另一侧扩散，被吸收液吸收，中空纤维膜是最理想的膜。与化学吸收法相比，气体吸收膜的工艺流程与之相同，不同之处在于气体吸收膜将中空纤维膜运用在吸收塔内，比化学吸收法的设备成本降低了 30%，把整个吸收再生装置的投资降低了 10%。

(3) 经济技术分析　由于该法工艺装置简单、寿命长，操作方便、技术先进、能耗低、效益高、经济合理，所以在火电厂排烟脱硫、分离净化回收 CO_2 过程中有较大的应用前景，还可用于从天然气中分离 CO_2、从沼气中去除 CO_2，但是采用膜分离法较难得到高纯度的 CO_2。目前，多采用膜分离法和化学吸收法相互结合的新工艺，前者粗分离，后者精分离，其分离回收 CO_2 的成本最低。随着高功能膜技术的开发，膜分离回收的成本将进一步降低，将成为当今世界上发展迅速的一项节能型气体分离技术。

6.2.3.6　空气分离/烟气循环法（O_2/CO_2 燃烧法）

该法（O_2/CO_2 燃烧法）首先是由 Horne 和 Steinburg 于 1981 年提出的，确保热传输，防止空气池漏入炉内以及确保应用锅炉是这种新方法的关键环节。美国 Argoune 国家实验室（ANL）在美国能源部的资助下研究探索出该方法的三个主要步骤：首先，压缩分离空气；其次，燃烧和电力产生；最后，压缩烟气和脱水。根据废气再循环的不同方式，可分为干法循环（脱水后循环）和湿法循环（废气不脱水）。ANL 的 O_2/CO_2 燃烧法原理如图 6-15 所示。采用此法回收的 CO_2 可用于第三次采油（EOR），尽管 CO_2 中含有少量的酸性气体（NO_x、SO_2），但在 EOR 中使用没有影响，其工艺流程见图 6-15。

6.2.3.7　催化燃烧法

(1) 原理　催化剂实际上为完全的催化氧化，即在催化剂作用下，使废气中的有害可燃组分完全氧化为 CO_2 和 H_2O，再经分离出过量的氧气和少量惰性气体后成功地将 CO_2 提纯，可达 99.99% 以上。

(2) 工艺流程　催化燃烧的工艺流程有组合式和分建式两种。组合式流程是在同一个设

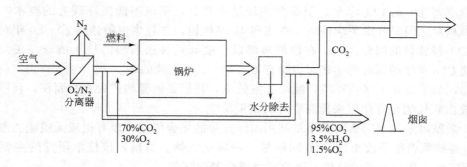

图 6-15 O_2/CO_2 燃烧法净化 CO_2 废气工艺流程

备中组合安装预热、换热及反应等部分形成催化燃烧炉，该流程具有流程紧凑、占地少的优点，适用于小排气量处理的情况。分建式流程中，要分别设立预热器、换热器、反应器，三者都是独立的设备但相应的管路在其间连接，适合大排气量处理的场合。催化燃烧炉包括预热部分和燃烧部分，是进行催化燃烧的设备。在预热部分，不仅要设置设备加热装置，还应该使预热区保持足够的长度保证气体温度分布均匀，并在使用燃料燃烧加热进口废气时，避免火焰不与催化剂接触。在预热段要确保有良好的保温来防止热量损失。另外，在催化反应部分，常常将组装件设计成抽屉状或者筐状来方便装填催化剂。

催化燃烧的催化剂常以贵金属 Pt、Pd 催化剂使用最多，因为这些催化剂活性好、寿命长、使用稳定，但是我国的贵金属资源短缺，因此注重非贵金属催化剂的研究。目前研究较多的是稀土催化剂，并且取得了一定的成效。

在石油化工反应气和烯烃氧化气中，使用特效催化剂作为启动因子，使 CO_2 混合气中的有机杂质发生氧化反应生成 CO_2 和水。德国卡洛里克公司已建成催化燃烧精制 CO_2 的工业装置，我国已经开发了催化燃烧脱除 CO_2 中微量烯烃的 CO_2 的精细工艺。

(3) 经济技术分析 此法适用于气体中 CO_2 含量大于 80%，且不宜于利用分子量差别将气体中的物质成分进行分离的情况。催化燃烧法因其操作稳定、工艺简单、产品纯度高、提纯成本低的特点在气体提纯后的精提纯过程中特别适用。

6.2.3.8 压缩-冷凝法

此法精高压及深冷使气体冷凝为液体，并利用冷凝点的不同而得到工业用品 CO_2，具有生产成本低、流程简单、设备投资最少的优点。但是产品未经提纯，充瓶后的 CO_2 饱和水、醇、瓶底的游离水很多，空气含量也很高，不能用作食品添加剂，仅能制作干冰或作为进一步提纯的粗原料使用。

6.2.3.9 浅低温精馏法

该法适用于高浓度 CO_2 含量（一般大于 60%）的气源。国外的浅低温精馏法工艺装置可获取 99.9%~99.95% 的 CO_2 工业液体，其特点是脱硫、脱水的深度较高，除采用廉价的 Fe_2O_3 脱硫剂作前级脱硫外，还可采用脱硫效果高的 COS、硫醇水解催化剂及 ZnO 脱硫剂，效果佳，但材料价格高。干燥剂采用沸石分子筛、再生能耗较大，但是脱水深度较硅胶、活性炭高，易于一次吸附除去，由于该工艺投资大、能耗高、分离效果差、成本也较高，故很少采用。

另外，CO_2 处理的重要技术还包括生物固定技术，主要有林学和微藻固定两大技术。

(1) 林学技术 树木和其他植物在生长过程中能够吸收 CO_2 很早就被科学家发现。从理论上面讲，树木对大气中 CO_2 的吸收在一定程度上平衡了温室气体 CO_2 的排放，使全球 CO_2 总量不会增加。所以，在全球范围内进行植被保护和植被破坏防治可很大程度减缓全球变暖，稳定大气中的 CO_2 水平。但是要实现这个目标，不仅不能损坏现有的树木，还要求在发展中和发达国家分别平均种植 130 兆和 40 兆株树，并且当树龄达到 20~60 年时才能减少当前 CO_2 释放量的四分之一。在沙漠海滩以及盐碱地种植典型的盐土植株，在大大降低大气中的 CO_2 含量的同时每年还可以储存 0.6 亿~1.0 亿吨的碳。

因此，为了美化了居住环境，减缓温室效应，我们要恢复和扩大森林面积，利用植物吸收 CO_2 放出氧气的光合作用来提高森林的碳汇功能。

(2) 微藻固定技术 微藻固定是利用海洋硅藻的光合作用，以有机或无机碳的形式固定 CO_2，但是硅藻腐殖质放出的 CH_4 同样是一种温室气体。目前，该技术研究的主要方向是 CO_2 的固定率、高效藻类的培植、开放式海洋营养循环等。

CO_2 的微藻净化技术，是利用微藻的光合作用来净化电力工业排放出来的烟道气，其设计采用浅式水道、振动式培养容器，介质为富营养的深海水，循环吸收烟道气，吸收率可达 96%。但是该项技术如果在陆地上实施耗电量很大，另外，营养问题以及从海水深处泵水的费用也是其应用的主要障碍。

开放式的海藻养殖场是另一种净化 CO_2 的方法，就是在深水里面开展大规模、有组织的微藻养殖场，但是这种方法的系统费用也较高。

对比看来，在微藻上面附着 pH 中性水泥来强化 CO_2 固定技术的前景较好。该法利用新型中性水泥结构制造人造暗礁使微藻在上面生长，用超临界状态下的 CO_2 对碱性水泥进行中和处理使其显中性，在这个过程中人造的暗礁上面会立刻附着上对 pH 敏感的微藻。相比于开放式海洋养殖场，这样的微藻固定 CO_2 的效率是其相同面积的 20 倍。

6.2.4 含 CO_2 废气净化处理工程实例

以中原油田石油化工总厂催化裂化装置的炼油尾气的净化处理工艺为例作详细介绍。

6.2.4.1 尾气来源及成分

该厂的催化裂化装置的再生烟道气除含有 H_2S、SO_2、CO 以外，还含有大量的 CO_2 和 N_2。催化裂化装置的处理量为 $50 \times 10^4 t/a$，烟道气的排放量为 $8.46 \times 10^4 m^3/h$。在 305℃、常压下，烟道气组成见表 6-8。

表 6-8 催化裂化装置的再生烟道气组成

组分	CO_2/%	N_2/%	O_2/%	总硫/(mg/m^3)	CO/%
组成	16.6	82	0.8	20	0.6

注：1. 除总硫外，其他组成均为体积分数。

2. 烟道气中含少量催化剂粉尘。

6.2.4.2 废气处理工艺

由于该厂的催化再生烟道气中的 CO_2 含量较低，本工艺对烟道气中的 CO_2 气体回收时选择复合一乙醇胺（MEA）化学吸收法。MEA 是复合 MEA 法的溶剂，将抗氧化剂和缓冲剂适量加入 MEA 中，在常温、常压下使碱性化学溶剂 MEA 与 CO_2 进行反应，生成不稳定盐，然后再通过加热的方式使其再生，从而获得 CO_2 产品。与氨相似，一乙醇胺接受一个质子形成铵离子而在水中呈碱性，15%~20%MEA 水溶液 pH 值约为 12；而 CO_2 为弱酸性气体，当 CO_2 溶解于 MEA 溶液吸收为富液，达到平衡后，在 100~110℃时将富液加热分解释放出 CO_2，释放后的溶液成为贫液在降温后可循环使用。

主要反应的化学方程式：

$$CO_2 + H_2O + 2RNH_3 \rightleftharpoons (RNH_3)_2CO_3 + Q\ (Q>0)$$
$$(RNH_3)_2CO_3 + H_2O + CO_2 \rightleftharpoons 2(RH_3)HCO_3$$
$$2RNH_2 + CO_2 \rightleftharpoons RNHCOOH_3NR$$
$$(式中:R\ 为\ CH_3CH_2OH)$$

从催化装置出来的烟道气与来自塔顶喷淋的冷却水在洗涤塔中逆流接触,冷却了烟道气,洗涤了粉尘。从塔底排出的洗涤水夹带的固体粒子,可在入沉降冷却池中被除去。由塔顶排出的气体降温至 $40\sim42℃$,升压至 $0.07MPa$ 进入 CO_2 吸收塔后被 MEA 溶液吸收;在吸收塔上部,将未被吸收的尾气洗涤冷却到 $46\sim49℃$,尾气中夹带的溶液经塔顶高效除沫器除掉后直接排入大气。冷却后的洗涤液返回地下槽,再经回流液泵打循环,系统水平衡由新鲜脱盐水来控制。

富液被富液泵从塔底抽出,加压升温至 $95\sim98℃$ 后先进入换热器,随后从再生塔顶部喷头喷淋进入吸收塔。塔底溶液通过再生塔底部的两台再沸器产生的蒸气间接加热,使塔底温度保持在 $105\sim110℃$ 左右。分解释放出 CO_2 后的富液成为贫液,温度经换热器降至 $40℃$,被贫液泵送入吸收塔循环使用。少量 MEA 蒸气及大量的水蒸气夹带着富液分解释放出的 CO_2 从塔顶流出,冷凝后进入 CO_2 脱液罐。气体夹带的凝液在脱液罐内被分开,接着进入 CO_2 的精制液化程序,凝液流入地下槽,再经回流液泵重新送入 MEA 循环系统。

6.2.4.3 工艺技术特点

用此法烟道气中的 CO_2 回收工艺的技术特点如下。

① 采用先进的转化-吸附型催化剂脱除 SO_2,一次性将产品 CO_2 气体中总硫含量降至 $0.1mg/m^3$ 以下。

② 吸收塔顶部设置高效除沫装置,以保证出塔气中夹带液体量尽可能少,最大限度地减少 MEA 损失。

③ 制冷部分采用中压流程,解决了装置运行不稳的难题,且 CO_2 液化率不低于 95%。

④ 采用恒压恒温干燥技术对 CO_2 进行干燥,精制系统 CO_2 损失小于 1%。

⑤ 采用特有的复合缓蚀技术及抗氧技术,确保不会发生明显的降解反应。

6.2.4.4 工艺技术分析

总之,采用 MEA 法回收烟道气中的 CO_2 具有投资省、回收率高、成本低、装置运行稳定、建设周期短等优点。

如果采用净化回收后的炼油尾气生产食品级的 CO_2,每生产 1t 液体 CO_2 产品,单位消耗成本为 275.39 元,而前市场上食品级液体 CO_2 的价格为 $500\sim800$ 元/t,所以利用炼油尾气生产食品级液体 CO_2 具有显著的经济效益。

6.3 光气的净化

6.3.1 光气的性质

光气的学名为碳酰氯或氯代甲酰氯,分子式为 $COCl_2$,相对分子质量为 98.92。常温下为无色有毒的气体,易液化,具有强烈的刺激性气味和窒息性,工业液态光气因含有微量的游离氯而呈浅黄色或淡绿色。不易燃,微溶于水,易溶于苯、甲苯、氯苯、氯仿、四氯化碳等有机溶剂，遇水后易分解。

光气具有酰胺的典型性质，遇水可以分解，反应如下：

$$COCl_2 + H_2O \longrightarrow CO_2 + 2HCl$$

也可以与 NaOH 反应，反应的过程如下：

$$COCl_2 + 4NaOH \longrightarrow Na_2CO_3 + 2NaCl + 2H_2O$$

同 NH_3 反应，可生成尿素，该反应是化工业重要的反应之一：

$$COCl_2 + 2NH_3 \longrightarrow CO(NH_2)_2 + 2HCl$$

同胺反应：

$$COCl_2 + R-NH_2 \longrightarrow RNHCOCl + HCl$$

同醇反应：

$$COCl_2 + 2C_2H_5OH \longrightarrow CO(C_2H_5)_2 + 2HClO$$

6.3.2 光气的来源及危害

光气两处主要的排放源是光气合成车间和光气化反应车间。在光气的合成车间，生产的光气含量由于在合成运转初期较低而被处理后排空，当生产的光气量达到所需浓度时，光气液化工序或光气化反应工序即可被导入。另外，若要对合成炉进行检修，需要在其停车时将设备里的光气置换干净才行，此时排出的置换气中掺杂有一定浓度的光气。光气浓度体积分数由 10^{-6} 数量级到 10^{-1} 数量级，变化范围很大。光气是一种具有强烈的刺激性、窒息性的剧毒气体，对生命有危险的浓度为 $5mg/m^3$，毒性往往在 $4 \sim 6h$ 后发作，在 $100mg/m^3$ 的浓度逗留 $30 \sim 60min$，就能使人致死。针对其剧毒特性，各国工业企业对其有严格的卫生要求，我国车间空气中允许浓度要求控制为 $0.5mg/m^3$。

鉴于光气毒性大、易挥发、严重污染大气的特点，"二光气"（氯甲酸三氯甲酯）以及"三光气"（三氯甲基碳酸酯）在近几年被普遍开发应用。但这些气体在储藏、运输、使用等方面的危险性仍不可被忽视。

6.3.3 光气净化的方法

将净化后的 CO 与 Cl_2 按 1:1（物质的量）配料比均匀混合后进入光气合成釜是光气的工业合成法。光气是在 $100 \sim 150℃$、有活性炭催化的条件下产生的，在气态光气酸洗、液化的过程中产生含有大量未被冷凝的光气的尾气，这些尾气要想达标排放必须先净化处理。目前，光气尾气在国内外的主要处理方法有溶剂吸收法、深冷法、碱法、催化水解法。

6.3.3.1 催化水解法

（1）原理 在一定催化剂作用下，光气和水发生水解反应，生成 CO_2 和盐酸，不仅可以得到副产品，而且避免了环境污染。

光气遇水发生水解反应，但是若无催化剂，反应速度缓慢，水解效果也不好。因此，工业上根据需求以 α-氧化铝、活性炭、β-氧化铝和 SN-7501 等作为主要的催化剂开发出催化水解工艺。我国目前采用最多的是由沈阳化工研究院开发的一种以硅砂为骨架载体，表面为活性硅铝模型的光气水解专用催化剂 SN-7501。

（2）工艺流程 一般的光气化产品尾气中除含有光气外，还含有氯化氢气体。采用催化水解法时，首先使尾气通过膜式吸收器，用稀盐酸（但是稀盐酸的质量分数不宜超过 8%，否则催化剂处理能力下降过多）吸收 HCl，生成盐酸，其次用两级串联含有 SN-7501 催化

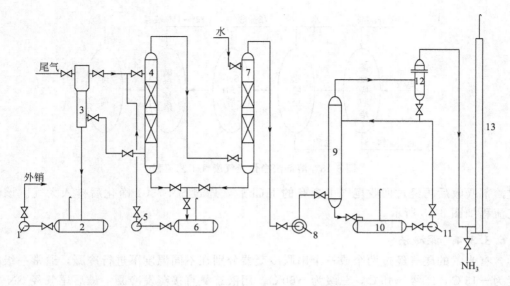

图 6-16　SN-7501 催化水解法净化光气废气工艺流程
1—盐酸泵；2—烟酸槽；3—膜式吸收器；4—水解塔 1；5—泵；6—盐酸槽；7—水解塔 2
8—风机；9—碱破坏塔；10—碱槽；11—泵；12—分离器；13—排气筒

剂的催化水解破坏塔净化其中的光气，净化率可达 95％～99％。第二级采用水吸收，生成的稀盐酸可作为第一级水解破坏塔及膜式吸收塔的吸收液。剩余尾气中的微量光气可用 12％～15％的碱液吸收，最后经排气筒排入大气，如果尾气中仍含有微量光气，可在排气筒前喷氨处理后再排入大气。催化水解法的工艺流程见图 6-16。

6.3.3.2　碱法

(1) 原理　利用光气与碱反应的性质，用碱液吸收尾气中的光气：

$$COCl_2 + 4NaOH \longrightarrow Na_2CO_3 + 2NaCl + 2H_2O$$

(2) 工艺流程　该法一般先用 18％～20％的碱液吸收尾气中含有的光气及微量的氯化氢气体，然后再经过一个 4％～5％的碱液吸收塔进行净化吸收，最后用喷氨或喷蒸汽进行处理后排入大气。该法多采用多级鼓泡吸附剂、喷淋填料塔等作为处理设备，对光气的处理效率一般达 80％～90％，为了降低处理后废气中的光气含量，有时需要两级氨法作辅助处理。碱法净化光气废气的工艺流程见图 6-17。

6.3.3.3　溶剂吸收法

采用能溶解光气的溶剂作为吸收剂，将未反应的多余光气吸收，然后再将含有光气的溶剂作为原料返回配料使用。生产上常用的吸收剂有氯苯、二氯苯、甲苯等。含有光气的尾气

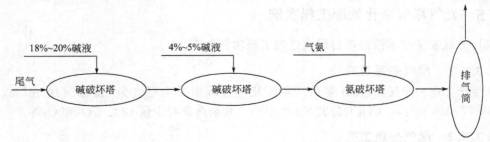

图 6-17　碱法净化光气废气工艺流程

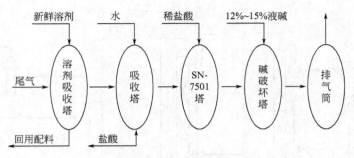

图 6-18　溶剂法净化光气废气工艺流程

经过溶剂吸收后再经过回收尾气中含有的 HCl 后，通过 SN-7501 净化后排入大气。该法的工艺流程如图 6-18 所示。

6.3.3.4　深冷法

含有光气的尾气经过两个或三个串联冷凝器分别在不同温度下进行冷凝，通常一级冷凝温度为 −15℃，二级 −45℃，三级为 −60℃，用液态氨直接蒸发冷凝，最后尾气经 SN-7501催化分解净化光气及碱吸收后可以直接排入大气。深冷法净化光气废气工艺流程如图 6-19所示。

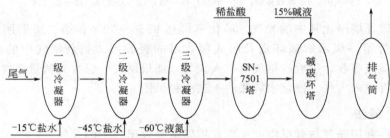

图 6-19　深冷法净化光气废气工艺流程

6.3.4　光气净化几种方法的经济技术比较

由以上可知，深冷法适用于液态光气生产中的单纯光气尾气的处理，碱法适用于突发事故时对大量光气的净化，对一些含有较多强氧化剂的尾气（如三氯乙烯氧化制取二氯乙酰氯尾气中含有大量的氧气），需选用不易燃的溶剂如四氯化碳等，或不采用溶剂吸收法。溶剂吸收法和催化水解法适用于含有光气和氯化氢混合气体的净化，而且在净化尾气的同时，还可以回收副产 25% 以上浓度的盐酸，经济效益显著。比较这几种净化光气的方法，催化水解法的处理效果较好，光气的分解率达到 99.9%。

6.3.5　光气尾气净化处理工程实例

某厂光气安全技术改造项目尾气处理工程实例如下。

6.3.5.1　尾气来源及成分

年生产 2000t 光气，1100t 氯甲酸甲酯反应过程中产生尾气为 $88.73×10^4\,m^3/a$，其中 HCl $64.77×10^4\,m^3/a$，$COCl_2$ $5.32×10^4\,m^3/a$，其余尚含有少量 CO、CO_2 和 O_2 等。

6.3.5.2　尾气处理工艺

尾气中约含有 73% 的 HCl，首先经过膜式吸收器，用吸盐酸吸收 HCl，生成 25% 以上的盐酸，其次用两级串联含有 SN-7501 催化剂的催化水解破坏塔破坏其中的光气，破坏率可达 95%～99%。第二级用水吸收，生成的稀盐酸作为第一级水解破坏塔及膜式吸收塔的吸收液。余下的尾气中含有的微量光气用 12%～15% 液碱破坏，最后经过一个 45m 高的排气筒排入大气，如果尾气中仍然含有光气时，可最后在排气筒前喷氨处理后经排气筒排入大气。

6.3.5.3 物料平衡

该厂酯化反应及尾气破坏的物料计算如下。

(1) 生产规模 100% 氯甲酸甲酯 1100t/a。

(2) 基础数据 年操作天数 300d 或 7200h；配料比（摩尔比）光气∶甲醇＝1.15∶1；甲醇收率 97%；HCl 吸收率 93%；SN-7501 塔中 70%HCl 吸收，90%CO$_2$ 溶解。

(3) 原料规格 光气＞75%（体积分数）；甲醇＞95%（质量分数）；氯甲酸甲酯＞98%（质量分数）。

(4) 反应方程式

$$COCl_2 + CH_3OH \longrightarrow CH_3COOH + HCl + Q$$
$$COCl_2 + 4NaOH \longrightarrow Na_2CO_3 + 2NaCl + 2H_2O$$
$$CO_2 + 2NaOH \longrightarrow Na_2CO_3 + H_2O$$
$$COCl_2 + H_2O \longrightarrow CO_2 + 2HCl$$

(5) 物料平衡计算

① 按收率计氯甲酸甲酯产量

$$1100/0.98 \times 0.97 \times 300 \times 24 = 0.1607(t/h) = 161(kg/h)$$

② 甲醇耗量

100% 甲醇　$161 \times 32/94.5 = 54.52$（kg/h）

95% 甲醇　$54.52/0.95 = 57.39$（kg/h）

③ 光气耗量

光气理论耗量　$161 \times 99/94.5 = 168.7$（kg/h）

实际耗量　$168.7 \times 1.15 = 194$（kg/h）

按体积计　$194/99 \times 22.4 = 43.89$（m^3/h）

以 75% 计　$43.89/0.75 = 58.52$（m^3/h）

其中杂质（按 CO 计）：　$(58.52 - 43.89) \times 28/22.4 = 18.29$（kg/h）

按质量计光气含量：　$194/(194 + 18.29) = 91.38\%$（质量）

适量光气　$194 - 168.7 = 25.3$（kg/h）$= 5.72$（m^3/h）

杂气量　$18.29/28 \times 22.4 = 14.63$（m^3/h）

④ 生产 HCl 量

按质量计　$36.5 \times 161/94.5 = 62.2$（kg/h）

按体积计　$62.2/36.5 \times 22.4 = 38.2$（m^3/h）

⑤ 生成尾气量

按体积计　$5.72 + 14.63 + 38.2 = 58.55$（m^3/h）

按质量计　$25.3 + 62.2 + 18.29 = 105.8$（kg/h）

其中 HCl 含量：

以质量计　$62.2/105.8 \times 100 = 58.79\%$

以体积计　$38.2/58.55 \times 100 = 65.24\%$

光气含量：

以质量计 25.3/105.8×100＝23.91％

以体积计 5.72/58.55×100＝9.77％

经过吸收后尾气组成：

COCl₂ 25.3（kg/h）＝5.72m³/h

杂气 18.29kg/h＝14.63m³/h

HCl 吸收塔吸收率93％生成盐酸： 62.2×93％＝57.85（kg/h）

可生成31％盐酸 57.85/0.31＝186.6（kg/h）

尾气中 HCl 量 62.2－57.85＝4.35（kg/h）＝2.67m³/h

尾气总量：

以质量计 25.3＋18.29＋4.35＝47.94（kg/h）

以体积计 5.72＋14.63＋2.67＝23.02（m³/h）

⑥ SN-7501 塔对光气破坏率90％

喷淋量 10m³/h

对 HCl 吸收率 70％

对 CO₂ 溶解率 90％

光气破坏量 25.3×90％＝22.77（kg/h）

未破坏光气量 25.3－22.77＝2.53（kg/h）

产生 CO₂ 量 44×22.77/99＝10.12（kg/h）

产生 HCl 量 2×36.5×22.77/99＝16.79（kg/h）

产生总 HCl 量 16.79＋4.35＝21.14（kg/h）

HCl 吸收量 21.14×0.7＝14.798（kg/h）

未吸收量 21.14－14.798＝6.342（kg/h）

HCl 吸收液浓度 14.798/10000×100＝0.148％

CO₂ 溶解量 10.12×0.9＝9.108（kg/h）

未溶解 CO₂ 量 10.12-9.108＝1.012（kg/h）

⑦ 碱破坏塔。用30％碱中和破坏，碱最终浓度为6％。

CO₂ 耗碱量 2×40×1.012/44＝1.84（kg/h）

HCl 耗碱量 40×6.34/36.5＝6.95（kg/h）

COCl₂ 耗碱量 4×40×2.53/99＝4.09（kg/h）

总耗碱量 1.84＋6.95＋4.09＝12.88（kg/h）

碱利用率 （30－6）/30×100％＝80％

实耗量 12.88/0.8＝16.1（kg/h）（100％碱）

折30％计 16.1/0.3＝53.67（kg/h）

按物料计算结果，尾气中的 COCl₂、HCl、CO₂ 气全部破坏掉，并且副产31％盐酸1343.52t/a。热量计算只有酸化反应中有，不属于尾气破坏工序。

6.3.5.4 主要设备选型

主要设备选型见表6-9。

6.3.5.5 尾气处理消耗定额

尾气处理消耗定额见表6-10。

表 6-9　设备一览表

设备名称和详细规格			单位	数量
膜式吸收塔	$F=15m^2$，$\phi710\times4412$	石墨	台	1
浓盐酸储槽	$V=8m^3$，$\phi1700\times4600$	钢搪玻璃	台	1
盐酸泵	$Q=10m^3/h$，20m	陶瓷	台	2
附电机	1.5kW			
水解塔	内填 SN-7501，$\phi1000\times1000$	钢衬瓷板	台	2
稀酸泵	$Q=10m^3/h$，20m	陶瓷	台	2
附电机	1.5kW			
稀盐酸槽	$V=4m^3$，$\phi1600\times3400$	钢搪玻璃	台	1
风机	$Q=6000\sim8000m^3/h$，$H=40\sim200mmH_2O$		台	1
附电机	5.5kW			
碱破坏塔	$\phi500\times5000$	玻璃钢	台	1
碱泵	$Q=6m^3/h$，$H=20m$		台	2
附电机	1.5kW			
碱槽	$\phi1400\times2500$	钢	台	1
分离器	$\phi700\times1000$	玻璃钢	台	1
排气筒	45m	衬砖防腐		

表 6-10　生产 1t 氯甲酸甲酯的尾气处理消耗定额

烧碱(30%)	450kg	水	40t
SN-7501	1.25kg	电	50kW·h

6.3.5.6　尾气处理效果

采用本工艺经过一年多的试生产后，经过有关部门抽查检测结果，装置下风侧 20～300m 处均未检测出光气。另外，一年副产 25% 以上浓度的盐酸，可收入 28 万元（每吨以 140 元计）。

6.3.5.7　尾气处理工程的投资估算

尾气处理工程的投资估算见表 6-11。

表 6-11　尾气处理工程的投资估算

工程总投资	37.73 万元	100%	安装费	9.80 万元	25.97%
设备费	24.50 万元	64.93%	建筑费	3.43 万元	9.10%

第7章

含氰气体的净化

7.1 氰化氢气体的性质

氰化氢（hydrogen cyanide）分子式 HCN，是无色剧毒气体，极易挥发，沸点 26℃，有苦杏仁味，温度降至 −14℃ 后冷凝成液体。氢氰酸主要存在于一种叫爪哇的植物内，少量存在于苦杏仁内，但极少在自然界单独存在。

氢氰酸是氰化氢以任意比例与水混合的溶液，显极弱的酸性，比二氧化碳的酸性还要弱近千倍。因此强酸置换弱酸的原则保证了 CO_2 从氰化物中置换出 HCN 是件很容易的事情。氰化氢的溶解性很好，不仅能溶于水，还可与乙醇、乙醚、甘油、苯、氯仿等有机溶剂互溶。

氰的组成成分是电负性较大的元素原子，由于其性质与卤素相似而被称作"类卤素"、"假卤素"、"拟卤素"等。氢氰酸 HCN 的性质与氢卤酸相似，和有机物、无机物均可反应生成含氰基（—CN）的有机化合物。例如氰化氢 HCN 能与乙炔 C_2H_2 反应，生成丙烯腈，生成的丙烯腈能自身发生加成反应，聚合成聚丙烯腈。聚丙烯腈在适当的溶剂里（二甲基甲酰胺）可被抽拉成丝，变成聚丙烯腈纤维，这种纤维可广泛应用于化学纤维品中，优点是耐光性好、耐气候性强以及化学性质稳定。丙烯腈与丁二烯聚合成的丁腈橡胶具有耐热、耐油、耐磨、耐老化等优点，常被用来制作飞机油箱、耐油胶管和密封垫圈等橡胶制品。

7.2 氰化氢的来源及危害

氰化氢是一种剧毒气体，主要来源于煤的高温裂解、聚丙烯腈碳纤维的高温炭化处理所排放的尾气。氰化氢极大地威胁着人体健康和生态环境。HCN 的毒性是由氰基表现出来的，CN^- 的毒理作用表现为与细胞线粒体内的氧化型细胞色素氧化酶中的 Fe^{3+} 结合来阻止 Fe^{3+} 的还原，导致细胞组织因无法对氧进行利用而产生内窒息性缺氧。氰化氢毒性强、作用快，人短时间处在在氰化氢浓度很低（0.005mg/L）的空气中就会造成不适、头痛、心律不齐；当空气中浓度＞0.1mg/L 时，人将立即死亡。由于 HCN 毒性非常强，各国都对其在空气中的允许浓度和接触值作了规定。

我国规定 HCN 的最高允许浓度为 $0.3mg/m^3$，最高排放浓度为 $1.9mg/m^3$，现有污染源的最高排放浓度为 $2.3mg/m^3$。随着人们生活水平的改善和对生态环境要求的进一步提高，对新污染源 HCN 的排放标准会更加严格。

因此，研究 HCN 的净化对保护生态环境具有十分重要的意义。

7.3 氰化氢的净化

目前，国内外常用的废气中的 HCN 的净化方法有三种：吸附法、吸收法和燃烧法。

7.3.1 吸收法

在工业中应用最广泛的就是吸收法，它的工艺最成熟。吸收法是用碱液吸收含有 HCN 的废气生成 CN^- 然后再处理 CN^- 的过程，最终转化为无害无毒的物质后再进行排放。一般吸收法净化含氰废气工艺流程如图 7-1 所示。

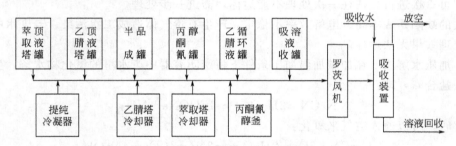

图 7-1　一般吸收法净化含氰废气工艺流程

根据对吸收后溶液处理方法的不同，又可分解吸法、碱性氯化法、酸化曝气法、电解氧化法、加压水解法等。上述方法对含 CN^- 废液处理的反应原理描述如下。

(1) 解吸法　氰化氢废气通过 Na_2CO_3 溶液吸收生成 CN^- 后与加入的铁反应生成 $Na_4Fe(CN)_6$，解吸法又叫做黄血盐法，反应方程如下：

$$4HCN + 2Na_2CO_3 \longrightarrow 4NaCN + 2NaCl + H_2O$$

$$2HCN + Fe \longrightarrow Fe(CN)_2 + H_2$$

$$4NaCN + Fe(CN)_2 \longrightarrow Na_4Fe(CN)_6$$

该法是最早采用的含氰废液处理方法，目前很少采用，因为该方法处理后的出水水质不稳定，处理结果不彻底并且处理后的出水容易带色。

(2) 碱性氯化法

① 原理　氯氧化法是一种利用氯的氧化性使氧化氰化物分解成低毒物或无毒物的方法，常见的药剂有氯气、液氯、漂白粉、次氯酸钙、次氯酸钠和二氧化氯等。这些药剂在溶液中都能生成 HOCl，在碱性条件下利用 HOCl 的氧化性来反应，因此该方法又叫碱性氯化法。

其原理是在碱性介质中，通过氯药剂的氧化作用先将废水中的氰化物氧化为氰酸盐，最终进一步氧化成二氧化碳和氮。

② 工艺流程　碱性氯化法目前使用最普遍，对于水量和浓度均可变且含氰量较低的废水处理比较适用，反应方程式是：

$$NaCN+2NaOH+Cl_2\longrightarrow NaCNO+2NaCl+H_2O$$

$$2NaCNO+4NaOH+3Cl_2\longrightarrow 2CO_2+N_2+6NaCl+2H_2O$$

该方法一般分为两个阶段分别进行调整：第一阶段加入碱控制 pH>10 的条件下加氯氧化；第二阶段加入酸维持 pH 在 7.5~8.0 范围时继续加氯氧化。也可以一次调整至 pH＝8.5~9.0，并增加质量分数为 10%~30% 的投氯量，但是这样处理的效果较差。

③经济技术分析。该法的优点是设备简单、处理效果好、便于管理、生产过程易实现自动化。缺点是处理后有余氯气，产生的氯化氰气体毒性很大，不安全，而且不能去除铁氰络合物，难以准确加药，设备腐蚀严重，运行费用高。20 世纪 90 年代以来，一些更有效的方法正逐渐将其替代。

（3）电解氧化法　将直流电通入以铁板为阴极、石墨为阳极的含氰离子废液的电解槽内，废水中的简单氰化物和络合物可被氧化为氰酸盐、氮和二氧化碳，其反应方程式如下：

$$2CN^--2e\longrightarrow (CN)_2$$

$$(CN)_2+4H_2O\longrightarrow (COO)_2^{2-}+2NH_4^+$$

当含氰量 $[CN^-]\leqslant 500mg/L$ 时，加入食盐来增大电解质浓度；当 $[CN^-]>500mg/L$ 时，电解可直接进行，往往一次处理不能达标，需进一步处理。

该法的缺陷是成本高、电解效率不稳定，产生有毒气体造成二次污染，若废水中含有硫酸盐，处理效果无法达标。

（4）加压水解法　在加碱加温加压条件下将密闭容器中废水里的氰化物水解，生成无毒的有机酸盐合氨，即：

$$NaCN+2H_2O\longrightarrow HCOONa+NH_3$$

水解时，可以通入空气来氧化：

$$4NaCN+5O_2+2H_2O\longrightarrow 2N_2+4CO_2+4NaOH$$

氰的络合物和游离氰化物均可由水解法进行处理，对废水含氰浓度的适应范围广，操作简单，运行稳定，但是其工艺复杂，成本较高。

（5）酸化曝气法　储存在废水池中的含氰废水可通过自然曝气除掉其间中性溶液的氰化物，除氰效果在 pH<3 时可得到提高，该法可联合排气筒、机械曝气等设施一起使用。

（6）臭氧氧化法　该法是利用臭氧将氰化物、硫氰酸盐氧化成无毒的 N_2，臭氧由臭氧发生器制备。因为臭氧可释放原子氧具有很强的氧化性，能将游离状态的氰化物彻底氧化。在对氢离子和氰根离子的氧化分解过程中，铜离子起到催化剂作用，促进氰化物的分解可通过添加 10.5mg/L 左右的硫酸铜来实现。

该法具有工艺简单、方便、无需购买药剂的优点，所需设备只要一台臭氧发生器；污泥量少，出水溶解氧充足不易发臭；不产生其他污染物等一系列的优点。缺点是电耗高、成本昂贵，臭氧发生器设备复杂，维修困难，无法对铁氰络合物进行处理，所以在处理低浓度含氰废水或进行废水的二级处理时比较适宜用该法。

（7）其他方法　含氰废水的处理方法还有离子交换法、高锰酸盐氧化法、亚硝酸盐或硝酸盐处理法、γ 射线处理法和生物化学法等。

7.3.2 吸附法

（1）吸附原理 吸附法是利用吸附剂吸附 HCN 气体，以减少 HCN 排放浓度，防治其污染的方法。常用的吸附剂有活性炭、硅胶和金属等。其中，吸附效应最显著、研究得最深入、应用也最广的是活性炭对 HCN 的吸附。

（2）工艺流程 吸附过程既有物理吸附也有化学反应，当过渡金属离子如 Cu（Ⅱ）、Cr（Ⅵ）、Zn（Ⅱ）填充 ACC 活性炭时，化学吸附占据主导地位。P. N. Brown 等研究得出：若 ACC 在吸附 HCN 时同时填充有 Cu（Ⅱ）与 Cr（Ⅵ），反应步骤是先在 Cu（Ⅱ）上生成 $(CN)_2$，然后 Cr（Ⅵ）催化 $(CN)_2$ 生成 $(NH_2CO)_2$，最终形成 HCN- $(CN)_2$ - Cu（Ⅱ）O-Cr（Ⅵ）系统，这个过程是吸附速度加快并提高了活性炭的吸附能力。

活性炭吸附能力很高但是吸附容量有限，吸附饱和的活性炭需要再生才能循环使用。Venkat 采用 BPL Carbon 设计了一个循环吸收系统来减少活性炭的更换频率，延长活性炭的使用寿命，但是吸附剂某些部分的吸附能力再生时仍然会失去，这个循环吸收系统的优势也是相对的。活性炭吸附 HCN 时会受某些气体组分的影响，比如有较多水蒸气存在时会与 HCN 产生竞争吸附，解吸了部分被吸附的 HCN 而使处理效果大大降低。当水蒸气体积含量超过 50% 时，活性炭就不再吸附 HCN，因此当有影响吸附的组分存在于废气中时，应提前进行预处理。

另外，硅胶和玻璃吸附 HCN 时，物理吸附和化学吸附同时存在。活泼金属和金属氧化物对 HCN 进行吸附时，HCN 在其表面形成氢键进行化学吸附。

7.3.3 燃烧法

工业生产排放的 HCN 废气中常含有大量可燃组分，如 CO、H_2 及烃类等，将可燃组分燃烧分解为 N_2、CO_2 和 H_2O，使有害组分去除的同时回收热量。HCN 的燃烧反应为：

$$HCN + 5/4O_2 \longrightarrow 1/2H_2O + 1/2N_2 + CO_2$$

燃烧法可以分为两种：催化燃烧法和直接燃烧法。

（1）直接燃烧法 当某一浓度的 HCN 和氧的混合气体在某一点点火所产生的热量可以将周围的混合气体继续引燃来维持燃烧时，HCN 尾气就可通过直接燃烧法进行处理，工艺流程见图 7-2。

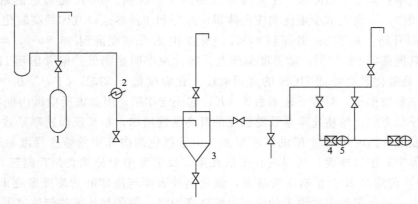

图 7-2　燃烧法净化氰化氢尾气工艺流程
1—吸收塔；2—气体加热器；3—脱水罐；4—阻火器；5—瓦斯燃烧器

用直接燃烧法处理 HCN 时需要注意以下几方面。

① HCN 在 850~900℃时几乎全部分解。温度过高 N_2 会被进一步氧化为 NO_x，造成光化学烟雾二次污染。

② HCN 气体的爆炸极限的体积分数为 6%~41%（100kPa，20℃）。因此进入反应器的 HCN 尾气浓度的体积分数应在其爆炸下限以下，即<6%。为了将进气浓度严格控制在混合气体的爆炸下限以下，需要对尾气中的可燃组分进行必要处理来保证生产安全。

③ 若燃烧气中水的体积分数达到 3%，温度升至 600℃以上会有 NH_3 生成，在 710℃时 NH_3 浓度达到最大，继续升温其浓度随之减小，当温度达到 820℃以上时不再观察到有 NH_3 生成。在此温度范围内，NO 的变化规律与 NH_3 相似，温度达到 650℃后 NO 浓度急剧上升，在 730℃达到最大，继而下降，直至 820℃又随温度升高而逐渐上升。相较于上述两种气体，N_2O 的生成则几乎完全被抑制，这可能是由于发生了以下反应：

$$HCN + H_2O \longrightarrow NH_3 + CO$$
$$2NH_3 + 5/2O_2 \longrightarrow 2NO + 3H_2O$$

从上式看出，NH_3 主要被氧化为 NO，大大降低了 N_2O 的排放量。冬季输送废气的管道常因废气中夹带的饱和水凝结而被堵塞，增加了燃烧耗能。因此尾气预处理时应考虑脱水，必要时设置尾气加热器。

④ 当石灰石填在反应器中时会影响生成氮氧化物的选择性。S. Schafer 等认为，石灰石在高温下与 HCN 的反应与混合气中含水蒸气时类似，生成 NH_3，NO 的释放量增加，但 N_2O 的排放量却大大降低。

$$CaO + 2HCN \longrightarrow CaCN_2 + CO + H_2$$
$$CaCN_2 + H_2O + 2H_2 + CO_2 \longrightarrow CaO + 2NH_3 + 2CO$$

(2) 催化燃烧法

① 原理。催化燃烧的实质是活性氧参与的剧烈氧化作用。催化剂活性组分在一定温度下连续不断地将空气中的氧活化，活性氧与反应物接触时，将自身获得的能量迅速转移给反应物分子而使其活化，使 HCN 氧化反应的活化能降低。

② 工艺流程。在 HCN 催化燃烧工艺中，常用的催化剂有过渡金属和贵金属催化剂，其中研究较多的是贵金属及其负载催化剂。当温度低于 573K 时，化学反应速率主要控制了催化反应的转化率；高于 673K 时，主要受物质传递速率控制。653K 是理想的最佳操作点，在此条件下操作，可大大减少催化剂使用体积，充分利用预热入口气体提高转化率。转化率随温度升高而升高，从 573K 升高到 673K 转化率由 2.52% 提高到 96.84%，当达到 723K 时，转化率只提高到 99.27%，随温度继续上升转化速率明显降低。但考虑到 HCN 的达标排放，723K 是催化燃烧处理 HCN 的常用温度。在温度低于 573K（$T^{-1} > 0.001745$）时，化学反应速率系数很小，对传质速率系数（K）起决定作用，因此该反应区内能够观测到化学反应的本征动力学。传质速率系数随温度的升高缓慢增加，本征反应速率系数则按指数率增加，因此温度升高时传质对 K 的影响增加。由于催化剂内孔中的浓度梯度显著的时间要早于环境流体中的浓度梯度，所以内孔扩散在第二反应区中十分重要。升温至 673K（$T^{-1} < 0.001486$），传质对 K 的影响逐渐增加，催化剂外表面与流体间的浓度差逐渐变得重要。在此反应区中，催化剂外表面附近的反应物浓度变为零；催化剂外部的传质过程控制了整个反应的速度，这时与主体扩散的特征相同。在这一反应区中的传质过程是一级过程，因此不受本征动力学影响，显示为一级反应。

③ 经济技术分析。催化燃烧法处理有机废气的历史已有几十年。催化燃烧法处理的优势体现在无二次污染、起燃温度低、操作管理方便、余热可回用、运转费用低等。该法很有前途，已受到人们的广泛关注。

7.4　几种方法的经济技术分析

综上所述，上述的 HCN 废气脱除方法有各自的使用范围和优缺点。如处理生产实践中的 HCN 尾气用催化燃烧法最为适合，因为此类废气主要来源于煤的高温裂解和 PAN 碳纤维的高温炭化处理，但是催化燃烧的研究目前尚处于实验室研究阶段。在实际脱除 HCN 的过程中，不可避免地会有干扰气体混入引起催化剂中毒，因此今后技术开发的关键主要集中在两点：①提高催化剂氧化性和选择性；②提高催化剂的抗干扰能力。

7.5　含氰废气净化处理工程实例

北京成大碳素纤维有限公司的预氧化段的含氰废气净化处理实例如下。

7.5.1　废气来源及其成分

聚丙烯腈碳纤维的生产过程中产生大量的有害废气，废气主要在预氧化和炭化过程中产生，每生产 1kgPAN 碳纤维，大约会释放出 207.9gHCN，7.3gNH$_3$，41.1mLCH$_4$，4.84mLCO 和 237.6mLH$_2$。废气中不仅含有纤维毛、焦油等，还含有剧毒物质 HCN，其浓度可达到 600mg/m^3。

7.5.2　废气处理工艺

废气中的含有焦油和纤维毛，经过预处理器将其除去，通过换热器加热到 450℃ 左右，进入催化燃烧装置，发生下列催化燃烧反应：

$$HCN + O_2 \longrightarrow N_2 + H_2O + CO_2$$
$$NH_3 + O_2 \longrightarrow N_2 + H_2O$$
$$2CO + O_2 \longrightarrow 2CO_2$$

在吸附器中对未燃尽的有害气体进一步吸附后再排入大气。预处理器的构成部件主要为焦油、丝网和过滤毡。燃烧器中的催化剂主要是贵金属。经过浸渍的活性炭充当吸附剂。当出现异常情况时系统设置的空气阀和放空阀可自动开启。全部净化工艺自动控制，无需专人操作。催化燃烧法净化含氰化氢尾气工艺流程见图 7-3。

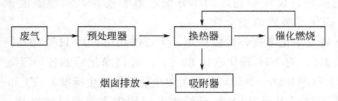

图 7-3　催化燃烧法净化含氰化氢尾气工艺流程

7.5.3 净化结果

检测方法见表 7-1。

表 7-1 废气中各种气体的检测方法

污染物名称	检测方法	检测限值
氰化氢（HCN）	异烟酸-吡唑啉酮分光光度法	0.1g/25mL
氨（NH₃）	钠氏试剂分光光度法	0.6g/10mL
一氧化碳（CO）	非分散红外光谱法	1.25mg/m³

该装置自 1993 年 3 月安装至运行到 1996 年的三年中，其间经过多次检测，对于不同的产地的原料丝，净化效果均较好，结果见表 7-2。

表 7-2 HCN 的净化效果

时间	废气量 /(m³/h)	平均浓度 /(mg/m³)	出口平均浓度 /(mg/m³)	转化率/%	备注
1993 年 8 月	250	118	3.58	97.0	兰州产 PAN 原丝
1993 年 9 月	200	462	5.70	98.8	榆次产 PAN 原丝

北京市环境监测中心于 1994 年 10 月也对该设备的净化性能进行了检测，其结果见表 7-3、表 7-4。

表 7-3 废气净化监测结果

污染物名称	废气量 /m³	进气浓度 /(mg/m³)	排放浓度 /(mg/m³)	净化效率/%
HCN	195	450	4.19	98.7
NH₃	195	160	22.6	83.1
CO	195	226	61.2	67.8

表 7-4 大气环境和车间环境监测结果

位置	污染物名称	监测的平均值 /(mg/m³)	标准限值 /(mg/m³)	标准名称
大气	HCN	未测出	0.01	TJ 36—79
	NH₃	0.019	0.20	TJ 36—79
	CO	3.30	10.0	GB 3095—82
车间	HCN	0.045	0.30	TJ 36—79
	NH₃	0.044	30	TJ 36—79
	CO	0.20	30	GB 3095—82

7.5.4 工艺分析

① 该装置工艺简单，设计合理，操作方便，节省能源，起燃温度低，并设有防火、防爆自动处理装置，确保了装置的安全性。

② 该废气净化装置净化率高，性能稳定，无二次污染，对 HCN 的转化率可达 97％以上，对 CO 转化率达 67.8％，对 NH₃ 转化率达 83.1％。经过净化后的各种污染气体浓度都低于国家《大气环境质量标准》（GB 3095—1996）和《工业企业设计卫生标准》（TJ 36—79）中的规定值。

③ 该净化工艺不仅可用于 PAN 碳纤维生产过程中含氰废气的净化，还可用于喷漆、印刷、化工等多种行业中的小风量、高浓度有机废气的处理。

第8章

有机气体净化

有机化合物是指烃类化合物及其衍生物。有机化合物按其结构可以分为开链化合物（或脂肪族化合物，分子链是张开的）、脂环化合物（分子链呈环状）、芳香族化合物及杂环化合物（环上除碳原子外还有其他的原子参加构成）四大类。有机化合物的种类繁多，目前估计在 100 万种以上。

煤、石油、天然气是有机化合物物的三大重要来源，工业上常见的含有机化合物的废气（有机废气）大多数来自以煤、石油、天然气为燃料或原料的工业或者与他们有关的化工企业。有机废气的主要来源如下。

① 燃油、燃煤、燃气锅炉与工业锅炉。

② 化工生产过程。

③ 石油开采与加工、煤的采与加工、木材干馏、天然气开采与利用。

④ 各种内燃机的使用。

⑤ 各种有机物的燃烧。

⑥ 水处理及垃圾处理设施、设备。

⑦ 食品、油脂、皮革、毛的加工部门。

⑧ 油漆、涂料的喷涂作业，使用有机黏合剂的作业。

很多有机污染物对人体是有害的，大多数中毒症状表现为呼吸道疾病，且具有累积性。在高浓度污染物的突然作用下，很可能发生急性中毒，甚至死亡。很多有机物接触皮肤可以引起皮肤疾病，有些有机污染物具有致癌性，如：氯乙烯、聚氯乙烯，尤其是一些稠环化合物。

8.1 有机溶剂气体处理与回收技术

挥发性有机物（volatile organic compounds，VOCs）是一类有机化和物的总称，在常温下它们的蒸发速率大，易挥发。有些 VOCs 是无毒无害的，有些则是有剧毒的。挥发性有机物的危害逐渐为人们所认识，许多污染现象都与其有关。VOCs 主要来自于交通工具、电镀、喷漆以及有机溶剂的使用过程，部分来源于大型固定源（如化工厂等）排放的废气。

含挥发性有机化合物的废气的处理一般可以采用冷凝、吸附、氧化、吸收、生物、电晕等方法，或者将上述方法进行组合。如大风量 VOCs 废气可采用吸附-催化燃烧法。

为了选择一种符合生产实际、经济上可行、达到排放标准的最佳方案，需要综合考虑的因素有以下几方面。

(1) 污染物的性质　根据各种不同的污染物不同的理化性质采用高效且经济的处理方法。例如利用某些污染物可以被吸附剂吸附的特点可以采用物理吸附或者化学吸附等方法来净化有机废气；利用有机物溶于有机溶剂的特点以及与其他组分在溶解度上的差异可以采用吸收法来处理；利用某些有机污染物易生物降解的特性可以采用生物方法来消除污染。

(2) 污染物浓度　VOCs 废气的浓度不同，处理方案也就不同。火炬直接燃烧法（不能回收热值）、引入锅炉或工业锅炉直接燃烧法（可回收能量）在污染物浓度高时经常使用，而浓度低时则需要补充一部分燃料，采用热力燃烧或催化燃烧，也可以采用吸附法。

(3) 生产的具体情况及净化要求　设计净化工艺时必须结合具体的生产情况来考虑。锦纶生产中，用粗环己酮、环己烷做吸收剂，回收氧化工序排出尾气中的环己烷，由于粗环己酮、环己烷本身就是生产的中间产品，因而不必再生吸收液，令其返回生产流程即可。

(4) 经济可行性　选择有机废气的治理技术应始终坚持实用性和经济性的原则。所选择的最佳方案应当尽量减少设备投资和运行费用，尽可能回收有价值的物质或热量，从而获得经济效益。

各种处理方法都有自己的优缺点，要根据实际情况有针对性地选择合适的净化方法。

8.1.1　冷凝方法

冷凝法是利用不同温度下物质饱和蒸气压不同的性质，通过降温、升压或者两种方法联合的手段冷凝分离废气中处于蒸气状态的污染物。若有机蒸气的废气体积分数大于 0.01 时，冷凝法较适用。理论上，运用冷凝法进行净化能达到很好的效果，但是如果机气体的体积分数<10^{-6}，需采用冷冻措施，这样便提高了运行成本，低浓度有机气体的处理不适合用冷凝法。在对高浓度废气进行处理时，冷凝法常用来进行预处理，以降低有机负荷，回收有机物。此外，如果废气的湿度较高，也可以采用冷凝法冷凝水蒸气，减少气体量。典型的冷凝系统工艺流程如图 8-1 所示。

8.1.1.1　冷凝原理

温度和压力不同，物质的饱和蒸气压也就不同。物质饱和蒸气压对应的温度称为气体的露点温度，即在一定的压力下，气体物质开始冷凝出现第一个液滴时的温度。要想将混合气体中的有害物质冷凝下来，温度必须低于露点。在恒压下加热液体，液体开始出现第一个气

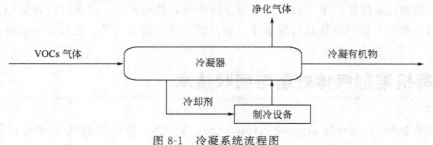

图 8-1　冷凝系统流程图

泡时的温度，称为泡点。冷凝温度一般在露点和泡点之间，越接近泡点净化的程度越高。

8.1.1.2 冷凝法处理有机废气时的特点

① 冷凝法适合于在以下情况使用：a. 处理高浓度有机废气，特别是有害组分单纯的废气。当实际的蒸气压低于冷凝温度下的溶剂饱和蒸气压时，此法不适用；b. 作为燃烧与吸附净化的预处理。特别是有害物质含量较高时，可以通过冷凝回收的方法减轻后续净化装置的操作负担；c. 处理含大量水蒸气的高温废气。

② 冷凝法对废气的净化程度受冷凝温度的限制，要求处理程度高时经济上不合算。

③ 冷凝法所需设备简单，操作条件稳定，回收物质纯度较高。

冷凝法常与其他方法联合使用，一般是以吸附或吸收手段浓缩污染物，以冷凝法回收有机物，这样采能达到经济、回收率较高的目的。

8.1.1.3 冷凝类型和设备

表面冷凝和接触冷凝是两种通用的冷凝方法。在表面冷凝器中，冷凝剂既不与蒸气接触也不与冷凝物接触。表面冷凝的常用设备是壳管式热交换器，在该热交换器中，冷却剂在管内流动，而蒸气在管外壳冷凝，被冷凝的蒸气在冷却管上形成液层后被收集到收集槽。与表面冷凝相反，在接触冷凝中，则是通过直接向气体中喷射冷却液的方法使 VOCs 气体进行冷凝。

(1) 表面冷凝 表面冷凝也称间接冷却，冷却壁把冷凝气与冷凝液分开，因而冷凝液组分较为单一，可以直接回收利用。常用的间接冷凝设备有列管冷凝器、淋撒式冷凝器、翘管空冷冷凝器以及螺旋板冷凝器等。

表面冷凝器的热计算和一般的换热器相同，根据热理论对换热器进行计算，传热方程为：

$$Q = KAT_m \tag{8-1}$$

式中，Q 为总的交换热量，包括气态有害物质冷凝的潜热及废气冷却和冷凝液进一步冷却的显热，kJ/h；K 为传热系数，kJ/(m·h·℃)；A 为传热面积，m²；T_m 为对数平均温差，℃。

求得 Q 后，可用式(8-1)求出传热面积 A，进而可选择或设计冷凝器的结构和尺寸。

(2) 接触冷凝 在接触冷凝器中，被冷凝气体与冷却介质直接接触而使气体中的 VOCs 得以冷凝，冷凝液与冷却介质以废液的形式排出冷凝器。接触冷凝有利于强化传热，但冷凝液需要做进一步的处理。常用的接触冷凝设备有喷淋塔、填料塔和筛板塔。

根据冷凝器所需移出的热量 Q 计算冷却介质的用量。

8.1.1.4 冷凝法的使用

冷凝法在处理高浓度、单组分有机废气时具有一定的优势，可单独使用，但是对于低浓度有机气体冷凝法一般与其他方法联合使用。

8.1.2 吸附方法

吸附技术应用于 VOCs 污染的控制具有明显的优点，设备简单，操作灵活，是有效和经济的回收技术之一，特别是对较低浓度 VOCs 的回收，吸附技术更显示了其他处理技术难以媲美的效率和成本优势。

8.1.2.1 吸附原理

任何一个相的表面分子与内部分子所具有的能量是不相同的，无论固相或液相，其内部分子因四周均有同类分子包围着，所受四周分子的引力是对称的，可以相互抵消，即受的引力总和为零。但靠近表面及表面上的分子，由于下面密集的固体（或液体）分子对它的引力远大于其上方稀疏气体分子对它的引力，所以不能相互抵消。这些力的总和垂直于表面而指向固体（或液体）内部，此种表面具有表面过剩自由能。由于固体不能像液体一样用尽量减少表面积的方法来降低体系的表面自由能，当固体表面的剩余力场碰到气体（或液体）分子时就能对其产生吸引力，使这些分子在固体表面聚集，同时固体表面的剩余力场也因此减少，较大表面积的固体体系变得较为稳定。这种气体分子（或溶液中的溶质分子）在固体表面的相对聚集的现象就称为吸附。

8.1.2.2　吸附装置

从吸附装置来看，常用的吸附技术可分为吸附-微波脱附技术、固定床吸附和蜂窝转轮式吸附等。

（1）吸附-微波脱附技术　在固定床吸附技术中，常使用微波加热法来弥补热脱附效率较低的缺陷。1999 年 Tai 和 Jou（1999）报道了使用微波加热再生吸着有机酚的活性炭，几乎可以把被吸附的酚脱附和分解掉；Price 和 Schmidt 等（1998）通过对微波再生工艺的研究得出低介电损失系数（Low dielectric loss-factor）聚合物吸附剂适合使用微波再生。微波辐射脱附的优点是：床层温度均匀、加热速度快。低介电损失系数的聚合物吸附剂吸收的微波能量少，大部分的微波能量作用在被吸附的物质上，降低了脱附能耗，该技术有望发展成一种新的 VOCs 污染治理技术。

（2）固定床吸附　固定床吸附通常是双床或多床的，当其中一个床层吸附时，另一个床层可用热空气进行解吸，然后进行冷凝回收，可实现半连续操作。固定床操作简易，适用性较强，不足之处是吸附剂效率较低。

（3）蜂窝转轮式吸附器　蜂窝式转轮吸附器是一种可连续进行吸附和脱附操作的气体净化装置。它的两个组成部分是框架、转轮吸附剂转子。其原理是转轮吸附剂转子的四分之三部分被框架划分做吸附区，另外的四分之一部分做解吸区。在操作过程中，转轮吸附剂转子慢速转动，在吸附区转轮吸附剂的蜂窝孔中对含 VOCs 的气体进行吸附净化，气体经过净化后从蜂窝孔的另一端排出。接着，从反方向吹扫的热空气在脱附区对被吸附饱和的部分进行脱附解吸，将脱附下来的 VOCs 集中处理，再生的转轮吸附剂部分进入吸附区继续进行吸附操作。吸附-脱附过程通过转轮吸附剂反复进行。转轮吸附器具有可连续操作、流体阻力较小的优点。在吸附技术里，关键是吸附剂，直接由吸附剂的优劣所决定。

8.1.2.3　吸附剂

吸附剂的吸附能力决定了吸附技术的高低。吸附剂的常规特点是比表面积大、吸附容量高。

（1）无机吸附剂　无机吸附剂主要包括活性炭纤维、活性炭、硅胶、分子筛、活性氧化铝、活性白土等，目前用于吸附 VOCs 污染的最常用吸附剂当属活性炭，其成本低但其表面积大，吸附能力强。但使用活性炭的缺陷是再生困难，受气体中水分的影响大。活性炭对 VOCs 的吸附容量在相对湿度大于 50％时会急剧下降。活性炭纤维因其价格昂贵使应用范围得到限制，但与活性炭相比，活性炭纤维微孔结构规则，吸附容量更大，更容易脱附。除了上述两种吸附剂，中孔分子筛 MCM-41S 在近几年被人们广泛关注，它们的比表面积通常可达到 $100\sim3000m^2/g$，孔容较大，吸附能力较强，热稳定性好，具有很好的应用前景。但是中孔分子筛的制备过程中需要使用模板剂，价格非常昂贵，从而限制了它大规模的应用。针对此不足，寻求价格低廉的模板剂替代物或研究无模板剂制备中孔材料的新方法已成为这一领域的热点。据报道日本三菱化学研究出无模板剂制备中孔材料的新方法，用新方法生产的材料有杂质少、成本低的优势。目前，三菱化学公司在日本申请了新方法的10种物资专利、1种生产专利和5种应用专利。

（2）高聚物吸附树脂　有机吸附剂包括从非极性到强极性的各种高聚物吸附树脂。这类吸附剂比表面积一般在$20\sim700m^2/g$之间，相对较低。与活性炭相比，有机吸附剂的吸附容量要小，但再生相对容易，在污染治理中的应用也比较广泛。此外许多高聚物吸附剂可应用在吸附-微波脱附过程中，因为它们是半透明物质，对微波不吸收或者吸收少。通常采用低压或者抽真空的方法使吸附剂再生，有时也通过变温、低压蒸气和电热等途径再生。微波脱附技术近年来的发展易化了吸附剂的脱附再生。

8.1.2.4　多组分吸附

当被吸附的气体或蒸气由几种化合物组成，吸附现象就变得很复杂。虽然实践中经常遇到多组分的有机废气或蒸气的吸附，但至今这方面的研究仍然较少。吸附剂对混合蒸气中各组分的吸附是有差别的。一般来讲，化合物的挥发性与其被吸附性近似呈负相关。因此，当吸附剂床层有含多组分的有机蒸气气流通过时，各组分在开始阶段均匀地被吸附在吸附剂上，但是随着沸点较高的组分在床内保留量的增加，相对挥发性大的蒸气开始重新气化。达到穿透点以后，排出的蒸气大部分由挥发性较强的气体组成，在这个阶段，较高沸点的组分开始置换较低沸点的组分，并且每种其他组分都重复这一过程。当气流中存在的挥发性有机化合物达到两种及两种以上时，出现低分子量有机化合物的吸附逐渐被高分子量所取代的趋势，相较于重组分，轻组分通过吸附床的速度更快。因此，可实现轻组分与重组分的分离。另外，传质区高度因多组分蒸气的同时吸附加而增加，有时吸附床的长度也需要增加，由于各种单一组分爆炸下限变化会直接影响混合物的爆炸下限，操作过程中一定要注意安全。一些有机液体的相对挥发度见表8-1。

表8-1　一些有机液体的相对挥发度

物质	相对挥发度	物质	相对挥发度
乙醇（94％）	8.3	正丙醇	11.1
乙醚	1.0	乙苯	13.5
二硫化碳	1.8	异丙醇	21.0
丙酮	2.1	异丁醇	24.0
乙酸甲酯	2.2	正丁醇	33.0
氯仿	2.5	二乙醇-甲醚	34.5
乙酸乙酯	2.9	二乙醇-乙醚	43.0
四氯化碳	3.0	戊醇	62.0
苯	3.0	汽油	3.5
甲苯	6.1	乙酸甲酯	2.2
二氯乙烷	4.1	乙酸异戊酯	13.0
甲醇	6.3	乙二醇	2625

8.1.2.5　活性炭的吸附热

用活性炭吸附蒸气或气体时，通常放出相当数量的热量，导致活性炭及气流温度升高，使活性炭的吸附能力下降。

工业上计算时，对于物理吸附，常常取吸附热等于其凝缩热。但是这种假定会引起较大的误差，因为物理吸附的吸附热等于凝缩热与润湿热之和。只有当前者相对于后者很大时，才可以忽略不计润湿热。而且这里的润湿热是指某阶段的所谓的微分润湿热而不是全部的积分润湿热，即这里的润湿热是活性炭固体颗粒局部表面为液体润湿时所放出的热量，不是手册中通常给出的将固体完全浸没放出的热，因此应当从手册中直接查取吸附热，而不要采用查取凝缩热和润湿热然后相加的办法。表 8-2 列出了若干有机物质不同温度时在活性炭上的吸附热，条件是 500kg 活性炭吸附 1kmol 蒸气。实际计算有机蒸气的吸附热时可以忽略温度的影响。对一些有机化合物，吸附热与蒸气量的关系可以利用下述公式估算：

$$q = ma^n \qquad (8-2)$$

式中，q 为吸附热，kJ/kg 炭；a 为已吸附蒸气量，m^3/kg 炭；m，n 为常数，其值见表 8-3。

表 8-2　若干有机物不同温度时在活性炭上的吸附热

有机物质	吸附热/(kJ/mol)		有机物质	吸附热/(kJ/mol)	
	273K	298K		273K	298K
氯乙烷	50.16	64.37	四氯化碳	63.95	64.37
二硫化碳	52.25	64.37	二氯甲烷	51.83	53.50
甲醇	54.76	58.16	苯	61.45	57.27
氯甲烷	38.46	38.46	乙醇	62.70	65.21
氯仿	60.61	60.61	乙醚	64.79	60.61

表 8-3　式 (8-2) 中的常数 m 和 n

物质名称	n	m	物质名称	n	m
氯乙烷	0.915	1716	苯	0.959	2342
二硫化碳	0.9205	1816	乙醇	0.928	2214
甲醇	0.938	2021	四氯化碳	0.930	2301
氯仿	0.935	2210	乙醚	0.9215	2229

8.1.2.6　应用实例

(1) 应用实例 1　某感光胶片生产厂在生产过程中排放了大量的二氯甲烷废气。废气采用活性炭纤维有机废气吸附装置进行治理，获得巨大经济效益的同时收到了显著的环境效益。

①　活性炭纤维有机废气吸附回收装置系统。　活性炭纤维在回收装置中作吸附材料，该装置是一种组合式的吸附器。本设计与实际生产相结合采用连续的吸附-脱附-再生操作程序。设计运用三箱吸附系统来治理二氯甲烷废气，工程设计的工艺系统见图 8-2。

从图中可以看出，管路系统由三个吸附器共用，运行时互相切换。三个吸附器依次进入吸附状态，脱附-干燥再生工序也依次进行。运行时，含二氯甲烷的废气从吸附器下部进入，

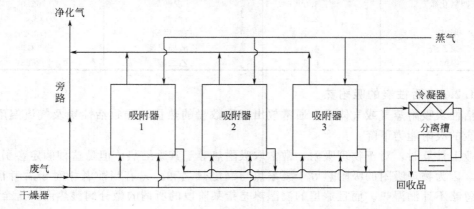

图 8-2　二氯甲烷废气治理工艺流程图

废气在吸附器内部穿过活性炭纤维,二氯甲烷被吸附,吸附器顶部排出净化后的气体。水蒸气是脱附时采用的介质。蒸汽通过碳纤维后将二氯甲烷脱附出来并夹带其进入冷凝器进行冷凝,二氯甲烷和水蒸气的混合物被冷凝下来流入分层槽而分离,分离后对其进行回收。由于二氯甲烷不溶于水,冷凝水可以直接排出。吸附器完成脱附并经过干燥再生后,切换过来,继续进行吸附,此种循环连续运行。系统运行过程中所有的切换动作,均由 PLC 系统自动完成,整个系统无需工人值守。

② 废气成分及处理要求   废气流量 $10000m^3/h$;废气中二氯甲烷的浓度 $3000mg/m^3$;排气温度 30℃;排气压力 101.3kPa;回收净化要求>95%。

③ 系统运行参数

a. 确定处理气量。根据二氯甲烷无爆炸极限的限制和废气的实际浓度,结合以往的治理经验,进入系统的气量为 $10000m^3/h$。

b. 确定系统阻力。系统阻力包括管路系统和吸附器本身的阻力,根据计算和实际运行的经验,确定系统的阻力为 500Pa。

c. 操作气速。根据活性炭纤维对二氯甲烷的吸附特性,结合以往的实际运行经验,确定操作气速为 0.15m/s 左右。

d. 吸附温度<40℃。

e. 脱附温度 110℃。

④ 系统运行的安全保障   二氯甲烷有剧毒,在处理过程中最重要的是要注意安全。设计必须有绝对的保障,本工艺特别注意了以下问题。

a. 监控温度。吸附放热,床层温度会随吸附连续进行而升高,此时吸附率会下降,还可能带来安全隐患。系统设置床层温度监控报警系统,一旦温度超过设计值,系统便自动报警并自动切换到安全位置,同时启动降温装置,保证系统正常运行。

b. 切实保证系统的密封。处理易燃易爆气体必须特别注意气体的密封问题。由于整个系统一直处于频繁的切换之中,系统的密封问题显得特别重要。设计上采用了特殊的措施,使整个系统不会出现泄漏,保证了运行场所的安全。

c. 整个系统控制采用 PLC,发生事故可自动切换,整个系统运行中可以无人值守,保证系统运行的绝对安全。

⑤ 运行结果和效益   此装置经过半年时间,运行状况一直良好,吸附效率在 97% 以上,极大地改善了大气环境。二氯甲烷的回收量约在 700kg/d,按每年 300 天计算,一年可以回收二氯甲烷 210t,若按每吨售价 5000 元,则该装置每年可回收 105 万元。除去运行费用和设备折旧,净收益将达到 80 万元左右。

该工程总造价为 126 万元。根据计算,装置运行 20 个月可以回收全部投资,而此装置的设计运行寿命是 8 年以上,可见,采用活性炭纤维吸附回收装置回收二氯甲烷废气,既具有良好的环境效益,又具有显著的经济效益。

(2) 应用实例 2   胶带生产过程尾气中甲苯等有机气体回收。

某胶带生产企业,工艺是将粘接物料涂敷于无纺布上,再烘烤成型。粘接物料使用的溶剂主要是乙酸乙酯和甲苯。粘接物料溶剂含量为 55%,为乙酸乙酯和甲苯,体积比为 6:4。在烘干过程中,这些甲苯等均以气体的形式进入废气,排放浓度多在 $5000×10^{-6}$ 左右。据测算,一条普通的涂层布生产线,每天排放的甲苯可达 1~3t。公司每天 10 小时工作制,每条生产线物料用量为 30t/月,共四条产线,合计用量为 120t/月。废气直接外排既造成资源浪费,又引起环境污染。

① 废气排放状况。废气工况参数见表 8-4。

表 8-4　废气工况参数

废气量	废气压力	乙酸乙酯浓度	甲苯浓度	工作时间	废气温度
40000m³/h	0.05MPa	$3000×10^{-6}$	$2000×10^{-6}$	10h	60℃

② 工艺方案　采用的处理装置是以三套吸附器为主体设计而成的吸附回收系统。由三个吸附器组成一套系统。吸附器是整个装置的核心,所有吸附-脱附-再生工序均在吸附箱内完成。其他系统包括废气系统、蒸气脱附系统、冷凝回收系统、干燥系统和自动控制系统,同图 8-2。

③ 技术指标　对该公司尾气采用三固定床吸附工艺。案例中有机溶剂的回收率达到95%以上,处理后的废气达标排放。主要技术经济指标见表 8-5。

表 8-5　主要技术经济指标

序号	参数	单位	数量
1	进口工况废气量温度	℃	60.00
2	进口工况废气量	m³/h	40000
3	进口标准废气量	Nm³/h	32792.79
4	年工作天数	d	330.00
5	每天工作时间	h	10.00
6	填料过滤器过滤空速	m/s	0.70
7	预处理过滤塔过滤截面积	m²	15.87
8	预处理过滤塔直径	m	3.18
9	吸附柱进口尾气温度	℃	30.00
0	冷却水进水温度	℃	25.00
11	冷却水出水温度	℃	30.00
12	冷却水用量	kg/h	46799.78
13	吸附柱出口工况烟气量	m³/h	36396.40
14	吸附床截面积	m²	20.22
15	吸附柱直径	m	3.00
16	活性炭纤维填充量	m³	113.40
17	活性炭纤维总质量	t	17.01
18	单吸附柱活性炭纤维质量	t	5.67
19	活性炭纤维损耗量	t/a	2.13
20	乙酸乙酯进吸附床浓度	$×10^{-6}$	3000.00
21	乙酸乙酯进吸附床浓度	g/m³	10.63
22	甲苯进吸附床浓度	$×10^{-6}$	2000.00
23	乙酸乙酯进吸附床浓度	g/m³	7.54
24	单吸附床保护作用时间	h	4.62
25	再生时间	h	1.00
26	干空气吹扫时间	h	4.12
27	再生蒸汽耗量	kg	6981.32
28	再生气冷却面积	m²	1327.81
29	再生冷却液有机物浓度	%	21.60
30	有机溶剂回收量	kg/h	536.22
31	年工作时间	h	3300.00
32	年回收有机溶剂	t	1769.52
33	有机溶剂回收价值	万元/年	1132.49

序号	参数	单位	数量
34	吸附塔阻力降	Pa	5000.00
35	活性炭年消耗	t/a	2.13
36	活性炭年消耗	万元/年	−6.38
37	工业用水量	t/h	10.00
38	工业用水量	t/a	33000.00
39	工业用水费用(1元/t)	万元/年	−3.30
40	蒸汽用量	kg/h	9981.32
41	年蒸汽消耗	万元/年	−329.38
42	工作人员	人	3.00
43	人工费用	万元/年	−12.00
44	装机(新增)	kW·h	800.00
45	电力成本(0.56元/kW·h)	万元/年	−147.84
46	维护成本	万元/年	−10.00
47	脱硫直接运行费用	万元/年	−508.90
48	项目盈余	万元/年	623.59

8.1.3 燃烧方法

燃烧法适用于净化可燃性有机废气或者在高温下可以分解的有害物质。处理高浓度VOCs与恶臭的化合物时燃烧法非常有效，其原理是用过量的空气使这些有害物质燃烧，大多数生成二氧化碳和水蒸气，可以直接排放到大气中。但处理含氯和含硫的有机化合物时，燃烧生成的产物中含有 HCl 和 SO_2,需要对燃烧后的气体做进一步的处理以防止对大气造成污染。

8.1.3.1 燃烧转化原理

燃烧反应是放热的化学反应，可以用普通的热化学反应方程式来表示：

$$C_8H_{17}+12.25O_2 \longrightarrow 8CO_2+8.5H_2O+Q$$
$$C_6H_6+7.5O_2 \longrightarrow 6CO_2+3H_2O+Q$$

式中，Q 为反应时所放出的热量，J。

8.1.3.2 燃烧工艺

燃烧法大致分为三种：一种是直接燃烧法，把废气中的可燃有害物质当作燃料直接燃烧；第二种是热力燃烧法，需要消耗较多的燃料，温度一般高于 650℃；第三种是催化燃烧法，是使用催化剂加快氧化反应的速度，可以降低反应温度，一般为 300℃ 左右。

(1) 直接燃烧法 当废气中可燃有害组分的浓度较高或者热值较高时，该方法比较适用。主要因为此类废气燃烧时放出的热量能够补偿散向环境中的热量时，才能保持燃烧区的温度，维持燃烧的持续。

燃烧炉窑属于直接燃烧的设备，有时还可将废气导入锅炉进行燃烧。直接燃烧的温度一般需在 1100℃ 左右，燃烧的最终产物为 CO_2、H_2O 和 N_2。

(2) 热力燃烧法 当废气中燃有机物质含量较低时，可采用热力燃烧的方法对其进行净化处理，工艺流程如图 8-3 所示。这类废气本身难以维持燃烧，在热力燃烧中，被净化的废气在含氧量足够时作为助燃气体，不含氧时则作为燃烧的对象。采用热力燃烧工艺时，通常需要燃烧其他燃料（煤、石油、天然气等），将温度提高到热力燃烧所需的范围，在此过程

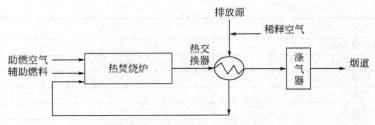

图 8-3 热力燃烧工艺示意图

中气态污染物被氧化分解成为 CO_2、H_2O、N_2 等。相比于直接燃烧，热力燃烧所需的温度较低，一般在 $540\sim820℃$ 即可以进行。

热力燃烧的过程可以分为三个步骤：辅助燃料燃烧——提供热量；废气与高温燃气混合——达到反应温度；在反应温度下，保持废气有足够的停留时间，使废气中可燃的有害组分氧化分解达到净化排气的目的。热力燃烧可以在专用的燃烧装置中进行，也可以在普通的燃烧炉中进行。进行热力燃烧的专用装置称为热力燃烧炉，其结构应满足热力燃烧时的条件：应保证获得 $760℃$ 以上的温度和 $0.5s$ 左右的接触时间，这样才能保证对大多数碳氢化合物及有机蒸气的燃烧净化。热力燃烧炉的主体结构包括两部分：燃烧器，使辅助燃料燃烧生成高温燃气；燃烧室，其作用为使高温燃气与旁通废气混合达到反应温度，并使废气在其中的停留时间达到要求。

(3) 催化燃烧法 化学反应是通过反应物分子之间的碰撞而实现的。当分子具有足够的能量时，碰撞才能引起化学反应，这种能够引起化学反应的碰撞称为有效碰撞。进行有效碰撞的分子称为活化分子。活化分子应具有的最低能量与平均分子能量之差就称为活化能，活化能越小，反应就越容易进行。催化剂加速化学反应速度正是通过降低活化能来实现的。

① 催化剂。催化燃烧的催化剂多为贵金属 Pt、Pd，这些催化剂活性好，寿命长，使用稳定，近年来研究较多的稀土催化剂也逐渐投入使用。国内已研制使用的催化剂有：以 Al_2O_3 为载体的催化剂，此载体可以做成蜂窝状或粒状等，然后将活性组分负载其上，现已使用的有蜂窝陶瓷钯催化剂、蜂窝陶瓷非贵金属催化剂等；以金属作为载体的催化剂，可用镍铬合金、镍铬镍铝合金、不锈钢等金属作为载体，已经应用的有镍铬丝蓬体球钯催化剂、不锈钢丝网钯催化剂以及金属蜂窝体的催化剂等。

② 催化燃烧的特点及工艺流程。催化反应工程在化工、石油化工生产中已得到广泛的应用。在环境工程中，催化技术也是一种高效成熟的技术。在空气污染控制工程中，对于有机废气、臭味等可以采用催化燃烧的方法进行处理。催化燃烧法适用于连续排放的废气，且从节能考虑，排气的浓度和温度最好较高。其特点是：a. 在催化剂的作用下，使有机化合物氧化成二氧化碳和水；b. 废气需预热至 $200\sim400℃$；c. 操作简便，净化效率稳定，所需外加的能量比热力燃烧法少。当浓度较低时，消耗的能量比吸附法多，所以此时一般适合将催化法与吸附法结合起来使用，达到节能的效果。

其工艺流程图见图 8-4。

③ 主要设备

a. 预热器。国内一般采用电加热，加热管直径一般为 12mm、14mm、16mm、18mm 不等，长度可以定做，有条件的地方可以采用煤气等不含硫的燃料燃烧加热。

b. 换热器。一般均采用管壳式，为了防止热膨胀造成设备的损坏，最好使用浮头式。

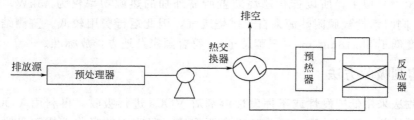

图 8-4　催化燃烧工艺流程图

c. 催化反应器。一般采用气-固相的催化反应器,反应器可以设计成不同的形状,其中以方形最多,催化剂应采用阻力较小、有一定强度的蜂窝状陶瓷为载体。为了便于装卸,应做成抽屉式的结构。

为了外观上的简介,可以将预热器、换热器和催化反应器组合在一起,形成一个产品化的集成装置。

d. 风机。为了保护风机,最好将风机置于催化反应器前,但有时可能会由于气体的循环导致进气温度升高,如进气温度超过 80℃ 必须采用高温风机。

8.1.3.3　燃烧工艺性能比较

燃烧法适合于处理浓度较高的 VOCs 废气,一般情况下去除率都在 95% 以上。直接燃烧法运行费用较低,但由于燃烧温度高容易在燃烧过程中发生爆炸,浪费热能并产生二次污染,因此目前较少采用;热力燃烧法通过热交换器回收了热能,降低了燃烧温度,但是当 VOCs 的浓度较低时,需加入辅助燃料,以维持正常的燃烧温度,从而增大了运行费用;催化燃烧法燃烧温度低,燃烧费用较少,但由于催化剂容易中毒,因此对进气成分要求较为严格,不得含有重金属、尘粒等易引起催化剂中毒的物质,同时催化剂较为昂贵,使得该方法处理费用较高。燃烧法处理 VOCs 运行性能见表 8-6。

表 8-6　燃烧法处理 VOCs 运行性能

燃烧工艺	直接燃烧法	热力燃烧法	催化燃烧法
浓度范围/(g/m³)	>5000	>5000	>5000
处理效率/%	>95	>95	>95
最终产物	CO_2、H_2O	CO_2、H_2O	CO_2、H_2O
投资	较低	低	高
运行费用	低	高	较低
燃烧温度/℃	>1100	700~870	300~450
其他	易爆炸,浪费热能且易产生二次污染	回收热能,无二次污染	预处理要求严格,无二次污染

8.1.3.4　工程实例

广州某船厂集装箱分厂有两个喷漆生产车间,油漆采用环氧富锌底漆,稀释剂采用二甲苯溶剂,故有机废气的主要成分是甲苯、二甲苯,废气的浓度为 300mg/m³(设计值)。每个车间有四个排气口,每个排气口的风量为 30000m³/h,废气总量为 240000m³/h(两个车间不同时工作),对于这种低浓度、大风量的情况,该厂选用了四套吸附浓缩-催化装置,使用一年多来,运行情况良好。

该工艺由于采用了活性炭浓缩,减少了燃烧的废气量,使后续的催化燃烧设备规模变小,降低了设备投资。尽管被处理的有机物浓度低,但是经过浓缩后废气浓度可达到自燃状态（1500×10^{-6}）以上，所以催化燃烧装置所需外加的热源功率仅为 45kW，使用时间为 45～50min，同时活性炭脱附热源来自于燃烧废气，因此运行费用较低。监测结果表明，废气的出口浓度低于 55.18mg/m³（三苯总量），符合国家及地方排放标准。

8.1.4 溶剂吸收方法

溶剂吸收法采用低挥发性或不挥发性溶剂对 VOCs 进行吸收，再利用 VOCs 分子和吸收剂物理性质的差异进行分离。吸收效果主要取决于吸收剂的吸收性能和吸收设备的结构特征。

8.1.4.1 吸收剂

所选用的吸收剂必须对将被除去的 VOCs 有较大的溶解度。如果需要回收有用的 VOCs 组分，则回收组分不得和其他组分互溶，吸收剂的蒸气压应该相当低，因为净化后的气体一般要排放到大气中，必须最大限度地控制吸收剂的排放量。吸收剂在吸收塔和汽提塔的操作条件下必须具有较好的化学稳定性，无毒、无害、无腐蚀性，不黏稠、不气泡，最好不易燃烧。吸收剂的分子量要尽可能低（同时兼顾吸收剂的蒸气压），以使得吸收能力最大化；易溶于水的 VOCs 通常用水作为吸收剂，轻烃类用油作为吸收剂较为合适。吸收剂的选择对吸收效率具有决定性的作用。

8.1.4.2 吸收工艺

吸收法采用低挥发性或不挥发性的溶剂对 VOCs 进行吸收，再利用 VOCs 和吸收剂的物理性质的差异进行分离。含 VOCs 的废气自塔底进入塔内，在上升过程中与来自塔顶的吸收剂逆流接触而被吸收，净化后的气体由塔顶排出。吸收了 VOCs 的吸收剂通过热交换器后，进入汽提塔顶部，在温度高于吸收温度或压力低于吸收压力的条件下解吸。解吸后的吸收剂经过溶剂冷凝器冷凝后回到吸收塔。解吸出来的 VOCs 气体经过冷凝器、气液分离器后以纯 VOCs 的形式离开汽提塔，被回收利用。该工艺适合于 VOCs 浓度较高、温度较低的气体的净化，其他条件下需做相应的工艺调整。

8.1.4.3 吸收设备

用于 VOCs 净化的吸收设备，一般是气液相反应器，它要求气液相有效接触面积大，气液湍流程度高，设备的压力损失较小，易于操作和维修。目前，常用的 VOCs 吸收设备有填料塔、板式塔、喷淋塔、鼓泡塔等。由于 VOCs 废气的浓度一般较低，气量大，因而一般选用气相为连续相、湍流程度高、相界面大的填料塔、湍球塔较为合适。

8.1.4.4 工程实例

桂林市塑料彩印包装厂是一家专业从事塑料膜彩印的企业，在其生产过程中，油墨及油墨稀释剂中以甲苯为主的有机污染物挥发出来严重污染车间内外环境。该厂甲苯最大产生量为 0.9kg/h，该项目属以甲苯为主的低浓度有机废气处理工程，研究决定采用复方液吸收法进行处理，该复方液以水和无苯柴油作为主配方，添加 MOA 助剂及磷苯二甲酸二丁酯，并调节吸收液至弱碱性，处理工艺流程见图 8-5。

由图可知，印刷机生产过程产生的有机废气经设置于印刷机座上部的组合伞形罩捕集（3 组），经并联风管和阀门，汇入主风管后进入吸收塔进行吸收处理，净化后气体经风机烟囱排空。该工艺在设计时，欲使车间空气中有害成分的浓度小于最高允许浓度，以通风最不利条件确定通风量 $Q=6000$m³/h，用静压平衡法计算确定主风管 $D=320$mm。系统复方液

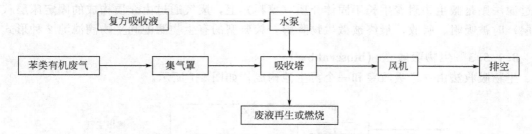

图 8-5　复方液吸收法处理低浓度苯类有机废气工艺流程

循环使用，循环使用周期为 90d，系统吸收液用量为 7.5m³/h。吸收塔型号为 WFL-03，离心风机为 4-68 型 NO.4.5A。处理后的废气经桂林市环境监测站实地采样检测，甲苯的浓度远低于国家规定的排放标准，净化效率达 87.5%。

8.1.5　生物方法

生物技术相比于传统的有机废气处理方法有较为明显的优势，主要表现在低投入高效率、安全、无二次污染等。生物技术在德国、荷兰、日本及北美等国家和地区已经得到广泛应用。

8.1.5.1　生物法净化有机废气的原理

生物法净化有机废气的原理是将废气中的有机组分作为微生物生命活动的能源或其他养分，经代谢降解转化为简单的无机物（CO_2，H_2O 等）及细胞组成物质。与废水的生物处理过程不同之处是：废气中的有机物质要想被微生物吸附降解，先要经历由气相转移到液相（或固体表面液膜）中的传质过程，然后吸附降解在液相（或固体表面生物层）完成（图8-6）。

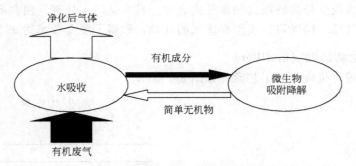

图 8-6　微生物净化有机废气模式图

由于气液相间有机物浓度梯度、有机物水溶性以及微生物的吸附作用，有机物从废气中转移到液相（或固体表面液膜）中，进而被微生物捕获、吸收。在此条件下，微生物对有机物进行氧化分解和同化合成，产生的代谢产物一部分溶入液相，一部分作为细胞物质或细胞代谢能源，还有一部分（如 CO_2）则析出到空气中。废气中的有机物通过上述过程不断减少，从而得到净化。

8.1.5.2　有机废气生物处理的工艺研究与应用

根据微生物在有机废气处理过程中存在的形式，可将处理方法分为生物吸收法（悬浮态）和生物过滤法（固着态）2 类。生物吸收法（又称生物洗涤法）即微生物及其营养物配料存在于液体中，气体中的有机物通过与悬浮液接触后转移到液体中而被微生物所降解。生物过滤法则是微生物附着生长于固体介质（填料）上，废气通过由介质构成的固定床层（填料层）时被吸附、吸收，最终被微生物降解，较典型的有生物滤池和生物滴滤池 2 种形式。

8.1.5.3　生物吸收法（bioscrubber）

生物吸收法由一个吸收室和一个再生池构成，如图 8-7 所示。

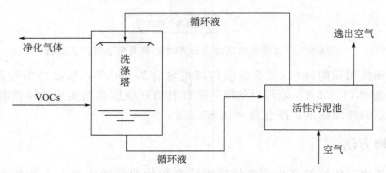

图 8-7　生物吸收法工艺流程图

生物悬浮液（循环液）自吸收室顶部喷淋而下，使废气中的污染物和氧转入液相（水相），实现质量传递。吸收了废气中组分的生物悬浮液流入再生反应器（活性污泥池）中，通入空气充氧再生。被吸收的有机物通过微生物氧化作用，最终被再生池中的活性污泥悬浮液从液相中除去。生物吸收法处理有机废气，其去除效率除了与污泥的 MLSS 浓度、pH 值、溶解氧等因素有关，还与污泥的驯化与否、营养盐的投加量及投加时间有关。实践经验表明当活性污泥浓度控制在 $5000\sim10000mg/L$、气速$<20m^3/h$ 时，装置的负荷及去除率均较理想。鼓泡与污水生物处理技术中的曝气相仿，废气从池底通入，与新鲜的生物悬浮液接触而被吸收。由此，许多文献中将生物吸收法分为洗涤式和曝气式 2 种。日本某污水处理厂用含有臭气的空气作为曝气空气送入曝气槽，同时进行废水和废气的处理，取得了脱臭效率达 99% 的效果。

8.1.5.4　生物滤池（biofilter）

生物滤池处理有机废气的工艺流程如图 8-8 所示。

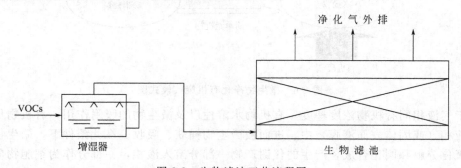

图 8-8　生物滤池工艺流程图

具有一定湿度的有机废气进入生物滤池，通过 $0.5\sim1m$ 厚的生物活性填料层，有机污染物从气相转移到生物层，进而被氧化分解。生物滤池法（biofilter）是最早用于处理挥发性有机污染物和除臭的生物技术。1923 年 Bach 处理污水处理厂散发的含硫化氢等恶臭物质的气体就曾利用土壤过滤床法处理。早期使用生物滤池法主要用来净化有恶臭气味的废气。20 世纪 80 年代以后，在去除易被生物降解的挥发性有机污染物处理过程中也常使用生物滤池法，适用范围越来越广泛。加压后的废气从底部进入生物滤池，滤池内有活性填料填充其间，废气与附着在生物膜上的填料接触，被吸收后降解成二氧化碳和水，处理过的气体从生物滤池的顶部排出。在生物滤池处理过程中，反应器只有一个，生物相和液相不流动，该方法具有易启动运行、气液接触面积大、运行费用低的优点。

8.1.5.5 生物滴滤池 (biotrickilng filter)

生物滴滤池处理有机废气的工艺流程如图8-9所示。

生物滴滤池与生物滤池的最大区别是填料上方喷淋循环液，设备内除传质过程外还存在很强的生物降解作用。生物滴滤池（biotrickling fil-ter）是一种介于生物洗涤塔和生物滤池之间的处理技术。污染物的吸收和生物降解在一个反应装置内同时发生。填料填充在滴滤池后不断被循环水喷洒，使其表面覆盖上一层微生物形成的生物膜。废气通过滴滤池时，微生物将其夹带的污染物降解。

与生物滤池相比，生物滴滤池的反应条件（pH、温度）更容易控制（通过调节循环液的pH、温度），在处理卤代烃、含硫、含氮等通过微生物降解会产生酸性代谢产物及产能较大的污

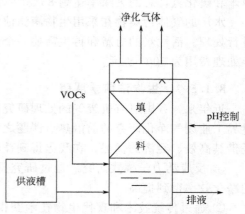

图 8-9　生物滴滤池工艺流程图

染物时，生物滴滤池较生物滤池更有效。有关实验结果表明，气速为 $145\sim156m/h$、二氯甲烷浓度为 $0.7\sim1.8g/m^3$ 时，二氯甲烷的去除率为 $80\%\sim95\%$。另外，生物滴滤池单位体积填料层微生物浓度较高，适于处理高负荷有机废气。

生物法工艺性能比较见表8-7。

表 8-7　废气生物处理技术特点比较

处理方式	特点	优点	缺点	应用范围
生物滤池	单一反应器；微生物和液相固定	气液表面积比值高；设备简单；运行费用低	反应条件不易控制；进气浓度发生变化适应慢；占地面积大	适用于处理化肥厂、污水处理厂以及工业、农业生产的污染物浓度介于 $0.5\sim1.0g/m^3$ 的废气
生物洗涤塔	两个反应器；微生物悬浮于液体中；液相流动	设备紧凑；低压力损失；反应条件易于控制	传质表面积低；需大量提供才能维持高降解率；需处理剩余污泥；投资和运行费用高	适用于处理工业生产中的污染物浓度介于 $1\sim5g/m^3$ 的废气
生物滴滤塔	单个反应器；微生物固定；液相流动	与生物洗涤塔相比设备简单	传质表面积低；需处理剩余污泥；运行费用高	适用于处理化肥厂、污水处理厂以及家庭产生的污染物浓度低于 $0.5g/m^3$ 的废气

生物吸收法适宜于处理净化气量较小、浓度大、易溶且生物代谢速率较低的废气；对于气量大、浓度低的废气可采用生物滤池处理系统；而对于负荷较高以及污染物降解后会生成酸性物质的则以生物滴滤池为好；大气量、低浓度混合型的VOCs则适合采用生物过滤塔。

8.1.5.6 工程实例

美国新泽西州的 Lawrenceville，采用生物滴滤池处理挥发性有机物（VOCs）、有害空气污染物质（HAPs）和海边污水处理厂的恶臭排放物。此污水处理厂位于加利福尼亚州的

圣地亚哥市的海空基地，处理的废气来自工业废水、炼油厂的处理池。处理流程是：污染气体向上流，同循环的液体一起运行，经过两个生物滴滤池（填料是455kg的活性炭）处理后排放。系统的设计参数是：空气进气流速3000m³/h；反应器的面积为3.1m×9.1m，完全由玻璃纤维合成树脂制成，滤床体积31m³；气体停留时间36s；平均有机负荷率大约是12g/(m³·h)。对于污染物质的去除，包括酚、亚甲基氯化物、丁酮、苯、甲苯、乙苯、二甲苯和硫化氢，总的去除率达到85％。

水厂的气体污染物在采用生物滴滤池处理之前，通过4个独立的250kg的活性炭吸附柱进行处理。活性炭的更新和再生需要一个月的时间，每年花费36000美元，而生物滤池的每年处理费用为5000美元。

8.1.5.7 生物法前景展望

近年来，各国对有机废气的处理研究越来越关注。生物技术因其优越性和安全性已成为世界工业废气净化研究的前沿热点课题之一。可以预见在不久的将来，生物处理技术一定会凭借其高效、经济的优势，在我国得到蓬勃的发展。其发展趋势和研究热点如下。

① 反应动力学模式研究。通过研究反应机理，提出反应速度的内在决定因素，污染物的净化效率得到提高。

② 通过传统技术和现代生物技术获得高效降解废气中污染物的微生物菌种，通过调控和改造使降解率得到提高，使应用范围扩大。

③ 动态负荷研究。单一组分（或几个简单组分组合）气体是目前绝大多数研究报道中的实验对象，气体负荷变化平稳有序，气速"温和"，但而对于非常态负荷气流、多组分复杂混合气的研究较少。

④ 与其他处理技术相结合，提高废气中污染物的去除率。

8.1.6 VOCs常用处理工艺性能比较

VOCs常用处理工艺性能比较见表8-8。

表8-8 VOCs常用处理工艺性能比较

工艺		冷凝法	吸附	燃烧	吸收	生物	吸附催化氧化法	电晕法
高浓度	处理效率	中	中	高	高	低	中	中
	费用	低	中	高	高	较低	高	中
低浓度	处理效率	中	高	高	中	高	高	较高
	费用	高	高	高	高	低	中	低
最终产物		有机物	解吸有机物	CO_2、H_2O	有机物	CO_2、H_2O	CO_2、H_2O	CO_2、H_2O
适用范围		高浓度纯净单组分	低浓度范围广	高浓度范围广	高浓度特定范围	低浓度范围广	低浓度	低浓度范围广
其他		工艺复杂可回收有用组分，但对入口VOCs要求严格	运行费用高，废液需处理	燃烧不完全产生有毒的VOCs中间产物	高温气体需降温，操作压力低时，吸收率低，需回收溶液	工艺简单，操作方便，去除率高，投资低，无二次污染	开发阶段	开发阶段

注：浓度<3000mg/m³为低；>5000mg/m³为高；效率>95％为高；80％～95％为中；<80％为低。

8.2 二噁英等燃烧气体净化

目前，以二噁英为代表的各种燃烧气体正随着现代化工、农业等行业的发展以及人们生活水平的提高，日益增加大气环境的负载，严重危害着人们的身体健康。特别被称为"地球上毒性最强的物质"的二噁英，普遍存在于自然界中，对人体具有致癌性、致畸性、生殖毒性等慢性毒性。因此，抑制二噁英类燃烧气体的排放及对环境、人体造成的危害，已成为国内外大气污染控制的一项刻不容缓的任务。

8.2.1 二噁英类的来源

二噁英等燃烧气体主要来源于城市垃圾的焚烧处理过程中，见表8-9，在垃圾焚烧过程中产生的二噁英大约占其总排放量的90%以上。虽然垃圾焚烧技术作为一种可同时实现城市垃圾减量化、无害化和资源化的技术在我国部分城市垃圾处理中作为首选技术，国外也不断地在利用与完善这项技术，但是，垃圾的焚烧过程却给环境带来了二次污染，主要的有机污染物有多氯二苯并二噁英（PCDDs）、多氯二苯并呋喃（PCDFs）、多环芳香族化合物（PCA）以及聚氯联苯（PCB），尤其是二噁英已引起了人们的普遍关注。

表 8-9 世界范围内大气中二噁英的来源

来源	排放量/(kg TEQ/a)	波动范围
城市废弃物的燃烧	1130	680～1580
黏合剂和危险废弃物的燃烧	680	400～900
金属生产	350	210～490
黏合剂(非燃危险品)	320	190～450
医院废弃物的燃烧	84	49～119
铜的再循环	78	47～109
含铅汽油的燃烧	11	6～16
不含铅燃料的燃烧	1	0.6～1.4
总计	3600	24003～3600

注：资料来源为 Brzuzy and Hites。

二噁英的其他来源还有炼钢厂和金属精炼等工业生产过程；汽车尾气；造纸、纸浆工业的氯漂白工序；PCB、农药、氯酚等化工制品的生产过程。

以下主要介绍以二噁英为例的燃烧气体的性质及其控制技术。

8.2.2 二噁英的性质

二噁英是多氯二苯并二噁英（Poly Chlorinated Dibenzo-P-Dioxins，PCDDs）和多氯二苯并呋喃（Polychlorinated Dibenzo-P-Furans，PCDFs）的总称，根据其所含氯原子的数量和取代位置的不同，PCDDs 有 75 种同系物，PCDFs 共有 135 种同系物。

二噁英有剧毒，不同同系物的毒性有极大的差异，其中毒性最强的是 2，3，7，8-四氯二苯并二噁英（2，3，7，8-T_4CDD），其毒性相当于氰化钾的 1000 倍，据有关报道，只要 1 盎司（28.35 克）的二噁英，就能将 100 万人置于死地。由于它在微量长期摄取的情况下可引起癌症等疾病，国际癌症研究中心已将它列为人类的一级致癌物。

二噁英是一类非常稳定的白色亲脂性晶体，极难溶于水，很容易溶解于脂肪，故它容易在生物体内特别是动物体内积累，并难以被排出。二噁英同样在人体组织中蓄积，在人体的半衰期是5~10年。如图8-10所示为二噁英在环境中积累的大致途径。二噁英熔点为303~305℃，在705℃以下时是相当稳定的，高于此温度即开始分解。二噁英的蒸气压很低，在标准状态下低于1.33×10^{-8}Pa，因此，二噁英在环境温度下不易从表面挥发。同时，二噁英对热、光、酸、碱、氧化剂、还原剂等表现出极大的惰性。这些特性是决定二噁英在环境中去向的重要特征。

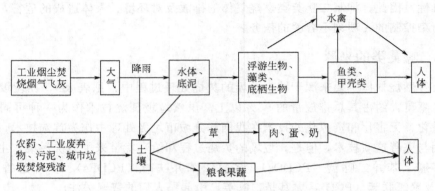

图 8-10　从环境到人体二噁英的链传递

8.2.3　二噁英的净化

二噁英类的净化处理技术大致可以分为捕集技术和分解技术两种，如图8-11所示。

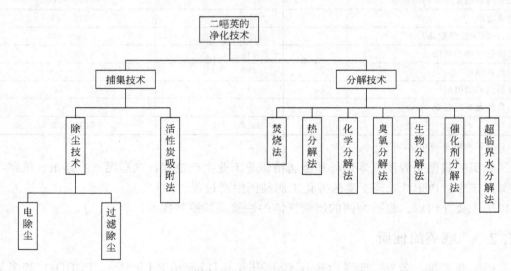

图 8-11　二噁英的处理技术

8.2.3.1　二噁英的捕集技术

（1）除尘技术　根据除尘原理，可以将除尘技术分为几种。但是对于去除亚微粒子来说，过滤除尘和电除尘的效率相对较高。不同结构的二噁英化合物，其蒸气压不同，当温度相对较低的时候，大部分的二噁英呈固态形式而容易被捕集。电除尘的一般进口温度在300℃左右，是垃圾焚烧时二噁英最容易产生的温度，对二噁英的捕集是不利的，所以目前普遍认为，袋式除尘器对二噁英污染的控制效果较好。

① 工艺装置。包括急冷洗涤塔、活性炭喷射器、布袋除尘器。

燃烧后的尾部烟气温度一般达到200～300℃，二噁英在300℃左右形成的速率最高，工艺采用急冷洗涤塔对烟温进行迅速冷却，可以大大地降低二噁英的形成。利用活性炭对二噁英等平面构造的芳香族碳氢化合物的吸附性，在布袋除尘器前喷雾状活性炭粉末，活性炭被气流携带进入布袋除尘器，在布袋除尘器上面形成一层活性炭。布袋除尘器除尘时，在滤布表面会形成颗粒层，废气中的二噁英通过该层被吸附脱除。被吸附的二噁英可排至灰渣处理系统中进行熔融处理，达到最终销毁毒物的目的。二噁英的布袋捕集技术流程如图 8-12 所示。

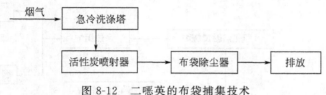

图 8-12　二噁英的布袋捕集技术

② 操作参数。该布袋除尘工艺的主要操作参数是烟气的进口温度，一般要求低于200℃，最佳温度为120～150℃。在烟气进入袋式除尘器前使温度降低到200℃以下，既可以防止前体物重新合成二噁英，又有利于气相中的二噁英冷凝附着在烟气的固体微粒上，捕捉效果更好。

③ 布袋除尘和电除尘相比有以下优点：

a. 去除二噁英的效率高，有关的运行经验表明，这种烟气脱除二噁英一般能够达到95％以上的脱除率。

b. 布袋除尘去除二噁英的效率随着排放气体温度的降低而增加。

c. 有活性炭携带入布袋除尘器，既能提高二噁英的去除性能，又能有效吸附烟尘中的微量重金属。

(2) 活性炭吸附技术　用活性炭吸附组合袋式过滤器来联合操作，对烟道气中的二噁英去除十分有效。A. Buekens 等介绍了三种运行方式，即携流式、固定床式、移动床式，其装置与操作参数见表 8-10。

表 8-10　组合式去除二噁英

方式	设备	操作参数	处理结果
携流式	湿式除尘器 布袋除尘器	布袋除尘器的烟气入口温度小于120℃，90％的残余活性炭循环到注入口	二噁英去除率96.8％；活性炭消耗量 50mg/m³
固定床式	MK 吸收器	烟气入口温度 40～100℃	活性炭消耗量：若干年后整个床层更换。 二噁英去除率 83％
移动床式	MKV 积分逆流式活性法移动床吸收器	烟气入口温度 120～165℃ 烟气入口温度 150℃，空塔速度 1000h⁻¹	活性炭消耗量：5mm 厚床层/d，二噁英去除率：98.8％

目前，日本处理二噁英时主要采用固定床式的活性炭吸附法。把含二噁英类物质的排放气通过填充了粒状活性炭的吸附塔，采用该法处理排放气中的二噁英类物质，处理温度低，虽然吸附去除效果好，但怕发生低温腐蚀，因此，一般控制其处理温度为 130～180℃。吸附塔处理排放气的空速一般为 500～1500h⁻¹，但是该方法的活性炭投资费用较大。

8.2.3.2 二噁英的分解技术

二噁英的分解处理技术包括焚烧法、热分解法、化学分解法、臭氧分解法、生物分解法、催化剂分解法、超临界水分解法。根据川本对二噁英分解技术的简单归纳，大气污染控制中的二噁英在分解处理技术上主要采用焚烧法、热分解法、催化分解法。

(1) 焚烧法 该技术是在垃圾焚烧的过程中对二噁英的生成进行控制，在垃圾焚烧的过程中，控制二噁英在焚烧炉内生成，将炉的温度提高到二噁英发生裂解的条件，其流程图如图 8-13 所示。将煤与垃圾混合燃烧，利用煤中的硫成分抵制二噁英的生成。在垃圾焚烧过程中加入脱氯剂以实现炉内的低温脱氯，将大部分气相中的氯转移到固相的残渣中，以减少二噁英在炉内的再生成。

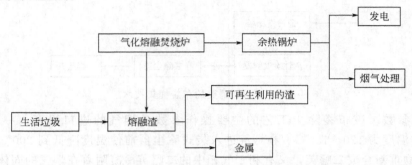

图 8-13 二噁英的焚烧分解技术

该焚烧技术的主要参数是控制炉内的温度达到 1000℃ 以上，延长气体在高温区的停留时间（大于 2s），使二噁英分解，从而达到去除的目的。

该技术的特征是可大规模进行处理，垃圾燃烧充分，二噁英的去除率高，稳定生成的有害成分最少。但是该技术的排气要进行处理，可采用的方法有袋滤、洗烟、活性炭吸附等。

(2) 热分解法 这种方法是在缺氧的条件下加高温，对二噁英进行分解后，经脱氯/加氢达到稳定的方法。

① 加氢还原法。原理：在密闭容器中将污染物加热，使二噁英等有机化合物蒸发成气体，使气体在无氧的氢气氛中加热到 850℃ 以上，在催化剂作用下还原分解脱氯。有机化合物分解为氯化氢、甲烷、一氧化碳、二氧化碳、氢气、苯等低级烷。

特点：因在无氧气氛中反应，不会再生成二噁英。需要对排气进行处理（气体洗净、生成气的燃烧、活性炭吸附等）。

② 还原加热脱氯方式。原理：在氮气氛下加热到 400℃ 左右脱氯，处理物的外观变化小，生成冷凝水（含氯化氢）及排气（二氧化碳、水等）。

特点：可用于固态污染物。因温度低，成本较低，可以做成小型装置，排气发生量少。

操作参数：飞灰 300～700kg，垃圾 20～40t/h，氧气浓度低于 1%，控制处理时间为 2h。

(3) 催化分解法 在污染治理技术中，物理化学方法的应用十分广泛。在处理含毒物质的技术中，有许多物理化学方法，例如催化分解法、超临界水氧化法、流化床氧化法等。其中，催化分解法是最成熟的方法，已经在垃圾焚烧烟气的处理中得到了充分的应用。

催化分解法的原理是在有化学催化剂及催化因子（γ 射线、紫外光等）的作用下，有毒物质被降解为低毒或无毒的小分子化合物。处理二噁英的催化分解法主要有非光解催化法和光分解法。

① 非光解催化法（selective catalytic reduction，SCR）。该技术最初主要用于控制燃煤

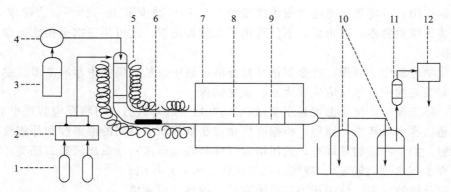

图 8-14 二噁英的 SCR 催化分解技术

1—O₂/N₂气源；2—流量控制器；3—水；4—泵；5—预热系统；6—化合物蒸滤；7—炉；

8—高温反应器；9—催化床；10—洗气瓶；11—活性炭过滤；12—气量计

电厂中 NO_x 的排放。在 1980 年左右，有人发现该技术也可以用来分解二噁英污染物质，可以用于去除垃圾焚烧烟道气中的二噁英，工艺流程如图 8-14 所示。

采用的催化剂为 TiO_2-V_2O_5-WO_3，控制温度参数在 150℃时，催化剂对二噁英的分解率高于 98%以上，当温度低于 150℃时，催化剂只对二噁英起吸附作用，无多大的分界效果。根据研究，在催化剂中适度增加矾的含量将有助于催化剂的分解作用。SCR 装置的具体参数见表 8-11。

表 8-11 用 SCR 装置分解烟道气中的二噁英

催化剂	反应器温度/℃	空速/h⁻¹	烟气中二噁英的浓度/(ng/Nm³)		去除率/%
			进口	出口	
硅铝复合氧化物上负载铂和金	220	3000	0.250	0.010	96
V_2O_5-WO_3-TiO_2	250	3000	0.350	1.600	增加
V_2O_5-WO_3-TiO_2	280	—	1.640	0.050	97

② 光分解法。该技术的原理为反应物直接吸收紫外线或通过紫外线（或 γ 射线）使催化剂活化后，毒物被催化分解。光分解技术的处理对象是水相、有机溶剂以及焚烧垃圾过程中产生的二噁英。

以下举例介绍利用二氧化钛光催化剂去除废气中的二噁英。

名古屋工业技术研究所与山田工业公司共同开发的填充二氧化钛光催化剂的废气净化装置成功地去除了废物焚烧炉废气中 99%的二噁英。二氧化钛受到光照射时会产生很强的氧化力，可以将几乎所有有害有机物分解成二氧化碳和水，使之变成无害物质。二氧化钛作光催化剂的各种用途正在得到广泛开发，利用这种光催化作用的废气净化装置即为其应用之一。在长 1m、直径 24cm 的圆筒内部装有 16 支紫外线灯（共 290W）并填充有约 10L 名古屋研究所开发的球状二氧化钛催化剂，将两个这样的净化装置并联，每小时直接通入废物处理焚烧炉废气 50m³，测定废气中的二噁英浓度变化，废气中 1m³ 含二噁英的毒性量（2、3、7、82 位氯取代体的分析值乘以毒性系数的换算值）为 78ng，通过净化装置后二噁英的去除率达 99%。实验后附着在催化剂上的二噁英相当于去除量的 3%，故实际可分解去除 96%以上的二噁英。

现在用的催化净化装置几乎都是将废气冷却一下再加热处理的操作方式，这种光催化废气处理不需这样的装置，温度较高的废气可直接加以处理。此外，此净化装置还有减少废气中氧化氮的作用，可将氧化氮的含量由原来的 74×10^{-6} 减少至 33×10^{-6}，去除率 55%。此废气处理装置结构紧凑，造价低，不仅可用于大型焚烧炉，还可用于迄今很难处理其废气的小型焚烧炉。

(4) 化学分解法　原理：将金属钠微粒分散在油中。从污染物中萃取浓缩二噁英，浓缩物中的二噁英与油中的钠反应生成为水、氯化钠等。

特点：操作简单，反应温度易于实现，$100℃$ 以下即可进行，可将反应装置小型化。

(5) 超临界水分解法　原理：根据有机物在超临界水中不同的溶解性和分解性，使二噁英发生分解。如果污染物是固态，先用溶媒（如高温高压水）萃取出液态二噁英。将处理后的残渣、废水（含氯化氢等）、废气（二氧化碳、水等）排出。

特点：分解效率高，使用压力容器耐高压、耐热、耐腐蚀。

(6) 生物分解法　原理：生物降解法主要是将二噁英作为土壤、淤泥中微生物的营养源，达到生物降解毒物的目的。在自然条件下难降解的 PCDDs 可在一定条件下被微生物降解，可降解性随取代氯的增多而减弱。科研人员研究了用杆菌生物吸附法处理二噁英的情况，发现去除二噁英时死的生物质比活的生物细胞还要有效，这可能是由于前者的分泌作用在加热时比后者强的缘故。

特点：生物降解法适用于土壤、污泥以及固体废物中二噁英的原位降解；最适于处理沉积二噁英；成本低、易于现场消毒。

8.2.3.3　小结

二噁英等有毒物在不同环境中采用不同的处理方法。这些方法中有的刚起步，有的已经比较完善，如过滤/洗涤法、吸附法及其联合运行法、过滤吸附催化一体化法已经达到成套装置及设备供给的水平，由于其较好的处理效果已经得到了广泛应用。此外，人们也在研究其他技术，但目前还无法实现工业化水平。在我国垃圾的处置情况和控制技术还相对落后，考虑到这一国情，烟气处理成套设备的研究变得尤为必要。目前，催化净化法已经成为比较成熟的终端处理技术，生物降解法也有很大的发展前景，这些控制技术将是近几年垃圾处理过程中二噁英控制的主要研究方向。

8.3　醛类、芳香族、胺类气体净化

醛类、芳香族、胺类气体是一类挥发性有机物，其中有些物质是无毒无害的，有些则有毒有害且还带有恶臭。这类物质在大气中的存在，正在对环境及人体健康造成危害。目前，对这一类污染物的控制还缺少经济有效的控制技术、标准、法规。本节通过分析这类物质的特征，介绍其污染的控制措施。

8.3.1　来源

醛类、芳香族、胺类物质主要在制造染料及染料中间体、橡胶促进剂和抗氧化剂、照相显像剂以及药物合成、香料生产、塑料固化及树脂（酚醛树脂、脲醛树脂）制造、涂料施工、喷漆等工业过程中产生。

8.3.2　性质

醛类、芳香族、胺类物质容易挥发，进入大气环境后引起污染，大部分有刺激性气味，易燃，燃烧后主要生成 CO_2 和 H_2O，胺类气体燃烧后有 N_2 和 NO_x 生成，氯代衍生物、硫代衍生物燃烧后将分别产生氯化氢、SO_x。这类有机物在分子结构上除了含有 C、H 元素外，大部分还含有 O、N、S、Cl 元素，因此，易溶于水。相同分子量的极性有机物的溶解度是非极性有机物的 100 多倍。在同族有机物中，溶解度随着分子量的增加而减少，这类气体进入大气中会对人的眼鼻、呼吸道、内分泌系统产生刺激，对心、肺、肝等内脏产生影响，严重危害人体的身体健康。

8.3.3 常规有机气体净化技术

目前，由于受经济、技术等因素的制约，在工业生产过程中寻找有机溶剂的代用品和革新工艺等并不能控制这一类有机气体的排放，为此，采取净化处理是控制其对大气污染的一项必要措施。醛类、芳香族、胺类物质常见的净化处理技术如图8-15 所示。

现有的净化技术主要归纳为三大类，即物理方法、化学方法及生物方法，以下介绍常用的处理方法与工艺。

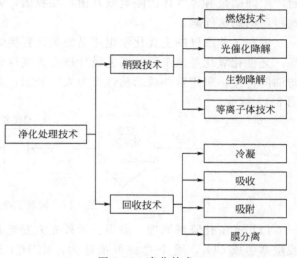

图 8-15　净化技术

8.3.3.1　催化燃烧技术

这种技术最初用于工业能量回收和恶臭的控制，到 1990 年美国《清洁空气修正案》的实施，该技术已被人们接受为净化空气中有机物最常用的方法之一。催化燃烧法是指有机污染物在催化剂的作用下发生完全氧化反应，由于燃烧系统中使用催化剂可以使有机气体在 315℃ 以下燃烧，有机污染物的去除率在 95％ 以上。国内在 20 世纪 70 年代就开展了有机物的控制研究，并开发了许多种催化剂，如贵金属（LY-C）、NZP 系列、金属氧化物的 BMZ-1 和 Q101、抗硫的 RS-1 和处理氮化物的 PCN 系列催化剂。

以瑞典的 Van Leer 公司于 1992 年安装的一套 MoDo 化工有限公司开发的改进型催化燃烧系统为例进行介绍。

（1）工艺流程　该工艺用于处理烘室中排出的二甲苯和异丁醇等油漆溶剂（处理量为 8500m³/h），流程如图 8-16 所示。

（2）操作参数　该技术的主要操作参数是温度、空速、污染介质的组成以及浓度。废气进入系统的第一反应器的温度为 60℃，废气由陶瓷环层加热至 320℃ 后通过催化剂层，在此过程中二甲苯等有机气体被氧化成二氧化碳和水。升高气体温度至 350℃，再经第二反应器与催化剂和陶瓷环层换热，最后，净化气体排出系统

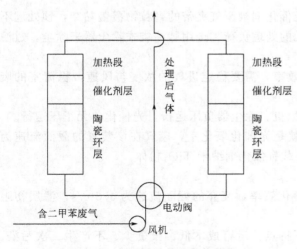

图 8-16　二甲苯的催化焚烧技术

（温度为 90℃）。当第二个反应其中陶瓷环的温度达到 320℃ 时，电动阀转动，气体由第二个反应器进入，从第一反应器排出。系统中若有机气体浓度低于 300×10^{-6} 时，需要采用预热器加热是系统温度升高。

（3）处理效果 该技术的二甲苯去除率大于 97%。

由于国内工业上排出的芳香族类有机物浓度普遍较低，因此迫切需要在现有的工艺基础上开发联合处理的工艺技术。

8.3.3.2 光催化降解

1988 年国际首例光催化净化装置研制成功，光催化降解技术仅仅适用于消除半封闭或封闭空间微量有害气体的除臭或杀菌，在我国，光催化氧化法首次应用在治理珠江三角洲某饲料厂的恶臭问题。

饲料工业废气的主要化学组成是醛类、各类烯烃、甲基酮类、脂肪酸类、芳香族化合物等。光催化氧化是该工程的工艺设计核心，废气预处理使用布袋除尘器，该除尘器具有防水防油的特性。采用紫外线杀菌灯作为人工光源，纳米二氧化钛作为光催化剂，工艺流程图如图 8-17 所示。

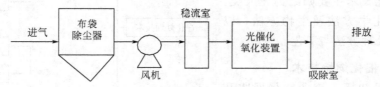

图 8-17　饲料工业废气的去除

（1）光催化降解原理 醛类：紫外光激发光催化剂所产生的—OH 将醛氧化成酸，然后脱羧基生成 CO_2，整个过程可描述为：$RCH_2CHO \longrightarrow RH_2COOH \longrightarrow RCH_3 + CO_2 \longrightarrow RCH_2OH \longrightarrow RCHO \longrightarrow R—COOH$，每降解一个碳原子，生成一个 CO_2，重复循环，直到醛类物质完全转化为 CO_2 为止。

芳香族类：紫外光激发光催化剂所生成的—OH 和 H^+ 使苯环羟基化，生成羟基环己二烯自由基，进而生成己二烯二醛，再按脂肪族氧化途径降解生成 CO_2 和 H_2O。

（2）工艺操作参数

① 布袋除尘器

需要对废气进行预处理来避免光源和光催化剂被废气夹带的颗粒物覆盖黏结，预处理不仅可除去颗粒物，还能减轻光催化氧化单元的处理负荷。选用脉冲袋式除尘器来除尘，过滤滤速为 2m/min，滤层阻力 1200～1500Pa。

② 稳流室。为了提高后续设备的处理效率，需要稳定进气的浓度与风速，稳流室的废气流速<3m/s。

③ 风机。选用 3 台型号为 4-68-6.3 的风机，除尘器负压运行，光催化单元正压运行。

④ 光催化氧化装置。处理的主体单元就是光催化氧化室，废气在该装置的截面流速为 1.5m/s，停留时间为 1.73s。纤维材料上负载有催化剂纳米 TiO_2 粉体。

⑤ 吸附室

用于进一步吸附分解有机废气，提高净化效率，废弃的截面流速为 1.5m/s，滤层初阻力为 34Pa，终阻力为 250Pa。

用光催化氧化法处理废气的工艺有以下特点：运行成本低、投资少、不产生二次污染。光催化氧化法在实际应用中常与布袋除尘器联合处理废气，从而减小废气夹带的颗粒物对光催化氧化产生不利影响。

8.3.3.3 生物降解技术

生物控制法是近年来发展起来的空气污染控制技术，与常规的处理法相比，生物法的优点是：成本低、设备简单、二次污染少，去除率高可达到 90％以上。生物法的实质就是在适宜的环境条件下，废气中的有机成分充当滤料介质中微生物的碳源和能源，微生物将有机物分解成为 CO_2 和 H_2O 的过程。

生物降解法广泛应用于有机物废气处理中，生物法净化处理有机废气的经济有效性越来越多地被人们发觉，随着污染物净化要求的不断提高，生物降解法也在逐步更新与发展。

大气污染控制中最有前景的两种生物反应器是生物滤池和生物滴滤池。

① 生物滤池用于处理时，废气的进料浓度不超过 $5g/m^3$。生物滤池的高度一般在 $0.5\sim$ $1.5m$，过高会增加气体流动阻力，太低则易产生沟流现象。Huber 采用单层及多层生物滤池，反应器体积 $>3000m^3$，处理的废气流速可高达 $200000m^3/h$，负荷为 $100\sim200m^3/$ $(m^3 \cdot h)$，废气中污染物浓度为每立方米数百毫克。

② 温度和 pH 值的控制。生物过滤系统的适宜温度为 $20\sim40℃$。一般高湿度、pH 值为 $7\sim8$ 的环境，适合细菌生存；低湿度、pH 值为 $3\sim5$ 时，真菌会大量繁殖。据报道，Braun 利用木片上培养的白腐真菌处理含芳香醇的有机废气。操作参数见表 8-12。

欧洲及美国目前对挥发性有机污染物的生物处理技术的使用已经比较广泛，技术相对成熟。但是在我国很少进行相关的研究，现有技术的应用不够普及。生物技术的处理气体的优

表 8-12 操作参数

参数	设计及运行范围	参数	设计及运行范围
空床停留时间/h	$15\sim100$	去除率/%	$95\sim99$
表面负荷/[$m^3/(m^2 \cdot h)$]	$50\sim200$	洒水量/[$m^3/(m^3 \cdot d)$]	$0.1\sim0.6$
有机负荷/[$g/(m^3 \cdot h)$]	$10\sim160$	进气浓度/[$g/(m^3 \cdot h)$]	<5

点有很多，如处理方式多样化，成本低、不会造成污染物转移和二次污染等，该技术因其独特的优势将来一定会在我国污染治理领域占一席之地。

8.3.3.4 冷凝

利用不同温度下物质饱和蒸气压不同这一特点，采用降低温度、提高系统压力或既降低温度又提高压力的方法，使处于蒸气状态的有机污染物冷凝并与废气分离的方法称为冷凝法。由于冷凝法对温度和压力的特殊要求，所以实际应用中常将该法与吸收、吸附、燃烧等法联合使用，以达到降低运行费用，提高回收、净化率的目的。

典型的带制冷的冷凝系统工艺流程如图 8-18 所示。

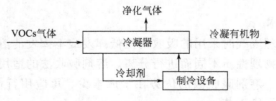

图 8-18 典型冷凝系统工艺流程图

案例：某聚乙烯厂、抚顺石油化工研究院、日本国际协力事业团（JICA）组成的协作组，采用冷凝-催化燃烧工艺处理富含水蒸气的有机恶臭废气试验。

该厂生产装置的有机恶臭气体排放量为 300～400m³/h，排气温度为 100～104℃，废气有机物中主要为苯，约占 96%（体积分数），其余为乙烯、丙烯、丙烷、二甲苯、联苯和联苯醚等。

（1）工艺流程 工艺流程图如图 8-19 所示。

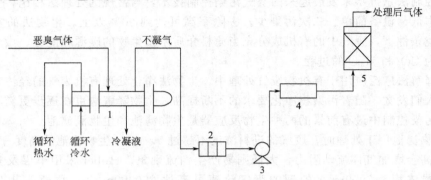

图 8-19 恶臭废气处理工艺流程
1—冷却器；2—阻火器；3—风机；4—加热器；5—催化燃烧反应器

（2）主要设备与操作参数

① 冷凝器。用于脱除废气中的水蒸气与夹带的联苯、联苯醚。主要参数：废气冷凝量为 360kg/h（450m³/h），废气经冷凝器从温度 104℃降低至 50℃，循环水量为 21t/h，循环水的温度从 30℃升高至 40℃，总传热系数为 160kcal/(m² · h · ℃)，换热面积为 36m²。

② 阻火器。用于防止在意外情况下火种进入聚乙烯生产装置。

③ 风机。用于为气体流动提供动力。

④ 加热器。用于预热废气中没有冷凝的气体至催化燃烧反应器入口需求温度。

⑤ 化燃烧反应器。将废气中没有冷凝的有机气体氧化成二氧化碳和水。主要参数：反应器入口温度为 200～350℃，床层空速为 10000～60000h⁻¹，废气的处理能力为 30m³/h。

⑥ 催化剂。由日本 JICA 公司提供，为蜂窝状 Pt、Pd、Ce 催化剂。孔密度为 200 目，堆积密度约为 600kg/m³。

（3）处理效果 本工艺可将该厂所排除的恶臭废气完全处理，冷凝下来的水量为 200～220kg/h。其中冷凝液里的联苯和联苯醚有机物的密度大于水，可以分离回收，冷凝水直接排放入污水处理厂。而不能被冷凝的总烃体积分数为 (1400～7100)×10⁻⁶，将进入后段的催化燃烧器进一步处理。催化段的试验表明，在入口气体温度为 300～350℃，床层空速为 15900～40000h⁻¹，反应器入口气中总烃的体积分数为 (64.9～691.0)×10⁻⁶ 时的总烃去除率为 90% 以上，处理后的气体满足国家《大气污染综合排放标准》（催 GB 16297—1996）的要求。

8.3.3.5 吸收技术

采用溶剂吸收法处理废气时采用的吸收剂是低挥发或不挥发的溶剂，主要原理是利用不同吸收剂和有机分子的物理性质不同而进行分离。溶剂吸收法的适用范围是高压、低温、高浓度的有机气体的处理。溶剂吸收法的优势在于成本少、可应用行业广泛。如图 8-20 为典型的吸收法控制有机物污染工艺。

有机废气由底部进入吸收塔，在上升的过程中与来自塔顶的吸收剂逆流接触而被吸收，被净化的气体从吸收塔顶排出。吸收了有机废气的吸收剂在热交换处理后进入汽提塔，进行解吸，吸收剂经过冷凝后可循环使用。解吸出的有机气体经过冷凝器和气液分离器后可以进

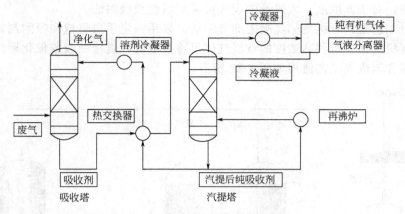

图 8-20　典型的有机气体吸收工艺

一步回收利用。

对于特定的吸收设备来说，吸收剂的选择是决定有机气体吸收处理效果的关键。对于低浓度的芳香族气体而言，在 20 世纪 80 年代多采用轻柴油作为吸收剂，其处理效率一般在 70% 左右。随着排放标准日益严格和环境质量标准的提高，上述吸收效率已难于满足其处理要求，以下以桂林市塑料彩印包装厂采用复方液吸收法处理甲苯废气为例，介绍用复方液吸收苯类有机物的处理工艺，其处理效率可达 87.5%。

(1) 工艺流程　吸收法处理低浓度苯类有机废气工艺流程如图 8-21 所示。

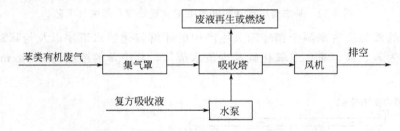

图 8-21　吸收法处理低浓度苯类有机废气工艺流程

该彩印厂在塑料膜印的生产过程中，由油墨及油墨稀释剂中挥发出来的甲苯类有机污染物严重污染了车间环境，该厂的甲苯最大发生量为 0.9kg/h。

(2) 主要设备及操作参数

① 集气罩。设置在印刷机座上部，用于捕集有机废气，共有 3 组，通风量 $Q=6000m^3/h$。

② 风管。连接于集气罩和吸收塔之间，主风管直径 $D=320mm$。

③ 吸收塔。用于吸收有机废气，型号为 WFL-03，复方液循环使用周期为 90d，系统吸收液用量为 $7.5m^3/h$。

④ 风机。用于排出废气，型号为 4-68 型 NO.45A 离心风机。

(3) 治理效果　该处理系统正常运行后，车间有机物浓度明显下降，处理后的废气中甲苯的浓度远远低于国家规定的排放标准，改工艺的苯去除率为 87.5%。德国专利采用硅油吸收苯类有机气体，并蒸馏回收之，效果非常好。

8.3.3.6　吸附

吸附法是这类有机物的另一种回收技术，直接燃烧、催化燃烧对低浓度、大风量的废气很难完全燃烧，对于低浓度、大风量的废气可采用活性炭吸附法。

常规吸附工艺是：有机气体经吸附剂吸附后，采用一定手段将饱和吸附剂解吸，从而得到高浓度的有机气体。这些高浓度的有机气体可冷凝或吸收直接回收或催化燃烧处理掉。活性炭纤维处理含苯废气工艺流程如图 8-22 所示。

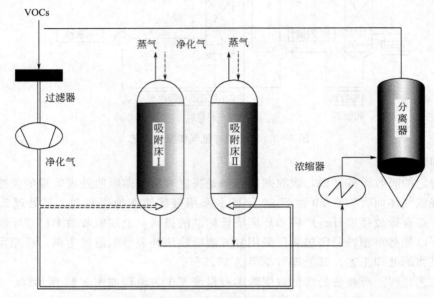

图 8-22　某农药厂活性炭纤维吸附装置处理含苯废气工艺

该农药厂的苯类废气来源于精喹禾灵生产中的咪鲜胺化脱水工序以及与咪鲜铵锰盐压滤工序。其组成为苯、氮、氧、二氧化碳及少量水蒸气，其中苯的浓度为 $200g/m^3$，工艺流程如图 8-23 所示。

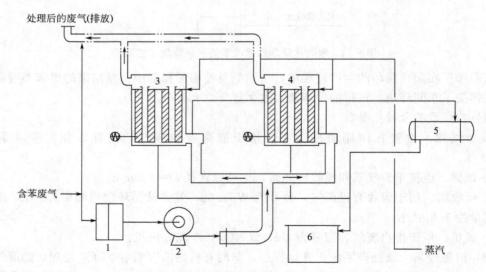

图 8-23　含苯废气的吸附处理工艺

1—过滤器；2—风机；3—吸附器Ⅰ；4—吸附器Ⅱ；5—冷凝器；6—分层槽

(1) 流程介绍　两个吸附器共用一个管路系统，切换使用。当吸附器Ⅰ在进行吸附处理时，吸附器Ⅱ在进行脱附与再生。含苯有机废气经过过滤器去除颗粒物质后，由风机鼓入吸附器底部，在吸附器内废气中的苯被纤维活性炭吸附下来，净化后的气体从吸附器顶部直接排放。当吸附器 Ⅰ 达到吸附饱和状态时，吸附切换至吸附器 Ⅱ。脱附时，使用水蒸气作为脱附介质从吸附器顶部进入，穿过吸附质，将被吸附的苯脱附并带出吸附器，该蒸汽直接进入冷凝器冷凝，冷凝后的苯和水在分层槽中分层，从而分离回收苯。运行过程中的所有切换都是自动控制。

(2) 操作参数

① 废气：该工艺处理的废气量为 $500m^3/h$，废气的排放温度为 $30℃$，排气压力为 $101.3Pa$。

② 系统阻力：包括管路系统和吸附器，整个处理过程的系统阻力为 $3500Pa$。

③ 气体流速：根据活性炭纤维对苯的吸附特性，确定气体流速为 $0.12\sim0.15m/s$。

④ 吸附温度：$<40℃$。

⑤ 脱附温度：$110℃$ 左右。

(3) 处理效果 该装置经过半年的处理，状态良好，苯的吸附率一直保持在 97% 以上，该工艺大大降低了环境中苯的污染。

8.3.3.7 膜分离技术

膜分离是选用指人工合成的或天然的膜材料为隔障，来分离混合气体或液体的过程。该法是一种新的高效的分离方法。用膜分离法可回收的有机物包括脂肪族和芳香族化合物、卤代烃、醛、酮、腈、酚、醇、胺、酯等。该法最适合处理有机物浓度较高的废气（$\geqslant1000\times10^{-6}$），回收效率可以达到 97% 以上。膜分离技术回收空气中的有机蒸汽与传统方法相比，具有高效节能、操作简单的特点，同时净化空气，不易造成二次污染，是一种很有前途的方法。膜分离技术的传统工艺如图 8-24 所示。

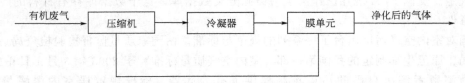

图 8-24　膜分离技术的传统工艺

有机废气首先进入压缩机，压缩后的气体接着进入冷凝器中冷凝，在这个环节可以回收冷凝下来的有机物，其余未冷凝的部分被膜分离单元分成两股，一部分回流至压缩机，另一部分直接从系统中排出。此工艺比较重要的一点是要保证膜进料侧的压力比渗透后侧的气流压力高，才能确保渗透过程的顺利进行。

用膜分离法回收有机气体最早是在汽油回收方面使用的。日本东电和日本钢管公司回收汽油蒸气的膜分离装置从 1988 年开始投入运行，至 1998 年十年间装置不曾出现任何运行的问题，也没有更换分离膜情况的出现，使用时间最长的分离膜已经超过 9 年。美国在膜法回收有机气体上也已有不少应用实例。MTR 开发的 Vaporsep 系统用于从聚烯烃树脂脱气的清洗氮气中把烯烃单体及其他碳氢化合物分离出来，回收的单体和氮气可回用。Goodyear、Geno 和 Visa Chemical 公司则用来把氯乙烯从反应器出口排放的废气中进行回收，回收率可高达 90%。德国 GKSS 公司于 1989 年建成第一套回收汽油蒸气膜装置后，在后续的十年间先后将 50 套装置投入运行，这些装置主要用于回收加油站和储油罐挥发出的汽油蒸气。膜法回收的研究和利用在我国起步相对较晚，目前还没有装置在工业中实际运行，中科院大连化物所和浙江大学等都在积极研究和开发此类有机气体法回收装置。

以日本钢管公司（NKK）承建的汽油蒸气回收装置为例进行介绍。

（1）工艺流程 供气经过滤器除尘和除雾后，送入膜组件，组件透过侧由真空泵造成负压，在膜两侧压力差作用下，有机气体选择性透过膜，一部分处理气体直接排放，另一部分气体进入吸收塔中，吸收有汽油的吸收液从塔底部流出，通过循环泵回收汽油，部分未吸收的汽油从塔顶排出循环进入进气中，再次处理。

（2）系统运行参数 运行参数见表 8-13。

表 8-13　系统运行参数

取样部位		进气 1	排放气 2	回收率 3
温度/℃		35	35	35
流量		400m³/h	314m³/h	250kg/h
组成/%	汽油	25	4.5	100
	空气	75	95.5	0

8.3.4　甲醛污染净化技术

在建筑选材和室内装饰装修过程中应选择甲醛释放量小的绿色建材和涂料。欧洲和美国在这方面已经制定了有关标准。如德国对木制品的甲醛释放量及建筑物中致癌 VOCs 的散发量作了明确限定。芬兰室内空气品质和气候委员会制定出指导方针来鼓励人们设计出更健康和舒适的建筑，他们基于材料散发出 VOCs、甲醛和氨的多少而把建筑材料分成 3 类。欧洲目前已开始自发地根据建筑装饰材料对室内空气品质的影响而对其进行分类标签，并在丹麦等国家得到应用。美国加州和华盛顿州要求建筑材料所散发出的 VOCs、甲醛及粒子要符合有关规定。美国 EPA 现在已作出了污染源分类数据库，这个数据库存有材料的 VOCs 散发量及毒性。

我国对室内空气污染出台了一系列的规范与标准。由国家质量监督检验检疫局、原国家环保总局、原卫生部制定的我国第一部《室内空气质量标准》于 2003 年 3 月 1 日正式实施。该标准为消费者解决自己的污染难题提供了有力武器。标准规定居室内甲醛量要小于 0.08mg/m³，但一般住宅装修后甲醛浓度平均为 0.2mg/m³，最高可达 0.81mg/m³，严重超出标准。由于技术与经济的限制，室内甲醛污染十分严重。人们正积极研究对策，以应对室内空气污染。国家质量监督检验检疫总局发布了《室内装饰装修材料　人造板及其制品中甲醛释放限量》国家标准（GB 18580—2001），该标准规定了室内装饰装修用人造板及其制品 E1 指标值级产品的甲醛释放限量为≤1.5mg/L；标准 GB/T 9846.1～9846.8—2004 推出 E0 指标值级产品甲醛释放限量≤0.5mg/L。日益严格的标准旨在保护消费者利益，当然也给人造板企业提出更高的要求。

随着日益严格的国家标准的强制执行，无论是采用无醛胶黏剂还是对脲醛树脂胶进行改性，势必会增加人造板材的成本。按照我国目前消费水平，如何平衡高品质与高成本的关系，生产出既适应国内市场需求，又能符合国家标准的绿色产品，是板材生产厂家急需解决的问题。

降低人造板及其制品中的甲醛释放量主要从四个方面着手：改进胶黏剂、添加能减少游离甲醛的助剂、人造板后期处理、改进人造板生产工艺。我国把降低人造板中游离甲醛的含量作为研究的重点，现已形成以下几种成熟的防治措施：

① 应用低摩尔比的脲醛树脂胶。傅深渊研究发现低摩尔比的脲醛树脂甲醛释放量可以

明显减少，随着甲醛与尿素摩尔比的降低，合成产物的黏度和固含量升高，游离甲醛含量降低，树脂的固化时间延长；也有人通过分批加入尿素以控制合成反应程度，从而降低甲醛游离量。

② 应用改性的脲醛树脂胶。SuminKim 研究指出，用三聚氰胺共混改性的 UF 胶黏剂压制的 MDF 的游离甲醛释放明显降低，原因是甲醛与三聚氰胺比与尿素更容易也更完全地发生加成反应；马文伟在氧化淀粉的糊化温度为 62～66℃时，将其加入到刚制备的脲醛树脂中，加入量是树脂量的 5%～10%，检测结果显示，改性脲醛树脂游离甲醛释放量从 3%～7%降低为 0.2%～0.5%；林巧佳等研究指出，当纳米 SiO_2 用量<1.5%时，用量越大，树脂的胶合强度越高，游离甲醛含量越低，针对其在纤维板中的应用工艺开展研究工作，开发高效型后交联促进剂和低成本的甲醛高效捕捉剂在脲醛树脂中的应用。

编者针对浸胶耐磨纸用三聚氰胺胶高甲醛释放率问题，设计出一种结构稳定的超低甲醛释放的新型三聚氰胺树脂生产工艺，为解决甲醛长期释放的游离甲醛和不稳定基团问题，编者开发并添加一定的交联助剂，以消除传统三聚氰胺树脂中的不稳定结构，形成地板中基材游离甲醛的后交联吸收反应层，从而显著降低板材甲醛释放。该技术已投入生产应用，使用该三聚氰胺的浸胶耐磨低生产的地板经国家人造板与木竹制品质量监督检验中心测试，地板甲醛释放量低于 0.2mg/L。生产工艺见图 8-25。该产品在长沙德新浸渍厂得到应用，每年生产这种复合地板耐磨纸超过 1000 万平方米。

图 8-25　复合地板耐磨纸、花纹纸生产照片

③ 在胶黏剂中加入三聚氰胺、尿素、栲胶、树皮粉等甲醛捕捉剂。杨明平用三聚氰胺与聚乙烯醇作为合成脲醛树脂胶的改性剂，游离甲醛释放量从 4%降低到 0.15%。掺加添加剂的耐磨低复合地板甲醛释放国家测试报告见图 8-26。

④ 吸附剂吸附法，有人用含有丙烯酸酰联氨类高分子化合物、酸酰联氨类高分子化合物以及有机氨化合物 3 种成分的水溶液作吸附剂，有效吸收游离甲醛。

⑤ 适当控制施胶量。有人试验，刨花板施胶量每提高 1.5%，甲醛释放量增加 1.088mg/100g。

⑥ 调整热压工艺参数。热压温度、热压时间、刨花含水率等工艺参数对刨花板甲醛释放量影响很大。随着热压温度的提高、热压时间的延长以刨花含水率的降低，板的甲醛释放量也呈直线下降。但热压时间延长和温度提高会增加能量损耗、降低生产效率、提高产品成本，更主要的是对降低游离甲醛作用不明显，仍不能解决问题。

⑦ 对板子进行后期处理。中南大学与康派木业利用氨与制品中的游离甲醛发生化学反应，生成六次甲基四胺，可有效地捕捉甲醛。缺点是设备投资大，生产现场的环保问题无法解决。有人在制品堆放前的热状态下，用尿素溶液喷洒制品表面，该法缺点是容易造成制品表面残留斑痕。对制品表面进行涂饰，也是降低甲醛释放量的有效方法。中南大学研究人员开发出一种涂覆用专利产品——甲醛清除剂，可将复合板材的甲醛释放量降至 0.2mg/L 以下，效果见图 8-27。这个成果已经规模化生产，每年应用复合地板超过 500 万平方米。

康派木业与中南大学产学研结合，采用真空箱间歇式低浓度氨熏的方法，有效并稳定地

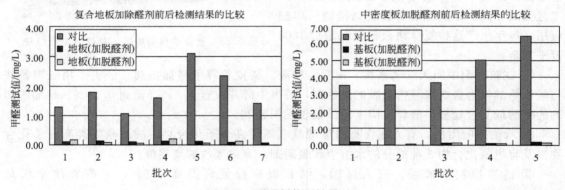

国家人造板与木竹制品质量监督检验中心

检验报告

No. 地板2010-099　　　　　　　　　　　　　共二页　第二页

委托单位		湖南康派木业有限公司		
生产单位		湖南康派木业有限公司		
产品名称		浸渍纸层压木质地板（强化木地板）		
检验项目	单位	标准规定值	检验结果	判定结果
静曲强度	MPa	$\bar{x} \geqslant 30.0$；Xmin≥24.0	$\bar{x}$ 35.5；Xmin 33.1	合格
内结合强度	MPa	$\bar{x} \geqslant 1.0$；Xmin≥0.8	$\bar{x}$ 1.64；Xmin 1.24	合格
含水率	%	3.0～10.0	7.3	合格
密度	g/cm³	≥0.85	0.88	合格
吸水厚度膨胀率	%	≤18	6.6	合格
表面胶合强度	MPa	$\bar{x} \geqslant 1.0$；Xmin≥0.8	$\bar{x}$ 1.94；Xmin 1.25	合格
表面耐冷热循环		无龟裂、无鼓泡	无龟裂、无鼓泡	合格
表面耐划痕		≥4.0N表面装饰花纹未划破	4.0N表面装饰花纹未划破	合格
尺寸稳定性	mm	≤0.9	0.52	合格
表面耐磨	转	家用1级：≥6000	7500	合格
表面耐香烟灼烧		无黑斑、裂痕和鼓泡	无黑斑、裂痕和鼓泡	合格
表面耐干热		无龟裂、无鼓泡	无龟裂、无鼓泡	合格
表面耐污染腐蚀		无污染、无腐蚀	无污染、无腐蚀	合格
表面耐龟裂	—	用6倍放大镜观察，表面无裂纹	用6倍放大镜观察，表面无裂纹	合格
抗冲击		≤10	6.9	合格
耐光色牢度	级	≥灰度卡4级	4级	合格
甲醛释放量	mg/L	E₁ ≤0.5	0.1	合格
备注				

编写：

审核：

批准：

2010 年 3 月 17 日

检验单位（公章）

图 8-26　三聚氰胺掺加添加剂的耐磨纸复合地板甲醛释放国家测试报告

图 8-27　脱醛剂使用效果对比

降低了 E2 级地板基材用纤维板的游离甲醛释放量；同时通过热压和养生，消除了基材中的残留氨。实践证明应用新 E0 技术的地板，实现了甲醛含量 0.2～0.3mg/L 的环保性能，仅是现行国家 E0 标准≤0.5mg/L 的 1/2。

⑧ 使用涂料封闭法。在刨花板的板面和四面涂覆一层用 15% 的石蜡和环氧乙烷制成的涂料进行封闭，可以降低游离甲醛散发速度，减少单位时间内甲醛的散发量。

⑨ 使用环保型阻燃胶。国外在这方面的研究比较早，尤其是日本。目前主要采用的方法有：a. 使用含电石微粒的低醛木材胶合剂。把粒径 0.9～100nm 的电石细粉加入甲醛系树脂中，其水解成的氢气和游离甲醛反应，把毒性强、气味大的甲醛转变为毒性较弱的甲醇，从而减少了甲醛的含量和释放量。例如：取甲醛系胶黏剂 100 份，淀粉 13 份，0.9～100nm 的电石超细粉 1～10 份，硬化剂 1 份，水 10 份，混合制成胶黏剂，黏合力为 0.83～0.88MPa，用它制成的胶合板，其甲醛释放量比没有添加电石的降低了 90%。b. 使用具有

甲醛捕捉剂的装饰板。采用在装饰纸的纸质基材上制造甲醛捕捉层，以及在表面保护层中加入甲醛捕捉剂的方法，来有效地捕捉从其内层材料（胶合板、刨花板和中纤板）中释放的甲醛，同时也可捕捉从室内其他物品中放出的甲醛。甲醛捕捉剂主要是氨基或胺类有机化合物。c. 使用含有乙酰乙酰基能吸收醛的热固型树脂。d. 天然植物中提取的含萜烯、含植物聚酚类的捕捉剂，对甲醛气体具有吸收反应作用。

8.3.5　小结

有机废气的净化回收问题，现在已经有了切实可行的解决方法，采用吸附法和膜分离法可以回收大量的有机溶剂。目前，吸附法已经实现了工业化，而膜分离法回收技术才开始研究，实现工业化还有一段距离，但是膜分离法的广泛适应范围扩大了有机物的处理种类，为以后回收处理各行业的有机废气提供了一种有效的方法。

第9章
汞蒸气净化

汞是室温下唯一的液体金属，在常温下可以挥发，20℃时汞蒸气饱和浓度可达到国家卫生标准的 1000 倍以上，温度越高，蒸发量越大，汞蒸气较空气重 6 倍。由于汞表面张力较大，若洒落在地面或桌面上即分散成许多小颗粒的汞珠，到处流散、无孔不入，不易清除，散成小汞珠后表面积增大，蒸发面也增大，蒸发速度加快，成为空气污染源。汞污染对生态环境的影响虽然是比较缓慢的，但进入生态环境的汞会产生长期的危害，特别是有机汞污染环境后，对人类造成严重威胁。由于全球煤炭消耗量巨大，汞经由燃煤过程的迁移、转化已成为它在生物圈内循环的一个重要途径。

9.1 汞蒸气的主要来源

汞污染的来源分为两方面：天然释放和人为排放。在这两方面中人为是一个重要原因。

美国的烟道气中汞的排放就高达 158t/a，占全世界汞排放总量的 3%，其中 33% 的汞是由燃煤电站排放的，约 50t。中国的排放也达到 138t/a，并且正以每年 4.8% 的速度增加。我国是世界第一产煤大国，能源结构中煤的比例大于 70%，根据预测，到 2015 年，煤炭还要占我国能源消耗的 62.6%，即使到了 2050 年煤炭仍将占我国能源消耗的 50%。因此煤炭燃烧过程中造成的汞污染在我国更加突出。

汞在燃煤过程中是以气态形式排放的。汞由于具有电离势高的特点而容易变成原子特性，具有原子特性的汞难富集、易迁移、无法被一般的装置捕集，最终以污染物的形式排入大气。

9.2 燃煤过程中汞蒸气的形态分布及排放状况

9.2.1 燃煤过程中汞蒸气的形态分布

自然界中汞有 3 种价态，零阶汞 Hg、一价汞 Hg^+ 和二价汞 Hg^{2+}。根据燃煤性质的不同，单质汞可占烟气中总汞的 $20\%\sim70\%$。在煤燃烧过程中，汞以蒸气的形式存在于烟气中。汞的热力稳定状态是元素汞的形式，在炉膛温度范围内（$1200\sim1500℃$）通常都是以稳定形态存在的，若温度$>800℃$，汞的化合物将处于热不稳定状态而分解成稳定的元素汞状态。因此，高温炉内，汞都是以气态元素汞的形式停留在烟气中（此时烟气中汞的浓度一般小于 $10\mu g/m^3$）。

烟气中，汞的存在形式有两种：颗粒汞和气相汞（气相元素汞 Hg^0 和气相二价汞 Hg^{2+}），$400℃$ 以下的气相汞成分以 $HgCl_2$ 为主，$600℃$ 以上的成分主要是 Hg^0，若温度处于两者之间，则两种形态共存。和颗粒表面结合的是固相汞，易被除尘器脱除。在 Hg^+ 和 Hg^{2+} 这两种离子态中，烟气中的一价汞和二价汞较稳定且易溶于水，因此可通过湿法洗涤系统捕获的方法来脱除。颗粒炭可将烟气中氧化态的汞蒸气基本全部吸除，烟气的温度决定了吸收的程度，除尘设备继而将烟气中吸收了汞的炭颗粒除去，所以二价汞 Hg^{2+} 在大气中的排放量比较少；相比而言，元素汞 Hg^0 形态稳定，难以被污染控制设备收集而直接排入大气。

9.2.2　燃煤过程中汞蒸气的排放状况

汞是煤中的痕量重金属元素之一。煤含汞量因煤种、地区的不同而有所差别。在澳大利亚，煤中汞含量的范围是 $0.03\sim0.25mg/kg$，平均为 $0.087mg/kg$；哥伦比亚煤平均汞含量 $0.04mg/kg$；美国东部煤中汞含量 $0.09\sim0.51mg/kg$，平均为 $0.22mg/kg$。1993 年美国新泽西环境保护组织（NJDEPE）进行了统计：煤中汞的平均含量在 $0.12\sim0.28mg/kg$ 范围内。陈冰如等在研究我国煤中微量元素的分布时指出：我国煤中汞元素浓度范围为 $0.308\sim15.9mg/kg$。王起超等通过分析表明：我国煤炭的平均汞含量为 $0.22mg/kg$。1994～1995年，美国人为排放汞的总量为 159t，其中，89% 是由于燃烧所致。自 1978～1995 年，我国燃煤工业累计向大气排放汞达到 2493.8t，汞排放量的年平均增长速度为 4.8%。可以预见，防止燃煤汞污染是 21 世纪电力工业最重要的环保课题之一。

9.3　燃烧过程中汞的净化技术

目前，燃煤中汞的净化技术有三个方面：燃烧前脱汞、燃烧中脱汞和燃烧后脱汞，三种方法中研究最广泛的是燃烧后脱汞技术。

9.3.1　燃烧前脱汞

燃烧前脱汞是一种新的污染防治战略，它的主要手段是阻止汞的燃烧，该目的是通过对原煤进行浮选从而除汞来实现的。燃烧前脱汞本质上是一种物理清洗技术，建立依据是煤粉中有机物质与无机物质的密度不一样，且与有机物质亲和性差。相似于其他矿物质，汞主要存在于无机物质中，在洗选时汞在浮选废渣中大量富集而被去除。最近的研究发现，煤中汞和煤中全硫分及灰分呈显著正相关，这进一步说明汞与无机元素有密切的依存关系，并且汞可能主要以硫化物结合态和残渣态大量富集在黄铁矿中。据估计，$50\%\sim80\%$ 的灰分和 $30\%\sim40\%$ 的硫分可通过常规选煤方法得以去除，汞随着硫分及灰分的脱除，其去除率可达到 37%。尽管采用洗煤技术平均可脱除煤中的一部分汞，但是洗煤并不能完全解决汞的排放控制问题。

利用汞的高挥发性对煤进行热处理，通过加热可以使原煤中的汞挥发出来，从而达到脱除汞的目的。但是在热处理的过程中，原煤会发生热分解，导致煤的热值损失。因此，燃烧前脱汞技术并不能完全解决汞的排放控制问题。

9.3.2 燃烧中脱汞

目前，在燃烧过程中进行汞脱除的研究很少，但是，用燃烧控制技术去除其他污染物的过程对汞脱除起到了积极的作用。在这些过程中，汞和一些微量重金属可通过流化床燃烧的方式将排放量降低，这主要是因为炉内较长的停留时间增加了汞被微颗粒吸附的机会，增加了气态汞的沉降效率；低氮燃烧技术同样有利于汞的污染控制，这可能是因为其操作温度较低，导致烟气中氧化态汞的含量增加的缘故；利用 Hg^{2+} 容易被吸附的机理，燃烧气氛和燃料成分以不同比例存在时对汞的去除率有一定影响，可以研制某种催化剂或添加剂，提高 Hg^0 氧化成 Hg^{2+} 的比例，也能有效控制汞污染。

9.3.3 燃烧后脱汞

燃烧后脱汞（烟气脱汞）可能是未来电厂汞污染控制的主要方式。随着环保标准的不断提高，各种除尘和烟气脱硫脱氮的污染控制设备的应用也会越来越广泛，这就增大了烟气脱汞的发展空间，烟气脱汞的研究重点主要集中在如何将汞的脱除效率在现有污染控制设备的基础上提高，走复合式污染控制之路。当然，开发更先进的脱汞技术也是势在必行的。

9.4 烟气中汞蒸气的脱除方法

汞的形态分布即烟气中汞以何种形式存在决定了脱除汞的有效性，而烟气中汞的形态分布与烟气成分（如氯化物、SO_x、NO_x）、飞灰成分、温度等有很大关系。目前认为，烟气中的汞主要有 3 种形式：颗粒态汞（Hg_p）、气态零阶汞（Hg_g^0）和气态二价汞（Hg_g^{2+}），且如何脱除烟气向大气排放的汞是燃煤汞排放控制技术研究主要集中所在。在我国，国家电站燃烧工程技术研究中心、浙江大学、华中科技大学和中南大学等已开始进行研究，目前只是处于实验室研究的起步阶段。我们在借鉴国外对重金属特别是燃煤汞排放控制的研究经验的基础上，有可能在燃煤汞污染控制技术上较快取得工业应用的成果。

燃煤烟气汞排放控制方法根据国内外文献可大致分为以下 4 种。

（1）吸附剂吸附法　将烟气中的汞用活性炭等吸附剂吸附去除。活性炭吸附烟气中汞的方式有两种：一种是将活性炭喷在颗粒脱除装置前，再通过除尘器将吸附了汞的活性炭颗粒去除；另一种是设置活性炭吸附床，使烟气从中穿过，注意防止活性炭的颗粒过细而使压降增大。通过垃圾焚烧炉控制重金属汞的污染防治技术在很早之前就是通过布袋除尘和活性炭吸附技术进行的，除汞效率在合适的碳汞（C/Hg）比例条件下可达到 90% 以上。在燃煤电站锅炉的烟气除汞方面，适当增加碳汞（C/Hg）比例除汞效率可以达到 30% 以上。另外，可将卤化铜、硫或者碘通过化学方法渗入活性炭表面以增强其活性，并且卤化铜、硫或者碘可与汞发生反应来防止汞从活性炭表面蒸发逸出，从而提高了吸附效率。

但是燃煤电站通常难以承受直接采用活性炭吸附的方法，因为其成本很高。据美国EPA 和 DOE 估算结果表明：选用活性炭喷入方式在燃煤电站除汞，每脱除 1 磅的成本是14200～70000 美元；活性炭吸附床除汞的成本是每脱除 1 磅汞耗资 17400～38600 美元。研究人员广泛开始研发新型、价格低廉吸附剂来取代昂贵的活性炭。

为此，国外学者研究利用钙基吸附剂 $[CaO、Ca(OH)_2、CaCO_3、CaSO_4 \cdot 2H_2O]$ 来脱除汞。在模拟燃煤烟气进行的实验中发现：$HgCl_2$ 通过 $Ca(OH)_2$ 吸附后，去除率可达到 85%，零阶汞（Hg^0）只有在 SO_2 存在的情况下才有 18% 可以被除去。$HgCl_2$ 也可以被 CaO 等碱性吸附剂很好地吸附，SO_2 存在时对 Hg^0 的脱除率为 35%。Ghorishi 在研究 HCl 对钙基吸附剂的影响时发现：带有结晶水的 $CaSO_4$（$CaSO_4 \cdot 2H_2O、CaSO_4 \cdot 1/2H_2O$）对 Hg^0 的吸附作用由于氯原子和 Hg^0 相互作用而大大增强。目前，钙基吸附剂尚处于实验室研究阶段，还未用于工业实践。

美国 PSI（Physical Science Inc.）用沸石材料作为吸附剂来控制工业锅炉排放的汞。将定量的零阶汞（Hg^0）加入燃煤烟气中进行实验，结果表明：沸石在高温和低温下都可以吸附 Hg^0 和 Hg^{2+}。沸石材料作为一种新型吸附剂的研究仍在进行，它在替代活性炭方面存在的巨大潜力已逐渐被人们所认可。

美国辛辛那提大学 keener 教授利用修饰过的吸附剂来捕捉汞。在实验室模拟试验中，将修饰过的吸附剂喷入到高温燃烧器中，汞蒸气在其表面被吸附氧化后通过除尘装置将凝聚团除去。Hg^0 在修饰过的吸附剂表面氧化为 Hg^{2+} 进入气相，可用洗涤方法高效除汞。Keener 教授还开发了一种电厂烟道气脱汞新工艺技术，并进行了工业试验获得成功，为电厂大规模脱汞提供了一种可行方案。将浸渍催化剂的活性炭喷入烟温在 140℃ 左右的烟道内，修饰活性炭随烟气流动，修饰活性炭在湍流过程中，95% 以上的元素汞被吸附且催化转换成 Hg^{2+} 而进入气相。活性炭被后续设置的袋滤器收集又重复利用。含 Hg^{2+} 的烟气可用一般洗涤方法洗涤，99% 以上转移到液相中，其工艺流程如图 9-1 所示，操作参数见表 9-1。

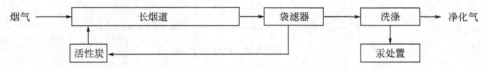

图 9-1　烟道气喷炭脱汞工艺流程图

表 9-1　烟道气喷炭脱汞操作参数

活性炭在烟道中停留时间/s	1.5～3	元素汞催化转化率/%	>95
烟道气体流速/(m/s)	12～18	活性炭喷入浓度/(mg/m³)	10～60
活性炭催化反应温度/℃	140	鼓泡洗涤器空塔速度/(m/s)	3～4
元素汞浓度/(mg/m³)	85～100	离子汞洗涤去除效率/%	>99

烟道气喷炭脱汞工艺的关键在于研究开发改性活性炭。中南大学开发了一种载氯化铜活性炭，对元素汞蒸气固定床吸附催化有非常好的效果。固定床吸附性能见图 9-2，喷炭脱汞性能见图 9-3。

氯化铜在汞净化过程中起着催化作用，其作用机理是：

$$Hg + 2CuCl_2 \longrightarrow HgCl_2 + 2CuCl$$
$$2CuCl + 1/2O_2 \longrightarrow Cu_2OCl_2$$
$$Cu_2OCl_2 + 2HCl \longrightarrow 2CuCl_2 + H_2O$$

总反应方程式为：

$$Hg + 2HCl + 1/2O_2 \xrightarrow{CuCl_2} HgCl_2 + H_2O$$

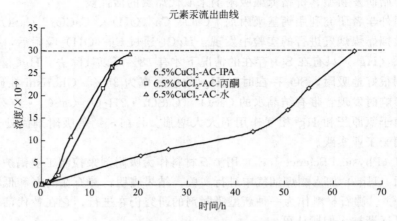

图 9-2　载氯化铜活性炭固定床元素汞吸附流出曲线

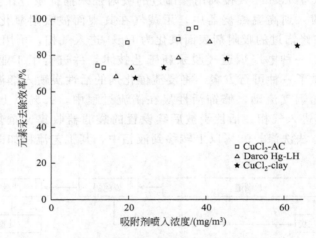

图 9-3　载氯化铜活性炭喷炭脱汞实验性能

　　国内外有不少人致力于开发脱汞催化材料，其作用机理基本相似。他们改性方法与性能总结于表 9-2。

　　(2) FGD 除汞法　利用湿法脱硫装置（FGD）除汞。根据烟气中大部分的含汞化合物可溶于水这一特性，脱硫系统除汞是通过溶解烟气中的二价汞进行，未溶解的部分零阶汞和二价汞在经过除尘器（FF 或 ESP）时被除去。湿法脱硫装置（WFGD）可以除去烟气中 $80\% \sim 95\%$ 的 Hg^{2+}，对于不溶于水的 Hg^0 去除效果不显著。据统计，WFGD 脱除烟气中总汞的效率在 $45\% \sim 55\%$ 范围内，还可以控制颗粒和 SO_2 的排放。通过将 WFGD 改进处理，将不溶性的 Hg^0 转化为 Hg^{2+} 后，WFGD 的除汞效率将得到很大的提高。美国 Argonne 国家实验室将新型氧化剂 $NO_x SORB$（氯酸 $HClO_3$ 和氯酸钠的混合物 $NaClO_3$）喷入到 149℃的烟气中，气态 Hg^0 被 100％氧化为 Hg^{2+} 而被 WFGD 捕捉去除。这种氧化剂在除汞的同时也将 NO 的排放量减少了 80％。美国 Radian 实验室使用含铁和含钯类物质充当氧化剂，149℃时烟气中的气态 Hg^0 几乎全部转化为 Hg^{2+}。科学家们用 WFGD 的固体废物和废液作 TCLP 酸液浸出试验和挥发性检验，发现 WFGD 的废物和废液中所吸附的汞稳定且难以溢出。

　　(3) 飞灰除汞法　通过飞灰吸附作用来除去烟气中的汞。烟气中的汞可被燃煤产生的飞灰所吸收，飞灰的含炭量越高越有利于的汞的吸附，但也有科学家认为大幅度增加飞灰的含

表 9-2 脱汞吸附催化材料基本情况

改性活性组分	载体	使用方法	效率或吸附容量	费用高低	使用温度/℃	应用情况
无	活性炭	吸附剂喷射技术（需炭过滤分离系统）、固定床	20%~40%	低中等	低温操作	已商业化应用
氯化铜	活性炭	吸附剂喷射技术（需炭过滤分离系统）、固定床	80%~99%	低中等	100~140	已商业化应用
氯化铜	活性氧化铝	吸附剂喷射技术（需炭过滤分离系统）、固定床	70%~99%	低中等	100~140	已商业化应用
碘	活性炭	吸附剂喷射技术（需炭过滤分离系统）、固定床	>60%	中高等	107	实验阶段
溴	活性炭	固定床	高	高	30~140	实验阶段
硫,硫化物	活性炭	固定床	>90%	低中等	140~160	实验阶段
氯化钙	活性炭	固定床	60%~80%	低中等	100	实验阶段
β-氨基蒽醌(BPL-A)	活性炭	固定床	吸附容量 39μg/gC 吸附容量 39μg/gC	中高等	140 25	实验阶段
2-(氨基甲基)吡啶(BPL-P)	活性炭	固定床	吸附容量 0.2μg/gC 吸附容量 0.3μg/gC	中高等	140 25	实验阶段
2-氨基乙硫醇(BPL-T)	活性炭	固定床	吸附容量 14μg/gC 吸附容量 1247μg/gC	中高等	140 25	实验阶段
H_2O_2 改性	活性炭	固定床	吸附容量 1470.5μg/gC(20℃)，219μg/gC(90℃)	低中等		实验阶段
MnO_2	活性炭	固定床	吸附容量 3400μg/gC(20℃)	低	20	实验阶段
$FeCl_3$	活性炭	固定床	吸附容量 3000μg/gC(20℃)	低	20	实验阶段
$ZnCl_2$	活性炭	固定床	吸附容量 400~800μg/gC(20℃)	低	25	实验阶段

炭量无法相应提高飞灰对汞的吸附能力。并且飞灰的电阻率对含炭量的增大而降低，从而降低 ESP 的除尘效率。比较不同烟温下的飞灰样品发现，低温利于飞灰吸附的进行。煤种类不同，飞灰也有差别，烟煤比次烟煤、褐煤飞灰的吸附率和氧化性要高。有研究者利用循环流化床 (CFB) 来吸附汞并控制颗粒排放。CFB 增加了颗粒的停留时间（大量飞灰在 CFB 中停留 4s），充分利用小颗粒对 Hg 的吸附能力，同时增强了小颗粒的凝聚作用，有助于减少小颗粒的排放。另外，也可将含碘活性炭（IAC）喷入到流化床中，可进一步提高 Hg 的捕捉效率。

（4）氯化法除汞　该技术由挪威公司开发。烟气进入脱汞塔，在塔内与喷淋的 $HgCl_2$ 溶液逆流洗涤，烟气中的汞蒸气被 $HgCl_2$ 溶液氧化（$30\sim40℃$ 条件下）生成 Hg_2Cl_2 沉淀，从而将 Hg^0 去除。反应式如下：

吸收主要反应：

$$2HgCl_2 + 2Hg \Longrightarrow 2Hg_2Cl_2$$

氯化主要反应：

$$Hg_2Cl_2 + Cl_2 \Longrightarrow 2HgCl_2$$

通常，将生成的一部分 Hg_2Cl_2 沉淀用 Cl_2 氧化，使 Hg_2Cl_2 再生为 $HgCl_2$ 溶液以便循环使用。由于 Hg_2Cl_2 沉淀剧毒，生产过程中需加强管理和操作。

株冶集团引进了整套烟气脱汞工艺与装备，用于锌焙烧制酸烟气的汞净化。基本工艺过程是：净化的 SO_2 烟气经降温、除杂、降雾后，进入除汞反应塔，含汞烟气从塔底进入，经循环液喷淋洗涤后由塔顶排出送入下道工艺，烟气中的汞与洗涤液中 $HgCl_2$ 反应生成不溶于水的 Hg_2Cl_2，生成的 Hg_2Cl_2 经第一、第二沉降槽沉降分离后，一部分作为产品从系统中排出，一部分送入甘汞氯化槽，经氯气氯化后作为循环液母液，送入浓 $HgCl_2$ 液储槽备用。氯化法除汞工艺流程如图 9-4 所示。

工艺参数见表 9-3。

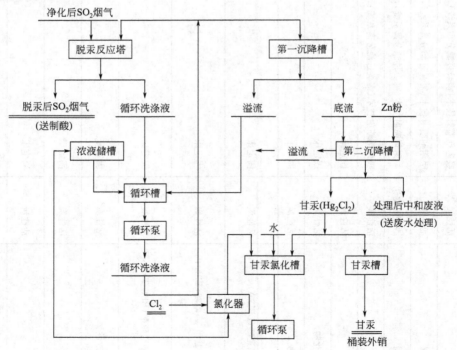

图 9-4　氯化法除汞工艺流程

表 9-3　氯化法除汞工艺参数

性能	参数	性能	参数
入口烟气负压/Pa	−3000～−2500	烟尘含量/(mg/m³)	5
烟气温度/℃	35～42	SO_2浓度/%	6%～7.5%
烟气流量/(m³/h)	80000～90000	脱汞反应塔气速/(m/s)	2～4
酸雾/(mg/m³)	3～15	脱汞反应塔液气比/(L/m³)	5～8

（5）其他方法　有研究者利用金（或其他贵金属）网吸附烟气中的汞，然后从这些贵金属中析出汞，再生后的汞可以用于工业。另外，脉冲电晕等离子体这种新型技术也可以用于燃煤烟气中汞排放的控制。

9.5　脱汞设备及优化措施

燃煤烟气净化在发达国家有严格的要求，在烟气排放之前，不仅需要经过高效除尘装置，还要经过各种烟气脱硫和脱氮设备以去除大气污染物。研究表明，运用这些污染控制设施能有效地减少在燃煤过程中的汞释放量（表 9-4）。如果要提高脱除效率，还必须对现有的污染控制装置进行适当改造，以便满足控制要求。除尘控制单元、有害气体控制单元是现有电厂大气污染物控制设备中的主要的脱汞单元汞。随着燃煤电厂逐步配备烟气脱硫（flue gas desulfurization，FGD）及选择性催化还原（selective catalytic reduction，SCR）脱硝系统，利用常规污染物控制设备实现汞的高效脱除成为了一种极具竞争力汞排放控制方法。

表 9-4　部分现有大气污染物控制设备脱汞效率数据

控制设备	温度/℃	烟煤除汞率/%	无烟煤除汞率/%	褐煤除汞率/%
冷侧除尘器	130～170	56	12	47
热侧除尘器	250～400	27	9	
布袋除尘器	130～170	85	75	58
湿法脱硫·冷侧除尘器	130～170	51	27	48
湿法脱硫·热侧除尘器	130～170		35	
湿法脱硫·湿法洗涤	130～170	12	18	
喷雾干燥·布袋除尘器	130～170	83	22	25

（1）除尘控制单元　现有电除尘器的除尘效率一般可以达到99%以上。这样，烟气中的固相汞（以颗粒形式存在）可同时得到脱除。但是一般认为，颗粒形式存在的汞所占煤燃烧中汞总排放量的比例小于5%，如果在炉内高温下，这个比例还要小得多，并且这部分汞大多数存在于亚微米级的颗粒中，一般电除尘器对这种粒径范围的颗粒的脱除效率很低，所以说，电除尘器的除汞能力很有限。而对冷侧电除尘器而言，烟气经过省煤器，其温度得到了降低，在烟气冷却的过程中，汞经历了一系列物理和化学变化，其中部分凝结在了飞灰颗粒表面上，相比热侧除尘器，冷侧电除尘器用于脱除固相的汞更为有效，可以获得大约37%以上的脱汞效率。有关研究也有力地证实了这一结论。此外，实验还发现，当烟气通过除尘器时，大约5%的Hg^0在飞灰中某些金属氧化物的催化氧化下转化成为Hg^{2+}，这对于汞在脱硫系统中的脱除很有利。布袋除尘器（PP）通常是用来脱除具有高比电阻的粉尘和微细粉尘的，尤其是在脱除微细粉尘方面有独特的效果，成为我国未来发展和应用的又一个较新的除尘技术，加上部分微颗粒上可以富集大量的汞，所以布袋除尘器在脱除离子汞和元

素汞方面有很大的潜力。

（2）有害气体控制单元　由于 Hg^{2+} 比较容易溶于水，并且烟气脱硫系统的温度比较低，所以利于元素汞的氧化以及二价汞的吸收，让其富集到飞灰颗粒表面，在湿式烟气脱硫系统中，无论是用石灰还是石灰石作为吸收剂，都可除去 85% 以上甚至是全部的 Hg^{2+}，但是对 Hg^0 没有明显的脱除效果。由平均数据可以看出，干法脱硫系统的脱汞效率一般处于 35%～85% 之间。此外，有关研究还证实，烟气脱硫系统的脱汞效率会随着入口烟气中汞的形态的变化而变化，对于入口烟气中的氧化态汞含量比较高的电厂，汞的排放要比入口烟气中的元素态汞含量较高的电厂少。要注意的是，在湿法脱硫系统中，由于洗涤液中少量的氧化态汞可通过还原反应而被还原成元素汞，所以烟气脱硫系统的出口在短时间内会出现元素汞的浓度峰值，该反应平衡要几天的时间才能够达到。

已经发现在燃用烟煤及无烟煤的电厂，应用 SCR 工艺，可以使出口烟气中氧化汞的含量增加 35%，这有利于提高烟气脱硫系统的脱汞效率。在燃煤电厂，如果除尘、脱硫、脱硝等控制装置同时运行，其联合脱汞的效率可以高达 90%。大量研究表明改性 SCR 催化剂可以促进汞的氧化。虽然现有商业 SCR 催化剂已在工业上成功应用，但是它们仍存在一些缺陷，新型的改性催化剂将来很可能替代现有的 SCR 催化剂。探索性地研究该类催化氧具有重要的科学意义和实践价值。

V_2O_5、Fe_2O_3、CuO、Cr_2O_3、Mn_2O_3、NiO 和 MoO_3 等金属氧化物被广泛研究并应用于 SCR 脱硝以及汞催化氧化，其中，V_2O_5 作为商业 SCR 催化剂的活性组分具有很强的催化活性。然而，钒基催化剂的温度窗口较窄，只有在较高温度下（280～350℃）才具有强的活性，因此该催化剂必须置于除尘装置以前。长期暴露于高浓度的飞灰环境使得该催化剂容易中毒失效。另外，V_2O_5 是一种剧毒物质，在催化剂生产、使用过程中容易对人类及环境造成危害。中南大学开发了一种具有低温活性、环境友好的金属氧化物 CeO_2 改性 SCR 催化剂，取得较好的效果。研究者采用超声波增强的浸渍法合成了 CeTi 催化剂，在固定床上研究了 CeTi 催化剂对模拟燃煤（低阶煤）烟气中汞的氧化。合成的 CeTi 催化剂可以高效氧化模拟燃煤烟气中的汞，CeTi 催化剂上汞的氧化效率可达 90% 以上。CeTi 催化剂上汞的氧化遵循 Langmuir-Hinshelwood 机制，形成氧化态的汞。催化剂添加 TiO_2 后，Ti^{4+} 可以进入 CeO_2 晶体内部，增强了铈基催化剂对 SO_2 的抵抗力，该催化剂性能见图 9-5。

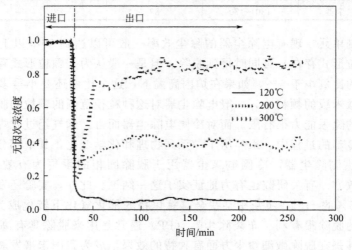

图 9-5　改性 SCR 催化剂固定床汞流出曲线

9.6 脱汞技术发展前景

　　虽然现有的污染控制装置能较好地除去氧化态汞，但对元素汞却没有太好的效果，所以元素态汞的脱除是开发新脱汞技术的主要方向。对于元素态汞，添加吸收剂吸收或者吸附气态元素态汞是目前发展最快的技术，该技术可使气态元素态汞得以沉降而去除。现在的研究主要是集中在包括气相添加剂在内的吸收剂的开发以及吸收过程中物理化学反应的特性研究上，同时，各种影响吸收效果的参数（温度、烟气中水蒸气及飞灰粒度、Cl_2、SO_2含量等）的研究也在进行。目前，所选用的吸收剂包括活性炭、黏土、高岭土、氢氧化钙、石灰石、硫化钠、石灰以及部分金属，而一直被看好的喷入活性炭颗粒技术（PAC）脱汞的前景不是很明朗，活性炭吸附剂脱除汞虽然有着很高的效率，但因其价格昂贵，经济性不高，加上还存在很多的技术难题，因此许多研究工作都是围绕着寻找廉价而高效的替代物所展开的。其中已经对金属吸收剂进行了大量的实验研究。利用特定金属与汞能形成合金的特性去除烟气中的汞，且这种新的合金在提高温度的情况下能进行可逆反应，进而实现汞的回收及金属的循环利用。而更令人欣喜的是，金属的吸收率和汞的化学形态是无关的，这样，元素汞的控制难题就有望得到解决。据最新的网上报道，美国伊利诺伊州的科学家已经成功地开发出了一种可低成本高效率去除电厂排出汞的新技术，这种技术是将谷物中提取的一种活性炭成分注入到发电厂燃烧煤烟道的气体中，活性炭成分可发生吸附作用从而将汞金属去除，而这种活性炭性能与市售活性炭相当甚至更好，且价格便宜。

第10章

恶臭净化

10.1 恶臭的来源

恶臭气体是指挥发性物质分子在空气中扩散，被吸入人体的嗅觉器官而引起不愉快的气体。恶臭是一种感觉，较难以定量，且因人和环境而变。经济发展日益迅速带动人民生活水平不断提高，使得人们对工作和生活环境的要求也逐步提高，恶臭作为环境公害之一，已越来越受到关注。

恶臭物质存在于水体、固体废物和大气中，通过空气传播到人的鼻孔而使人感到臭味。迄今为止，有4000多种恶臭物质是人们可以凭借嗅觉感觉到的，在这些恶臭物质中对人体危害比较大的主要有硫化氢、氨、硫醇类、甲基硫、三甲胺、甲醛、铬酸、苯乙烯、酚类等。

产生恶臭的污染源十分广泛，除了造纸、化工等数十种工业生产过程外，现代城镇垃圾场、农贸市场、废品站、屠宰厂、厕所、下水道等都是恶臭的发源地。尤其是农贸市场，由于缺乏统筹安排，卫生管理不是很到位及对废物处理不善，导致蔬菜、动物皮毛甚至内脏到处乱扔，腐烂后产生大量恶臭。

具体地说，恶臭的来源有以下几个方面。

（1）工业恶臭 恶臭在工业生产中的来源部门主要有石油化工厂、精致厂、化肥厂、涂漆厂、农药厂、橡胶厂、制革厂等。硫化物、苯类、醛类以及焦油、沥青蒸气、氨和各种有机溶剂等是这些部门产生的主要恶臭物质，味道复杂难以忍受。工业恶臭作为恶臭的重要源头已成为重点防治对象。

（2）农牧业恶臭 恶臭气体还可由农牧业中的家禽饲养场、畜牧场、屠宰厂等行业产生，农牧业生产过程中产生的生物粪便和腐烂的果菜都是恶臭的产生源头。随着近几年畜牧业生产规模的不断发展扩大，养殖场恶臭已成为恶臭污染不可忽视的因素。

（3）城市公共设施恶臭　此类恶臭是由城市的污水河道、垃圾场、医院、市政管网、厕所等公共设施产生的，譬如污水、医药、粪尿、医院等都是恶臭源头。此类源头作为潜在的不安定因素已经成为城市重要的污染源，会对城市的形象造成影响。

（4）燃料燃烧恶臭　在居民生活和工业生产中排放的化石燃料燃烧产生的含硫废气而产生的恶臭。

（5）餐饮油烟恶臭　最近几年，因油烟产生异味而遭到投诉的事件逐渐增多，这种扰民事件应得到广泛注意。

（6）机动车废气恶臭　机动车数量日益增加，其尾气造成的污染也随着被投诉的增多而成为关注的热点。

（7）恶臭化学物质　硫化氢、甲硫醚、二硫化碳、苯乙烯已被列入国家恶臭污染物排放标准中规定的恶臭化学物质范畴中。恶臭的主要来源及臭味性质见表 10-1。

表 10-1　恶臭物的主要来源及臭味性质

类别	物质名称	主要来源	臭味的性质
1	氯气 含卤素有机物	化工合成、医药、农药 合成树脂、合成橡胶、溶剂灭火器材、制冷剂	刺激臭 刺激臭
2	烃烯炔类 芳香烃类	炼油、炼焦、石油化工、电石、化肥、内燃机、油漆、油墨、印刷 食品、炼油、石油化工、化肥、油漆、油墨、印刷、涂料、黏合剂	刺激臭 香水臭、刺激臭
3	脂肪酸类 酚类 醇类 醛类 酮类 酯类	石油化工、油脂加工、皮革制造、合成洗涤剂、酿造、制药、粪便 溶剂、涂料、油脂工业、石油化工、合成材料、照相胶卷 石油化工、油脂加工、皮革制造、肥皂、合成材料、酿造、林业加工 炼油、石油化工、医药、内燃机排气、垃圾、铸造 油脂工业、石油化工、溶剂、涂料、合成纤维 合成纤维、合成树脂、涂料、黏合剂	刺激臭 刺激臭 刺激臭 刺激臭 刺激臭 香水臭、刺激臭
4	吲哚类 硝基化合物 氨 胺类	粪便、生活污水、炼焦、肉类腐烂、屠宰牲畜 染料、炸药 氮肥、硝酸、炼焦、粪便、肉类加工、家畜饲养 水产加工、畜产加工、皮革、骨胶、油脂化工	刺激臭 刺激臭 尿臭、刺激臭 粪臭
5	硫化氢 硫醇类 硫醚类	牛皮纸浆、炼油、炼焦、石化、煤气、粪便、硫化碳的生产或加工 牛皮纸浆、炼油、煤气、制药、农药、合成树脂、合成纤维、橡胶 牛皮纸浆、炼油、农药、垃圾、生活污水下水道	腐蛋臭 烂洋葱臭 蒜臭

10.2　恶臭的性质、特点和危害

10.2.1　恶臭的性质

① 恶臭物质的嗅觉阈值浓度一般低达 $10^{-9} mol/L$，处理后所要求的浓度要更低。

② 恶臭污染广泛存在于工业、农业、商业、养殖畜牧业和身体分泌物当中。

③ 恶臭通常为多组分混合物，其中有一万多种。决定恶臭气味强度的因素主要有恶臭物质的种类和其浓度。人一般的嗅觉阈值都在 10^{-9} 数量级以下，远远超过分析仪器的最低

检测浓度（一般是 $10^{-9}\sim10^{-6}$ 范围），所以检测定量比较困难。

10.2.2　恶臭的特点

① 恶臭污染排放高度、地形条件、排放强度、气象条件等综合因素造成了恶臭污染的发生。其中大气气象条件对恶臭污染的影响较大，相同排放强度的条件下，恶臭污染随气象条件不同而不同。

② 相较于仪器，人类嗅觉对恶臭物质的灵敏性更高，可感觉到 10^{-6} 甚至 10^{-9} 以下的臭气。但是不同人对恶臭感知程度不同，差异性可达 $20\sim30$ 倍，并且人们对恶臭的感受能力存在疲劳性。

③ 大多数恶臭的组成成分比较复杂，但各组分的浓度相对较低。因此，大多数恶臭的阈值或最小检知浓度很低。当恶臭达到阈值后，强烈恶臭会立即产生。

④ 恶臭的污染源有很多，恶臭的味道也会给人各种不舒服的感觉。恶臭的衡量是依靠人的嗅觉器官，而不像其他污染物可以依据准确的单位来衡量。

⑤ 恶臭容易被氧化，当受到湿度、温度以及阳光的影响后会很快衰减，恶臭污染一般是区域污染。

⑥ 恶臭的治理通常没办法依托技术手段，即便大部分恶臭成分被去除，人们也不会觉得有明显好转。因此，恶臭防治的难点不是减少恶臭而是彻底将其消除。

⑦ 人们要是受到了恶臭污染，只需到空气清洁的地方稍加休息就可将恶臭污染消除掉。

10.2.3　恶臭的危害

恶臭作为一种感觉污染，对人体的影响分为心理和生理两类。

(1) 心理影响　恶臭会使人的感觉器官受到刺激，使人心情烦闷、压抑。已有研究表明，恶臭物质特别是室内污染物会使人的情绪焦虑不安，最终产生心理健康问题，长时间的恶臭影响甚至会使人的社会行为产生改变，可能诱发犯罪行为从而给家庭和社会都带来危机。

(2) 生理影响　恶臭对生理的影响是多方面的，主要表现在以下几点。

① 使人体反射性地抑制吸气，造成呼吸障碍。

② 恶臭对神经系统有较大的毒害作用，若长期受到低浓度恶臭的刺激，会丧失嗅觉，大脑皮层兴奋与抑制的调节功能也会随之失调。

③ 恶臭气体中的氨和 H_2S 等会影响血液中氧的运输，使机体循环系统受到干扰。

④ 臭气会打破人体原有的新陈代谢，会是使分泌和消化系统变得紊乱，造成食欲不振、恶心呕吐等后果。此外，有些臭气还对眼睛有较强的刺激作用。

10.3　恶臭的控制技术

恶臭的处理技术多种多样，但总的来说可以分为物理法、化学法和生物法，这些方法当中，结合现在最适用的和最有发展潜力的分别予以介绍。

10.3.1　掩蔽法

掩蔽法是指通过在恶臭气体中施加某些药剂来掩蔽恶臭的感官气味或进行气味调和来改

变恶臭的不愉快感官气味。通常掩蔽臭气的方法是添加更强烈的芳香气味或改变臭气成为能够为人们所接受的气体，还可以掺合添加剂将臭味抵消，由于不同人的感觉不同，掩蔽法的效果也就因人而异。

本法的优点是操作简便，处理费用低，可灵活应用于多种环境。缺点就是此法只是利用令人愉快的气体来掩蔽恶臭气体，实际上并没有消除恶臭物质。

10.3.2 稀释扩散法

稀释扩散法是通过烟囱将有臭气排入高空扩散，或用洁净空气稀释臭气保证臭气不会影响烟囱下风向和周遭人的正常生活和工作。运用此法处理臭气时应注意：烟囱高度要根据当地气象条件严格设计，保证其高度合理，确保人工作和生活范围内的恶臭物质浓度低于其阈值浓度。

若恶臭从烟囱排出后，下风向地面最大浓度不保证会低于阈值浓度时，应用无臭空气将臭气稀释后再排放。

10.3.3 空气氧化法

空气氧化法包括热力燃烧法和催化燃烧法。热力燃烧法是将油或燃料气与臭气混合在高温下完全燃烧，催化燃烧法是使用催化剂使臭气在不太高的温度下燃烧。以分别介绍这两种方法。

10.3.3.1 热力燃烧法

(1) 原理 将燃料气与臭气充分混合在高温下实现完全燃烧，使最终产物均为 CO_2 和水蒸气。使用本法时要保证完全燃烧，部分氧化可能增加臭味，也可能产生致癌物质。燃烧脱臭法在燃烧时产生大量的热能，须通过热交换器进行废热的有效利用。

(2) 工艺流程 热力燃烧法工艺流程如图 10-1 所示。预处理气体首先进入一间换热器，与从燃烧室来的气体进行热交换，加热后的气体进入燃烧炉。通常需要在燃烧炉顶部加入辅助燃料，燃料可用天然气和石油。用间接式换热器一般可以回收 $60\%\sim80\%$ 的热量。

(3) 装置与设备 其主要装置为燃烧器、燃烧室和换热器等组成。

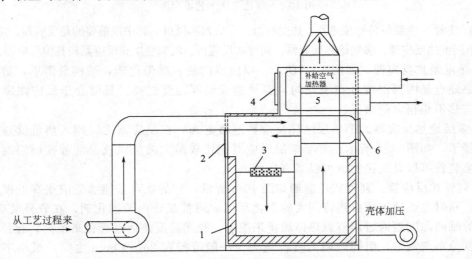

图 10-1 热力燃烧法工艺流程示意图

1—耐火材料衬里；2,6—检修孔；3—气体燃烧器；4—废气预热器；5—换热器

（4）操作参数　设计热力燃烧系统的首要问题是要确定在一定净化率下的燃烧室的温度与反应气体在此温度下的停留时间，这两个因素是相互联系的，要减少停留时间，在保证净化率的前提下就需要更高的温度。表 10-2 是几种常见化合物燃烧所需的温度和时间。

表 10-2　常见化合物燃烧所需的温度和时间

废气种类及净化范围	燃烧炉停留时间/s	反应温度/℃
碳氢化合物（去除 90%）	0.3～0.5	608～820
碳氢化合物＋CO（去除 90%）	0.3～0.5	680～820
臭味（50%～90%）	0.3～0.5	540～650
臭味（90%～99%）	0.3～0.5	590～700
臭味（99% 以上）	0.3～0.5	650～820
白烟（烟缕雾滴消失为止）	0.3～0.5	430～540
CH 和 CO 去除 90% 以上	0.7～1	680～820
黑烟（炭粒和可燃粒）		760～1100

10.3.3.2　催化燃烧法

（1）原理　催化燃烧就是利用催化剂，降低活化能，在较温和的条件下达到其反应的目的。

（2）工艺流程　催化燃烧工艺流程如图 10-2 所示。

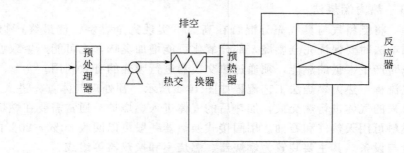

图 10-2　催化燃烧工艺流程图

（3）装置　主要设备有预热器、热交换器、反应器和风机。其中最重要的是反应器，常见的反应器有单层绝热反应器、多层绝热反应器、列管式反应器、流向变换式反应器和其他反应器。

① 单层绝热反应器。如图 10-3 所示，反应器内装一层催化床，结构最简单，造价最便宜，但是缺点是内部温度分布不均匀，容易造成局部温度过高。只适合于反应浓度不是很好、反应热不是很大的情况。

② 多层绝热反应器。把单层绝热反应器连接起来，在反应器之间加入热量就是多层绝热反应器了，如图 10-4 所示，它与单层反应器相比较最大的优点就是能够控制温度。中间的热交换装置可以是间接的也可以是直接的。

③ 列管式反应器。列管式反应器如图 10-5 所示，它的优点是能够适应很高的催化床温度要求，同时也适用于反应热特别大的催化反应。通常在管内装催化剂，在管外装载热体。反应器的轴向温度差通过调节载热体流量来控制，径向温度差通过管径来控制，管径越小径向的温度分布越均匀，但同时阻力变得越大。一般管径在 20～30mm 之间，最小不能小于 15mm。特别注意，为使气量分布均匀，每根管子的阻力必须大致相同，且都有一定长度，以减少进气口气流分布不均匀。

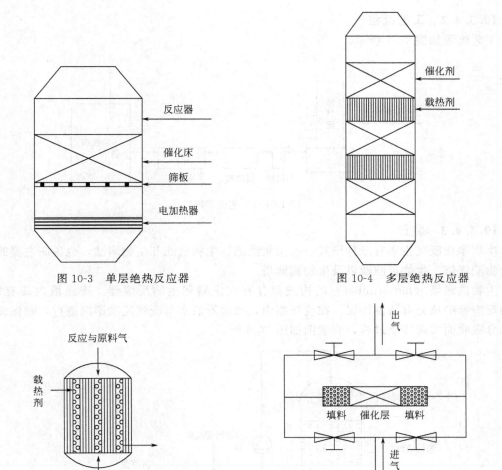

图 10-3　单层绝热反应器　　　　　　图 10-4　多层绝热反应器

图 10-5　列管式反应器　　　　　　图 10-6　流向变换式反应器

④ 流向变换式反应器。流向变换式反应器主要包括一个催化剂固定床及一套用来实现周期性流向变换的阀门系统，如图 10-6 所示，填料通常是高热容、导热性好的惰性材料（如陶瓷）。其中固定床热容量很大，固相比表面积大，气流通过固定床能很快加热。气流中断后，热量不会很快导出反应器，大型反应器的冷却时间通常以天记，所以停工几天可以直接重新开工而不需要预热。

10.3.4　生物方法

10.3.4.1　原理

恶臭气体治理是大气污染控制的一个重要方面。上面所说的催化燃烧法以及吸收法和吸附法，只适用于高浓度臭气的处理，对于低浓度（污染浓度 $<5g/m^3$）废气的处理，目前尚没有经济有效的治理措施。而恶臭气体通常是低浓度的，上述传统方法不是很适合用来处理恶臭气体。生物法废气净化技术就是为解决这些既无回收利用价值、又扰民并污染环境的低浓度工业有机废气净化处理难题而开发的。生物法处理气态污染物是一项新技术，生物法净化废气主要有三种形式：生物洗涤、生物过滤和生物滴滤。不同组成及浓度的废气有各自适合的生物净化方法。

10.3.4.2　工艺流程

工艺流程如图 10-7 所示。

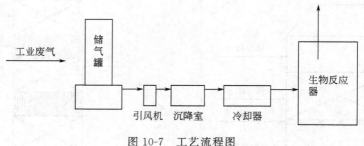

图 10-7　工艺流程图

10.3.4.3　装置

生物净化废气主要有三种形式——生物洗涤、生物过滤和生物滴滤，也说明主要的设备有生物洗涤塔、生物过滤器以及生物滴滤塔。

生物洗涤塔（bioscrubber）的构成部件有洗涤器和生物反应器。洗涤器内装有填料，生物反应器中填充有活性污泥。在洗涤器内，喷淋器洒水与废气流动逆向进行，确保废气被水充分吸收而实现传质过程，装置图如图 10-8 所示。

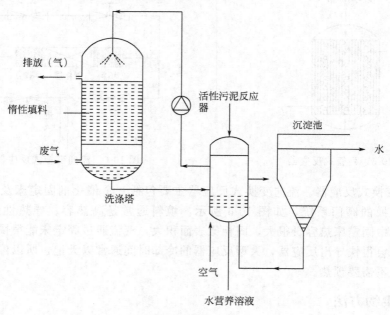

图 10-8　生物洗涤塔

生物过滤系统如图 10-9 所示。

生物滴滤池不同于生物滤池，它要求水流连续地通过有空材料，这样可以有效地防止填料干燥，精确地控制营养物质浓度与 pH 值。由于生物滴滤池底部要建有水池来实现水循环，因此体积比生物过滤塔要大，这就意味着大量的污染物质转移到液相当中，提高了去除效率。还因为生物滴滤池的机械复杂程度高，从而使投资和运行费用增加，综合上面的原因，生物滴滤池多适用于污染物浓度高、容易导致生物滤池堵塞和有必要控制 pH 值的情况，装置如图 10-10 所示。

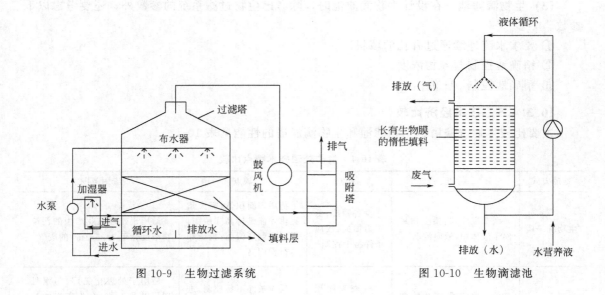

图 10-9　生物过滤系统　　　　　　　　　　　图 10-10　生物滴滤池

10.3.4.4　操作参数

在上面装置部分讲到了生物洗涤塔、生物过滤系统和生物滴滤池,现在就这三种装置的操作参数分别介绍如下。

(1) 生物洗涤塔　在设计生物洗涤塔的时候,主要考虑以下参数。

① 活性污泥的浓度。

② 水洗涤器的尺寸。

③ 洗涤水的 pH 值。

④ 气-液体积比例。

⑤ 相界面积。

⑥ 被清洗时空气的温度。

(2) 生物过滤系统　在设计生物过滤系统时主要考虑以下参数,见表 10-3。

表 10-3　生物过滤系统的主要设计参数

参数	范围	参数	范围
空床停留时间/h	15~100	去除率/%	95~99
表面复合/[m³/(m²·h)]	50~200	洒水量/[m³/(m³·h)]	0.1~0.6
有机复合/[g/(m³·h)]	10~160	进气浓度/(g/m³)	<5
高度/m	0.5~1.5	系统稳定时间/月	2~4
适宜温度/℃	20~40	湿度/%	40~60

除表中列出的参数外,我们还要考虑 pH 值等参数,pH 值一般随处理臭气的种类不同而不同,研究表明,处理以 H_2S 为代表的含硫化合物的嗜酸性硫杆菌最佳生长 pH 值 1~2。在处理混合废气时,pH 值一般维持在 6~7。在处理含硫化合物、含氮化合物时都会有酸积累,所以生物系统在运行中会出现酸化现象,可以在液相中投加缓冲溶液或碱调节,也可以定期向系统中投加石灰或是放水冲洗。

（3）生物滴滤池　在设计生物滴滤池时，除考虑生物过滤系统的参数外，还要考虑以下参数。

① 要求水流连续通过有孔的填料。

② 精确地控制营养物浓度。

③ 精确地控制 pH 值。

10.3.4.5　技术经济比较

主要比较生物洗涤塔、生物滤池和生物滴滤塔的性能见表 10-4。

表 10-4　生物处理技术特点比较

处理方式	特点	优点	缺点	应用范围
生物洗涤塔	两个反应器；微生物悬浮于液体中；液向流动	设备紧凑；低压力损失；反应条件易于控制	传质表面积低；需大量提供才能维持高降解率；需处理剩余污泥；投资和运行费用高	适用于处理工业产生的污染物浓度介于 $1\sim5g/m^3$ 的废气
生物滤池	单一反应器；微生物和液相固定	气液表面积比例高；设备简单；运行费用低	反应条件不易控制；进气浓度变化适应能力慢；占地面积大	适用于处理化肥厂、污水处理厂以及工业、农业产生的污染物浓度介于 $0.5\sim1.0g/m^3$ 的废气
生物滴滤塔	单个反应器；微生物固定；液相流动	与生物洗涤塔相比较设备简单	传质表面积低；需处理剩余污泥；运行费用高	适用于处理化肥厂、污水处理厂以及家庭产生的污染物浓度低于 $0.5g/m^3$ 的废气

10.3.5　光催化方法

10.3.5.1　原理

光催化是常温深度反应技术。光催化可以在室温情况下将水、空气和土壤中的有机污染物完全氧化为无毒无害的物质，而传统的催化燃烧法也需要几百度的高温。

光催化的原理就是利用光能照射半导体催化剂，当吸收的光能不小于本身的带隙能时，就可以激发产生电子空穴。

半导体粒子具有能带结构，一般由填满电子的低能价带和空的高能导带构成，价带和导带之间存在着禁带。当用能量不小于禁带宽度（也称带隙，E_g）的光照射半导体时，价带上的电子（e^-）被激发跃迁到导带，在价带上产生空穴（h^+），并在电场作用下分离并迁移到粒子表面。光生空穴因具有极强的得电子能力，而具有很强的氧化性，将其表面的 OH^- 和水分子氧化为—OH 自由基，而—OH 几乎无选择性地将有机物氧化，并最终降解为 CO_2 和 H_2O。整个光催化反应中，—OH 起着决定性作用。半导体内产生的电子-空穴对存在分离/被俘获与复合的竞争，电子与空穴复合的概率越小，光催化活性越高。

由于催化剂和废气接触面积越大，催化效果越好，所以催化剂的比表面积越大，催化剂的活性越高，现在研究的热点之一是纳米光催化技术，由于纳米具有很多宏观物质没有的特性，所以，据报道，催化效率比常规催化剂要高。

10.3.5.2　工艺流程

工艺流程如图 10-11 所示。

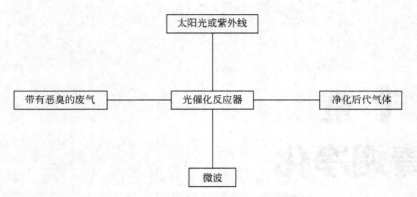

图 10-11　光催化法净化恶臭气体流程图

10.3.5.3　装置

光催化反应的装置主要是光催化反应器，反应器设计的主要依据是能够使更多的光照射到催化剂上面，还要使催化剂和废气有尽可能大的接触面积。由于目前光催化大多还处于试验阶段，工业化的装置还基本没有。不过，光催化是很有潜力的处理技术之一。

第11章

沥青烟净化

沥青的用途很广,近年来,随着城市的高速发展,基础设施建设工程逐日增多,伴随这个趋势,沥青的需求量也逐渐加大。沥青烟尘就是在沥青熔化、混捏、成型、焙烧等过程中产生的。

沥青烟气由多环芳香烃化合物组成并含有轻沸烃化合物,它是一种有害物质。3,4-苯并芘、1,2-苯并蒽是沥青衍生物,具有强致癌性,这些物质在沥青烟中大量存在。随着科学技术的进步,碳素行业的沥青烟治理技术有了较大发展,通过物理及化学方法相结合,采用干法吸附袋滤器或高压静电技术捕集沥青熔化、混捏、焙烧等生产过程中产生的高浓度沥青烟,从而对其进行有效控制和净化。但是有些行业产生的沥青烟处理难度相对较大,例如预培阳极生产企业在碳阳极的振动成形过程中挥发的沥青烟气因浓度低、集气困难、烟温低而难以处理。此外,市政建设施工过程中产生的沥青烟,因恶臭气味大并且易于扩散也很难被有效处理。沥青烟不仅污染环境,还影响周边居民的正常工作和生活,应加强对沥青烟的治理,而实现此目标最好的方法是从污染源头上着手。污染源的治理应注意的主要问题如下。

① 施工设备和生产设备必须密闭,从排气筒将沥青烟集中排出,杜绝出现无组织排放的情况。

② 在施工现场设置真空收集系统。

沥青烟的治理技术还需进一步的研究,现有的治理技术还不够成熟。

11.1 沥青烟污染现状

11.1.1 沥青烟的产生源

沥青是沥青烟的主体成分,沥青烟还含有因煤炭、石油燃烧而逸散到环境中的烟气,属于一种混合烟气。与沥青制造相关的石油、煤炭企业在生产过程中都会不同程度地排放沥青烟，含有沥青的物质在加热与燃烧的过程中也会不同程度地产生沥青烟。沥青烟的主要产生源有以下几方面：一是煤气厂、炼油厂、炼钢厂、焦化厂、石油化工厂；二是油毡厂、耐火材料厂、沥青炭黑厂、碳素厂、沥青炸药厂、电解铝厂、绝缘材料厂等；三是沥青混凝土配料车间、沥青路面施工现场、用沥青修补房顶、涂管道与电杆施工现场；四是工业窑炉和以木浆、煤、油页岩为燃料的各种锅炉。

我国《大气污染物综合排放标准》对沥青烟的排放标准作了明确而具体的规定，新污染源不得向一类区排放，熔炼、浸涂的最高允许排放浓度为 40mg/m³（现有污染源为 80mg/m³），建筑搅拌的最高允许排放浓度为 75mg/m³，生产设备不得有明显的无组织排放存在。

11.1.2 沥青烟的组成与性质

沥青有两种：石油沥青和煤沥青，煤沥青蒸馏后的残渣（一般为 350℃后的残余物）可用作石墨生产的黏结剂，煤沥青的组分和性质随随着煤焦油的种类、性质及蒸馏方法的不同而有很大差别。沥青成分复杂，除了含有 26%～40.7%的游离碳，其余为多环芳烃类及其衍生物等，随种类不同变化很大。沥青烟与沥青组分相似，也很复杂，主要是多环芳烃及少量的氧、氮、硫的杂环化合物。沥青具有可燃性，加热时呈流动性，产生可燃性蒸气，接触火焰就会燃烧。沥青难以被蒸馏，在已知的一些有机溶剂中也无法完全溶解。

沥青烟中游离碳的含量一般为 26%～40.7%，其余组分是烃类及其衍生物等。总体分析，沥青烟的组分主要有多环芳烃（PAH）及少量的氧、氮、硫的杂环化合物，已知其中有萘、菲、酚、吡啶、吡咯、吲哚、苗等 100 多种，详见表 11-1。

表 11-1　沥青烟中的部分有机质

类别		碳环烃	环烃衍生物	杂环化合物
五节环类	单环	茂（环戊二烯）		呋喃,噻吩,吡咯,吡唑
	双环	茚	茚酮	苯并噻吩,吲哚,苯并呋喃
	三环	芴,苊		二苯并呋喃,二苯并噻吩
	四环	萤蒽		
六节环类	单环	苯,苣	苯酚,甲酚	吡啶,嘧啶
	双环	萘,联苯	萘酚,甲基萘	喹啉
	三环	蒽,菲	蒽醌,蒽酚,菲醌	吖啶
	四环		芘丁省,三亚苯,苯并蒽,苯并菲	
	五环		苝,苯并芘,二苯并蒽,苯并䓛,戊省	
	六环		二苯并芘,苯并苝,䓛并芘,苯并五苯,二苯并丁省	
	七环以上		二苯并芘,二苯并菲,二苯并五苯,晕苯	

11.2 沥青烟处理方法及典型处理工艺

沥青烟的组成分为气相和液相。气相是多组分的混合物，液相中所含冷凝物易挥发，颗粒细小，粒径多在 0.1～1.0μm 之间。治理碳素企业弥漫式、间断散发的沥青烟时，有小部分企业采用由煅后焦球磨粉的干法吸附袋式收尘技术或普通煤粉层吸附技术，但是这些技术工艺复杂，集气效率低，难以维护，最终都无法长期运行，该问题至今没有找到合适的处理方法。常规方法无法完全将这种浓度低、易分散的气体完全净化，目前得以应用的净化治理方法有四种类型，即电捕法、燃烧法、吸附法和吸收法。

① 电捕法：干式电捕对气相组分捕集效率几乎为零，而湿式电捕器有水的参与，即使可捕集气态沥青，但会因排放污水而产生二次污染。

② 燃烧法：沥青烟中的可燃组分在一定条件下可燃烧去除，但因浓度低，能耗大，运行费用不合算，经济效益低。

③ 吸收法：一般采用柴油、汽油等有机溶剂来吸收，吸收法虽然方便维护、能耗低，但是存在净化效率低、易燃、不安全的缺陷，因此也不宜采用。

④ 吸附法：采用的吸附剂具有多孔、比表面积大的优点，是一种通过吸附剂对沥青烟先后进行物理吸附和再生的工艺流程。该方法工艺的优点是操作简单、净化效率高、运行成本低，不足之处是有较大的系统阻力。

11.2.1 燃烧法

11.2.1.1 燃烧法净化原理

沥青烟的组分中有大量可燃物质。基本成分为碳氧化合物，另外还含有油粒及其他可燃性物质。控制温度在 $800\sim1000℃$ 之间，在供氧充足，维持燃烧 $0.5s$ 左右烃类物质和其他杂质都可以实现完全燃烧。当温度过高时，部分沥青烟容易形成颗粒，形成粉尘类的二次污染。

11.2.1.2 燃烧法净化沥青烟工程实例

包钢耐火厂真空油浸工艺产生的沥青烟气，就是采用焚烧的消除方法进行净化。沥青净化后的 B $[a]$ P 的浓度为 $0.01\mu g/m^3$，排放烟气中 NO_x 的质量浓度为 $170mg/m^3$，达到了国家环保要求，大大减轻了对环境的污染。

从环保的角度出发，结合包钢本厂的实际情况，将各种沥青烟气的处理方法进行比较得出，焚烧法是该企业行之有效的方案，鉴于包钢厂区煤气较为丰富、方便，对其真空油浸工艺中产生的沥青烟气的处理采用切实可行的焚烧方法，以达到环保要求。

为防止沥青烟气的不完全燃烧，除适当增大空气流量外，在炉内沿炉长 1/3 处设置一道由格子砖砌筑的花墙，其作用是降低烟气流速，同时加热花墙使烟气受热均匀，充分裂解。沥青烟气在 $900℃$ 以上受热 $1s$ 后即可充分裂解，因而可达到国家环保排放要求。沥青烟气经高温裂解后，变为干净无污染的氧化性气体，其温度较高，具有很高的热利用价值。沥青烟气处理工艺参数如下。

(1) 技术指标及技术措施

① 燃料：焦炉煤气。

发热量：$Q_{dw}=16744\sim18837kJ/m^3$。

压力：$P_J=1.96\sim3.92kPa$。

② 沥青烟气

流量：$Q=150\sim200Nm^3/h$。

压力：$P_L=50.66\sim101.33kPa$。

质量浓度：$\rho=800\sim1000mg/m^3$。

温度：$t=100\sim150℃$。

③ 烟气排放标准：Ⅱ级。

④ 技术要求：沥青烟气在 $900℃$ 以上的加热炉内停留 $1s$ 后裂解；加热炉内沥青烟气完全燃烧。

（2）燃烧设计性能参数

① 选型：DR-5。

② 燃烧能力：$50\sim80m^3/h$。

③ 理论燃烧温度：$1200\sim1500℃$。

④ 空气消耗系数：$m=1.15\sim1.30$。

⑤ 实际空气需要量：$L=5.5m^3/m^3$。

⑥ 烟气排放总量：$400\sim800m^3/h$。

（3）炉体设计性能参数

① 燃烧炉。炉体有效容积为 $3016mm\times1044mm\times1542mm$，拱顶 $230mm\times180mm$。花墙为 $1044mm\times230mm\times1542mm$，地下烟道 $580mm\times698mm$。

② 预热坑。预热坑有效容积为 $1508mm\times1508mm\times1678mm$，点火孔（小燃烧器）$\phi150mm$，地下烟道 $580mm\times698mm$。

③ 排烟系统。地下烟道为支状烟道 $580mm\times698mm$。烟囱采用自然排烟，高度 $30m$，直径 $600mm$，抽力 $>98kPa$。

（4）管路系统

① 空气管路。风机选型 4-6.8No.3.15A 右 90°，风量 $Q=2630m^3/h$，全压 $P=1200Pa$，转速 $n=2900r/min$。电动机选型 Y90S-2，功率 1.5kW。风管直径 200mm。控制阀为插板阀。

② 煤气管路。性能指标：煤气压力 $>1.96kPa$，煤气流量为 $50\sim80m^3/h$。煤气管直径 80mm。选用蝶阀作为控制阀。

③ 沥青烟气管路。烟气管路指标：沥青烟气流量 $150\sim200m^3/h$，沥青烟气压力为 $101.33kPa$。沥青烟气管直径 80mm。

采用该工艺进行沥青烟气的焚烧具有投资小，净化彻底的优点。在炉内，沥青烟气能够充分裂解，净化后沥青的 B[a]P 质量浓度为 $0.01\mu g/m^3$，排放烟气中 NO_x 的质量浓度为 $170mg/m^3$，可实现达标排放。烟气排出炉体的温度在 $900℃$ 以上，不仅满足了工艺要求，余热可被收集利用实现节能的目标。

11.2.2　电捕法

11.2.2.1　电捕法净化原理

这种方法是基于静电场的物理性质而进行的。沥青烟中的颗粒及大分子进入电场后，在静电场的作用下，它们可以载上不同电荷，并驱向极板，在被捕集后聚集成液体状靠自身重力作用顺板流下，从静电捕集器底部定期排出，从而达到净化沥青烟的目的。该方法的缺点是：一次性投资大，对烟的温度要求较高，一般控制在 $70\sim80℃$，因其不能用于炭粉尘的捕集，而必须采用湿式静电捕集器，也就增加了污水处理设备。

11.2.2.2　电捕法净化沥青烟工程实例

随着抚顺铝厂铝产能的增加和环境保护要求的日趋严格，抚顺铝厂改建扩建了 40000t 阳极糊生产系统。该系统配套建设了完备的环保设备，沥青熔化系统采用德国的先进技术，即用热煤油间接熔化固体沥青。在沥青熔化过程中产生大量的沥青烟，该烟气浓度严重超过国家污染物排放标准，当时配套建设 40000t 由德国引进的沥青烟湿法净化系统。由于只引进了前半部分的烟气净化技术，后半部分含油废水处理技术受资金困难的影响未引进，造成了沥青烟湿法净化技术在该生产系统中应用的失败，给生产、防火带来了极大隐患，解决该问题已迫在眉睫。

根据沥青烟湿法净化存在的问题，经调研论证后，根据抚顺铝厂 40000t 阳极糊沥青熔化系统烟气参数，设计并采用了多管式、蜂窝状排列的 L-DCB1.1 型电除尘器及整个净化系统保护装置。处理能力 3176m³/h 风量，装置结构为：电除尘器上部绝缘子箱采用电加热器，并用温度传感器将温度信号反映在电控箱上，内设小风机正压进风，以防烟气进入；电除尘器入口装有电动、手动蝶阀，可切断烟气，并且阀前、阀后设有温度传感器，将烟气温度信号反映到电箱上；除尘器本体设有防爆阀；电气部分由高压硅整流变压器 GGAJ2-E 及高压、低压开关柜各一套组成；控制部分分自动控制、手动控制；除尘器本体及排污管实行保温措施；采用专用沥青排污阀门；排出的沥青焦油放入沥青池内外销。

(1) 主要技术指标　污染物名称为沥青烟；流通截面积 1.1m²；烟气流量 3176m³/h；流速 0.8m/s；烟气温度 40～100℃；入口浓度 1250mg/m³；出口浓度 <40mg/m³；沉淀极数量 30 个；沉淀极面积 89.4m²；电晕极有效总长 135m；绝缘子箱周围温度 100～140℃；工作电流 <100mA；工作电压 30～40kV；净化效率 96%；外形尺寸 1800mm×12200mm；本体质量 23t。

(2) 系统运行状况及结果　1998 年 10 月该系统开始投入运行，在运行过程中受到 40000t 阳极糊生产时开时停的影响，一直未长期稳定运行。初送一次电压 280～290V、电流 16～17A，二次电压 48～49kV。由于使用一点支撑在电晕线的吊架上，试改系统运行初期电压、电流不稳，为了解决此现象，1999 年 4 月改造为三点支撑，到目前为止，电流电压一直很稳定。1999 年 5 月末经系统调试、环保监测，效果较好。测试时，送入全部烟气，电场投入全负荷运行，一次电压和电流分别为 280V 和 11A，二次电压 50kV，烟气温度保持在 140℃左右。尾气从烟囱排出后不带黄色，较为洁净。运行稳定以后，每天可回收焦油 31.2kg，除去烟气中的多余水分，实际回收的焦油量大概在 100kg。从测试数据中可以得出烟气平均浓度为 38.61mg/m³，排放速率为 0.1kg/h，达到了国家《大气污染物综合排放标准》中的相关要求。

11.2.3　吸附法

11.2.3.1　吸附法净化原理

吸附法净化时采用的吸附剂是比表面积大、多孔的活性物质，是通过吸附剂先后对沥青烟进行物理吸附和再生的工艺。进行物理吸附时常用的吸附剂有焦炭粒、炉渣、白云石或滑石粉等。应结合当地吸附剂的来源情况和生产性质来选用具体的吸附剂、选用固定床和输送床等，还可依据吸附剂的性质、沥青烟的浓度、净化标准等条件而定。吸附净化法中采用的吸附剂不用再生，可直接用于生产，具有成本低、净化效率高、无二次污染的优点，却显示有较大的系统阻力。

11.2.3.2　吸附法净化沥青烟工程实例

对于碳素企业弥漫式、间断散发的沥青烟治理国内尚无成熟的经验。某大型碳素企业根据沥青烟的性质和相关的经验，采用大颗粒固定床吸附法，利用煅后焦的微孔进行多层吸附，将集气系统收集的沥青烟净化后排空。可减少员工更换吸附剂的劳动强度，利用吸附剂再生技术实现吸附剂的重复利用。该项目治理工艺由集气系统和净化系统两部分组成。

(1) 集气系统 在预焙阳极的振动成形生产过程中，连续排放的污染源点有两处：一是料斗放混料时，作业时间为20～30s，沥青烟气量大，上无吸气口，热烟气向上扩散，浓度在50～100mg/m³之间，为主要污染源点；二是振动成形过程中，挥发沥青烟，作业时间较长（80～100s），沥青烟四处弥漫扩散，在厂房内长期停留，造成岗位沥青烟浓度在5～10g/m³，严重影响职工身心健康。

① 放料斗平台的集气计算（$\phi 2.6$m料台）。采用吸收式集气罩捕集烟气，采用气幕方式，减少后期净化投资。

根据美国工业卫生协会（ACGIH）工业通风委员会提出的计算方法得：吸风量为$Q_1=16060$m³/h；排风管流速取11m/s。

② 振动成形机集气量。吸风量为$Q_2=18500$m³/h；排风管流速取11m/s；总风量$Q_1+Q_2=34560$m³/h；进风口总管$\phi 1020$mm×6。

由于间断运行，主要为一条系统运行，整个计算为单台套考虑，利用阀门进行切换。

引风机按15%考虑余量，选用Y5-47No12D。风量41540m³/m；全压3609Pa；电机Y280S-4-75kW。

(2) 净化设备及系统

① 吸附过程。采用煅后焦作为吸附剂。吸附是一种表面吸附，利用这种吸附可以将碳氢化合物有选择地吸附到吸附剂表面。在通常情况下，吸附能力随被吸附有机物分子量增加而增加，不饱和化合物比饱和化合物吸附更完全，环状有机化合物比直链化合物更易吸附。根据其特性可得出如下结论：

a. 在常温范围内，温度对沥青烟的吸附影响不明显，在60～90℃范围内，煅后焦对沥青烟有较好的吸附，因此这对工业上应用极为有利。通常生产的工艺制度，其温度均在50～80℃之间。

b. 煅后焦的粒度在较高沥青烟浓度下对吸附量的影响不明显，但对低浓度下吸附量影响较大。

c. 煅后焦的吸附效率按照≥94%以上考虑。根据现场沥青烟浓度和吸附剂层的阻力全面考虑，采用中粒度的煅后焦，粒度用20mm×40mm范围，吸附饱和量按每100kg吸附2.5kg沥青烟加以计算。吸附过程包括吸附和再生两个过程，吸附操作过程是在多个单元吸附器中轮换进行的。吸附是连续进行的，而再生是间歇进行的，废气通过吸附器炭床，沥青烟被吸附在煅后焦表面上，当吸附接近饱和时，炭床出口出现沥青烟浓度升高情况，表明吸附已达到临界点，此时应将开始进行解吸再生过程。

② 净化系统的工艺计算

a. 设计参数。源强$Y=1$kg/h；吸附率$\eta \geqslant 90\%$；煅后焦吸附能力$X=2.5$kg/100kg；操作温度30℃；进风量41000m³/h。

为降低能耗，尽量减少阻力，又要考虑减少吸附塔的直径，气体通过床层的速率取$G_s=0.5$kg/(m²·s)，废气的质量流量$G=1.29×41000=52890$（kg/h），为了气体分布的均匀，设备直径不宜过大，均采用3台吸附塔运行，1台再生，共计4台。

单台吸附塔的计算：废气的质量流速$G=52890÷3=17630$（kg/h），床层的截面积$A=G/G_s=7.5$m²，吸附器的直径$D=3.08$m，取床层高度$Z=3.0$m，20～40mm的煅后焦，平均直径取30mm，堆积相对密度取0.55，空隙率平均取30%，在操作条件下空气密度为1.06kg/m³。所需吸附剂质量$m=0.785×3.0^2×0.55×3=9168$（t），吸附沥青烟量为9168×0.025=229（kg），

运行时间 $t=3\times229/0.9=764$ （h），约 30 天再生一次。

b. 压降计算。查表得 60℃时的空气黏度：$\mu_g=2\times10^{-5}Pa\cdot s$

$Re=d_pG_s/\mu_g=0.03\times0.65/2\times10.5=975$

$\Delta P=[150(1-\delta)/Re+1.75]\times(1-\delta)G_s\times2\times Z/\delta_3\times d_p\times\rho_g$

$=[150(1-0.3)/975+1.75]\times(1-0.3)\times0.65^2\times3/0.33\times0.03\times1.06=595(Pa)$

③ 再生系统。沥青沸点高，不易被蒸解出来，若提高温度使其蒸出，实际上也已碳化，无回收价值，再生也不完全，影响吸附，采用裂解气化法将其彻底再生，有利于吸附。裂解气化法再生是将炭层温度提高到一定温度后，在有氧状态下发生如下反应：温度升高到250℃沥青烟开始裂解碳化，然后碳与氧或水蒸气发生气化而再生，反应式如下：

$$C+O_2\longrightarrow CO_2 \tag{11-1}$$
$$C+H_2O\longrightarrow CO+H_2 \tag{11-2}$$
$$2CO+O_2\longrightarrow 2CO_2 \tag{11-3}$$
$$2H_2+O_2\longrightarrow 2H_2O \tag{11-4}$$

沥青烟裂解的碳活性好，大约在 250℃开始进行氧化反应，因再生过程中温度控制比较低，上述反应以式（11-1）为主反映，副反应式（11-2）～式（11-4）很少。

再生热源可根据实际情况选用供给，

再生系统计算如下。再生设定在 4h 内完成，则每小时处理量为：煅后焦 9168/4＝2292（kg/h）；吸附沥青 229/4＝57.25（kg/h）；解吸所需热量为 $Q=176805kcal/h$；煤沥青的元素组成 C＝91.94％，H＝4.66％，N＝1.43％，S＝0.82％，O＝1.16％，沥青裂解时放出 H_2、CO_2 及少量轻质有机化合物等物质，残留的碳按沥青烟的 70％计，则残留碳量为：$G=57.25\times0.7=40(kg/h)$。

碳与氧按下述反应进行：$C+O_2\longrightarrow CO_2$

碳燃烧需理论空气量：$V_0=40\times22.4/(12\times0.21)=356$（m³/h）

取空气过剩系数：$\alpha=1.25$

则需空气量：$G_1=1.25\times356=445$（m³/h）

所需热量：$Q=176805$（kcal/h）

在再生过程中碳与氧反应放出大量热，由于吸附器的结构原因，温度不宜过高，为了节约能量，控制温度有两种方法：关小空气量，甚至全停，减缓再生速度；在吸附器热气进口管上加一个射流喷嘴，当温度过高时，加入冷水降温，该法降温速度较快，可直接安装在二次烟道气体冷喷头上。

④ 实际治理运行效果。沥青烟净化设备投用后，碳素厂振动成形相关岗位沥青烟浓度、苯并［a］芘浓度平均降低 77％和 70％，降幅显著，工作岗位环境得到明显改善。净化器将分散无组织排放的沥青烟捕集净化后排放，沥青烟和苯并［a］芘的净化效率分别达到85.2％和 87.9％，净化器出口浓度分别为 1.4mg/m³ 和 0.188μg/m³，排放量分别为0.04kg/h 和 0.57×10⁻⁶kg/h，均满足《大气污染物综合排放标准》沥青烟和苯并［a］芘排放浓度和排放速率的要求。

11.2.4 吸收法

采用汽油、柴油等有机类液体做吸附剂，使沥青烟的混合气与吸收剂逆流充分接触并洗涤，除去有毒组分，达到净化的目的。此类方法多用于焦化厂、涂料厂和石油化工厂。其净化效率低，存在二次污染，技术上还有待进一步提高。

附　录

附录1　《环境空气质量标准》（GB 3095—2012）

附表1　环境空气污染物基本项目浓度限值

序号	污染物项目	平均时间	浓度限值		单位
			一级	二级	
1	二氧化硫（SO₂）	年平均	20	60	$\mu g/m^3$
		24 小时平均	50	150	
		1 小时平均	150	500	
2	二氧化氮（NO₂）	年平均	40	40	
		24 小时平均	80	80	
		1 小时平均	200	200	
3	一氧化碳（CO）	24 小时平均	4	4	mg/m^3
		1 小时平均	10	10	
4	臭氧（O₃）	日最大 8 小时平均	100	160	mg/m^3
		1 小时平均	160	200	
5	颗粒物（粒径小于等于 10μm）	年平均	40	70	$\mu g/m^3$
		24 小时平均	50	150	
6	颗粒物（粒径小于等于 2.5μm）	年平均	15	35	
		24 小时平均	35	75	

附表2　环境空气污染物其他项目浓度限值

序号	污染物项目	平均时间	浓度限值		单位
			一级	二级	
1	总悬浮颗粒物（TSP）	年平均	80	200	
		24 小时平均	120	300	
2	氮氧化物（NOₓ）	年平均	50	50	$\mu g/m^3$
		24 小时平均	100	100	
		1 小时平均	250	250	
3	铅（Pb）	年平均	0.5	0.5	
		季平均	1	1	
4	苯并[a]芘（BaP）	年平均	0.001	0.001	
		24 小时平均	0.0025	0.0025	

　　说明：我国 2016 年正式实施本标准之前，国务院环境保护行政主管部门可根据《关于推进大气污染联防联控工作改善区域空气质量的指导意见》等文件要求指定部分地区提前实施本标准；各省级人民政府也可根据实际情况和当地环境保护的需要提前实施本标准。

附录 2 《室内空气质量标准》（摘自 GB/T 18883—2002）

附表 3 室内空气质量标准

序号	参数类别	参　数	单位	标准值	备注
1	物理性	温度	℃	22～28	夏季空调
				16～24	冬季采暖
2		相对湿度	%	40～80	夏季空调
				30～60	冬季采暖
3		空气流速	m/s	0.3	夏季空调
				0.2	冬季采暖
4		新风量	$m^3/(h \cdot 人)$	30[①]	
5	化学性	二氧化硫 SO_2	mg/m^3	0.50	1 小时均值
6		二氧化氮 NO_2	mg/m^3	0.24	1 小时均值
7		一氧化碳 CO	mg/m^3	10	1 小时均值
8		二氧化碳 CO_2	%	0.10	日平均值
9		氨 NH_3	mg/m^3	0.20	1 小时均值
10		臭氧 O_3	mg/m^3	0.16	1 小时均值
11		甲醛 HCHO	mg/m^3		1 小时均值
12		苯 C_6H_6	mg/m^3	0.11	1 小时均值
13		甲苯 C_7H_8	mg/m^3	0.20	1 小时均值
14		二甲苯 C_8H_{10}	mg/m^3	0.20	1 小时均值
15		苯并[a]芘 B(a)P	ng/m^3	1.0	日平均值
16		可吸入颗粒物 PM_{10}	mg/m^3	0.15	日平均值
17		总挥发性有机物 TVOC	mg/m^3	0.60	8 小时均值
18	生物性	菌落总数	cfu/m^3	2500	依据仪器定[②]
19	放射性	氡^{222}Rn	Bq/m^3	400	年平均值（行动水平[③]）

① 新风量要求≥标准值，除温度、相对湿度外的其他参数要求≤标准值。
② 见附录 D。
③ 达到此水平建议采取干预行动以降低室内氡浓度。

附录3 《火电厂大气污染物排放标准》（摘自 GB 13223—2011）

附表4 火力发电锅炉及燃气轮机组大气污染物排放浓度限值 单位：mg/m³（烟气黑度除外）

序号	燃料和热能转化设施类型	污染物项目	适用条件	限值	污染物排放监控位置
1	燃煤锅炉	烟尘	全部	30	
		二氧化硫	新建锅炉	100 200①	
			现有锅炉	200 400①	
		氮氧化物（以 NO_2 计）	全部	100 200②	
2	以油为燃料的锅炉或燃气轮机组	汞及其化合烟尘	全部	0.03	烟囱或烟道
			全部	30	
		二氧化物	新建锅炉及燃气轮机组	100	
			现有锅炉及燃气轮机组	200	
		氮氧化物（以 NO_2 计）	新建燃油锅炉	100	
			现有燃油锅炉	200	
			燃气轮机组	120	
		烟尘	天然气锅炉及燃气轮机组	5	
			其他气体为燃料的锅炉及燃气轮机组	10	
3	以气体为燃料的锅炉或燃气轮机组	二氧化硫	天然气锅炉及燃气轮机组	35	烟囱或烟道
			其他气体为燃料的锅炉及燃气轮机组	100	
		氮氧化物（以 NO_2 计）	天然气锅炉	100	
			其他气体燃料锅炉	200	
			天然气燃气轮机组	50	
			其他气体燃气轮机组	120	
4	燃煤锅炉、以油、气体为燃料的锅炉或燃气轮机组	烟气黑度（林格曼黑度，级）	全部	1	烟囱排放口

① 位于广西壮族自治区、重庆市、四川省和贵州省的火力发电锅炉执行该限值。

② 采用 W 型火焰炉膛的火力发电锅炉，现有循环流化床火力发电锅炉，以及 2003 年 12 月 31 日前建成投产或通过建设项目环境影响报告书审批的火力发电锅炉执行该限值。

附表 5　大气污染物特别排放限值　单位：mg/m³（烟气黑度除外）

序号	燃料和热能转化设施类型	污染物项目	适用条件	限值	污染物排放监控位置
1	燃煤锅炉	烟尘	全部	20	烟囱或烟道
		二氧化硫	全部	50	
		氮氧化物（以 NO_2 计）	全部	100	
		汞及其化合物	全部	0.03	
2	以油为燃料的锅炉或燃气轮机组	烟尘	全部	20	
		二氧化物	全部	50	
		氮氧化物（以 NO_2 计）	燃油锅炉	100	
			燃气轮机组	120	
3	以气体为燃料的锅炉或燃气轮机组	烟尘	全部	5	烟囱或烟道
		二氧化硫	全部	35	
		氮氧化物（以 NO_2 计）	燃气锅炉	100	
			燃气轮机组	50	
4	燃煤锅炉、以油、气体为燃料的锅炉或燃气轮机组	烟气黑度（林格曼黑度，级）	全部	1	烟囱排放口

说明：1. 自 2014 年 7 月 1 日起，现有火力发电锅炉及燃气轮机组执行附表 3 规定的烟尘、二氧化硫、氮氧化物和烟气黑度排放限值。

2. 自 2012 年 1 月 1 日起，新建火力发电锅炉及燃气轮机组执行附表 3 规定的烟尘、二氧化硫、氮氧化物和烟气黑度排放限值。

3. 自 2015 年 1 月 1 日起，燃煤锅炉执行附表 3 规定的汞及其化合物污染物排放限值。

附录 4 《锅炉大气污染物排放标准》（摘自 GB 13271—2001）

说明：Ⅰ时段：2000 年 12 月 31 日前建成使用的锅炉；Ⅱ时段：2001 年 1 月 1 日起建成使用的锅炉（含在Ⅰ时段立项未建成或未运行使用的锅炉和建成使用锅炉中需要扩建、改造的锅炉）。

附表 6 锅炉烟尘最高允许排放浓度和烟气黑度限值

锅炉类别		适用区域	烟尘排放浓度/(mg/m³)		烟气黑度
			Ⅰ时段	Ⅱ时段	林格曼黑度/级
燃煤锅炉	自然通风锅炉 [<0.7MW(1t/h)]	一类区	100	80	1
		二、三类区	150	120	
	其他锅炉	一类区	100	80	1
		二类区	250	200	
		三类区	350	250	
燃油锅炉	轻柴油、煤油	一类区	80	80	1
		二、三类区	100	100	
	其他燃料油	一类区	100	80	
		二、三类区	200	150	
燃气锅炉		全部区域	50	50	

注：禁止新建以重油、渣油为燃料的锅炉。

附表 7 锅炉二氧化硫和氮氧化物最高允许排放浓度

锅炉类别		适用区域	SO_2 排放浓度/(mg/m³)		NO_x 排放浓度/(mg/m³)	
			Ⅰ时段	Ⅱ时段	Ⅰ时段	Ⅱ时段
燃煤锅炉		全部区域	1200	900	—	—
燃油锅炉	轻柴油、煤油	全部区域	700	500	—	400
	其他燃料油	全部区域	1200	900	—	400
燃气锅炉		全部区域	100	100	—	400

注：一类区内禁止新建以重油、渣油为燃料的锅炉。

附表 8 燃煤锅炉烟尘初始排放浓度和烟气黑度限值

锅炉类别		燃煤收到基灰分/%	烟尘初始排放浓度/(mg/m³)		烟气黑度(林格曼黑度)/级
			Ⅰ时段	Ⅱ时段	
层燃锅炉	自然通风锅炉 [<0.7MW(1t/h)]	—	150	120	1
	其他锅炉 [≤2.8MW(4t/h)]	$A_{ar} \leq 25\%$	1800	1600	1
		$A_{ar} > 25\%$	2000	1800	
	其他锅炉 [>2.8MW(4t/h)]	$A_{ar} \leq 25\%$	2000	1800	1
		$A_{ar} > 25\%$	2200	2000	
沸腾锅炉	循环流化床锅炉	—	15000	15000	1
	其他沸腾锅炉	—	20000	18000	
抛煤机锅炉		—	5000	5000	1

附录 5 《大气污染物综合排放标准》（摘自 GB 16297—1996）

附表 9 现有污染源大气污染物排放限值

序号	污染物	最高允许排放浓度 /(mg/m³)	排气筒/m	最高允许排放速率/(kg/h) 一级	二级	三级	无组织排放监控浓度限值 监控点	浓度/(mg/m³)
1	二氧化硫	1200 （硫、二氧化硫、硫酸和其他含硫化合物生产）	15	1.6	3.0	4.1	无组织排放源上风向设参照点，下风向设监控点①	0.50 （监控点与参照点浓度差值）
			20	2.6	5.1	7.7		
			30	8.8	17	26		
			40	15	30	45		
			50	23	45	69		
		700 （硫、二氧化硫、硫酸和其他含硫化合物使用）	60	33	64	98		
			70	47	91	140		
			80	63	120	190		
			90	82	160	240		
			100	100	200	310		
2	氮氧化物	1700 （硝酸、氮肥和火炸药生产）	15	0.47	0.91	1.4	无组织排放源上风向设参照点，下风向设监控点	0.15 （监控点与参照点浓度差值）
			20	0.77	1.5	2.3		
			30	2.6	5.1	7.7		
		420 （硝酸使用和其他）	40	4.6	8.9	14		
			50	7.0	14	21		
			60	9.9	19	29		
			70	14	27	41		
			80	19	37	56		
			90	24	47	72		
			100	31	61	92		
3	颗粒物	22 （炭黑尘、染料尘）	15		0.60	0.87	周界外浓度最高点②	肉眼不可见
			20	禁排	1.0	1.5		
			30		4.0	5.9		
			40		6.8	10		
		80③ （玻璃棉尘、石英粉尘、矿渣棉尘）	15		2.2	3.1	无组织排放源上风向设参照点，下风向设监控点	2.0 （监控点与参照点浓度差值）
			20	禁排	3.7	5.3		
			30		14	21		
			40		25	37		
		150 （其他）	15	2.1	4.1	5.9	无组织排放源上风向设参照点，下风向设监控点	5.0 （监控点与参照点浓度差值）
			20	3.5	6.9	10		
			30	14	27	40		
			40	24	46	69		
			50	36	70	110		
			60	51	100	150		
4	氟化氢	150	15		0.30	0.46	周界外浓度最高点	0.25
			20		0.51	0.77		
			30		1.7	2.6		
			40	禁排	3.0	4.5		
			50		4.5	6.9		
			60		6.4	9.8		
			70		9.1	14		
			80		12	19		

序号	污染物	最高允许排放浓度 /(mg/m³)	最高允许排放速率/(kg/h)				无组织排放监控浓度限值	
			排气筒/m	一级	二级	三级	监控点	浓度/(mg/m³)
5	铬酸雾	0.080	15	禁排	0.009	0.014	周界外浓度最高点	0.0075
			20		0.015	0.023		
			30		0.051	0.078		
			40		0.089	0.13		
			50		0.14	0.21		
			60		0.19	0.29		
6	硫酸雾	1000（火炸药厂） 70（其他）	15	禁排	1.8	2.8	周界外浓度最高点	1.5
			20		3.1	4.6		
			30		10	16		
			40		18	27		
			50		27	41		
			60		39	59		
			70		55	83		
			80		74	110		
7	氟化物	100（普钙工业） 11（其他）	15	禁排	0.12	0.18	无组织排放源上风向设参照点，下风向设监控点	20μg/m³（监控点与参照点浓度差值）
			20		0.20	0.31		
			30		0.69	1.0		
			40		1.2	1.8		
			50		1.8	2.7		
			60		2.6	3.9		
			70		3.6	5.5		
			80		4.9	7.5		
8	氯[④]气	85	25	禁排	0.60	0.90	周界外浓度最高点	0.50
			30		1.0	1.5		
			40		3.4	5.2		
			50		5.9	9.0		
			60		9.1	14		
			70		13	20		
			80		18	28		
9	铅及其化合物	0.90	15	禁排	0.005	0.007	周界外浓度最高点	0.0075
			20		0.007	0.011		
			30		0.031	0.048		
			40		0.055	0.083		
			50		0.085	0.13		
			60		0.12	0.18		
			70		0.17	0.26		
			80		0.23	0.35		
			90		0.31	0.47		
			100		0.39	0.60		
10	汞及其化合物	0.015	15	禁排	1.8×10^{-3}	2.8×10^{-3}	周界外浓度最高点	0.0015
			20		3.1×10^{-3}	4.6×10^{-3}		
			30		10×10^{-3}	16×10^{-3}		
			40		18×10^{-3}	27×10^{-3}		
			50		27×10^{-3}	41×10^{-3}		
			60		39×10^{-3}	59×10^{-3}		

序号	污染物	最高允许排放浓度 /(mg/m³)	最高允许排放速率/(kg/h)				无组织排放监控浓度限值	
			排气筒/m	一级	二级	三级	监控点	浓度/(mg/m³)
11	镉及其化合物	1.0	15 20 30 40 50 60 70 80	禁排	0.060 0.10 0.34 0.59 0.91 1.3 1.8 2.5	0.090 0.15 0.52 0.90 1.4 2.0 2.8 3.7	周界外浓度最高点	0.050
12	铍及其化合物	0.015	15 20 30 40 50 60 70 80	禁排	1.3×10^{-3} 2.2×10^{-3} 7.3×10^{-3} 13×10^{-3} 19×10^{-3} 27×10^{-3} 39×10^{-3} 52×10^{-3}	2.0×10^{-3} 3.3×10^{-3} 11×10^{-3} 19×10^{-3} 29×10^{-3} 41×10^{-3} 58×10^{-3} 79×10^{-3}	周界外浓度最高点	0.0010
13	镍及其化合物	5.0	15 20 30 40 50 60 70 80	禁排	0.18 0.31 1.0 1.8 2.7 3.9 5.5 7.4	0.28 0.46 1.6 2.7 4.1 5.9 8.2 11	周界外浓度最高点	0.050
14	锡及其化合物	10	15 20 30 40 50 60 70 80	禁排	0.36 0.61 2.1 3.5 5.4 7.7 11 15	0.55 0.93 3.1 5.4 8.2 12 17 22	周界外浓度最高点	0.30
15	苯	17	15 20 30 40	禁排	0.60 1.0 3.3 6.0	0.90 1.5 5.2 9.0	周界外浓度最高点	0.50
16	甲苯	60	15 20 30 40	禁排	3.6 6.1 21 36	5.5 9.3 31 54	周界外浓度最高点	3.0
17	二甲苯	90	15 20 30 40	禁排	1.2 2.0 6.9 12	1.8 3.1 10 18	周界外浓度最高点	1.5

序号	污染物	最高允许排放浓度/(mg/m³)	最高允许排放速率/(kg/h)				无组织排放监控浓度限值	
			排气筒/m	一级	二级	三级	监控点	浓度/(mg/m³)
18	酚类	115	15 20 30 40 50 60	禁排	0.12 0.20 0.68 1.2 1.8 2.6	0.18 0.31 1.0 1.8 2.7 3.9	周界外浓度最高点	0.10
19	甲醛	30	15 20 30 40 50 60	禁排	0.30 0.51 1.7 3.0 4.5 6.4	0.46 0.77 2.6 4.5 6.9 9.8	周界外浓度最高点	0.25
20	乙醛	150	15 20 30 40 50 60	禁排	0.060 0.10 0.34 0.59 0.91 1.3	0.090 0.15 0.52 0.90 1.4 2.0	周界外浓度最高点	0.050
21	丙烯腈	26	15 20 30 40 50 60	禁排	0.91 1.5 5.1 8.9 14 19	1.4 2.3 7.8 13 21 29	周界外浓度最高点	0.75
22	丙烯醛	20	15 20 30 40 50 60	禁排	0.61 1.0 3.4 5.9 9.1 13	0.92 1.5 5.2 9.0 14 20	周界外浓度最高点	0.50
23	氰化氢[5]	2.3	25 30 40 50 60 70 80	禁排	0.18 0.31 1.0 1.8 2.7 3.9 5.5	0.28 0.46 1.6 2.7 4.1 5.9 8.3	周界外浓度最高点	0.030
24	甲醇	220	15 20 30 40 50 60	禁排	6.1 10 34 59 91 130	9.2 15 52 90 140 200	周界外浓度最高点	15
25	苯胺类	25	15 20 30 40 50 60	禁排	0.61 1.0 3.4 5.9 9.1 13	0.92 1.5 5.2 9.0 14 20	周界外浓度最高点	0.50

附录 ◀ 261 ▶

序号	污染物	最高允许排放浓度/(mg/m³)	最高允许排放速率/(kg/h)				无组织排放监控浓度限值	
			排气筒/m	一级	二级	三级	监控点	浓度/(mg/m³)
26	氯苯类	85	15	禁排	0.67	0.92	周界外浓度最高点	0.50
			20		1.0	1.5		
			30		2.9	4.4		
			40		5.0	7.6		
			50		7.7	12		
			60		11	17		
			70		15	23		
			80		21	32		
			90		27	41		
			100		34	52		
27	硝基苯类	20	15	禁排	0.060	0.090	周界外浓度最高点	0.050
			20		0.10	0.15		
			30		0.34	0.52		
			40		0.59	0.90		
			50		0.91	1.4		
			60		1.3	2.0		
28	氯乙烯	65	15	禁排	0.91	1.4	周界外浓度最高点	0.75
			20		1.5	2.3		
			30		5.0	7.8		
			40		8.9	13		
			50		14	21		
			60		19	29		
29	苯并[a]芘	0.50×10^{-3}（沥青、碳素制品生产和加工）	15	禁排	0.06×10^{-3}	0.09×10^{-3}	周界外浓度最高点	0.01（μg/m³）
			20		0.10×10^{-3}	0.15×10^{-3}		
			30		0.34×10^{-3}	0.51×10^{-3}		
			40		0.59×10^{-3}	0.89×10^{-3}		
			50		0.90×10^{-3}	1.4×10^{-3}		
			60		1.3×10^{-3}	2.0×10^{-3}		
30	光气[6]	5.0	25	禁排	0.12	0.18	周界外浓度最高点	0.10
			30		0.20	0.31		
			40		0.69	1.0		
			50		1.2	1.8		
31	沥青烟	280（吹制沥青）	15	0.11	0.22	0.34	生产设备不得有明显的无组织排放存在	
			20	0.19	0.36	0.55		
		80（熔炼、浸涂）	30	0.82	1.6	2.4		
			40	1.4	2.8	4.2		
			50	2.2	4.3	6.6		
		150（建筑搅拌）	60	3.0	5.9	9.0		
			70	4.5	8.7	13		
			80	6.2	12	18		
32	石棉尘	2根纤维/cm³或20mg/m³	15	禁排	0.65	0.98	生产设备不得有明显的无组织排放存在	
			20		1.1	1.7		
			30		4.2	6.4		
			40		7.2	11		
			50		11	17		

序号	污染物	最高允许排放浓度 /(mg/m³)	最高允许排放速率/(kg/h)				无组织排放监控浓度限值	
			排气筒/m	一级	二级	三级	监控点	浓度/(mg/m³)
33	非甲烷总烃	150 (使用溶剂汽油或其他混合烃类物质)	15 20 30 40	6.3 10 35 61	12 20 63 120	18 30 100 170	周界外浓度最高点	5.0

① 一般应于无组织排放源上风向2~50m范围内设参照点，排放源下风向2~50m范围内设监控点。下同。

② 周界外浓度最高点一般应设置于排放源下风向的单位周界外10m范围内，如预计无组织排放的最大落地浓度点越出10m范围，可将监控点移至预计浓度最高点。下同。

③ 均指含游离二氧化硅10%以上的各种尘。

④ 排放氰气的排气筒不得低于25m。

⑤ 排放氰化氢的排气筒不得低于25m。

⑥ 排放光气的排气筒不得低于25m。

附表10　新污染源大气污染物排放限值

序号	污染物	最高允许排放浓度 /(mg/m³)	最高允许排放速率/(kg/h)			无组织排放监控浓度限值	
			排气筒/m	二级	三级	监控点	浓度/(mg/m³)
1	二氧化硫	960 (硫、二氧化硫、硫酸和其他含硫化合物生产) 550 (硫、二氧化硫、硫酸、和其他含硫化合物使用)	15 20 30 40 50 60 70 80 90 100	2.6 4.3 15 25 39 55 77 110 130 170	3.5 6.6 22 38 58 83 120 160 200 270	周界外浓度最高点①	0.40
2	氮氧化物	1400 (硝酸、氮肥和火炸药生产) 240 (硝酸使用和其他)	15 20 30 40 50 60 70 80 90 100	0.77 1.3 4.4 7.5 12 16 23 31 40 52	1.2 2.0 6.6 11 18 25 35 47 61 78	周界外浓度最高点	0.12
3	颗粒物	18 (炭黑尘、染料尘)	15 20 30 40	0.15 0.85 3.4 5.8	0.74 1.3 5.0 8.5	周界外浓度最高点	肉眼不可见
		60② (玻璃棉尘、石英粉尘、矿渣棉尘)	15 20 30 40	1.9 3.1 12 21	2.6 4.5 18 31	周界外浓度最高点	1.0
		120 (其他)	15 20 30 40 50 60	3.5 5.9 23 39 60 85	5.0 8.5 34 59 94 130	周界外浓度最高点	1.0

序号	污染物	最高允许排放浓度 /(mg/m³)	最高允许排放速率/(kg/h)			无组织排放监控浓度限值	
			排气筒/m	二级	三级	监控点	浓度/(mg/m³)
4	氟化氢	100	15	0.26	0.39	周界外浓度最高点	0.20
			20	0.43	0.65		
			30	1.4	2.2		
			40	2.6	3.8		
			50	3.8	5.9		
			60	5.4	8.3		
			70	7.7	12		
			80	10	16		
5	铬酸雾	0.070	15	0.008	0.012	周界外浓度最高点	0.0060
			20	0.013	0.020		
			30	0.043	0.066		
			40	0.076	0.12		
			50	0.12	0.18		
			60	0.16	0.25		
6	硫酸雾	430 (火炸药厂) / 45 (其他)	15	1.5	2.4	周界外浓度最高点	1.2
			20	2.6	3.9		
			30	8.8	13		
			40	15	23		
			50	23	35		
			60	33	50		
			70	46	70		
			80	63	95		
7	氟化物	90 (普钙工业) / 9.0 (其他)	15	0.10	0.15	周界外浓度最高点	20 (μg/m³)
			20	0.17	0.26		
			30	0.59	0.88		
			40	1.0	1.5		
			50	1.5	2.3		
			60	2.2	3.3		
			70	3.1	4.7		
			80	4.2	6.3		
8	氯[③]气	65	25	0.52	0.78	周界外浓度最高点	0.40
			30	0.87	1.3		
			40	2.9	4.4		
			50	5.0	7.6		
			60	7.7	12		
			70	11	17		
			80	15	23		
9	铅及其化合物	0.70	15	0.004	0.006	周界外浓度最高点	0.0060
			20	0.006	0.009		
			30	0.027	0.041		
			40	0.047	0.071		
			50	0.072	0.11		
			60	0.10	0.15		
			70	0.15	0.22		
			80	0.20	0.30		
			90	0.26	0.40		
			100	0.33	0.51		

序号	污染物	最高允许排放浓度/(mg/m³)	最高允许排放速率/(kg/h)			无组织排放监控浓度限值	
			排气筒/m	二级	三级	监控点	浓度/(mg/m³)
10	汞及其化合物	0.012	15	1.5×10^{-3}	2.4×10^{-3}	周界外浓度最高点	0.0012
			20	2.6×10^{-3}	3.9×10^{-3}		
			30	7.8×10^{-3}	13×10^{-3}		
			40	15×10^{-3}	23×10^{-3}		
			50	23×10^{-3}	35×10^{-3}		
			60	33×10^{-3}	50×10^{-3}		
11	镉及其化合物	0.85	15	0.050	0.080	周界外浓度最高点	0.040
			20	0.090	0.13		
			30	0.29	0.44		
			40	0.50	0.77		
			50	0.77	1.2		
			60	1.1	1.7		
			70	1.5	2.3		
			80	2.1	3.2		
12	铍及其化合物	0.012	15	1.1×10^{-3}	1.7×10^{-3}	周界外浓度最高点	0.0008
			20	1.8×10^{-3}	2.8×10^{-3}		
			30	6.2×10^{-3}	9.4×10^{-3}		
			40	11×10^{-3}	16×10^{-3}		
			50	16×10^{-3}	25×10^{-3}		
			60	23×10^{-3}	35×10^{-3}		
			70	33×10^{-3}	50×10^{-3}		
			80	44×10^{-3}	67×10^{-3}		
13	镍及其化合物	4.3	15	0.15	0.24	周界外浓度最高点	0.040
			20	0.26	0.34		
			30	0.88	1.3		
			40	1.5	2.3		
			50	2.3	3.5		
			60	3.3	5.0		
			70	4.6	7.0		
			80	6.3	10		
14	锡及其化合物	8.5	15	0.31	0.47	周界外浓度最高点	0.24
			20	0.52	0.79		
			30	1.8	2.7		
			40	3.0	4.6		
			50	4.6	7.0		
			60	6.6	10		
			70	9.3	14		
			80	13	19		
15	苯	12	15	0.50	0.80	周界外浓度最高点	0.40
			20	0.90	1.3		
			30	2.9	4.4		
			40	5.6	7.6		
16	甲苯	40	15	3.1	4.7	周界外浓度最高点	2.4
			20	5.2	7.9		
			30	18	27		
			40	30	46		

序号	污染物	最高允许排放浓度/(mg/m³)	最高允许排放速率/(kg/h)			无组织排放监控浓度限值	
			排气筒/m	二级	三级	监控点	浓度/(mg/m³)
17	二甲苯	70	15	1.0	1.5	周界外浓度最高点	1.2
			20	1.7	2.6		
			30	5.9	8.8		
			40	10	15		
18	酚类	100	15	0.10	0.15	周界外浓度最高点	0.080
			20	0.17	0.26		
			30	0.58	0.88		
			40	1.0	1.5		
			50	1.5	2.3		
			60	2.2	3.3		
19	甲醛	25	15	0.26	0.39	周界外浓度最高点	0.20
			20	0.43	0.65		
			30	1.4	2.2		
			40	2.6	3.8		
			50	3.8	5.9		
			60	5.4	8.3		
20	乙醛	125	15	0.050	0.080	周界外浓度最高点	0.040
			20	0.090	0.13		
			30	0.29	0.44		
			40	0.50	0.77		
			50	0.77	1.2		
			60	1.1	1.6		
21	丙烯醛	22	15	0.77	1.2	周界外浓度最高点	0.60
			20	1.3	2.0		
			30	4.4	6.6		
			40	7.5	11		
			50	12	18		
			60	16	25		
22	丙烯醛	16	15	0.52	0.78	周界外浓度最高点	0.40
			20	0.87	1.3		
			30	2.9	4.4		
			40	5.0	7.6		
			50	7.7	12		
			60	11	17		
23	氰化氢④	1.9	25	0.15	0.24	周界外浓度最高点	0.024
			30	0.26	0.39		
			40	0.88	1.3		
			50	1.5	2.3		
			60	2.3	3.5		
			70	3.3	5.0		
			80	4.6	7.0		
24	甲醇	190	15	5.1	7.8	周界外浓度最高点	12
			20	8.6	13		
			30	29	44		
			40	50	70		
			50	77	120		
			60	100	170		

序号	污染物	最高允许排放浓度/(mg/m³)	最高允许排放速率/(kg/h)			无组织排放监控浓度限值	
			排气筒/m	二级	三级	监控点	浓度/(mg/m³)
25	苯胺类	20	15	0.52	0.78	周界外浓度最高点	0.40
			20	0.87	1.3		
			30	2.9	4.4		
			40	5.0	7.6		
			50	7.7	12		
			60	11	17		
26	氯苯类	60	15	0.52	0.78	周界外浓度最高点	0.40
			20	0.87	1.3		
			30	2.5	3.8		
			40	4.3	6.5		
			50	6.6	9.9		
			60	9.3	14		
			70	13	20		
			80	18	27		
			90	23	35		
			100	29	44		
27	硝基苯类	16	15	0.050	0.080	周界外浓度最高点	0.040
			20	0.090	0.13		
			30	0.29	0.44		
			40	0.50	0.77		
			50	0.77	1.2		
			60	1.1	1.7		
28	氯乙烯	36	15	0.77	1.2	周界外浓度最高点	0.60
			20	1.3	2.0		
			30	4.4	6.6		
			40	7.5	11		
			50	12	18		
			60	16	25		
29	苯并[a]芘	0.30×10^{-3}（沥青及碳素制品生产和加工）	15	0.050×10^{-3}	0.080×10^{-3}	周界外浓度最高点	0.008（μg/m³）
			20	0.085×10^{-3}	0.13×10^{-3}		
			30	0.29×10^{-3}	0.43×10^{-3}		
			40	0.50×10^{-3}	0.76×10^{-3}		
			50	0.77×10^{-3}	1.2×10^{-3}		
			60	1.1×10^{-3}	1.7×10^{-3}		
30	光气[⑤]	3.0	25	0.10	0.15	周界外浓度最高点	0.080
			30	0.17	0.26		
			40	0.59	0.88		
			50	1.0	1.5		
31	沥青烟	140（吹制沥青） 40（熔炼、浸涂） 75（建筑搅拌）	15	0.18	0.27	生产设备不得有明显的无组织排放存在	
			20	0.30	0.45		
			30	1.3	2.0		
			40	2.3	3.5		
			50	3.6	5.4		
			60	5.6	7.5		
			70	7.4	11		
			80	10	15		

序号	污染物	最高允许排放浓度 /(mg/m³)	最高允许排放速率/(kg/h)			无组织排放监控浓度限值	
			排气筒/m	二级	三级	监控点	浓度/(mg/m³)
32	石棉尘	1根纤维/cm³ 或 10mg/m³	15	0.55	0.83	生产设备不得有明显的 无组织排放存在	
			20	0.93	1.4		
			30	3.6	5.4		
			40	6.2	9.3		
			50	9.4	14		
33	非甲烷总烃	120 （使用溶剂汽油或 其他混合烃类物质）	15	10	16	周界外浓度 最高点	4.0
			20	17	27		
			30	53	83		
			40	100	150		

① 周界外浓度最高点一般应设置于排放源下风向的单位周界外 10m 范围内,如预计无组织排放的最大落地浓度点越出 10m 范围,可将监控点移至预计浓度最高点。下同。

② 均指含游离二氧化硅 10% 以上的各种尘。

③ 排放氯气的排气筒不得低于 25m。

④ 排放氰化氢的排气筒不得低于 25m。

⑤ 排放光气的排气筒不得低于 25m。

附录6 《环境空气质量指数（AQI）技术规定（试行）》(HJ 633—2012)

附表11 空气质量分指数及对应的污染物项目浓度限值

空气质量分指数 (IAQI)	污染物项目浓度限值									
	二氧化硫 (SO$_2$) 24 小时平均 /(μg/m³)	二氧化硫 (SO$_2$) 1 小时平均 /(μg/m³)[①]	二氧化氮 (NO$_2$) 24 小时平均 /(μg/m³)	二氧化氮 (NO$_2$) 1 小时平均 /(μg/m³)[①]	颗粒物 (粒径小于等于 10μm) 24 小时平均 /(μg/m³)	一氧化碳 (CO) 24 小时平均 /(mg/m³)	一氧化碳 (CO) 1 小时平均 /(mg/m³)[①]	臭氧 (O$_3$) 1 小时平均 /(μg/m³)	臭氧 (O$_3$) 8 小时滑动平均 /(μg/m³)	颗粒物 (粒径小于等于 2.5μm) 24 小时平均 /(μg/m³)
0	0	0	0	0	0	0	0	0	0	0
50	50	150	40	100	50	2	5	160	100	35
100	150	500	80	200	150	4	10	200	160	75
150	475	650	180	700	250	14	35	300	215	115
200	800	800	280	1200	350	24	60	400	265	150
300	1600	②	565	2340	420	36	90	800	800	250
400	2100	②	750	3090	500	48	120	1000	③	350
500	2620	②	940	3840	600	60	150	1200	③	500

① 二氧化硫（SO$_2$）、二氧化氮（NO$_2$）和一氧化碳（CO）的1小时平均浓度限值仅用于实时报，在日报中需使用相应污染物的24小时平均浓度限值。

② 二氧化硫（SO$_2$）1小时平均浓度值高于800μg/m³的，不再进行其空气质量分指数计算，二氧化硫（SO$_2$）空气质量分指数按24小时平均浓度计算的分指数报告。

③ 臭氧（O$_3$）8小时平均浓度值高于800μg/m³的，不再进行其空气质量分指数计算，臭氧（O$_3$）空气质量分指数按1小时平均浓度计算的分指数报告。

附表12 空气质量指数及相关信息

空气质量指数	空气质量指数级别	空气质量指数类别及表示颜色		对健康影响情况	建议采取的措施
0~50	一级	优	绿色	空气质量令人满意,基本无空气污染	各类人群可正常活动
51~100	二级	良	黄色	空气质量可接受,但某些污染物可能对极少数异常敏感人群健康有较弱影响	极少数异常敏感人群应减少户外活动
101~150	三级	轻度污染	橙色	易感人群症状有轻度加剧,健康人群出现刺激症状	儿童、老年人及心脏病、呼吸系统疾病患者应减少长时间、高强度的户外锻炼
151~200	四级	中度污染	红色	进一步加剧易感人群症状,可能对健康人群心脏、呼吸系统有影响	儿童、老年人及心脏病、呼吸系统疾病患者应避免长时间、高强度的户外锻炼,一般人群适量减少户外运动
201~300	五级	重度污染	紫色	心脏病和肺病患者症状显著加剧,运动耐受力降低,健康人群普遍出现症状	儿童、老年人及心脏病、肺病患者应停留在室内,停止户外运动,一般人群减少户外运动
>300	六级	严重污染	褐红色	健康人群运动耐受力降低,有明显强烈症状,提前出现某些疾病	儿童、老年人和病人应当留在室内,避免体力消耗,一般人群应避免户外活动

参考文献

[1] 童志权，王京钢，童华，等．大气污染控制工程［M］．北京：机械工业出版社，2006.

[2] 黄建彬．工业气体手册［M］．北京：化学工业出版社，2002.

[3] 王安璞．我国大气污染化学研究进展［J］．环境科学进展，1994，2（3）：1-18.

[4]《化工百科全书》编辑委员会．化工百科全书［M］．北京：化学工业出版社，1997.

[5] Seinfeld J H，Pandis S N. Atmospheric Chemistry and Physics：From Air Pollution to Climate Change［M］．John Wily & Sons Inc 1998.

[6] Mannion A M. Global environment change［M］．Longman，1997.

[7] 陈英旭．环境学［M］．北京：中国环境科学出版社，2001.

[8] 朱利中．环境化学［M］．杭州：杭州大学出版社，1999.

[9] 钱易，唐孝炎．环境保护与可持续发展［M］．北京：高等教育出版社，2000.

[10] Hahn，Robert；Richards，Kenneth. Understanding the effectiveness of environmental offset policies［J］．Journal of Regulatory Economics，2013，44（1）：103-119.

[11] 国家环境保护局科技标准司．污染控制技术指南［M］．北京：中国环境科学出版社，1996.

[12] DR HOMER W. PARKER P E. Air Pollution［M］．Prentice-Hall Inc，1977.

[13] 王莉，吴忠标．湿法脱硝技术在燃煤烟气净化中的应用及研究进展［J］．安全与环境学报，2010，10（3）：61-64.

[14] Cao Y，Duan Y F，Kellie S，Li L C，XuWB，Riley J T，et al. Impact of coal chlorine on mercury speciation and emission from a 100-MW utility boiler with cold-side electrostatic precipitators and low-NO_x burners［J］．Energy & Fuels，2005，19（3）：842-854.

[15] 国家环保局．中国环境统计状况公报［R］．2004.

[16] 周兴求．环保设备设计手册——大气污染控制设备［M］．北京：化学工业出版社，2004.

[17] Karl B Schnelle，Charles A Brown，Air Pollution Control Technology Handbook［M］．CRC Press，2001.

[18] 台炳华．环境保护知识丛书 工业烟气净化．第 2 版［M］．北京：冶金工业出版社，1999.

[19] 梁保峰．电厂燃煤过程中汞的迁移转化及控制技术［D］．保定：华北电力大学，2004.

[20] Wang Rui，Shi gang，Wei wei sheng，Bao xiao jun. Applicability and effectiveness of Bydrogen sulfide removal rising heteropoly acids as absorbent［J］．Proceeiings of the 2th China-Korea Conference on Separation Science and Technology，Qingdao，1998：180.

[21] 苏毅．氮氧化物废气的生化处理技术［C］．中国化工学会 2004 年环境保护学术年会，北京，2004.

[22] 邢俊冬．吸附与变压吸附过程传热传质耦合影响及其模拟研究［D］．武汉：华中农业大学，2009.

[23] J. Hyks，T. Astrup，T. H. Christensen. Long-term leaching from MSWI air-pollution-control residues：leaching characterization and modeling［J］．J Hazard Mater，2009（162）：80-91.

[24] Litao Wang，Carey Jang. Assessment of air quality benefits from national air pollution control policies in China. Part I：Background，emission scenarios and evaluation of meteorological predictions［J］．Atmospheric Environment，2010，44：3442-3448.

[25] 周劲松．燃煤汞排放的测量及其控制技术［J］．动力工程，2002，13：29-32.

[26] 江向阳．吸附法提高六氟丙烯（HFP）质量的研究［D］．杭州：浙江大学，2006.

[27] 周兴求．大气污染控制设备［M］．北京：化学工业出版社，2003.

[28] 熊立红．超超临界机组烟气净化设备及系统［M］．北京：化学工业出版社，2009.

[29] 什涅尔松．烟气的电气净化［M］．北京：冶金工业出版社，1956.

[30] Anastasia Kotronarou. Environ Sci Technol［J］．1992，26（2）：2420-2427.

[31] Cabodi A J，Van H R，Hardison L C. First commercial test is successful for catalytic hydrogen sulfide oxidation proces［J］．Oil & Gas J，1982；80（27）：107.

[32] 步学朋．中国活性焦烟气净化研究分析［J］．洁净煤技术，2010，16（2）：35-37.

[33] 吴忠标．大气污染控制技术［M］．北京：化学工业出版社，2002.

[34] 郝吉明，陆永琪，王书肖．燃煤二氧化硫污染控制技术手册［M］．北京：化学工业出版社，2001.

[35] 郝吉明，傅立新，贺克强等．城市机动车排放污染控制［M］．北京：中国环境科学出版社，2001.

[36] 李兴虎. 汽车排气污染与控制 [M]. 北京: 机械工业出版社, 1999.

[37] 杜秋平. 利用烟气脱硫技术控制大气污染 [J]. 华北电力技术, 1999, 11: 29-32.

[38] Dou Binlin, Wang Chao, Chen Haisheng. Research progress of hot gas filtration, desulphurization and HCl removal in coal-derived fuel gas: A review [J]. Chemical Engineering Research & Design, 2013, 90 (11): 1901-1917.

[39] 王景儒. 我国工业六氟化硫纯化技术近况及改进 [J]. 低温与特气, 1994, 1: 44-47.

[40] Werner Sebastian, Haumann Marco, Wasserscheid Peter. Ionic liquids in chemical engineering [J]. Annual Review of Chemical and Biomolecular Engineering, 2010, 1: 203-230.

[41] 孙锦余. 控制大气污染的几种典型的烟气脱硫方法 [J]. 节能, 2004, 2: 29-32.

[42] 毕玉森. 低氮氧化物燃烧技术的发展概况 [J]. 热力发电, 2000 (2): 2-9.

[43] Liu Gang, Gao Pu Xian. A review of NO_x storage/reduction catalysts: mechanism, materials and degradation studies [J]. Catalysis Science & Technology, 2011, 1 (4): 552-568.

[44] 蔡丽朋. 有机反应——多氮化物的反应及若干理论问题 [M]. 北京: 化学工业出版社, 2008.

[45] Basu, Somnath, Chemical and biochemical processes for NO_x control from combustion off-gases [J], 2007, 194 (10-12): 1374-1395.

[46] Thilde Fruergaard, Jiri Hyks, Thomas Astrup. Life-cycle assessment of selected management options for air pollution control residues from waste incineration [J]. Science of the Total Environment, 2010, 408: 4672-4680.

[47] Wenzel H, Hauschild M, Alting L. Environmental Assessment of Products. Volume 1: Methodology, Tools and Case Studies in Product Development [M]. London: Chapman & Hall, 1997.

[48] Xu X, Chen C, Qi H, et al. Development of Coal Combustion Pollution Control for SO_2 and NO_x in China [J]. Fuel Processing Technology, 2000, 62: 153-160.

[49] 谢莉莉. 氯化咪唑基离子液体对柴油中含氮化合物选择性脱除作用研究 [J]. 无机化学学报, 2008, 24 (6): 22-25.

[50] 孙锦宜. 含氮废水处理技术与应用 [M]. 北京: 化学工业出版社, 2003.

[51] 大木道则. 含氮有机化合物概论 [M]. 北京: 科学出版社, 2010.

[52] 孙力, 高瑛, 刘春祥等. 对硝基氯苯废气治理研究 [J]. 环境工程, 2001, 19 (4): 38-41.

[53] 李国文, 胡洪营, 郝吉明等. 生物洗涤塔降解氯苯废气性能研究 [J]. 化学工程, 2003, 31 (5): 50-55.

[54] Wang Can, Xi Jin Ying, Hu Hong Ying. Advantages of combined UV photodegradation and biofiltration processes to treat gaseous chlorobenzene [J]. Journal of Hazardous Materials, 2009, 171 (1-3): 1120-1125.

[55] 王文勇. 硫化填料净化塔流体动力学特性研究 [J]. 环境污染治理技术与设备, 2002, 56 (24): 33-35.

[56] 陈艳, 冯长君. 一种新的连接性指数与卤化物热力学性质的相关性 [J]. 南京化工大学学报 (自然科学版), 2001, 23 (3): 14-17.

[57] 金成姬, 姜茂发, 李连福. 碱土金属氧化物-卤化物渣系的物理化学性质 [C]. 第十一届全国炼钢学术会议论文北京, 2000.

[58] 左立, 刘均洪, 吴汝林. 生物降解有机卤化物 [J]. 化工科技, 2002 10 (6): 33-35.

[59] Mohammad Songolzadeh, Mansooreh Soleimani, Reza Behnood. A brief review of methyl tert-butyl ether (MTBE) removal from contaminated air and water [J]. Research Journal of Chemistry and Environment, 2013, 17 (5): 90-97.

[60] 鲁忠生, 刘永明, 张春华等. 两段法吸收氯化氢尾气的工业应用研究 [J]. 氯碱工业, 2006, (4): 33-35.

[61] Sakanakura H. Formation and durability of dithiocarbamic metals in stabilized air pollution control residue from municipal solid waste incineration and melting processes [J]. Environ Sci Technol, 2007, 41 (5): 1717-1722.

[62] 李月生, 夏祥翔, 罗平等. 氯气的危害及其净化方法 [J]. 工业催化, 2009, 17 (6): 63-66.

[63] 秦大河. 温室气体与温室效应 [M]. 北京: 气象出版社, 2003.

[64] Abdalla M, Osborne B, Lanigan G. Conservation tillage systems: a review of its consequences for greenhouse gas emissions [J]. Soil Use and Management, 2013, 29 (2): 199-209.

[65] V A shan J McFarland, 张玉林. Selexol 低能耗二氧化碳回收工艺 [J]. 化肥工业译丛, 1995, (1): 19-23.

[66] 郝庆祥. Cosorb 法提纯一氧化碳技术 [J]. 太化科技, 1998, (2): 52-54.

[67] Dion Louis Martin, Lefsrud Mark, Orsat Valerie. Review of CO_2 recovery methods from the exhaust gas of biomass heating systems for safe enrichment in greenhouses [C], IEA Bioenergy Workshop on Sustainable Forestry Systems for Bioenergy-Integration, Innovation and Information, IEA Bioenergy Task 31, Biomass Prod Energy Sustainable

Forestry，Joensuu，Finland，AUG 29-SEP 03，2007.

[68] 吴克明，黄松荣，F.Concha.温室气体的分离回收及其资源化[J].武汉科技大学学报（自然科学版），2001，24
（4）：365-369.

[69] Huijgen W J J，Witkamp G J，et al. Mineral CO_2 sequestration by steel slag carbonation [J]. Environmental Science
and Technology，2005，39（24）：9676-9682.

[70] Pérez López R，Montes Hernandez G，et al. Carbonation of alkaline paper mill waste to reduce CO_2 greenhouse gas
emissions into the atmosphere [J]. Applied Geochemistry，2008，23：2292-2300.

[71] Montes Hernandez G，Pérez López R，et al. Mineral sequestration of CO_2 by aqueous carbonation of coal combustion
fly-ash [J]. Journal of Hazardous Materials，2009，161：1347-1354.

[72] 陈令仪.CO_2的应用前景[J].中氮肥，1983，（5）：6-9.

[73] 殷捷，陈玉成.CO_2的资源化研究进展[J].环境科学动态，1999，（4）：20-23.

[74] 李乃义，刘景俊.利用炼油尾气生产食品级二氧化碳[J].河南化工，2004，（5）：27-28.

[75] Trachtenberg M C，Cowan R M，et al. Membrane-based，enzyme-facilitated，efficient carbon dioxide capture [J].
Energy Procedia，2009，353-360.

[76] Bond G M，Stringer J，et al. Development of integrated system for biomimetic CO_2 sequestration using the enzyme
carbonic anhydrase [J]. Energy & Fuels，2001，15：309-316.

[77] Mirjafari P，Asghari K，et al. Investigating the application of enzyme carbonic anhydrase for CO_2 sequestration pur-
poses [J]. Industrial & Engineering Chemistry Research，2007，46：921-926.

[78] Lee S W，Park S B，et al. On carbon dioxide storage based on biomineralization strategies [J]. Micron，2009，11：
1-10.

[79] Sharma A，Bhattacharya A，Shrivastava A et al. Biomimetic CO_2 sequestration using purified carbonic anhydrase
from indigenous bacterial strains immobilized on biopolymeric materials [J]. Enzyme and Microbial Technology，
2011，48（4-5）：416-426.

[80] 张奉民，李开喜.氰化氢脱除方法[J].新型炭材料，2003，18（2）.

[81] 邱廷省，郝志伟.含氰废水处理技术评述与展望[J].江西冶金，2002，22（3）：41-44.

[82] 苏发兵，马兰，袁存乔等.碳纤维生产工艺含氰废气治理[J].环境污染与防治，1997，19（6）.

[83] R.M.鲁格什科.大气中工业排放有害有机化合物手册[M].北京：中国环境科学出版社，1990.

[84] 顾子樵编译.Purisol 气体净化法[J].化工厂设计，1989，9（2）：15-19.

[85] 顾子樵编译.Rectisol 气体净化法[J].化工厂设计，1989，9（1）：21-26.

[86] 中国科学技术情报研究所重庆分社.国外气体净化技术[M].重庆：中国科学技术情报研究所重庆分社，1981.

[87] 朱世勇.环境与工业气体净化技术[M].北京：化学工业出版社，2007.

[88] 松花江甲基汞污染综合防治与对策研究课题组.松花江甲基汞污染综合防治与对策研究[M].北京：化学工业出
版社，1994.

[89] 分析化学编委会.汞的分析方法[M].北京：原子能出版社，1979.

[90] 长沙有色金属工业学校编.汞冶金学[M].长沙：长沙有色金属工业学校印，1950.

[91] 潘骏千.汞中毒的防治[M].北京：人民卫生出版社，1963.

[92] 浮田，忠之进.汞的分析方法[M].北京：原子能出版社，1979.

[93] H R 琼斯.汞污染的控制[M].北京：轻工业出版社，1974.

[94] 石磊.恶臭污染测试与控制技术[M].北京：化学工业出版社，2004，3.

[95] 徐晓军，宫磊，杨虹.恶臭气体生物净化理论与技术[M].北京：化学工业出版社，2005.

[96] Lebrero Raquel，Bouchy Lynne，Stuetz Richard. Odor assessment and management in wastewater treatment plants：
A review [J]. Critical Reviews in Environmental Science and Technology，2011，41（10）：915-950.

[97] 沈培明，陈正夫，张东平.恶臭的评价与分析[M].北京：化学工业出版社，2005.

[98] 包景岭，邹克华，王连生.恶臭环境管理与污染控制[M].北京：中国环境科学出版社，2009.

[99] Mudliar Sandeep，Giri Balendu，Padoley Kiran. Bioreactors for treatment of VOCs and odours：A review [J].
Journal of Environmental Management，2010，91（5）：1039-1054.

[100] 石磊.恶臭气味嗅觉实验法问答[M].北京：化学工业出版社，2008.

[101] Lacey RE，Mukhtar S，Carey JB. A review of literature concerning odors，ammonia，and dust from broiler produc-
tion facilities：1. Odor concentrations and emissions [J]，Journal of Applied Poultry Research，2004，13（3）：

500-508.

[102] 廖克剑，丛玉凤. 道路沥青生产与应用技术 [M]. 北京：化学工业出版社，2004.

[103] 吴萍沙. 电捕焦油器在沥青熔化中对沥青烟净化的应用 [J]. 环境保护科学，2006，32（4）：47-51.

[104] 刘章现，孙炳海. 炭素焙烧炉沥青烟净化处理 [J]. 环境污染治理技术与设备，2005，6（7）：34-36.

[105] Freund Alice, Zuckerman Norman, Baum Lisa. Submicron particle monitoring of paving and related road construction operations [J]. Journal of Occupational and Environmental Hygiene, 2012, 9 (5): 298-307.

[106] 牛利民. 低浓度沥青烟的净化处理 [J]. 有色冶金节能，2003，20（6）：13-15.

[107] 李淑环，郭军. 改造沥青烟净化系统，减少对环境的污染 [J]. 一重技术，2004（3）：22-24.

[108] Schartel B, Bahr H, Braun U. Fire risks of burning asphalt [J]. Fire and Materials, 2010, 34 (7): 333-340.

[109] 李鸿. 浅谈沥青烟的危害及几种治理方法 [J]. 有色金属设计，2004，31（3）：32-34.

[110] Devinny J S, Deshusses M A, Webster T A. Biofiltration for Air Pollution Control. Florida [M]. Lewis Publishers, 1999.

[111] 童志权. 大气污染控制工程 [M]. 北京：机械工业出版社，2006.

[112] 袭著革. 室内空气污染与健康 [M]. 北京：化学工业出版社，2003.

[113] Reid S J. Ozone and Climate Change: a Beginner's Guide [M]. Gordon and Breach Science Publishers, 2000.

[114] Mason B J. Acid Rain: its Causes and its Effects on Inland Waters [M]. Oxford University Press, 1992.

[115] 范恩荣. 催化燃烧方法概况 [J]. 煤气与热力，1997，17（4）：32-35.

[116] 蒲恩奇. 大气污染治理工程 [M]. 北京：高等教育出版社，2004.

[117] US EPA. National Air Quality and Emissions Trends Report [C], 1997, EPA-454/R-98-016.

[118] Noel de Nevers. Air Pollution Control Engineering. [M]. 北京：清华大学出版社，2000.

[119] 刘丽，邓麦村，袁权. 气体分离膜研究和应用新进展 [J]. 现代化工，2000（1）：16-21.

[120] Bastani Dariush, Esmaeili Nazila, Asadollahi Mahdieh. Polymeric mixed matrix membranes containing zeolites as a filler for gas separation applications: A review [J]. Journal of Industrial and Engineering Chemistry, 2013, 19 (2): 375-393.

[121] 朱世勇. 环境与工业气体净化技术 [M]. 北京：化学工业出版社，2001.

[122] Basu A, Akhtar J, Rahman MH. A review of separation of gases using membrane systems [J]. Petroleum Science and Technology, 2004, 22 (9-10): 1343-1368.

[123] 童志权. 工业废气净化与利用 [M]. 北京：化学工业出版社，2001.

[124] 刘天齐. 三废处理工程技术手册 [M]. 北京：化学工业出版社，2001.

[125] Paolo Zannetti. Air Pollution Modeling [M]. Computational Publishers, 1990.

[126] Cao Y, Chen B, Wu J, Cui H, John S, Chen C K, et al. Study of mercury oxidation by a selective catalytic reduction catalyst in a pilot-scale slipstream reactor at a utility boiler burning bituminous coal [J]. Energy & Fuels, 2007, 21 (1): 145-156.

[127] 于璟琳. 氨基甲酸甲酯合成工艺研究 [D]. 天津：天津大学，2003.

[128] 轩伟. 离子交换纤维处理含氰废水的研究 [D]. 西安：西安建筑科技大学，2006.

[129] 吴文锋. VOCs 处理技术研究与展望 [J]. 城市建设，2010，36（22）：49-51.

[130] Wiener M S, Salas B, V, Quintero-Nunez M. Effect of H_2S on corrosion in polluted waters: a review [J]. Corrosion Engineering Science and Technology, 2006, 41 (3): 221-227.

[131] 宫磊. 生物催化氧化法处理 H_2S 废气的工艺及理论研究 [D]. 昆明：昆明理工大学，2005.

[132] Amutha Rani D, Boccaccini A R, Deegan D, et al. Air pollution control residues from waste incineration: current UK situation and assessment of alternative technologies [J]. Waste Manage, 2008, 28 (11): 2279-2292.

[133] 罗青枝. 聚丙烯酰胺对室温磷化液磷化性能的研究 [J]. 河北工业科技，2001，37（21）：35-37.

[134] 李雅平. 火电厂烟气脱硫技术综述 [J]. 科技传播，2011，52（19）：33-36.

[135] Sumathi S, Bhatia S, Lee K T, Mohamed A R. Adsorption isotherm models and properties of SO_2 and NO removal by palm shell activated carbon supported with cerium (Ce/PSAC) [J]. Chemical Engineering Journal, 2010, 162 (1): 194-200.

[136] Aik Chong Lua, Ting Yang. Theoretical and experimental SO_2 adsorption onto pistachio-nut-shell activated carbon for a fixed-bed column [J]. Chemical Engineering Journal, 2009, 155 (1-2): 175-183.

[137] 李立清. 吸附柱出口温度随时间的变化规律及数值模拟 [J]. 离子交换与吸附，2005，13：29-32.

[138] Sumathi S, Bhatia S, Lee K T, et al. Cerium impregnated palm shell activated carbon (Ce/PSAC) sorbent for simultaneous removal of SO_2 and NO-Process study [J]. Chemical Engineering Journal, 2010, 162 (1): 51-57.

[139] Vivekanand Gaur, Ritesh Asthana, Nishith Verma. Removal of SO_2 by activated carbon fibers in the presence of O_2 and H_2O [J]. Carbon, 2006, 44 (1): 46-60.

[140] Yi Honghong, Deng Hua, Tang Xiaolong, et al. Adsorption equilibrium and kinetics for SO_2, NO, CO_2 on zeolites FAU and LTA [J]. Journal of Hazardous Materials, 2012, 203-204: 111-117.

[141] Türkan Kopac, Sefa Kocabas. Adsorption equilibrium and breakthrough analysis for sulfur dioxide adsorption on silica gel [J]. Chemical Engineering and Processing: Process Intensification, 2002, 41 (3): 223-230.

[142] 杨子健. 基于 CMOS 工艺的硅基 PI 湿度传感器的研制 [J]. 半导体技术, 2009, 23 (31): 22-24.

[143] 张鹏宇. 催化活性炭脱硫脱销除汞的试验研究 [D]. 武汉: 华中科技大学, 2004.

[144] Pavlish J H, Sondreal E A, Mann M D, et al. Status review of mercury control options for coal-fired power plants [J]. Fuel Processing Technology, 2003, 82: 89-165.

[145] Christian Kennes, Piet Lens, Jan Bartacek. Air pollution control [J]. Journal of Chemical Technology & Biotechnology, 2010, 85 (3): 307-308.

[146] 周琪, 张俐娜. 气体分离膜研究进展 [J]. 化学通报, 2001 (1): 18-25.

[147] 刁建元, 王光裕. 黄磷尾气的净化及利用 [J]. 河南化工, 1998, (9): 31-32.

[148] Yi Honghong, Yu Qiongfen, Tang Xiaolong. Phosphine adsorption removal from yellow phosphorus tail gas over CuO-ZnO-La_2O_3/Activated Carbon [J]. Industrial & Engineering Chemistry Research, 2011, 50 (7): 3960-3965.

[149] 杨涌祥. 分子筛前端净化中的 PSA 和 TSA 工艺 [J]. 深冷技术, 2001, (3): 1-4.

[150] 田井和夫等. 活性炭纤维 [J]. 新型碳材料, 19: 18-23.

[151] 陈凡植, 颜幼平, 黄慧民, 林美强. 轮窑烧砖烟气无二次污染治理工艺研究 [J]. 重庆环境科学, 2000, 22 (3): 26-29.

[152] Quina M J, Santos R C, Bordado J C M, et al. Characterization of air pollution control residues produced in a municipal solid waste incinerator in Portugal. J [J]. Hazard Mater, 2008, 152 (2): 853-869.

[153] 赵毅, 李守信. 有害气体控制工程 [M]. 北京: 化学工业出版社, 2001.

[154] 大气污染控制手册编写组. 钢铁工业大气污染控制手册 [M]. 北京: 中国环境科学出版社, 1999.

[155] 大气污染控制手册编写组. 电力工业大气污染控制手册 [M]. 北京: 中国环境科学出版社, 1999.

[156] 朱廷钰. 烧结烟气净化技术 [M]. 北京: 化学工业出版社, 2009.

[157] Litao Wang, Carey Jang. Assessment of air quality benefits from national air pollution control policies in China. Part II: Background, emission scenarios and evaluation of meteorological predictions [J]. Atmospheric Environment, 2010, 44: 3449-3457.

[158] Duan F, He K, Ma Y, et al. Concentration level and chemical characteristic of atmospheric aerosol in Beijing: 2001~2002 [J]. Science Total Environment, 2002, 335 (1-3): 264-275.

[159] Susan Lew, Adel F. Seraphim and Maria Flytzani Step Hanopoulos [J]. Ind Eng Chem Res, 1992, 31: 1890-1899.

[160] 赵毅. 电厂燃煤过程中汞的迁移转化及控制技术研究 [J]. 环境污染治理技术与设备, 2003, 22 (3): 23-25.

[161] 高招. VOCs 的吸附和变压吸附法净化回收研究 [D]. 长沙: 湖南大学, 2007.

[162] Shin S H, Jo W K. Volatile organic compound concentrations, emission rates, and source apportionment in newly-built apartments at pre-occupancy stage [J]. Chemosphere 2012, 89 (5), 569-578.

[163] Jensen L K, Larsen A, Molhave L, Hansen M K, Knudsen B. Health evaluation of volatile organic compound (VOC) emissions from wood and wood-based materials. Arch [J], Environ Health 2001, 56 (5), 419-432.

[164] Zazhigalov S V, Chumakova N A, Zagoruiko A N. Modeling of the multidispersed adsorption-catalytic system for removing organic impurities from waste gases [J]. Chemical Engineering Science, 2012, 76 (9): 81-89.

[165] Busca G, Berardinelli S, Resini C, Arrighi L. Technologies for the removal of phenol from fluid streams: A short review of recent developments [J]. Journal of hazardous materials 2008, 160 (2-3), 265-288.

[166] Barry Crittenden, W John Thomas, Adsorption Technology & Design [M], Butterworth-Heinemann, Oxford, 1998.

[167] Yang K, Sun Q, Xue F, Lin D H. Adsorption of volatile organic compounds by metal-organic frameworks MIL-101: Influence of molecular size and shape [J]. Journal of Hazardous Materials 2011, 195, 124-131.

[168] Shivaji G. Ramalingam, Pascaline Pré, Sylvain Giraudet, Laurence Le Coq, Pierre Le Cloirec, Olivier Baudouin,

Stéphane Déchelotte. Different families of volatile organic compounds pollution control by microporous carbons in temperature swing adsorption processes [J]. Journal of Hazardous Materials, 2012, 221-222 (30): 242-247.

[169] 王学谦. 硫化氢废气治理研究进展 [J]. 环境污染治理技术与设备. 2001, 11: 37-39.

[170] Yonghua Yang. Biofiltration control of hydrogen sulfide [J]. Air&Water Manage Assoc, 1994, 44 (7): 863-868.

[171] Dalrymple D A et al. An overview of liquid radix sulfur recovery [J]. Chem Eng Prog, 1989, 85 (3): 43.

[172] 冷继斌. 超重力氧化还原法用于天然气脱硫的探索性研究 [D]. 北京: 北京化工大学, 2007.

[173] 张家忠. 硫化氢吸收净化技术研究进展 [J]. 环境污染治理技术与设备, 2002, 23: 33-35.

[174] 卢林杰. 静电除雾器 [J]. 日用化学工业, 2001, 32: 43-45.

[175] Li LQ, Li X, Lee JY, Keener TC, Liu Z, Yao XL. The effect of surface properties in activated carbon on mercury adsorption [J]. Industrial & Engineering Chemistry Research, 2012, 51 (26): 9136-9144.

[176] 王成云. 吸收法脱除燃煤烟气中气态汞的应用基础研究 [D]. 杭州: 浙江大学, 2005.

[177] John H Pavlish, Everett A Sondreal, Michael D Mann1, Edwin S Olson, Kevin C Galbreath, Dennis L Laudal, Steven A Benson. Status review of mercury control options for coal-fired power plants [J]. Fuel Processing Technology, 2003, 82: 89-165.

[178] Focht G D, Ranade P V, Harirrson D P. Chem [J]. Eng Sci, 1988, 43 (11): 3005-3013.

[179] Carey T R, Hargrove O W, Richardson C F, Chang R, Meserole F B. Factors affecting mercury control in utility flue gas using activated carbon [J]. J Air Waste Manage Assoc, 1998, 48: 1166-1174.

[180] Sa L N, Folcht G D, Rana de P V, Harrison D P. Chem Eng [J]. Chem Res, 1995 (34): 1181-1188.

[181] Hassett D J, Eylands K E. Mercury capture on coal combustion fly ash [J]. Fuel, 78 (1999) 243-248.

[182] Li Y H, Serre S D, Lee C W, Gullett B K. Effect of moisture on adsorption of elemental mercury by activated carbons [C]. Proceedings of the Air Quality Ⅱ: Mercury, Trace Elements, and Particulate Matter Conference, McLean, VA, Sept19-21, 2000, Paper A4-7.

[183] Lee T G, Biswas P. Kinetics of heterogeneous mercury reactions with sorbent particles: in situ capture methodologies [C]. Proceedings of the Air and Waste Management Association 92nd Annual Meeting and Exhibition, St. Louis, MO, June 20-24, 1999, Paper 99-410.

[184] Yuanjing Zheng, Anker D Jensen, Christian Windelin, Flemming Jensen. Review of technologies for mercury removal from flue gas from cement production processes [C], Progress in Energy and Combustion Science, 2012, 38: 599-629.

[185] Sang-Sup Lee, Joo-Youp Lee, Tim C. Keener, Novel sorbents for mercury emissions control from coal-fired power plants [J]. Journal of the Chinese Institute of Chemical Engineers, 2008, 39: 137-142.

[186] Xin Li, Zhouyang Liu, Joo-Youp Lee. Adsorption kinetic and equilibrium study for removal of mercuric, chloride by CuCl2-impregnated activated carbon sorbent [J]. Journal of Hazardous Materials, 2013, 252-253: 419-427.

[187] 李海龙. 吸附法净化有机废气模拟与实验研究 [D]. 长沙: 湖南大学, 2007.

[188] 王大伟. 变压吸附处理 VOCs 中的热质传递 [D]. 武汉: 华中农业大学, 2009.

[189] 卢琴芳. 浅谈石化企业旧煤锅炉烟气脱硫技术 [J]. 石油化工环境保护, 2005, 16 (23): 14-17.

[190] 吴永文. VOCs 污染控制技术与吸附催化材料 [J]. 离子吸附与交换, 2003, 41: 51-53.

[191] Wilson B M, Newell R D. H₂S removal by Stratford process [J]. Chem Eng Prog, 1984: 80 (10): 40.

[192] Franckowiak S, NItschke E, Estasolvan. New gas treating process [J]. Hydro Proc, 1970, 49 (5): 145.

[193] 李超. 应用立塔式静电除雾器净化宝钢冷轧厂酸洗工艺段酸雾的实践 [J]. 环境污染治理技术与设备, 2002, 12 (3): 15-17.

[194] 龚云锋. 化学工业氮氧化物的污染与控制 [J]. 广西轻工业, 2009, 13: 44-47.

[195] 李立清. 固定床吸附过程传热传质耦合影响数值模拟 [J]. 化工学报, 2010, 13 (26): 33-35.

[196] Swaim C D. Gas sweetening processes of the 1960's [J]. Hydroc Proc, 1970, 49 (3): 127.

[197] Edward C. VOC control: Current practices and future trends [J]. chem Eng progress, 1993.89 (7): 20-26.

[198] 张传秀. 浅议我国的环境标准 [C]. 中国化工学会 2004 年环境保护学术年会. 北京: 2004.

[199] 朱双正. 吸附和变压吸附多组分有机气体的实验与模拟研究 [D]. 长沙: 中南大学, 2008.

[200] 蒲万芬. 酸性气体中硫化氢的微生物脱除方法 [J]. 天然气工业, 2005, 13 (37): 41-43.

[201] 张翼. 石化企业含硫恶臭气体治理技术研究 [D]. 东营: 中国石油大学 (华东), 2009.

[202] Pernille E Jensen, Ce Tia M D Ferreira, Henrik K Hansen, Jens-Ulrik Rype, Lisbeth M Ottosen, Arne Villums-

en. Electroremediation of air pollution control residues in a continuous Reactor [J]. J Appl Electrochem, 2010, 40: 1173-1181.

[203] 唐运雪. 有机废气处理技术及前景展望 [J]. 湖南有色金属, 2005, 17 (13): 22-25.

[204] 张慧明. 中国大气环境安全问题及其对策 [C]. 中国环境科学学会 2002 年学术年会, 2002.

[205] 李湘凌. 复方液吸收法处理低浓度苯类废气 [J]. 合肥工业大学学报: 自然科学版, 2002, 16 (3): 13-15.

[206] 陈良杰. 颗粒活性炭对多组分有机气体的吸附研究 [D]. 北京: 北京化工大学, 2007.

[207] 孙德荣. 我国氮氧化物烟气治理技术现状及发展趋势 [J]. 云南环境科学, 2003, 14 (3): 22-24.

[208] 翟云波. 基于化学活化法的污泥衍生吸附剂的制备及应用基础理论研究 [D]. 长沙: 湖南大学, 2005.

[209] 张金龙. 湿法烟气脱硝技术研究进展 [J]. 上海电力学院学报, 2010, 13 (24): 27-30.

[210] 杨志琴. 以纳米 ZrO_2 为载体的低温 SCR 催化剂的制备及性能研究 [D]. 南京: 南京师范大学, 2011.

[211] 张福凯. 改性煤变压吸附浓缩煤层气中甲烷的研究 [D]. 重庆: 重庆大学, 2005.

[212] Chiemchaisri Chart, Chiemchaisri Wilai, Kumar Sunil. Reduction of methane emission from landfill through microbial activities in cover soil: A brief review [J]. Critical Reviews in Environmental Science and Technology, 2012, 42 (4): 412-434.

[213] White CM, Smith DH, Jones KL. Sequestration of carbon dioxide in coal with enhanced coalbed methane recovery-A review [J]. Energy & Fuels, 2005, 19 (3): 659-724.

[214] 梁锋. 湿式氧化法脱硫技术的进展 [J]. 现代化工, 2003, 17 (23): 10-13.

[215] 张宝. 有机酯在活性炭上的吸附 [D]. 大连: 大连理工大学, 2008.

[216] B. Gene. Coar: Hydrocarbon Processing [J]. 1988, (9): 248-252.

[217] 王海. 二氧化碳回收技术及其应用前景 [C]. 2007 年安徽节能减排博士科技论坛论文集. 安徽, 2007.

[218] 朱明. 脉冲电晕法处理混合 VOCs 实验研究 [D]. 北京: 中国工程物理研究院, 2004.

[219] 吴浪. 用活性炭脱除低浓度硫化氢气体的研究 [D]. 大连: 大连理工大学, 2005.

[220] 唐琳. 吸附及变压吸附分离回收丙酮蒸气的数学模型 [D]. 长沙: 湖南大学, 2007.

[221] 吴振松. 氨法烟气脱硫氨回收研究 [D]. 东营: 中国石油大学 (华东), 2009.

[222] 徐建全. 固定化混合菌降解油烟废气的研究 [D]. 杭州: 浙江大学, 2006.

[223] Feng S D, Chen F. Progress of epidemiology study on cooking oil fume toxicity [J]. J Environ Health, 2004, 21 (2): 125-126.

[224] Hoke, Jeffrey B, Larkin et al., . System and method for abatement of food cooking fumes [P]. USA: 5580538. 1996-12-3

[225] ICS 13.030.01 Z60. Emission standard of cooking fume [S]. GB 18483—2001.

[226] 李婕. 活性炭吸附热空气脱附回收甲苯工艺参数研究 [D]. 上海: 同济大学, 2008.

[227] Roether J A, Daniel D J, Amutha Rani D. Properties of sintered glass-ceramics prepared from plasma vitrified air pollution control residues [J]. Journal of Hazardous Materials, 2010, 173: 563-569.

[228] 朱玉城. 应用静电除雾塔净化宝钢冷轧酸洗槽酸雾的实践 [J]. 工业安全与环保, 2001, 12 (3): 23-24.

[229] 王志涛. 利用钢厂赤泥和碱厂白泥研制燃气 (H_2S) 脱硫剂 [D]. 青岛: 中国海洋大学, 2010.

[230] 张海东. 城市垃圾产沼气的脱硫技术 [D]. 昆明: 昆明理工大学, 2005.

[231] 刘忠生. 冷凝-催化燃烧法处理乙烯厂富含水蒸气的恶臭废气 [J]. 化工环保, 2003, 17 (33): 52-53.

[232] 黄杰. 无烟煤及无烟煤基活性炭对甲烷的吸附解析性能研究 [D]. 西安: 西安科技大学, 2007.

[233] 王军辉. 活性炭吸附脱除燃煤烟气中汞的研究 [D]. 杭州: 浙江大学, 2006.

[234] 任剑锋. 沥青烟的治理探索 [J]. 科技情报开发与经济, 2003, 17 (32): 24-26.

[235] Borodzin′ ski A., Bond G C. Selective hydrogenation of ethyne in ethene-rich streams on palladium catalysts. Part 1. Effect of changes to the catalyst during reaction [J], Catal. Rev. Sci. Eng. 2006, 48 (2): 91-144.

[236] Chang J S, Myint T, Chakrabarti A, Miziolek A. Removal of carbon tetrachloride from air stream by a corona torch plasma reactor [J]. Jpn J Appl Phys, 1997. 36: 5018-5024.

[237] Czernichowski A, Gliding arc. Applications to engineering and environment control [J]. Pure Appl Chem, 1994, 66: 1301-1310.

[238] Czernichowski A, Czernichowski M. Further development of plasma sources: the GlidArc-Ⅲ. In: ISPC 17, Toronto. 2005.

[239] Deminsky M, Jivotov V, Potapkin B, Rusanov V. Plasma-assisted production of hydrogen from hydrocarbons [J].

Pure Appl Chem, 2002. 74：413-418.

[240] 张君杰. 脱硫技术在火电厂的应用分析 [J]. 环境科学与管理, 2009, 12 (23)：51-53.

[241] 杜云贵. 氮氧化物排放控制技术的现状和发展趋势 [C]. 重庆市电机工程学会 2008 年学术会议, 重庆, 2008.

[242] 李锐. 氮氧化物排放控制技术的现状 [C]. 第五届火电厂氮氧化物排放控制技术研讨会, 北京, 2008.

[243] 王海强. 烟气氮氧化物脱除技术 [C]. 第十届全国大气环境学术会议, 北京, 2003.

[244] Edmonton, Alberta. The 38th Canadian Chemical Engineering Conference [C], OCT, 1988, 5.

[245] 侯建鹏. 固定源氮氧化物脱除技术的研究与应用 [C]. 第十届全国燃煤二氧化硫、氮氧化物污染治理技术暨烟气脱硫脱氮工程建设和运行管理交流会, 北京, 2006.

[246] 戴先知. 变压吸附过程数学模型及其应用 [J]. 低温与特气, 2006, 31 (24)：39-41.

[247] 蒋晓江. Clinsulf-Do 工艺尾气中 CO_2 的分离及应用 [D]. 西安：西安石油大学, 2008.

[248] 李玉雪. 吸附脱除二氧化碳中微量苯的研究 [D]. 大连：大连理工大学, 2009.

[249] 黄海燕. 纳米 TiO_2/VAFC 光催化层净化室内空气中甲醛的实验研究 [D]. 重庆：重庆大学, 2006.

[250] Brown S K. Chamber assessment of formaldehyde and VOC emissions from wood-based panels [J]. Indoor Air, 1999, 9：209-215.

[251] Rothweiler H, Wager P A, Schlatter C. Volatile organic compounds and some very volatile organic compounds in new and recently renovated buildings in Switzerland [J], Atmos Environ, 1992, 26：2219-2225.

[252] Tuomaninen M. Pasanen A L, Tuomaninen A, Liesivuori J, Juvonen P. Usefulness of the Finnish classification of indoor climate, construction of indoor climate between two new blocks of flats in Finland [J]. Atmos Environ, 2001, 35：305-313.

[253] Wolkoff P, Clausen P A, Nielsen P A, L Muhave. The Danish twin apartment study; part I; formaldehyde and long-term VOC measurements [J], Indoor Air, 1991, 4：478-490.

[254] 王智慧. 活性炭纤维吸附有机废气的活化再生研究 [D]. 广州：华南理工大学, 2005.

[255] 陈士强. 浅谈含氰废水处理概况及进展 [J]. 河南化工, 2010, 42 (31)：23-25.

[256] 田正山. 新型湿法脱硫催化剂的开发与性能研究 [D]. 郑州：郑州大学, 2006.

[257] 王家德. 气态有机化合物在生物滴滤池中的行为模式 [J]. 浙江工业大学学报, 2000, 12 (08)：19-21.

[258] 武建平. 两段塔间歇吸收氯化氢的研究 [D]. 天津：天津大学, 2005.

[259] 田杉. 浅谈挥发性有机废气的处理方法 [J]. 黑龙江环境通报, 2008, 17 (32)：24-26.

[260] Prashant S Kulkarni, João G Crespo, Carlos A M Afonso. Dioxins sources and current remediation technologies — A review [J], Environment International, 2008, 34：139-153.

[261] Clean Air Act of 1990 [S]. Public Law 101-549, Section 301.

[262] 陈秋飞. 活性炭纤维的制备及其应用 [D]. 北京：背景化工大学, 2008.

[263] 陈华进. 含氰废水处理方法进展 [J]. 江苏化工, 2005, 41 (19)：39-43.

[264] 陈秀丽. 复合型催化剂催化降解水中 CN$^-$ 催化活性的研究 [D]. 西安：西安建筑科技大学, 2006.

[265] 侯建鹏. 烟气脱硝技术的研究 [J]. 电力环境保护, 2007, 38 (17)：23-24.

[266] 田鑫. 净化低浓度有机废气生物膜滴滤塔传输及降解特性 [D]. 重庆：重庆大学, 2006.

[267] 柴国梁. 二氧化碳的开发利用前景 [C]. 机械部气体分离设备科技信息网第十二次全国大会暨学术交流会, 北京, 2001.

[268] 刘毅锋. 氨基甲酸酯类化合物的应用 [J]. 化学通报, 2002, 57 (31)：44-45.

[269] Abad E, Adrados MA, Caixach J, Rivera J. Dioxin abatement strategies and mass balance at a municipal waste management plant [J]. Environ Sci Technol, 2002, 36：92-99.

[270] Abad E, Caixach J, Rivera J. Improvements in dioxin abatement strategies at a municipal waste management plant in Barcelona [J]. Chemosphere, 2003, 50：1175-1182.

[271] Abad E, Martinez K, Caixach J, Rivera J. Polychlorinated dibenzo-p-dioxin/polychlorinated dibenzofuran releases into the atmosphere from the use of secondary fuels in cement kilns during clinker formation [J]. Environ SciTechnol, 2004, 38：4734-4738.

[272] 钮东方. CO_2 和有机化合物的电催化羧化研究 [D]. 上海：华东师范大学, 2010.

[273] 王晓刚. CO_2 取代光气合成氨基甲酸酯实验和机制研究 [D]. 长沙：湖南大学, 2007.

[274] 杨柳. 磷酸活化-微波热解法制备污泥吸附剂及其吸附除铬研究 [D]. 长沙：湖南大学, 2010.

[275] 路培. 活性炭纤维负载稀土氧化物催化净化 NO 的研究 [D]. 长沙：湖南大学, 2007.

[276] 孙必旺. 基于聚结分离和膜分离技术的油水分离试验研究 [D]. 北京：北京化工大学，2008.

[277] 闫建兵. 燃煤锅炉烟气脱硫工艺及其自控的探讨 [J]. 机械管理开发，2010，22（31）：19-22.

[278] 龚雪英. 生物法治理污水处理厂恶臭废气技术探讨 [J]. 安全、健康和环境，2010，39（28）：33-35.

[279] 徐秀良. 海勃湾发电厂脱硫设施增容改进方案实施与技术经济型研究 [D]. 北京：华北电力大学，2011.

[280] 叶鑫. 惠生 30 万 t/a 甲醇装置硫回收工艺技术探讨 [J]. 煤化工，2008，33（41）：50-52.

[281] 郭峰. 尾气中 H_2S 的脱除方法之氧化法 [J]. 化工技术与开发，2011，47（39）：22-25.

[282] 曹会兰. 汞的污染和危害 [J]. 陕西环境，2003，33（21）：33-35.

[283] Margarida J Quina, João C M Bordado, Rosa M Quinta-Ferreira. Chemical stabilization of air pollution control residues from municipal solid waste incineration [J]. Journal of Hazardous Materials，2010，179：382-392.

[284] 张永. 硫化氢废气净化新技术 [J]. 四川化工，2005，26（34）：35-37.

[285] 邢巍巍. 有机废气的净化处理技术 [C]. 中国环境科学学会 2010 年学术年会，北京，2010.

[286] 芦琳. 环境标准实施法律问题研究-以绿色贸易壁垒为分析视角 [D]. 太原：山西财经大学，2011.

[287] 李汝雄. 二噁英污染物的处置对策和分解技术 [J]. 环境科学与技术，2001，25（33）：24-26.

[288] 张峥. 湿地自然保护区生态环境评价方法及实例研究 [J]. 天津：南开大学，2000.

[289] 孟雅文. 武汉文化成阅马场大气污染及防治对策研究 [D]. 武汉：武汉理工大学，2007.

[290] 刘璇. 基于低碳经济下的仿生设计 [D]. 保定：华北电力大学，2012.

[291] 周旋. 居住小区"呼吸"空间-居住小区绿地空间的物质功能实现 [D]. 长沙：湖南大学，1999.

[292] Chengli Wu. Evaluation of mercury speciation and removal through air pollution control devices of a 190 MW boile [J]. Journal of Environmental Sciences，2010，22（2）277-282.

[293] 应丽艳. 生态设计在住宅装修中的实用性研究 [D]. 南京：南京林业大学，2009.

[294] 赵向东. 纳米技术坑道空气净化器净化模块的研制 [D]. 天津：南开大学，2006.

[295] 程继夏. 城市机动车保有量与环境交通容量计算模式和因子的研究 [D]. 西安：长安大学，2003.

[296] 刘新玲. 2000-2005 年山东省大气污染变化特征分析 [D]. 济南：山东大学，2008.

[297] 豆宝娟. 低温等离子体技术处理甲苯的实验研究 [D]. 北京：北京工业大学，2008.

[298] 魏传宇. QCM 甲醛传感器的有机敏感薄膜研究 [D]. 大连：大连理工大学，2005.

[299] Ringo C W Lam, Michael K H Leunga, Dennis Y C Leung, Lilian L P. Vrijmoed, Yam W C, Ng S P. Visible-light-assisted photocatalytic degradation of gaseous formaldehyde by parallel-plate reactor coated with Cr ion-implanted TiO_2 thin film [J]. Solar Energy Materials & Solar Cells，2007，91：54-61.

[300] 白文娟. 区域大气环境管理研究-以天津市滨海新区为例 [D]. 天津：河北工业大学，2007.